广西特色农业产业种养致富技术

付　岗　施　军
叶云峰　陈梦林　编　著

广西科学技术出版社

图书在版编目（CIP）数据

广西特色农业产业种养致富技术／付岗等编著．—南宁：广西科学技术出版社，2018.8

ISBN 978-7-5551-1035-4

Ⅰ．①广… Ⅱ．①付… Ⅲ．①农业技术—广西 Ⅳ．①S

中国版本图书馆CIP数据核字（2018）第188957号

GUANGXI TESE NONGYE CHANYE ZHONGYANG ZHIFU JISHU

广西特色农业产业种养致富技术

付 岗 施 军 叶云峰 陈梦林 编著

责任编辑：黎志海 张 珂　　封面设计：韦宇星

责任印制：韦文印　　责任校对：韦秋梅

出 版 人：卢培钊　　出版发行：广西科学技术出版社

社　　址：广西南宁市东葛路66号　　邮政编码：530023

网　　址：http://www.gxkjs.com

经　　销：全国各地新华书店

印　　刷：北京富达印务有限公司

地　　址：北京市通州区潞城镇庙上村　　邮政编码：101117

开　　本：787 mm×1092 mm 1/16

字　　数：492千字　　印　　张：23.25

版　　次：2018年8月第1版　　印　　次：2018年8月第1次印刷

书　　号：ISBN 978-7-5551-1035-4

定　　价：38.00元

出版者的话

改革开放以来，我国不断加大推进扶贫开发工作的力度，取得了举世瞩目的成就。但是，新时期我国的扶贫工作仍然面临着众多考验和挑战，全社会贫富差距大、区域发展不平衡的问题突出，深层矛盾依旧制约贫困地区的经济发展。

习近平扶贫开发战略思想指出，贫困地区的精准扶贫要从事实出发，着力解决制约精准脱贫的关键性问题，与时俱进完善与创新脱贫举措，真正围绕贫困地区、贫困群众脱贫出实招，不做扶贫的表面文章，不建扶贫的形象工程。

习近平总书记高度重视扶贫脱贫工作，把扶贫脱贫作为头等大事来对待。他在党的十九大报告中提出，重点攻克深度贫困地区脱贫任务，确保到2020年我国现行标准下农村贫困人口实现脱贫，贫困县全部摘帽，解决区域性整体贫困，做到脱真贫、真脱贫。

广西是我国面向东盟的国际大通道、西南中南地区开放发展新的战略支点、“一带一路”有机衔接的重要门户，为构筑沿海沿江沿边全方位对外开放平台提供保障。把握好“一带一路”建设的战略机遇，扶贫攻坚抓紧、抓准、抓到位，做好生态保护成为新时期广西三大使命。

广西集“老、少、边、山、库”于一身，是全国6个贫困人口超500万的省区之一，脱贫攻坚任务十分艰巨。过去5年，广西累计减少建档立卡贫困人口609万，年均减贫120多万人，贫困发生率由18%下降到7.9%左右，广西脱贫攻坚取得显著成效。但是，广西贫困人口基数大，要实现到2020年与全国同步全面建成小康社会的既定目标，时间紧、任务重、难度大。尤其是广西还有20个深度贫困县、30个深度贫困乡镇、1 490个深度贫困村，更是难中之难。缺乏项目及资金、供养子女读书、疾病、劳动力文化素质差、缺乏劳动力、自然环境恶劣是造成广西贫困严重的主要原因。其中，因缺乏项目及资金造成的贫困户所占的比例最大，这类贫困户有一定生产和创业能力，经济状况处在脱贫的临界线上，精准配置资金和项目到户，易于实现脱贫，是精准扶贫的重点扶持对象。

习近平总书记指出，大力推进产业脱贫、产业富民，是扶贫攻坚的第一任务。脱贫攻坚要解决好“怎么扶”的问题，实施“五个一批”工程，首要任务是通过发展生产脱贫一批。发展产业是实现脱贫的根本之策，救济式扶贫不能解决根本问题，产业扶贫可以让贫困人群由“输血型”向“造血型”转变，帮助贫困地区解决生存和发展问题。从我国扶贫工作几十年的实践来看，没有产业带动，难以彻底脱贫；缺乏产业支撑，更难以持续脱贫。授人以鱼不如授人以渔，产业帮扶不仅仅是扶贫协助的重点领域之一，更是发展的根基，也是脱贫的主要依托，克服产业发展有产品没资金、有人力没技术、有产业没产业链、有品牌没名牌、有利益没机制等困难，产业扶贫有着“发展一个产业、带动一方经济、富裕一方百姓”的作用。

广西壮族自治区人民政府办公厅印发的《脱贫攻坚特色种养业培育实施方案》提出，“各县充分利用贫困地区优良的生态环境和特色种质资源，结合当地种植习惯和农民意愿，因地制宜实施以‘品种、品质、品牌’为核心的现代特色农业产业‘10＋3’提升行动，培育壮大优势特色种养业及林业”。

种植业、养殖业历来是农业农村经济的重要支柱产业，是农民增收致富的重要途径。广西大力扶持贫困地区产业发展，引导各地面向市场需求，发展特色种养，发展产业脱贫一批，推动产业扶贫。这对广西来说，既是重大发展机遇，也是新任务、新挑战。广西普遍存在石漠化山区，由于土地贫瘠、耕地面积少、生存条件恶劣，在保护好生态环境的前提下，各地应从自身实际出发，因地制宜，发挥优势，大力发展特色种养，通过产业扶贫实现贫困地区、边远山区的精准脱贫目标。

产业发展是群众脱贫的基础。目前，广西很大一部分贫困人口生活在生态承载能力较差的石漠化地区。中央扶贫开发工作会议提出，发展生产脱贫一批，引导和支持有劳动能力的人依靠自己的双手开创美好明天，立足当地优势资源，实现就地脱贫。

由于客观条件制约，贫困农户获得种养致富技术和知识比较困难。虽然互联网的发展增加了贫困农户获取知识的渠道，但获取的信息往往缺乏针对性，因此采取的脱贫措施具有一定的盲目性和滞后性，制约了农村扶贫工作。提高贫困地区人口的综合素质，加强对贫困地区人口的人力资源开发，增强贫困地区人口自我发展能力，把实用的种养技术送到农村、送到农民手上，是我国新时期扶贫开发的重要举措。

本书结合广西扶贫工作的实际，以实现“精准帮扶、精准脱贫”，形成特色农业产业为目标，根据广西农业产业的状况，选择甘蔗、荔枝、龙眼、沙糖橘、百香果、食用菌等22个特色种植品种和蚕、竹鼠、肉牛、肉羊、淡水鱼等16个特色养殖品种，介绍种养实用技术，以帮助农民掌握农业生产实用技术，指导农民种好作物、养好家畜家禽，发展特色种养产业，从而帮助贫困农民增加收入，踏上脱贫致富的道路。本书所选的品种适合当前广西农业产业化发展的需求，具有“短、平、快”的特点，容易形成规模。如果引导得好，将形成农业产业化，可避免贫困农民脱贫后“返贫”。

本书以习近平总书记扶贫开发战略思想为指引，大力推动发展特色种养产业，拓展扶贫路径，辐射带动广大农民群众增产增收，对广西因地制宜地推进“智力扶贫”“精准扶贫”，实现2020年与全国同步全面建成小康社会具有重要的作用。

目 录

种植致富技术 桂南篇

种植致富技术　桂北篇

养殖致富技术

种植致富技术
桂南篇

一、甘蔗栽培技术

（一）优良品种

1. 新台糖16号

新台糖16号属中茎至中大茎早熟品种，节间呈圆筒形，蔗茎剥叶前为黄绿色，见光后初期呈淡紫色，后变成黄色。叶色青绿，叶片直立，尾端弯垂。老叶鞘呈淡绿色，叶鞘有薄层蜡粉。萌芽快而齐，初期生长快，分蘖期较长且生长旺盛，中后期的生长势旺。蔗株直立，不易倒伏。易脱叶，毛群较少，便于收获。丰产性好，每公顷平均蔗茎产量为112.5吨左右、平均含糖量为16.35吨，蔗汁蔗糖分为15.7%。宿根性较强，宿根发株好。成熟期糖分高，维持时间长，原料蔗收获后不易变质。抗甘蔗黑穗病。

2. 新台糖22号

新台糖22号属早熟高糖品种，中茎至中大茎，蔗茎均匀，茎皮遮光部分呈浅黄绿色，见光部分呈紫红色，蜡粉带较厚。叶片呈深绿色。叶身中等，较窄，毛群较发达。萌芽良好，分蘖力强。初期生长稍慢，中后期生长快速。原料蔗茎长，易剥叶，基部粗大，不易倒伏，每公顷平均蔗茎产量为129吨左右，平均含糖量为19.8吨。宿根性强，耐旱力强。抗黑穗病、叶枯病、叶烧病及褐锈病。适宜在肥力中等以上的各类土壤种植，种植时间可提前。

3. 新台糖26号

新台糖26号属早熟、高糖、丰产品种，萌芽整齐，分蘖力强，蔗茎多且长，宿根性状中等，采收后品质不易变劣。耐旱性与新台糖10号相似。抗锈病和褐锈病，抗或中抗霜霉病，抗第一型黑穗病、叶萎病和嵌纹病，对萌前、萌后除草剂均不产生药害反应。适宜在有灌溉条件及排水良好的沙壤土和黏壤土地栽培。

4. 桂糖19号

桂糖19号属早熟高糖品种，植株直立紧凑，中茎，节间呈圆筒形。蔗茎遮光时为嫩黄带绿色，剥叶短时露光后呈灰白色，长时间暴晒后呈灰紫色或暗紫色，蜡粉带不明显。萌芽率较高，分蘖力中等，成茎率较高，新植蔗有效茎数较多，宿根性中等。前期生长稍慢，中后期生长较快。每公顷平均产蔗茎为75吨左右。抗螟虫、抗蚜虫能力较强，较抗黑穗病，抗倒、抗旱，耐寒力较强。

（二）播　种

1. 整地

（1）精细整地：①要求做到耕作层深、松、碎、平，保水、通气、增温。深耕晒垡，使土壤风化。②在坡地、丘陵地种植要修筑梯田，筑防护墙保持水土，或沿等高线开行播种。

（2）开植蔗沟：旱地种植，行距为 90～100 厘米。

（3）施足基肥：基肥以堆肥、厩肥、人畜粪尿、土杂肥等有机肥为主，配合施磷肥和适量速效氮肥、钾肥。肥料要混合堆沤腐熟才能施用。基肥施用量占甘蔗全生育期施肥总量的 60%～70%，每亩施有机肥1 500～2 500千克、磷肥 30 千克、钾肥 10～15 千克或复合肥 75～100 千克。

2. 种茎处理

（1）斩种：把选好的种茎砍成双芽段或三芽段，生产上用三芽段出苗较好，且苗粗壮。斩好后的种茎应立即浸种消毒、催芽。斩种要求一刀即断，尽量减少裂口。斩种时注意把病虫芽、死芽和其他混杂的品种清除掉。

（2）浸种、消毒。

①浸种：在蔗地附近，如有流水的排灌沟，根据浸种数量和沟的水深，用竹篱拦好两头，不让种茎随水流走或被雨水冲走。把斩好的种茎放入沟中，让水浸没种茎，细水长流。没有流水的也可以在池塘的一角浸种，周围用竹篱或塑料网拦好。不能利用污水浸种，因为污水缺氧，种茎蔗芽易腐烂。静水浸种一般需 24～48 小时，流水或下部种茎浸种时间可以长一些。

②消毒：用 2%石灰水浸种，同时有消毒作用，比清水浸种效果更好，能提高种茎的吸水量和增加酶的活性。也可以用 50%多菌灵或苯来特、70%甲基托布津1 000倍稀释液浸种 10 分钟，或用 50%代森铵3 000～4 000倍稀释液浸种 5 分钟。

（3）催芽：种茎经消毒后即可催芽。用半腐熟的堆肥或厩肥铺垫，厚约 10 厘米，将经过消毒的种茎平放在上面，高 20～25 厘米，上面铺一层肥料，再叠一层种茎，如此反复堆叠 4～5 层。最后全部用肥料覆盖，外面加盖塑料薄膜保温保湿。每天检查 1 次，控制温度在 25～40℃。5～6 天后蔗芽长出，即可下种。

（4）播种：下种时种苗要贴泥平放，芽向两侧，不能架空种茎，否则容易失水枯死。采用双行品字形排列种茎，小行距 15 厘米左右，大行距 90～100 厘米。每亩下种量桂南为3 000～3 500双芽段，桂中为3 500～4 000双芽段。下种后施基肥，然后盖碎土 3～4 厘米厚。另外，找一小块地育苗，作为补苗用的蔗苗来源，备用苗约占全部下种量的 5%。

（三）不同生长期的管理

1. 幼苗期管理

（1）保证苗全、苗齐、苗壮：每亩要求有苗4 000～4 500株。加强管理，注意防旱、防涝、防治病虫害，及时清除杂草，做到出苗快、出苗率高。

（2）查苗、补苗：从播种到出苗需 30～70 天，可能会遇到干旱、涝渍、地下害虫为害等发生缺苗的情况。出苗后，当苗长至 3～4 片叶时，发现缺苗断行达到 40 厘米以上的地方都要补苗。补苗用的种苗，可用原来育的预备用苗。补苗应选择在雨后或土壤较湿润时进行，补苗后要淋足定根水。

（3）施肥培土：当蔗苗长至两叶一心时，每亩施尿素 5～8 千克。有条件的，最好施腐熟的人畜粪尿，每亩施1 500～2 000千克，注意弱小苗应酌量多施一些，施后培薄土盖过肥料。

（4）中耕除草：幼苗期中耕除草 1～2 次，当杂草长至 3～4 片叶时进行。

（5）防旱、防涝、防治病虫害：苗期遇到干旱，应及时灌跑马水或浇水抗旱。雨后要进行中耕松土，保水抗旱。雨水过多时要注意排涝，防止积水引起烂种烂芽或引发病害。

2. 分蘖期管理

分蘖期是根、叶、蘖营养生长较旺盛的时期，是决定有效茎数最重要的时期。要求做到分蘖早、分蘖健壮，控制和杜绝后期的无效分蘖，保证有充分的营养供应有效茎生长。

分蘖期健壮株的长相为生长旺盛，一叶比一叶长、大，叶色浓绿，茎秆粗壮，不徒长。每亩有壮旺苗6 000～7 000苗。以下是培育壮旺分蘖苗的技术措施。

（1）追施攻蘖肥：幼苗生长旺盛的，在分蘖盛期施 1 次壮蘖肥。幼苗生长不良的，要分 2 次施用，第一次在分蘖初期，即主苗有 6～7 片叶时进行，每亩施尿素 5～7 千克，或淋施经过沤制腐熟的粪水；第二次施肥在分蘖盛期，即主苗有 10～11 片叶时，每亩施尿素 7 千克或施农家肥1 000千克，施后盖土。

（2）间苗和定苗：间苗要求做到去弱留强、去密留疏、去病留健、去迟留早，但要比计划的有效茎数多留 10%～15%。间苗分 2 次进行，第一次在分蘖盛期，第二次在蔗茎伸长初期。间苗时结合剥除枯叶，用手拔或刀割。

（3）中耕除草培土：第一次中耕除草，追施苗肥后进行小培土，把肥料覆盖，一般培土厚 5 厘米左右；第二次在施攻蘖肥时，培土 10 厘米，填平植蔗沟，使畦表面高出地面 15 厘米左右。中耕除草可以用牛翻犁，也可用小型拖拉机进行。

3. 伸长期管理

伸长期是以长茎为重点的营养生长期，是保证高糖高产的关键时期。要求植株生长旺盛，开大叶，拔大节，长大茎，叶片宽长，略下垂，叶色深绿至浓绿，节间粗、长，病虫害少。

（1）重施茎肥：伸长期施肥分 2 次进行，第一次在株高 70 厘米时，每亩施尿素 15～30 千克。如进行绿肥压青，要施石灰粉 10～15 千克，然后盖土 10 厘米。第二次在伸长最快、株高 1 米以上时，每亩施尿素 10 千克，同时施杂肥，结合大培土，培土厚 15 厘米左右。

（2）大培土：培土前先剥除植株基部枯叶和无用的分蘖，从畦沟取土覆盖到蔗茎基部，把施入的肥料盖上。旱地种植的，大培土时要把畦沟两头筑埂封堵，以便贮水、保水防旱。

（3）灌水和排水：6～8 月高温多雨季节，要注意及时排干积水，防止倒伏，减少病虫害。9～10 月，常遇到长时间干旱，要适当灌水。

（4）剥除枯叶：8～9 月，把下部枯黄老叶剥除，使田间通风透光，减少病虫害，增强抗倒伏能力。坡地旱地种植的，无水灌溉的不要剥叶，以便保水防旱。

4. 生长后期的管理

从蔗茎伸长基本停止到砍收的这段时间为甘蔗生长后期，此期主要是保证提高蔗糖分的营养生长。要求植株长势稳健，保持有 9～10 片绿叶。生长后期主要有以下管理措施。

（1）防旱抗旱：有条件的，在土壤水分不足时进行适当灌水，防止干旱造成减产。收获前 30 天停止灌水，促进成熟，提高蔗糖分。

（2）防倒伏：如果遇上雨水过多或刮大风，要开沟排水，或用蔗叶互相捆扎蔗茎，可减少倒伏。

（3）防霜冻：争取在霜冻前全部砍收进厂入榨。

（四）收获和种茎贮藏

1. 收获

根据不同品种和糖厂的安排，早熟品种先砍收；秋植蔗、宿根蔗先砍收，冬、春植蔗后砍收；旱地、坡地蔗先砍收，河滩地、水田蔗后砍收。

砍收方法：用小锄平地面低节位砍收。高培土且又计划留宿根蔗的，要扒开面上土层，低砍留桩 10～15 厘米。不留宿根的可以连蔗蔸全部挖起，削去根、叶和除去泥土即可。甘蔗砍后要削去蔗叶，在蔗梢生长点下约 10 厘米处砍断。砍后剥叶的蔗茎就是原料蔗，捆扎成把，集中堆放，待运进厂。

2. 种茎贮藏

（1）露地贮藏法：只适用于冻害轻的桂南地区或短期贮藏。主要做法是砍收后削去生长点，不让蔗茎继续生长，留下叶鞘保护蔗芽。将种茎扎成捆，就近在蔗畦或背风的地方，把种茎集中竖立或平放在地面上，每1 000～1 500千克一堆，然后在种茎上面及周围盖蔗叶或稻草，再加盖一层泥土在稻草上，以防大风吹散。贮藏期间如天气干旱，要淋水保湿。

（2）沟藏法：适宜霜期较长，冻害较重的桂中、桂北地区使用。选择蔗地附近排水良好的地方，挖宽 80 厘米、深 20～30 厘米的沟，沟的长短根据蔗茎多少而定，锄松沟底泥土层约 10 厘米，开好排水孔。把捆扎好的蔗种竖放在沟中，切口接触沟底松土。放满后每隔 3 米留一个通气孔，再填入少许潮湿泥土保湿，上面覆盖蔗叶，盖土厚 5 厘米，再盖一层尼龙薄膜防雨，顶上成拱形，方便排水，周围开好排水沟。贮藏期间注意检查温度、湿度，防鼠害、防蚁害。天气干燥时适当浇水保湿，气温过高时要揭开薄膜通风透气，霜冻来临之前要加盖严密，以防冻害。

（五）宿根蔗高产栽培关键技术

甘蔗种植第一次收获后，留在地下的蔗蔸经施肥培土，把翌年长出的芽培育成和头年一样的粗壮蔗茎，这些甘蔗就叫作宿根蔗。宿根蔗有节约蔗种、节省劳动力、早熟、抗旱能力强、降低成本等优点。

1. 选择宿根性好的品种

可根据当地糖厂和栽培条件选择桂糖 11 号、桂糖 15 号、新台糖 10 号、新台糖 16 号、新台糖 21 号、新台糖 22 号、新台糖 25 号。

2. 种好头年蔗

（1）深耕改土，施足有机肥：深耕 30～35 厘米，施足有机肥作基肥。

（2）深沟浅种：用肥料盖过种茎后，盖碎土 5 厘米厚。天气干旱的盖土厚一些。

（3）合理密植：每亩保证能长成原料蔗茎的有效茎要达到5 000株，茎粗 2.5～3 厘米，蔗蔸长 10～12 厘米，每个蔗桩（砍后蔗茎的地下部分）有 3～4 个芽。

（4）加强管理：注意防治病虫害，防止倒伏。

（5）适时收获：以 2 月以后留宿根对新蔗生长最好。砍收时平地面砍收，尽量做到蔗头不破裂。11～12 月砍收的要及时管理，防寒、防霜冻，以保证地下蔗茎安全过冬。砍收后可用蔗叶或碎泥覆盖蔗蔸保温。

（6）做好“五早”工作。

①及早清园，蔗叶要还田。及时清理田间杂草、病残株；将蔗叶隔行铺在行间，方便管理。

②早开垄松蔸，促进早发株。入春后，气温稳定在 10℃以上、土温在 15℃时即可开垄松蔸。桂南地区冬暖年头，收获后即可松蔸。

开垄松蔸方法：在靠近蔗蔸的两侧各犁 1～2 次，把畦边泥土翻入畦沟中，再用人工松蔸，使蔗蔸大部分外露。

适时覆土：开垄后10～15天结合施基肥，把翻出的泥土覆回蔗蔸，整成蔗畦。天气干旱、水分不足的，尽量早覆垄。

③早查苗、补苗。大部分新苗长出后，发现缺株断垄的要及时补苗。

④早施肥培土。大部分蔗苗长出后即开始施肥培土。

⑤及早防治病虫害。发现病虫害要立即进行防治。

（六）病、虫、鼠、草害防治

1. 甘蔗凤梨病

（1）症状：种茎染病初期，两端切口变红色，不久变黑色，有黑色煤粉状物。切开种茎，可闻到凤梨（菠萝）香味。发病后期，种茎内部全部变黑。低温、湿度大或过于干旱均容易发病。

（2）防治方法：①选用抗病品种，用蔗梢作种茎。②用50%多菌灵或70%甲基托布津1 000倍稀释液浸种10分钟，或用2%石灰水浸种12～24小时。③与水稻等需长期灌水的作物轮作。

2. 甘蔗黑穗病

（1）症状：感病植株在拔节伸长后，顶端长出1条鞭状物，长20～50厘米，早期表面覆盖一层白色膜，后期膜破裂散出黑粉，随风、雨、种茎、土壤传播。感病植株生长细弱，叶片狭长，色浓绿，节间短。

（2）防治方法：①用0.5%甲氧乙氧汞浸种5分钟，或用50～52℃温水浸种20分钟。②增施磷肥、钾肥。③及时拔除病株，集中烧毁。④发病区不留宿根蔗。

3. 甘蔗梢腐病

（1）症状：感病植株生长点附近基部出现黄色病斑，叶片基部变狭扭曲并有褶皱，基部边缘呈褐色或焦黑色。茎部感病呈黑褐色平行纵裂。病菌侵入心叶，向下扩展到生长点，则生长点死亡，梢部腐烂，蔗茎不能伸长而减产。7～9月高温多雨、施氮肥过多容易发病。

（2）防治方法：①选用抗病品种，轮作。②合理施肥，早施磷肥、钾肥，适当施氮肥。③发病蔗地不能留种。

4. 甘蔗螟虫

（1）症状：甘蔗螟虫俗称钻心虫，主要有二点螟、黄螟、条螟、玉米螟、大螟、柴螟等多种，以二点螟发生最多、为害最严重。螟虫以幼虫钻蛀蔗苗，造成枯心、虫节，引发赤霉病，容易被吹折。蛀入梢内，使生长点坏死，造成减产。

（2）防治方法：①清除残叶、残株，减少虫源。②播种时浸种消毒。③砍除秋、冬长虫的蔗苗。④拔除枯心，用铁线刺入喇叭口刺死幼虫，然后灌注90%晶体敌百虫500倍稀释液。⑤每亩用2%乐果粉剂10千克，均匀撒入植蔗沟，再覆土。

⑥幼虫为害心叶时，用50％杀螟丹1 000倍稀释液或25％杀螟腈500倍稀释液喷杀。⑦培养寄生蜂（赤眼蜂），消灭螟虫。

5. 甘蔗锯天牛

（1）症状：主要为害宿根蔗，幼虫长期取食甘蔗地下部分，使地下茎仅剩下表皮，无法长出新芽，或往上蛀食，使整株蔗茎枯死。

（2）防治方法：①轮作。多犁多耙，破坏天牛幼虫的地下洞穴。整地时捕杀幼虫。②为害严重的地方不再留宿根蔗。③用90％晶体敌百虫1 000倍稀释液或50％辛硫磷1 200倍稀释液淋施蔗根，杀死地下害虫。

6. 金龟子

（1）症状：金龟子幼虫叫蛴螬，俗名鸡母虫。幼虫生活在地下，取食甘蔗地下部分和幼苗，成虫取食蔗叶，严重时大片甘蔗只剩下叶脉。

（2）防治方法：①播种时或宿根蔗松蔸后，用晶体敌百虫1 000倍稀释液淋蔗根。②用75％辛硫磷喷蔗叶，可使成虫食后死亡。③晚上捕杀成虫。将小塑料桶埋在行间，让出来交配或取食的成虫跌入桶内，捕杀。

7. 白蚁

（1）症状：白蚁蛀食甘蔗地下茎，拔节伸长后蛀食蔗茎。

（2）防治方法：①用50％氯丹乳剂400倍稀释液浸种10分钟。②撒施灭蚁粉。③发现蚁穴，用50％氯丹乳剂700～800倍稀释液灌穴。

8. 甘蔗绵蚜虫

（1）症状：成虫和若虫群集于蔗叶背面中脉两侧吸取汁液，影响甘蔗正常生长，分泌的蜜露可引发煤烟病。宿根蔗受害，无法出芽。

（2）防治方法：①保护天敌，尽量减少化学农药的使用。②用40％乐果800～1 000倍稀释液喷杀，或用霹蚜雾20～30克兑水3千克喷杀，有触杀、熏蒸的作用，防治效果很好。

9. 鼠害

（1）症状：为害甘蔗的老鼠主要有小拟袋鼠、黄毛鼠、褐家鼠3种。老鼠咬食蔗茎，使甘蔗倒伏、枯死，宿根蔗无法出苗。

（2）防治方法：①毒饵诱杀，用敌鼠钠盐制成毒饵诱杀。②到植保部门购买灭鼠药，由村委会统一安排灭鼠。③养猫捕鼠。

10. 草害

（1）症状：甘蔗地常见的杂草有30多种。杂草与甘蔗争养分、水分和阳光，对甘蔗生长发育影响很大。杂草太多还会引发病虫害。

（2）防治方法：①在杂草开花结实前铲除，减少下一代杂草。②选用对甘蔗无害、除草效果好的除草剂喷杀。③与其他作物轮作。

二、荔枝种植技术

（一）优良品种

适宜广西种植的荔枝品种有三月红、妃子笑、鸡嘴荔、桂味、糯米糍、灵山香荔等。

1. 三月红

三月红别名早果、四月荔，是著名的荔枝早熟品种。果实大，果肉厚，呈白蜡色，肉质稍粗韧，汁多，味甜带微酸，品质中等。种子大，多不充实。适宜鲜食及制罐头。桂南地区2月初至3月下旬开花，5月上中旬果实成熟。树势壮旺，枝条粗长。耐湿性强，适宜在地下水位较高且土壤肥沃的立地种植，肥水条件良好的丘陵坡地也能丰产稳产。

2. 妃子笑

妃子笑别名落塘蒲、玉荷包，是优良的荔枝早中熟品种。果实较大，果肉厚，呈白蜡色，细嫩爽脆，清甜带微香，品质优良，较适宜鲜食。3月下旬至4月下旬开花，6月上中旬果实成熟。对气候条件的适应性强，植株营养生长旺盛，容易成花，花量大，花期早，但坐果难，需要采取综合栽培技术措施才能获得丰产稳产。树势壮旺，发枝能力强，花穗长，花枝细小，花芽再生能力强，花粉生活力弱。名美、形美、色美，核小质优，市场竞争力强，广西荔枝产区可大量种植发展。

3. 鸡嘴荔

鸡嘴荔是广西最著名的荔枝优良品种。果实大，果实呈歪心形或扁圆形，果肩平或一边微耸；果皮较厚韧，呈暗红色，龟裂片中等大，乳头状突出，裂片峰尖刺状；果肉呈蜡白色，爽脆清甜微香，品质上等，焦核率达80%以上，鲜食、制干、制罐头均佳。在桂南地区，4月上旬至4月下旬开花，6月下旬果实成熟。适应性强，适宜在山地栽培，丰产，果大核小，肉厚质优，鲜果市场竞争力强。

4. 桂味

桂味别名桂枝、带绿，是著名的荔枝优良品种。果实中等大，近圆球形，果顶浑圆，果肩平，果梗细；果皮呈鲜红色或淡红色，薄且脆，部分果实的果肩上有墨绿色斑块（俗称鸭头绿）；果肉呈乳白色，细嫩爽脆，汁多，清甜，有桂花香味，品质极优，种子小，宜鲜食、加工。在桂南地区，3月下旬至4月中旬开花，6月下旬至7月初果实成熟。适应性较强，耐旱，适宜丘陵山地栽种，抗风力稍弱，单株产量低，大小年结果明显，但品质、风味极佳，也较耐贮藏，商品价值高。树势较强，幼年结果树需要进行控梢促花才能开花结果。丰产年份常因不同品种间授粉而出现大核现象。在适宜种植区可适当发展。

5. 糯米糍

糯米糍是著名的荔枝优良品种。果实中等至大，果肉呈淡黄蜡色或乳白色，肉厚，软滑多汁，浓甜微带香气，品质风味极优；种子小，多退化为中空，鲜食、制干均优。在桂南地区，3 月下旬至 4 月中旬开花，6 月下旬果实成熟。花芽分化期要求适当的低温，栽培技术要求较高，裂果现象较严重，尤其是白皮小糯品系，裂果率可达 70%。糯米糍品质极佳，鲜果内销外销均极抢手，售价为荔枝一般品种的数倍。因此，要注意选择在适宜种植区发展该品种。

6. 灵山香荔

灵山香荔是广西产的荔枝优良品种。果实中等大，呈卵圆形，略扁，果顶钝圆，果肩平，微呈屋脊形；果皮厚韧，深红色略带紫，龟裂片隆起，大小相间，裂片峰呈乳头状突起或钝；果肉呈白蜡色，清甜爽脆，有香气，品质上等。种子有大有小，鲜食、制干、制罐头均可。在桂南地区，4 月下旬至 5 月上旬开花，6 月底至 7 月初果实成熟。适应性强，较耐寒，丰产，但不稳产，种植要求肥水条件较好；果肉厚，品质优，较耐贮藏。适宜地区可适当发展该品种。

（二）建园种植

1. 园地选择

选择阳光充足、空气流通、土层深厚、无冻害和无风害的地方建园。山地建园要修筑等高线水平的梯田，以降低坡度，切断坡面上的径流，蓄水拦泥，保水、保土、保肥，也便于管理操作。倾斜度不大的平缓坡地虽然可以不开梯田，但要注意按等高线开垦种植，采用宽行密株的种植方式，以增强水土保持的效果。

2. 种植

春植，在 2 月下旬至 4 月上旬定植；秋植，在 9～10 月定植，秋植苗下种时最好带有营养袋。

定植方法：丘陵山地要求挖种植穴，深、宽各 0.8～1 米，分层施入绿肥、土杂肥等基肥，植后将树盘筑成略高于地面 20～25 厘米的土墩。在平地及冲积土果园则不必开大穴，但同样要求施足基肥并培土墩种植。

种植密度：①永久性定植，行株距一般为 7 米×6 米（每公顷种 240 株）；②计划性密植，行株距为 4 米×4 米（每公顷种 630 株），当行间枝条交叉时，按计划回缩修剪和间伐。

（三）幼龄树管理

1. 整形修剪

在离地面50～60厘米处定干，培养2～4条在不同方位均匀分布的主枝。侧枝的每级分枝适当保留2条。成枝能力强的品种，各级侧枝的培养采用短截方法；成枝能力差的品种采用摘心来培养侧枝。当每级侧枝第二次新梢顶芽开始抽发时进行摘心。在每级侧枝第一次新梢长出10厘米左右时进行疏梢，每级侧枝保留2条左右对称的下一级侧枝，其余的剪除。

2. 施肥管理

在新梢萌发前和转绿期各施1次肥，初植树每次每株施复合肥20～30克或30%～40%腐熟麸水或禽畜粪水2～3千克。从第二年起，施肥量要相应增加，一般比上年增加50%～100%。每次施肥后结合淋水1次，以促进肥料的吸收。

3. 土壤管理

松土结合除草进行，一般每年进行1～2次。冬季地表干燥，杂草生长较慢，宜进行1次松土。松土时要铲除树盘的杂草。幼龄树根浅而少，松土宜浅，深8～12厘米。

从定植后的第二年起，每年进行1次改土，沿原种植穴外围开环状沟或2～4条长方形改土沟，深50～60厘米，宽度及长度视改土埋压的绿肥和有机肥数量的多少而定。杂树枝叶、作物茎秆、杂草、可腐解的垃圾均可分层埋入沟内。

（四）结果树管理

1. 树体管理

（1）结果树修剪。

①短截。当年只进行1次短截修剪，采果后的10～20天采取轻度回缩修剪。

②疏枝。疏枝时间为每次新梢开始转绿时。每次新梢都要进行合理疏枝，当年短截促发的第一次新梢每枝保留2条，其余的剪除。

（2）老龄树修剪：当年只进行1次修剪，采果后的15～20天，采用轻度短截和疏剪相结合的方法，剪除过密枝、荫枝、弱枝、重叠枝、下垂枝、病虫枝、落花落果枝和枯枝等。

2. 秋梢期管理

当龄结果树可培养2～3次梢，老龄树培养1次梢。

（1）灌溉：秋梢结果母枝抽生期，如果连续10天不下雨就要灌1次水，每次每平方米树冠灌水40～50千克。灌水前对树冠下的土壤进行浅松土并筑好树盘。

（2）施肥：挂果50千克的植株，采果前15～20天和采果后10天内各施肥1

次，每株施腐熟的鸡粪水或花生麸水 40～60 千克、复合肥 0.5～1.0 千克，以促发新梢。早熟品种在 6 月初抽出新梢，中、晚熟品种在 7 月上中旬抽出新梢。在第一次新梢转绿期每株再施腐熟鸡粪或花生麸干肥 8～12 千克、复合肥 0.5～1.0 千克、硫酸镁 0.1 千克，在树冠两侧滴水线开沟施，并注意灌水，促使早熟品种第二次梢在 7 月上旬抽出，中、晚熟品种则要在 8 月上中旬抽出。在第二次梢转绿期，每株施尿素 0.3 千克、氯化钾 0.5 千克、硫酸镁 0.1 千克，以促发末次秋梢。早熟品种在 8 月下旬抽出，中、晚熟品种在 9 月下旬抽出。施肥方法采用雨后撒施，干旱时要加水淋施。

3. 控冬梢期管理

早熟品种如三月红花芽生理分化开始时间为 8 月中下旬，最适时间为 9 月中下旬，结束时间为 10 月下旬；早、中熟品种如白蜡、黑叶、钦州红荔的花芽生理分化开始时间为 9 月下旬，最适时间为 11 月上中旬，结束时间为 1 月中旬；而晚熟品种如桂味、糯米糍、鸡嘴荔、灵山香荔等的花芽生理分化开始时间为 10 月上旬，最适时期为 11 月中下旬，结束时间为 1 月中下旬。

（1）断根：应该在末次秋梢转绿至老熟期进行，在树冠滴水线以内吸收根分布多的位置挖环形沟，沟宽 30～40 厘米、深 30～40 厘米。

（2）环割或环剥：主要针对果园水肥条件较好、树势壮旺的树。环割或环剥（9 月下旬至 11 月上中旬）必须具备 3 个条件，一是末次秋梢必须老熟，顶芽开始萌动或开始抽芽；二是花芽生理分化开始以后才能环割或环剥；三是环剥口或环割口必须在花芽形态分化最适期前 15 天愈合。

①环割。主要在直径为 2～4 厘米的主干、主枝或侧枝上进行。在花芽生理分化开始期进行的，可连续环割 2 圈，2 圈之间的距离为 4～5 厘米；环割偏迟的树，一般环割 1 圈即可。

②环剥。一般在末次秋梢转绿至老熟期进行，采取螺旋环剥的方法，在直径为 4～6 厘米的主干、主枝或侧枝上环剥 1～1.5 圈，使用环剥口为 0.2～0.3 厘米的环剥刀进行。

（3）喷洒植物生长调节剂：可选用乙烯利、多效唑、比久等。在 11～12 月末次秋梢老熟后和翌年 1 月，用浓度为 0.02％～0.04％乙烯利＋0.10％比久或 0.02％～0.04％乙烯利＋0.05％多效唑喷洒，控冬梢促花。若有冬梢抽出时，可在冬梢长 3～5 厘米时用浓度为 0.04％～0.05％的乙烯利溶液喷洒冬梢。要注意，乙烯利作用随温度而变化，用药时的气温越高作用越激烈，易引起药害；不同品种对乙烯利的反应不同，对其敏感的品种如糯米糍、桂味要用较低的浓度。

4. 促花期管理

三月红为早熟品种，花芽形态分化开始时间为 10 月中旬，最适时间为 11 月上中旬，结束时间为1月中旬；白糖罂、妃子笑等早中熟品种的花芽形态分化开始时间为12月上旬，最适时间为1月上中旬，结束时间为2月中旬；桂味、糯米糍、鸡嘴荔、灵山香荔等晚熟品种，花芽形态分化开始时间为1月中旬，最适宜时间为2月上中旬，结束时间为3月上旬。

（1）土壤灌溉：如果连续10天无降雨，就要灌溉1次，每次的灌水量按每平方米树冠淋水40～50千克，直至花芽萌动。

（2）提高土壤温度：用杂草、地膜等对树冠范围的地表进行覆盖。

（3）喷洒复合型细胞分裂素：喷洒复合型细胞分裂素2～3次，每次喷药相隔时间为7～10天。

（4）人工摘花穗：人工摘花穗或短截花穗是调节荔枝花期和花量的主要措施之一。如长花穗品种妃子笑，可在花穗长出5厘米左右时，把花穗从基部全部摘除，让花穗重新抽出。根据树势和气候条件，可考虑摘除1～2次，可有效地推迟花开期，并可减少花量。而对于迟熟品种，主要是进行短截，在花穗长达10厘米以上时，在8～10厘米处截除顶部。

5. 授粉与花期管理

（1）花期放蜂：荔枝是雌雄异花的虫媒花、风媒花，以昆虫传粉为主。荔枝园每亩放蜂2箱即可满足授粉要求。

（2）人工辅助授粉：在蜂源缺乏、气候条件不适宜昆虫传粉、雌花先开以及雌花盛开时附近又无雄花开放或开放少的果园，应采用人工辅助授粉。具体操作方法是在晴天上午雄花花药开裂散粉时，用湿毛巾在花穗上来回轻扫或轻拍，收集花粉，然后将湿毛巾上的花粉洗入水中，经反复多次，使花粉悬浮液成为淡黄色的混浊液，即可喷洒于盛开的雌花上。

（3）防“沤花”：在花期遇连绵阴雨时要及时摇动树干、树枝，摇落水珠和凋谢的花朵。花期遇到空气相对湿度近于饱和、白天多雾、花穗积聚水珠时，要喷水洗碱雾，清除柱头上的有毒物质。雌花盛开时如遇高温干燥天气，要在早、晚各喷水1次，以降温和增大空气相对湿度，稀释柱头黏液，改善授粉受精条件。

6. 挂果期管理

（1）土壤施肥：在幼果期及果实发育中期，以复合肥为主，配合施用磷肥、钾肥。挂果50千克的树，每株施用复合肥1～1.5千克，磷肥、钾肥各0.25～0.5千克。

（2）适时适量灌溉：开花期至小果期（果皮发育期）遇高温干旱或吹过夜西南风，天气干热，早晚要对树冠喷水及浇灌土壤，灌溉量按每平方米树冠灌水20～30千克，每5～7天灌1次。

（3）合理环割：对成龄树、青壮年树及幼龄树，在雌花谢后7～10天进行第一次环割，间隔30天左右进行第二次，整个果期可环割2～3次。糯米糍、桂味品种于6月中下旬进行第三次环割。环割宜在主干、主枝、大枝上进行，选直径为6～8厘米的大枝，用环割刀环割1圈，环割深度刚达木质部即可。

（4）叶面追肥：果期可根据植株的营养状况喷洒2～3次叶面肥，可选用0.2%优质尿素+0.3%磷酸二氢钾溶液。注意要选择在空气湿度较大、阳光较弱的阴天或傍晚进行，避免在雨天或高温干燥时喷施。

（5）摘除夏梢：果期第5～7天要到果园检查1次，如发现挂果树有夏梢萌生，要及时摘除。

7. 采收

荔枝采收成熟度的主要外观标志是果皮褪绿并转变为鲜红色，多数品种此时果实的色泽风味最佳，是采收的最适期。但有些品种如妃子笑，果皮褪绿上色缓慢，果皮绿中带红，当红色面积达60%～80%时，含糖量达顶峰，风味最佳。若待充分上色则糖分含量反而下降，俗称“退糖”现象，商品质量和耐贮性也随之下降。

采收以上午和下午为宜，避免午间烈日高温时采收，雨天不宜采收。

采收过程中要减少机械损伤。采收后在果园阴凉处就地分级，剔除烂果、病虫果，迅速装运。荔枝包装可根据客户要求，再加上必要的保鲜防失水措施，一般采用纸箱、塑料筐、竹筐内衬垫塑料薄膜的方法。包装大小视具体情况而定，可采用大包装或小包装，对于直接进入超市的果实，可采用塑料小托盘，以PVC无滴膜密封。如在常温条件下运输，果实需先预冷后再包装，因此大型果园最好在产地配有冷库。

（五）病虫害防治

1. 荔枝蛀蒂虫

（1）症状：幼虫为害嫩梢，多从嫩梢基部蛀入，蛀食木质部，形成黑色隧道，影响营养、水分输送，严重者梢顶部干枯。花穗被蛀，顶端常枯死，幼虫蛀入孔很小，不易被察觉。幼虫从果实的中、下部蛀入，蛀食种子，遗留虫粪于果内，导致落果。幼虫从果蒂附近蛀入，一般只取食种脐及胎座，造成虫粪果，严重影响果实的商品价值。

（2）防治方法：①采取科学栽培管理技术，控制冬梢萌发，减少虫源。②重视修剪，剪除荫枝、枯枝，增强果园的通风透光性。③在成虫羽化始盛期（羽化率在30%左右）喷药杀灭成虫，5～7天后再喷1次。可选用52.25%农地乐2 000倍稀释液、48%乐斯本800～1 000倍稀释液、10%灭百可2 000倍稀释液、25%杀虫双500倍稀释液加90%晶体敌百虫800倍稀释液；秋梢期可用40%水胺硫磷乳剂1 000倍稀释液。必要时，在荔枝收获前20天、10天各用药1次。

2. 荔枝蝽象

（1）症状：成虫与若虫用刺吸式口器为害嫩梢、枝叶，造成干枯；成虫和若虫身体有臭液，臭液射在嫩叶上也可导致叶片干枯。成虫、若虫受惊扰时射出的臭液可使果壳枯焦。

（2）防治方法：①每年3月上中旬，即在蝽象抗药性最低时用药，喷杀成虫可选用90%晶体敌百虫600～800倍稀释液或灭虫灵乳油1 500～2 000倍稀释液。②每年在荔枝蝽象产卵期即3月上旬、3月底或4月上旬各放1次蜂，30年以上的大树每次放400～500头，两次共放800～1 000头；小树每次放300头，两次共600头，可收到良好的效果。

3. 荔枝瘿螨

（1）症状：成螨、若螨刺吸叶片的汁液，被害叶片失去光泽，凹凸不平。成螨、若螨刺吸幼果的汁液，同时分泌某种物质，刺激幼果表皮细胞产生众多绒毛状物，形成毛毡，导致幼果发育不良并脱落。

（2）防治方法：①采果后结合修剪，剪除被害枝叶，集中烧毁。②控制冬梢抽发，中断荔枝瘿螨的食料来源，控制其为害。③在花蕾期，可选用20%三氯杀螨醇800倍稀释液或48%乐斯本乳剂1 000倍稀释液防治；秋梢抽发初期，可选用40%水胺硫磷乳油1 000倍稀释液或50%硫黄悬浮液300倍稀释液防治。

4. 吸果夜蛾

（1）症状：果实成熟前后，成虫用口器刺破果实表皮，插入果肉内吸食汁液，伤口软腐呈水渍状，后逐步扩展软腐范围或呈干疤状。成熟果实被害后在吸口周围出现褐色斑，感染病害，并从伤口流出汁液，剥开果皮后可见果肉变白。

（2）防治方法：①在傍晚天黑以前，用捕虫网捕捉，可减轻为害。②果实开始着色后，用透气性好的纸袋或旧报纸包裹果穗，绑紧袋口。③有条件的果园可安装黄色荧光灯（40瓦）驱赶成虫，减轻为害。

5. 荔枝小灰蝶

（1）症状：幼虫蛀食果核，蛀入孔较大，呈圆形，孔口边缘光滑并朝向地面。除1龄幼虫在孔口留有少许虫粪外，核内蛀道及孔口不附着虫粪，与其他蛀果虫明显有别。

（2）防治方法：①受害果蛀孔明显可见，虫粪落在外面，有迹可循，应及时摘除虫果，消灭幼虫。②掌握化蛹习性，于蛹期刺杀树干裂缝中的虫蛹。③在老熟幼虫爬出树干裂缝化蛹时用农药喷杀，可选用25%杀虫双乳油500倍稀释液加90%晶体敌百虫500倍稀释液喷雾或用5%高效灭百可乳剂3 000倍稀释液喷雾。防治荔枝蒂蛀虫的多种药剂也可兼治小灰蝶。

6. 龟背天牛

（1）症状：幼虫钻蛀枝干，造成枯枝。6～8月成虫咬食嫩梢皮层，被害处呈环形剥皮状，严重时导致枯梢。幼虫钻蛀枝干，取食木质部，形成扁圆形的坑道，每隔一段距离即咬一小孔与外界通气，孔口附近常有虫粪排出。树干被幼虫钻蛀后，树势衰弱，造成枯枝或全株枯死。

（2）防治方法：①在7～8月，利用成虫假死性进行人工捕捉。②8～12月检查枝杈处，刺杀虫卵及初孵幼虫。③3月上旬至6月，根据幼虫为害的特点，用铁丝钩杀幼虫，或用80%敌敌畏乳剂50倍稀释液注入坑道，再用湿黄泥封堵洞口。

7. 白蛾蜡蝉

（1）症状：成虫、幼虫聚集在嫩梢、枝条上吸食汁液，导致枝条长势不良。枝梢被害部位附有白色棉絮状蜡质分泌物，可诱发煤烟病。

（2）防治方法：①采果后结合修剪，剪除荫枝、过密枝、病虫枝，改善果园通风环境，以减轻为害。②在成虫羽化高峰期，可用网捕杀成虫。③在成虫产卵初期和若虫低龄期喷药防治，可荔枝蝽象、荔枝蛀蒂虫兼治，喷药时要均匀喷洒到枝梢及树冠内膛枝上。

8. 茶黄蓟马

（1）症状：成虫、若虫为害新梢，被害叶片向背面纵卷成波纹状，不能充分展开。叶片被害后，对光可见叶肉出现黄色锉伤点，继而失去光泽，僵硬变厚、变黄，容易脱落。

（2）防治方法：①加强栽培管理，尽量使抽梢较为整齐，如发现零星抽梢，应及时控制。②控制冬梢抽发，减少虫源。③在若虫盛发期前用24%万灵水剂1 000倍稀释液喷洒防治。

9. 茶材小蠹

（1）症状：成虫、若虫在长势衰弱的枝干上钻蛀为害，多成环状坑道，孔口常有细碎木屑堆积，清晨或雨后转晴时在孔口周围常有水渍状，剖开被害枝条，可见环状水平坑道，深达木质部。

（2）防治方法：①结合修剪，剪除枯枝及被害枝，集中烧毁，以减少虫源。②增施有机肥，增强树势。③重点抓住越冬代（2月中下旬）和第一代（4月上中旬）成虫羽化时喷药防治，可用80%敌敌畏乳剂1 000倍稀释液或40%水胺硫磷乳油1 000倍稀释液防治，每10～15天喷1次，连续喷2～3次。

10. 荔枝瘿蚊

（1）症状：幼虫为害嫩叶，初期出现水渍状点痕，逐渐形成两面突起的虫瘿，致使叶片扭曲变形，后期干枯、穿孔。成虫产卵于嫩叶背面，孵化后幼虫侵入叶肉并发育形成疱状的虫瘿叶。

（2）防治方法：①结合修剪，剪除过密枝、荫枝、虫枝，集中烧毁，以减轻为害。②受害严重的果园，可在2月下旬至3月上旬按每亩用50%辛硫磷0.5千克配制成毒土撒施在树冠下面，再浅翻土壤，埋入土内。结合防治其他害虫，在新梢抽出5厘米左右时喷药1次，10～15天后再防治1次。

三、龙眼种植技术

（一）优良品种

1. 石硖

石硖又名石圆、脆肉，原产于广东，是广西、广东的主栽品种。果实呈圆形或略扁圆形，果皮呈黄褐色或黄褐色带绿，较厚，表皮较粗糙；果肉呈乳白色或淡乳白色，不透明，肉厚，表面不流汁，易离核，肉质爽脆，味清甜带蜜味，品质优；种子较小，呈红褐色。在桂南地区7月下旬至8月上中旬成熟。石硖生长势较强，适应性广，丰产稳产，果实较早熟，是品质极佳的鲜食品种。但耐旱性较差，弱树春梢和花穗较易感鬼帚病。

2. 大乌圆

大乌圆原产于广西。果实呈扁圆形，果皮呈黄褐色，龟裂纹和疣状突起不明显；果肉蜡白色，半透明，表面不流汁，易离核，肉厚，味淡甜。在桂南地区8月成熟。大乌圆生长势强，较丰产，抗鬼帚病，大小年结果现象较明显。果实成熟较迟，果大、肉厚，适宜制罐头、加工龙眼干和龙眼肉，也可鲜食，品质中等。

3. 储良

储良原产广东高州。果实呈扁圆形，果皮呈黄褐色带绿色，平滑，疣状突出不明显；果肉呈乳白色，不透明，肉厚，表面不流汁，易离核，肉质爽脆，味清甜，品质优。在桂南地区8月中旬成熟。储良生长势较强，较耐旱，丰产稳产，果实外观美，风味品质上等，是优质的鲜食用和制干品种。焙干后果壳不凹陷和不易破裂，肉厚易离核，质优口感好。

（二）建园种植

1. 园地选择和建园

选择在阳光充足、空气流通、土层深厚、无冻害和无风害的地方建园，有轻霜冻地区应避免在西北面和冷空气沉积的低洼地建园。

山地建园，要修筑等高线水平梯田，以降低坡度，切断坡面上的径流，蓄水拦泥，保水、保土、保肥，同时也便于管理操作。

坡度不大的平缓坡地种植可以不开梯田，但要注意按等高线开垦种植，最好采用宽行密株的种植方式，以增强水土保持效果。

2. 种植

龙眼苗定植以春季开始回暖、土壤湿润时为宜。种植坑深 60～100 厘米、宽 100 厘米、长 100 厘米以上。栽植规格一般株距为 4～7 米，行距为 4～8 米，宽行密株种植更有利于栽后的田间管理。种植坑填土宜高出地面 10～15 厘米，待土壤下沉后，植株根颈部和土面持平。

（三）幼龄树管理

1. 整形修剪

苗木定植或栽植后，在距地面 40～50 厘米高处定干，在任其自然分枝的基础上选留 3～4 条开张的大枝做骨干枝，疏除其他过密枝。在风大的地区，第一年可任其自然分枝，第二年选留错落生长的 3～4 条主枝，多余的分枝疏除，主枝间距较近，主枝与主干的夹角呈 45°～70°。可通过自然延伸或拉线整形的方法整形，每条主枝保留 2～3 条相距 20～50 厘米的副主枝，每条副主枝再选留 2～3 条枝，直至第三或第四年，树冠即可含有 24～32 条健壮分枝，从而形成坚固、通风透光良好、具有较强负载能力和耐风的树形。

2. 施肥管理

每次新梢抽发前后施肥 2 次，分别在新梢萌发前和小叶展开时施下，以腐熟的豆麸、鸡粪水混合尿素、氯化钾、磷肥灌施。

3. 土壤管理

种植后 3～5 年为幼年果园，土壤管理主要是采用深翻扩穴改土、株行间隙间作浅根性豆科作物等技术措施，为幼树创造一个良好的根系生长环境，以确保树体健壮生长，形成较大的树冠和结果容积。成年龙眼园，在旱季一般以河边潮泥、溪边冲积土、塘泥、火烧土等进行培土，以加厚土层，防止根系裸露，提高抗风和抗旱能力。在树盘内覆盖秸草，可减少水土流失和高温干旱造成的土壤水分丧失，也可增加土壤有机质和改善土壤结构，降低炎夏土温和促进吸收根生长，还有利于控制树冠下的杂草。

4. 树体保护

幼树抗寒力弱，在冬季低温期要盖草保护。同时应注意防治为害龙眼幼树比较严重的虫害，如金龟子、荔枝蝽象、白蚁等。

（四）结果树管理

1. 树体管理

树体管理主要是修剪，分 2 次进行，第一次在结合疏花疏果时进行短截或回缩，一般宜在 5 月前结合疏花疏果完成回缩，回缩的剪口粗度以 2 厘米左右为宜；

第二次在放秋梢时进行疏枝和疏芽。若树势较衰弱或长势一般，应先施肥，待枝梢芽眼较饱满时才进行修剪。修剪方法主要有短截、疏剪、摘心和疏芽等，可根据需要灵活选用。

2. 施肥管理

结果树每年施肥3次，第一次在开花前，氮肥、钾肥各占全年施肥量的20%～25%，磷肥占全年施肥量的25%～30%；第二次在幼果期，氮肥占全年施肥量的25%～30%，磷肥占全年施肥量的40%，钾肥占全年施肥量的40%～50%；第三次在采果前后，氮肥占全年施肥量的45%～55%，磷肥占全年施肥量的30%～35%，钾肥占全年施肥量的25%～40%。广西龙眼产区的土壤普遍缺镁，每年每株可土施200～300克硫酸镁。

3. 水分管理

广西龙眼产区的年降水分布不匀，往往造成末次秋梢不能适时抽出，因此梢期遇干旱时应及时灌溉。最后1次枝梢转绿后要停止灌溉。

4. 秋冬季管理

在末次秋梢老熟后，若植株叶片浓绿，要采取下列措施。

(1) 控氮增钾：在树冠滴水线下挖浅坑（深10厘米、宽30厘米），按每株结果50千克计算，每株以氯化钾0.5～1千克兑水50千克淋施，然后覆土。

(2) 撒石灰：在树冠下的树盘上撒石灰粉，按每株结果50千克计算，每株撒石灰粉1千克。

(3) 药物控梢：石硖品种用浓度为0.02%～0.025%的40%乙烯利溶液+浓度为0.5%的15%多效唑溶液喷洒（40%乙烯利7.5～9.4毫升+15%多效唑50克，兑水15千克）。大乌圆、储良品种用浓度为0.025%～0.035%的40%乙烯利溶液+浓度为0.5%的15%多效唑溶液喷洒（40%乙烯利9.4～13.2毫升+15%多效唑50克，兑水15千克）。

(4) 松土断根：树冠下的树盘全面松土，树干附近松土浅些，离树干越远松土越深，最深可达25厘米。

(5) 断根晒根：12月，在植株树冠滴水线下挖环形沟，宽、深各40厘米，或挖对面沟，长1～2米，深、宽各40厘米。挖后让其晾晒，待翌年作为施肥坑。

(6) 树干处理：对于树势壮旺和肥水条件良好的植株，有时还需要进行环扎、环割、环剥。但操作要慎重。

5. 花果期管理

(1) 防冲梢：在花芽露红期出现冲梢的，要立即摘除花穗上的嫩叶。对花包叶的冲梢，可把顶芽摘去；对叶包花的冲梢，不宜摘去顶芽。

必要时可用药物杀除嫩叶，可用浓度为0.015%～0.02%的40%乙烯利溶液喷洒，即40%乙烯利5.6～7.5毫升，兑水15千克。

（2）短截花穗：在花穗抽出伸长后，保留花穗基部15～20厘米进行短截。

（3）疏除花穗：当花穗抽出长15厘米时疏折花穗，在花穗与结果母枝顶部以下的1～2节处疏折。疏折量以每平方米树冠留10个花穗为宜，其余的疏除。先疏除病穗、弱穗、带叶花穗，再根据实际情况决定是否疏除其他花穗。

（4）施壮花肥：一般在开花前的3月中下旬施肥，按每株结果50千克计算，每株施复合肥1～2千克。

（5）淋水：露红期不宜淋水，但在抽穗期遇干旱的则要淋水。

（6）授粉：龙眼雌花开放期间，果园内最好放养蜜蜂，以帮助授粉受精，提高坐果率，必要时还要定期人工摇花，可间接帮助授粉。

（7）疏果穗：5月，正常开花结果的植株，根据树势和枝条大小疏除全株20%左右的果穗，特别是树冠顶部及上部的果穗，过长的果穗也要适当短截。对果穗和嫩梢相间的，有1/5以上嫩梢的树基本不疏果穗。疏果时先把过多的果穗与坐果稀少的空穗剪去，然后把并蒂果、生长不良的小果、病果、过密果剪去，使龙眼树均匀挂果，从而达到增大单果重、提高可食率和可溶性固形物含量、提升品质、增加经济收入的效果。

（五）病虫害防治

1. 龙眼丛枝病

（1）症状：龙眼丛枝病又叫鬼帚病。病树的枝梢、花穗等生长畸形，发病枝上的花穗不能正常开花结果，树势衰退，产量下降，严重时全无收成，甚至植株枯死。叶片受害后多呈畸形，易脱落，发病严重时新梢丛生，节间缩短，整个枝梢呈扫帚状。花穗受害后节间缩短，成簇生花穗，花朵发育不正常，不能结实。花穗干枯后变褐色，经久不落，常悬挂在枝梢丛间。

（2）防治方法：①加强检疫管理，培育和推广无病健康种苗。②及时防治传病的害虫，特别是新梢期要注意防治龙眼角颊木虱、荔枝蝽象等害虫。③发现染病枝梢、花穗要及时剪除，或挖除病株，集中烧毁，抑制病情扩展。④加强栽培管理，促使树体健壮，提高抗病力。

2. 荔枝蝽象

（1）症状：若虫或成虫刺吸龙眼枝梢、花穗及幼果的汁液，导致落花落果，严重影响产量，其中以3龄后的若虫为害较严重。成虫、若虫受惊时喷射的臭液会使嫩梢、嫩叶、花穗及果壳局部焦枯。

（2）防治方法：可参照荔枝部分的内容。

3. 荔枝蛀蒂虫

（1）症状：幼虫为害龙眼的果实、花穗和嫩梢。为害幼果时，取食果核，导致落果。为害近成熟的果实，则在果蒂内蛀食种脐及胎座并遗留虫粪于蒂内，导致后期落果和降低果实品质。为害花穗、嫩梢时蛀食木质部，可见黑色蛀道。为害叶片时蛀食中脉，使叶片变褐干枯。

（2）防治方法：可参照荔枝部分的内容。

4. 龙眼角颊木虱

（1）症状：成虫在嫩梢、芽和叶上吸食汁液。若虫固定于叶背吸食，吸取叶片汁液，使叶面上出现一个个钉状突起，叶背形成下陷的虫瘿，叶片黄萎变小，畸形扭曲，严重影响叶片及枝条的正常生长。角颊木虱还是龙眼鬼帚病的传播媒介之一。

（2）防治方法：①加强栽培管理，通过施肥和灌溉等措施促进抽梢整齐，提高抗虫力。②做好果园清洁工作，结合修剪，剪除病虫枝、荫枝、弱枝等，并集中烧毁，以减少越冬虫源。③在每次龙眼新梢抽生期要注意保梢。虫害严重的果园，在抽梢初期喷药1次，隔10～15天再喷1次。药剂可选用40.7%乐斯本1 000倍稀释液或80%敌敌畏乳油800～1 000倍稀释液。

5. 龙眼亥麦蛾

（1）症状：主要为害龙眼枝梢和花穗，以幼虫蛀食龙眼新梢木质部，使新梢因水分供应不足而不能正常生长，从而导致叶片卷曲皱缩、变小、变硬。花穗受害后，表现出花穗短簇密集、花朵臃肿肥大等与鬼帚病相似的症状，影响产量。为害后形成褐色隧道，幼虫在蛀食过程中不断向洞口外排粪，枝梢老熟后，即转到另一新梢继续为害。

（2）防治方法：①做好清园工作，通过修剪剪除被害枝梢或花穗，集中烧毁。②合理使用农药，保护天敌。龙眼亥麦蛾有多种寄生蜂，尤其是黄长距茧蜂，自然寄生率很高，应注意保护。③必要时可用药物防治。在每次新梢抽发期喷药，可选用10%灭百可3 000倍稀释液、20%灭扫利3 000倍稀释液或2.5%敌杀死3 000倍稀释液喷杀。

6. 白蛾蜡蝉

（1）症状：白蛾蜡蝉是一种杂食性害虫，主要为害龙眼的枝梢、花穗及幼果，以若虫和成虫吸食树梢、花穗和果柄的汁液，导致嫩梢生长不良、叶片萎缩卷曲、落花落果。被害的树叶、果上附有许多白色棉絮状蜡质分泌物，可诱发煤烟病。

（2）防治方法：①结合枝条修剪，剪除有虫枝条，以减少虫源；发生量较小时可进行人工网捕。②可选用90%晶体敌百虫800～1 000倍稀释液、2.5%敌杀死3 000～4 000倍稀释液或安绿宝3 000～4 000倍稀释液喷杀。在3月上中旬和7月中下旬成虫产卵初期喷药效果最好。

（六）采　收

龙眼果实成熟的标志是果皮由粗糙而厚转为平滑而薄，颜色由绿色转为本品种特有的褐色、黄褐色或黄色，果肉味道由无味或青草味变为浓甜味，果核变成黑色（红核品种则为红色）。用于制干、制酱的宜在充分成熟时采收，用于制罐头或远程运销的则需在八九成熟时采收。雨天不宜采收，应在晴天上午、下午温度稍低时采收。龙眼采果的位置一般在果穗基部与结果母枝的交界处，即在带1～2张复叶的部位剪断。采果时要轻采轻放，尽量避免机械损伤，更不可摔伤果穗或在阳光下暴晒，要尽快运至阴凉处并进行选果、包装、贮运和销售。

四、杧果种植技术

（一）优良品种

杧果的优良品种主要有紫花杧、红象牙、凯特杧、台农一号杧和金煌杧等。

1. 紫花杧

紫花杧是广西大学农学院育成的品种。果呈长肾形，平均单果重 270 克，成熟时果皮呈金黄色。果肉呈橙黄色，肉质较细嫩，汁多，坚实，香味较浓郁，品质中上。在广西南宁，3 月中下旬至 5 月上旬开花，7 月果实成熟。

2. 红象牙

红象牙原产于泰国、缅甸。果呈长椭圆形而尖端弯曲似象牙，果大，单果重 500 克左右。果实、果肉呈橙黄色，肉质细嫩坚实，纤维极少，味甜，品质中上。在广西南宁，3 月下旬至 4 月初开花，8 月上中旬果实成熟。

3. 台农一号杧

台农一号杧是台湾凤山热带园艺试验所用海顿杧与爱文杧杂交的杧果品种。果实呈扁卵形至斜卵形，平均单果重 220 克，完全成熟的果实呈橘黄色，近果肩半部常带胭脂红色，果皮光滑，外观美，果肉呈深黄色，肉质细致，香味浓郁，纤维少，品质优。在广西百色市，果实成熟期在 6 月中旬至 7 月中上旬。该品种生长势强、抗性好，果实较耐贮运、货架寿命长，适宜区可种植发展。

4. 红金煌杧

红金煌杧的果实呈长椭圆形，中等大小，单果重 300 克左右。后熟果底色为橘黄色，盖色为紫红色至红色。果肉呈深橙黄色，纤维少，但肉质稍松、粗。在广西百色市，7 月上中旬果实成熟。该品种果实外观美，风味、品质较好，抗性好，果皮厚，耐贮运。

5. 金煌杧

金煌杧是台湾省育成的品种。果呈长椭圆形，肥厚饱满。果实硕大，单果重 900～2 000克。青熟果皮呈青绿色，套袋果皮呈淡黄色，后熟果皮呈橙黄色。果肉呈橙黄色，纤维极少，质地细嫩，品质风味优良。在广西百色市，7 月果实成熟。

6. 红贵妃杧

红贵妃杧又名红金龙杧、黄金龙杧。果呈长椭圆形，果顶较尖小，单果重 300～500 克，未成熟果向阳面呈紫红色，成熟后底色呈深黄色，盖色鲜红，果皮艳丽。果肉呈橙黄色，纤维少，质地细嫩，品质优良，较耐贮运。

（二）种　植

1. 种植时期和密度

一般在3～4月或9～10月定植，采用4米×3米、5米×4米或6米×5米的行株距，每亩种55株、33株或22株。

2. 种植

丘陵地采用等高定点开坑或按等高线开垦成简易梯田后定点挖坑，坑直径为100厘米、深80厘米；回土时将杂草、绿肥分层与表土填入，每坑再用已堆沤腐熟的畜禽粪与有机肥20～30千克、磷肥1千克与表土拌匀填入，高出地面20厘米。种时应尽量带土定植，如种植裸根苗，应剪除苗木上的全部叶片和嫩梢，再用薄膜条缠缚枝干，根部浆黄泥浆，盖上表土并压实，淋足定根水后筑直径1米的树盘，覆上干杂草保水保湿，在苗旁立上支柱扶持以免风吹摇动。定植后如无降雨，应隔天淋1次水，以保持树盘土壤湿润。

（三）幼龄树管理

1. 整形修剪

在苗圃整形的基础上，继续进行树冠整形和修剪，培养形成自然圆头形和主枝分层形的树冠，保持树形的骨架具有强壮而适量的主枝、侧枝、分枝，为承载一定的结果量打下基础，剪去过多、过弱的枝叶，使树冠内外受光合理、利用率高。

2. 施肥管理

幼苗定植成活、枝叶老熟后，淋施稀薄腐熟的人畜粪水或0.5%尿素水溶液，每1～2个月施1次，以后每次每株施复合肥50克，第二年施用量酌情增加到75～100克，在雨后撒施或施后淋水。

3. 土壤管理

种后2～3年，株行间空隙地较多，应在每年夏季或秋季，沿树冠滴水线挖宽30厘米、深40厘米的环沟，施入新鲜杂草、绿肥20千克，堆沤腐熟的有机肥10千克，石灰粉250克，每年1次，以改良根系周围的土壤，有利于根系和植株生长发育。

4. 树体保护

树干用石灰加少量食盐调成的石灰水溶液涂白主干，以减轻日光灼伤和冬季寒害。

（四）结果树管理

1. 修剪

采取短截、疏剪、摘心、拉枝、环割或环剥等方法修剪。在采收前 40 天进行夏剪，夏梢长至 3～5 厘米时，从基部抹除，疏除内膛枝、交叉枝、过密枝和弱小枝。采果后疏去过密枝和结果母枝，入冬前疏去过多剪口芽、树冠内密生弱枝、荫枝及病虫枝。

2. 施肥管理

结果树的施肥一般是氮肥、钾肥的量相当，或钾肥稍高于氮肥，高产年多施氮肥。9～10 月施攻梢肥，灌水后施 15：15：15 的复合肥500～1 000克，使 8～9 月抽发的秋梢顶芽再抽梢。早春每株施复合肥 200～400 克以壮花。果实发育中后期，结果多、树势明显下降、叶发黄的树每株补施氮肥 100～200 克。幼果期可采用 1%磷酸二氢钾溶液或 0.5%尿素溶液进行根外追肥。结果后 10 年生以下的树应每株施尿素 0.3～0.5 千克、复合肥 0.5～1 千克或施堆沤好的有机肥 25～30 千克加尿素 0.2～0.4 千克，10 年生以上的树每株施肥量应增加 1/2。

（五）主要病虫害防治

1. 炭疽病

（1）症状：为害幼果和采收前后的熟果，使果面出现形状不一、稍凹陷的紫褐色至黑色病斑，潮湿时出现朱红色黏质小点，随后病斑连成斑块，最终全果变黑腐烂，幼果皱缩脱落。叶片感病后出现不规则的褐斑，易破裂或穿孔。枝梢、花穗染病后枯死。

（2）防治方法：①做好修剪工作，保持树体通风透光，冬季清园，烧毁病枝、病叶，避免偏施氮肥。②花芽萌发后至采果前半个月，视天气和病情，每 10～15 天喷药 1 次，保梢保果。药剂可选用 45%咪鲜胺水乳剂1 500～2 000倍稀释液或 77%可杀得 800～1 000倍稀释液，交替使用。

2. 杧果黑斑病

（1）症状：为害叶、梢和幼果，严重时引起落叶、落果。

（2）防治方法：冬季清园，减少病原菌传染；适量增施钾肥，增强植株抗病力；雨后喷施波尔多液或 25%叶枯宁 800～1 000倍稀释液。

3. 杧果褐色蒂腐病

（1）症状：为害采后的后熟果（因花期至幼果期已被侵染）。

（2）防治方法：冬季清园；在花期和幼果期用 40%多硫铜 600 倍稀释液或敌力脱1 500倍稀释液喷洒防治；采果后用清水漂洗，放在 50℃的 40%多硫铜 600 倍稀释液中浸泡8分钟；单果包装后放在通风环境中贮藏。

4. 杧果尾夜蛾

（1）症状：为害嫩叶、花。

（2）防治方法：冬季清园，树干涂白；在树干上绑草把诱杀老熟成虫；新梢抽生期或花期用90%晶体敌百虫或80%敌敌畏乳剂800～1000倍稀释液喷洒防治。

5. 杧果扁喙叶蝉

（1）症状：成虫、若虫群集为害新梢、嫩叶、花序及幼果，引起枯穗、落花、落果和诱发煤烟病。

（2）防治方法：花期和幼果期选用20%叶蝉散1 000倍稀释液、25%叶飞散1 000倍稀释液或80%敌敌畏乳剂800～1 000倍稀释液喷杀。

（六）采　收

1. 果实采收成熟度的确定

当果实已达本品种大小、两肩浑圆、蒂部略下陷、皮色由深变淡、果点或花纹明显时，表明果实已成熟。此时种壳变硬、果肉由白变黄。

2. 采收

采果应用果剪逐个剪下，一手剪果，另一手托住果，轻采轻放。杧果果柄断口会流出乳白汁，乳白汁污染果面后可引起果面黑变和腐烂，故采果时应保留1～2厘米的穗梗，可防止流出乳白汁。采下的果实应放在塑料筐、木箱（垫纸）、纸箱内，然后装运回包装场处理。

3. 果实采后处理

剔除损伤果、坏果、规格外果。用洗涤剂清洗果实表面的污垢和乳白汁，在水中剪去果梗，用清水冲洗，晾干，消毒，保鲜处理后远运或进库贮藏。进库前应采用单果包装后才装箱入库。杧果采下后需经过果实内含物及果皮的一系列转化，果皮逐步转变成黄色，果肉变软，淀粉转化为可溶性糖，酸度降低，香气浓郁，后熟过程才完成，这时食用风味才佳。经后熟的果在9～13℃的条件下可贮藏10天以上，在常温下仅可贮藏3～7天。

五、火龙果种植技术

（一）生物学特性

火龙果属于热带、亚热带水果，耐旱、耐高温、喜光，对土质要求不严，平地、山坡、沙石地均可种植，最适的土壤 pH 值为 6～7.5，最好选择有机质丰富和排水性能好的土地种植。火龙果不耐霜冻，冬季温度低于 0℃的地区采用简易大棚种植。

（二）育苗技术

1. 扦插育苗

扦插时间以春季最适宜，插条选生长充实的茎节，截成长 37.5 厘米的小段，待伤口风干后插入沙床或直接扦插在支撑架下和水泥柱侧边。扦插的以后不需要浇水，保持土壤的干度。10 天以后开始浇水。15～30 天可生根，根长到 3～10 厘米时移植苗床。

2. 嫁接育苗

选择无病虫害、生长健壮、茎肉饱满的“量天尺”做砧木，于晴天进行火龙果嫁接。将火龙果茎用刀切平面，把接穗插入，对准形成层，用棉线绑牢固定，在 28～30℃条件下，4～5 天伤口接合面即有大量愈伤组织形成，接穗与砧木颜色接近，说明两者维管束已愈合，嫁接成功，而后可移进假植苗床继续培育。

（1）砧木和接穗的选择：黄肉类型的火龙果砧木可选择野生三角柱（霸王花）等，红肉类型的火龙果可选择白肉类型的火龙果作砧木。选择 1～2 年生的三角柱，自茎节处从母体上截下，扦插在砂质较重的疏松土壤中（深度为插牢为宜），上搭荫棚，浇透水即可作砧木，约半月成活后就可进行嫁接。接穗以当年生发育较好的枝条为宜。

（2）嫁接时间：一般除冬季低温期外，其他季节均可嫁接。冬春季节阴冷潮湿时间长，嫁接时伤口不仅难以愈合，而且会扩大危及植株。因此，嫁接时间最好选在 3～10 月，这样有充分的愈合和生长期，并且利于来年的挂果。

（3）嫁接前的药物处理：嫁接所用的小刀等都应用酒精或白酒消毒，以防病菌感染。有条件的可用萘乙酸钠溶液浸蘸接穗基部，这样既能促进愈伤组织的形成，又能达到提高成活率的目的。

（4）嫁接方法。

①平接法。用利刀在霸王花的三棱柱适当高度横切一刀，然后将3个棱峰作30～40度切削，用消过毒的仙人刺刺入砧木中间维管束，将切平的接穗连接在刺的另一端，用刺将接穗和砧木连接起来，砧木和接穗尽量贴紧不留空隙，避免细菌感染不利于愈合，然后在两旁各加一刺固定，再用细线绕基部捆紧。

②楔接法。在砧木顶部用消过毒的小刀纵切一裂缝，但不宜过深，然后将接穗下部用消毒过的刀片削成鸭嘴状，削后立即插入砧木裂缝中，用塑料胶纸加以固定，再套塑料袋以保持空气湿度，有利于成活。20天后观察嫁接生长情况，若能保持清新鲜绿，即成活。一个月后可出圃。

（三）果园的规划和定植

1. 果园规划

（1）园址选择：火龙果可种植于平地或坡地，均要求地面开阔向阳，不积水，近十年来最低气温高于5℃以上。土层疏松、透气性能好，以弱酸性、中性或弱碱性的土壤为佳。一般可生长野草的土层都能生长火龙果。

（2）园内规划：大面积种植红龙果，可将果园划成若干个小区，丘陵或缓坡地可按2～3.3公顷、山地可按1.3～1.5公顷划分。如果仅种植几公顷则不必分区。作业区的形状多采用2∶1或5∶2或5∶3的长方形，其长边必须与山坡等高线走向平行。在坡度较大的山地（大于35°）定植红龙果，应沿着坡面按等高线挖出每行植株的定植畦面。在修建梯面的同时，修建纵向竹节状排水沟，沟底种草，以减少雨水冲刷沟底。在水源缺乏的果园，还应在果园上部或果园中心位置修建一个蓄水池，其容量视果园大小而定，平均每亩果园需要容积为1立方米的水池。

2. 栽植方式

苗木定植前每亩按1.5米×2米的规格，立10厘米×10厘米×250厘米的水泥方柱100～110根，水泥柱入土50厘米，以支撑火龙果枝条攀缘，水泥柱两侧距顶部5～10厘米处各打一直孔，引两条垂直的铁丝十字架供火龙果枝条攀挂。为防止枝条因负重过重或被风刮断，十字架上要放一固定的废旧轮胎，以支撑枝条。水泥柱相对两面的地上各挖一深10厘米，长、宽各20厘米的定植穴，穴内施腐熟有机肥和土壤混匀，每穴植1株，每根水泥柱旁种3～4株。

3. 果苗定植

火龙果一年四季均可种植，每柱的周围种3～4株，让火龙果植株沿柱向上生长。按每柱栽4株果苗计算，亩可植450株，可以大大提高土地利用率，提高幼年期结果量，早收回投资成本。种植时不可深植（以3厘米深为宜），初期应保持土壤湿润。

（四）高产栽培技术

1. 苗期管理

育苗床宜选通风向阳、土壤肥沃、排灌方便的田块，整细作畦，畦带沟225厘米，亩施腐熟鸡粪或牛粪1 500～2 000千克，掺入谷壳灰1 000千克，充分搅匀，在整地时施于畦面以下10～50厘米的表土层；其后再施100～150千克钙镁磷肥，用锄头充分搅拌，施于4～12.5厘米深的表土层中，然后把小苗按株行距75厘米种于苗床，浇透水，并喷洒500倍多菌灵稀释液1次，每隔10～15天施5～7千克复合肥，等长出第一节茎肉饱满的茎段，即可出圃。

2. 栽种管理

火龙果栽后12～14个月开始开花结果，每年可开花12～15次，4～11月为产果期，谢花后30～40天果实成熟，单果重500～1 000克，栽植后第二年每柱产果20个以上，第三年进入盛果期，单产可达2 500千克/亩。

（1）薄肥勤施：果实采收期长，每年都要重施有机肥，氮、磷、钾复合肥要均衡长期施用。开花结果期间要增补钾肥、镁肥，结果期保持土壤湿润，树盘用草或菇渣覆盖。天气干旱时，3～4天灌1次水。幼树（1～2年生）以施氮肥为主，成龄树（3年生以上）以施磷肥、钾肥为主，控制氮肥的施用量。

施肥应在春季新梢萌发期和果实膨大期进行，肥料一般以枯饼渣、鸡粪、猪粪按1∶2∶7的配方，每年每株施有机肥25千克。或在每年7月、10月和翌年3月，每株各施牛粪堆肥1.2千克、复合肥200克。火龙果的根系主要分布在表土层，施肥应采用撒施法，忌开沟深施，以免伤根。此外，每批幼果形成后，根外喷施0.3%硫酸镁+0.2%硼砂+0.3%磷酸二氢钾1次，以提高果实品质。

由于火龙果采收期长，要重施有机质肥料，氮、磷、钾复合肥要均衡长期施用。完全使用猪、鸡粪含氮量过高的肥料，会导致枝条较肥厚，深绿色且很脆，大风时易折断，所结果实较大且重，品质不佳，甜度低，甚至还有酸味或咸味。因此，开花结果期间要增施钾肥、镁肥和骨粉，以促进果实糖分积累，提高品质。火龙果的气生根很多，可以转化为吸收根。扩穴改土可逐渐扩宽根系分布，也可绑扎牵引诱导气生根下地。

（2）摘心：当枝条长到1.3～1.4米长时摘心，促进分枝，并让枝条自然下垂。

（3）间种与人工授粉：种植火龙果时，要间种10%左右的白肉类型的火龙果。品种之间相互授粉，可以提高结果率。若遇阴雨天气，要进行人工授粉。授粉可在傍晚花开或清晨花尚未闭合前，用毛笔直接将花粉涂到雌花柱头上。

（4）修剪枝条：每年采果后剪除结过果的枝条，让其重新发出新枝，以保证来年的产量。火龙果种植方式有很多种，可以爬墙种植，也可以搭棚种植，但以柱式种植最普遍，其优点是生产成本低、土地利用率高。

3. 水分管理

火龙果在温暖湿润、光线充足的环境下生长迅速。幼苗生长期应保持全园土壤潮湿。春夏季应多浇水，使其根系保持旺盛生长状态。果实膨大期要保持土壤湿润，以利于果实生长。灌溉时切忌长时间浸灌，也不要从头到尾经常淋水。浸灌会使根系处于长期缺氧状态而死亡，淋水会使湿度不均而诱发红斑（生理病变）。在阴雨连绵天气应及时排水，以免感染病菌造成茎肉腐烂。冬季园地要控水，以增强枝条的抗寒力。

（五）病虫害防治

红龙果是一种抗病性很强的新型水果，成熟植株在生长、结果期间病虫害少，仅在幼苗期或长嫩茎时，易受细菌侵害或被蛞蝓、斜纹夜蛾等害虫啃食。因此，红龙果种植初期，在植株基部撒些石灰或其他杀虫药，或者偶尔喷施杀虫剂，或者悬挂性激素引诱斜纹夜蛾，或者在冬季喷施波尔多液，都会大大降低病虫害的发生率。

1. 叶斑病

（1）症状：发病初期，茎部有红色圆形或不规则的斑点，有的茎部有黑褐色圆形病斑等。随着病情加重，病斑会扩大，最终导致患病肉茎死亡。该病在南方省区冬末初春时节发生率高。

（2）防治方法：①选用 0.3%～0.5%波尔多液、65%代森锰锌可湿性粉剂 500～600 倍稀释液喷洒病斑。②选用 23.7%依普同水悬剂1 000倍稀释液或 50%快得宁可湿性粉剂1 000倍稀释液轮流喷洒防治。每隔 7 天喷药 1 次，连用 5 次。③每亩用 50%多菌灵、70%甲基托布津可湿性粉剂 75 克兑水 60 升，喷施病茎。

2. 霜霉病

（1）症状：发病原理和传播方式与叶斑病类似，病斑可发生在肉茎的任何部位，呈不规则形，无明显边缘，天气潮湿时病斑会长出白色霉层。冬季和早春连续湿冷天气最有利于该病发生和蔓延。

（2）防治方法：①选用 75%百菌清可湿性粉剂 500～800 倍稀释液、70%甲基托布津可湿性粉剂1 500倍稀释液、50%多菌灵可湿性粉剂1 500倍稀释液、80%三乙磷酸铝 200～400 倍稀释液、58%甲霜锰锌800～1 000倍稀释液、代森锰锌可湿性粉剂 500～600 倍稀释液喷洒病斑。②选用 64%杀毒矾可湿性粉剂 500～600 倍稀释液或 58%瑞毒霉锰锌可湿性粉剂 800 倍稀释液，喷施病茎。

3. 毛虫

（1）症状：为害红龙果的毛虫是一些蝴蝶或飞蛾的幼虫，一般咬吃红龙果幼苗的嫩茎或成年植株的嫩芽。

（2）防治方法：①选用50%敌敌畏和50%杀螟松乳油1 000倍稀释液、90%敌百虫乳剂1 200倍稀释液、50%辛硫磷乳油1 000～1 500倍稀释液或40%杀虫灵乳剂500～800倍稀释液喷洒防治。②在清晨巡视果园，发现毛虫就人工捕捉，捏死或踩死。

4. 果蝇

（1）症状：红龙果的花苞分泌的蜜汁会吸引果蝇吮吸，但果蝇一般不会叮咬花苞。当果皮由绿色转红色并变软后，果蝇才叮咬果皮，产卵在果肉中。

（2）防治方法：①果蝇具有飞翔能力，大多采用诱杀方法，如在宽口盘中放入20%氯杀乳油等。②为防止果蝇大量进入果园，建议不要在果园内或附近堆埋落果或其他易腐败招引果蝇的物品，以免果蝇前来繁殖。③燃烧具有异味的干草以驱赶果蝇。

5. 螟虫

（1）症状：螟虫第一代幼虫广泛为害桃、梨、香蕉、龙眼、荔枝、杧果、无花果、枇杷、石榴、红龙果等，在5～8月为害最严重，有的受害果实不能发育，变色脱落或果内充满虫粪，食用率大大降低。

（2）防治方法：①给果实套袋可起到一定的防治效果。②在套袋前喷洒1次50%杀螟松乳剂1 000倍稀释液；不套袋的果园可在第一代幼虫孵化初期喷洒50%杀螟松乳剂或90%敌百虫乳剂1 200～1 500倍稀释液，10～15天后再喷施1次。③果实采收前，在红龙果主干上绑束一圈稻草或其他杂草诱杀寄生在稻草上的幼虫、蛹和成虫。在果园安装黑光灯或使用糖醋毒液等药剂，可诱杀部分害虫。同时加强果园管理，及时摘除带有新鲜虫粪的虫果，收集地上落果予以深埋或沤肥。

六、百香果种植技术

（一）生物学特性

百香果是多年生常绿藤本植物，主根不明显；蔓长 10 米以上，紫果种蔓呈黄绿色，黄果种蔓和杂交种蔓呈紫色；叶腋着生卷须和芽；花芽着生在卷须基部。

紫果种喜凉爽气候，黄果种喜热带气候。在年平均气温 18℃以上、最低月平均气温 8℃以上（低于 5℃枝蔓被冻死，0℃以下连根被冻死）、年平均降水量为 800～1 800毫米的地区均可种植。除重黏土外，沙土、壤土和轻砾土都能生长，但以深厚肥沃、排水良好、pH 值为 5.5～7.5 的壤土最佳。忌积水和水淹。

百香果除冬季低温期外，其他季节都可生长。一般春植扦插苗 5 月可开花结果，当年就有一定产量。花芽属当年分化型，一边抽梢，一边分化，从花芽分化到开花仅 30 天左右。紫果种开花期在 5～12 月，黄果种开花期在 5～10 月。每天开花时间紫果种在上午 6～12 时，黄果种在中午 12 时至下午 5 时。枝蔓上的开花部位称为成花段，一般连续结果 2～3 个，间隔 3 节后又开始新的成花段。果实发育增大经历的时间很短，开花后约 20 天果实就长到最大，以后主要是种子和假种皮发育。果实发育至成熟因季节不同需要的时间有差异，一般 5～7 月开花，需50～60 天才能成熟；8～9 月开花，需 70～80 天才能成熟；10 月以后开花，要 100 天才能成熟。

（二）育　苗

百香果可用种子进行实生苗繁殖或用枝蔓进行扦插繁殖，植后一年内可开花结果，全年花果不断。扦插育苗和实生育苗培育的苗木定植后，开花结果期及果实品质风味无显著差别，但实生苗会出现杂交新品种。此外，还可以嫁接育苗。

1. 扦插育苗

选择生长健壮、无病虫害、向阳、1 年生充分成熟的枝条作插穗，取 20 厘米长带 1 片全叶或 2～3 片嫩叶的枝段（后者扦插成活率高），用 25 毫克/千克 ABT 生根粉溶液浸泡 30 分钟或用爱多收溶液（每小包加水 50 千克）浸泡 4～6 小时，并加入适量杀菌剂。取出插穗扦插于沙泥各半或疏松肥沃的沙壤土苗床上，保持适当湿度并遮阳，20～30 天即发根，移至营养袋或去掉遮阳网直接淋水施肥，待新梢老熟后即可移栽。

2. 实生育苗

在优良母株上选择果大、形正、汁多、皮薄、品质好、充分成熟的果实，取籽洗净晾干，即采即播。播种前将种子浸水2～3天，洗净后用适量杀菌剂拌种，播于沙床中催芽，然后再移栽到苗床，或直接撒播在疏松肥沃的苗床中。移栽后每2天浇水1次，保持苗床湿润，并清除园内杂草。移栽10天后，发现缺株要及时补缺。若种子来源容易，可直接将选好的果实晒干，敲碎取种，撒播在育苗地、营养袋或花盆中育苗。当幼苗茎粗达0.3～0.5厘米时即可出圃移栽。

（三）建　园

百香果粗生易长，对环境条件要求不严，一般选择在排水良好、土壤疏松肥沃、阳光充足的西南向坡地建园最佳，平地或水田要实行高畦种植，以防积水。

水田可直接起垄种植。坡地应修整成水平梯田，畦面宽度根据坡度大小而定，一般要求畦宽2～3米，畦面要求外高内低，防止水土流失和梯壁被冲垮，最里面开深25厘米、宽20厘米的内排水沟（蓄水沟）。坡上最好建有蓄水池。

挖定植坑，坑距一般为2～3米，定植坑的规格长、宽各为60～80厘米，深50～60厘米，坑中心应在靠外梯壁1/3的畦面处。填土回坑时按两层草两层土分层放入，在每层草上撒石灰粉0.25～0.5千克。基肥的施放量要视土壤肥瘦而定，原则是土壤肥沃的少施或不施，反之多施。盖土后施钙镁磷肥0.3～0.8千克、麸肥1～5千克、腐熟的猪牛粪5～30千克，然后起土墩，土墩高出地面20厘米左右。

（四）藤蔓管理

1. 搭架

百香果为藤本喜光植物，需搭架支撑才能正常生长发育。可因地制宜，就地取材，用水泥柱、木桩作支柱，用竹条或铁丝将支柱连接固定，搭好基本骨架，在骨架上缚竹枝或小木棍即可。架式的选择以通风透光，方便喷药、修剪、采果以及美观实用为前提，一般以篱架、棚架等架式为主，架高1.8～2.5米。

棚架的优点是在旱季或水源较缺乏的旱地、坡地使用，可遮蔽地面，减少水分蒸发，在棚架下形成相对湿度较高的小环境，同时又可充分利用部分地区丰富的竹木资源，减少搭建棚架的成本。缺点是有效绿叶层薄，结果容量较小，产量较低，修剪、杀虫防病喷药难度较大，在水田或花期遇雨季时，果园湿度偏高，易诱发病虫害，同时成熟时较多果实留在棚面上，没能及时掉落地面，不利于果实的采收。

篱架的优点是方便整形修剪、杀虫防病喷药、人工辅助授粉、果实采收，同时有效绿叶层厚，结果容量大，通风透光合理。缺点是需使用较多的铁丝搭架。

根据高效益低成本的原则，提倡使用单线篱架，即在篱架柱桩顶部只拉1根铁丝，百香果的主枝沿着铁丝生长。铁丝规格为8号或10号。如果支柱较密，如每隔1株立1根柱桩，则可以使用12号铁丝，铁丝离地面1.8米，柱桩或支柱高应在1.8米以上，以充分合理利用空间和光能。搭架柱桩、支柱可用钢筋混凝土柱桩、木桩或竹桩，可根据果园的实际情况而定。钢筋混凝土柱桩耐用，但成本较高；木桩或竹桩成本较低，但使用期较短。折中的办法是钢筋混凝土柱桩与竹桩或木桩配合使用，交替立柱，这样可以兼顾成本低与耐久性两方面的优势。从高产稳产、方便栽培管理和兼顾搭架成本等方面综合分析，提倡采用单线篱架栽培百香果。

2. 整枝修剪

当幼苗定植成活后，留1～2条主蔓上架，剪去过多的侧枝、侧芽。

第一年，每株留2条侧蔓，分向两侧生长，当侧蔓长至2米时将侧蔓顶端剪除，以促进次生蔓长出，短期内枝蔓就可长满棚架。

靠近主蔓的枝条先结果，当果实成熟掉落后，立即修剪至第二至第三节，从其基部萌发的芽可以形成新的结果枝，冬季最后一批果实采收后，将所有结果枝都从基部剪掉。百香果一级蔓是主要的营养枝，二级、三级蔓是主要的结果枝，培育良好的二级、三级蔓是提高产量的重要措施。百香果忌重剪，过度修剪会使主蔓枯萎，降低产量，严重时整株死亡。每批次采果后应剪去枯枝、病虫枝、老弱枝、郁闭枝，可改善光照条件和营养水平，提高产量和品质。

（五）田间管理

1. 水分管理

百香果是浅根系作物，喜湿润，既怕积水又怕干旱。水分是影响百香果产量的因素之一。缺水会使茎干变细，卷须变短，叶片和花朵变小，侧根较少，嫩叶变黄绿色，老叶显暗灰色至变黄脱落，节间变短，节数减少，影响花芽分化，果实变小甚至变空壳，造成减产。积水会造成烂根、烂梗甚至死亡。因此田间管理要开好排水沟，防止积水，要经常保持土壤湿润，干旱季节特别是开花结果期更要及时灌水以保证植株正常生长与发育。

2. 土壤管理

夏秋季，在雨后对果园进行中耕浅锄，深度为5～10厘米。中耕结合除草进行，次数依杂草生长情况而定。中耕可使土壤疏松透气和切断土壤毛细管，有利于土壤微生物活动和土壤养分的分解，并减少水分蒸发，提高土壤保水能力。

冬季清园后要进行全园翻土。翻土结合每株施0.8～1.2千克石灰粉，埋入清园后的杂草和残枝落叶。此时中耕既可翻土改土，又可翻动土壤中的越冬害虫，经烈日暴晒、干燥和冬季低温后降低翌年的病虫基数。

3. 施肥

（1）花前肥：施肥时间在 4 月中旬，以速效肥为主，每株可施尿素 150～200 克、过磷酸钙 500 克、氯化钾 100～150 克或沼气液 50 千克，在树盘周围挖浅沟施。

（2）壮果肥：在果实膨大期（6～7 月），可施沼气液或腐熟的农家肥，配以少量的复合肥，可采用放射状或条状施肥，应浅施，以防伤根。

（3）采果肥：在进入产期后施，采用叶面喷布施肥，可喷 0.3%绿叶霸王或氨基酸钙 800～1 000倍稀释液，每 15 天喷 1 次，连喷 1～2 次可取得较好的效果。

（4）基肥（冬肥）：在冬季果实采收后结合修剪施放。此次施肥对改善根系生长环境，提高树体养分积累水平，提高抗寒越冬能力，为来年丰产打下基础起决定性的作用。施肥量视树势和产量的不同区别对待，成年树每株施厩肥 50 千克、酵素菌肥 3 千克和三元复合肥 0.5 千克，天旱时需适量浇水。

4. 修剪

修剪有冬季修剪和常规修剪两种。冬季修剪一般安排在 2 月中下旬进行，以主枝为中心，一侧留 50 厘米左右进行修剪，将缠在棚上的枝条、卷须全部去除。常规修剪是在采果后将结果枝、瘦弱枝、病虫枝、残枝及时剪去，在枝蔓上留 2 个芽眼；及时抹去架面下主蔓及基部所发出的侧芽嫩枝。重剪后萌发出的新梢就能成为很好的结果枝。修剪清园后要加固棚架，并用 70%甲基托布津可湿性粉剂 100 倍稀释液涂抹茎基，以防治茎腐病。

（六）病虫害防治

百香果的病虫害较少，主要病虫害有茎腐病、病毒病、疫病、叶斑病、蛀果虫、红蜘蛛、蚜虫、白蚁等。

防治应以防为主，选用抗病品种和不带毒壮苗，不偏施氮肥，施用全价肥料，及时修剪、疏叶，保证通风透光，并做好排水工作，防止果园积水，尤其是部分水田和低洼果园，需防止局部积水导致烂根和诱发病害。有条件的每 50～60 亩安装一盏频振式杀虫灯诱杀害虫，可减少病虫害发生。

发现病虫为害应及时对症下药。茎腐病可用 80%代森锌可湿性粉剂、70%甲基托布津可湿性粉剂或 25%多菌灵可湿性粉剂 800～1 000倍稀释液喷洒治疗；疫病可用 40%乙磷铝可湿性粉剂 400～600 倍稀释液或 58%瑞毒霉可湿性粉剂 500～800 倍稀释液、25%甲霜灵可湿性粉剂 800 倍稀释液与 80%代森锌可湿性粉剂 400 倍稀释液混合喷雾；对叶斑病，在高温多雨季节每月喷施 1 次 1%波尔多液；对病毒病，平常注意防治蚜虫等，发现病株及时拔除烧毁并用石灰消毒种植坑。

虫害以蛀果虫为害较严重，可在上午 8 时左右，用 90%晶体敌百虫 800 倍稀释液（或敌敌畏1 000倍稀释液、52%农地乐1 500倍稀释液）加 3%红糖，每隔 4～5 天喷 1 次，连喷 3～4 次；红蜘蛛用食螨瓢虫和捕食螨控制虫口密度，用 20%三氯杀螨砜可湿性粉剂 600～800 倍稀释液、50%马拉硫磷乳油 800～1 000倍稀释液或 20%三氯杀螨醇乳油 800～1 000倍稀释液等喷洒防治；白蚁用坑埋芒箕草、松枝、甘蔗渣等诱集白蚁，然后撒灭白蚁药或寻找并捣毁蚁巢，消灭蚁巢中的蚁王和蚁后，这是比较彻底的方法。

（七）促花保果及采收

1. 促花保果

在盛花期，叶面喷施磷酸二氢钾 250 倍稀释液进行促花，在 7 月下旬果实膨大期，叶面喷施硼砂进行保果。还可采取在根部追肥的措施进行促花、保果。

2. 及时采收

百香果果实充分成熟后，连果柄一起自然脱落，落在地面或搁在棚架上，用竹竿将搁在棚架顶的果实取下，并注意轻拿轻放，防止果实受损。采收脱落果实的时间不能超过 3 天，因为新鲜果实很容易失水变皱，影响外观。如需装箱外运，可在果实九成熟时采收。此时果实还未完全成熟，果实不能自然脱落，需人工采摘。采后用薄膜袋包装贮存保鲜，可提高果实的商品价值。

3. 贮藏

百香果对低温较为敏感，在温度低于 6.5℃时贮藏，果实会遭受冻害，温度高于 6.5℃果实又会发霉。在温度为 6.5℃、相对湿度为 85%～90%的条件下果实可贮藏 4～5 周。

4. 紫果百香果的催熟转色

市售成熟果是自然脱落后的落地果，会很快失水皱缩并易被病菌侵染。若能在其发生呼吸跃变前采收绿熟果并低温诱导后熟，可大大延长贮藏期。在开花后 35～60 天采收（此时果的紫色占其表面积的 10%以下，不符合上市要求），在 10℃条件下贮藏 10 天使其后熟，再用 10 毫克/升乙烯溶液处理 35 小时，然后在室温为 21℃的条件下放置 48 小时，就可形成蔓熟果特有的紫色，紫色占表面积的 80%以上，糖和可溶性固形物含量与蔓熟果相同。

5. 分级销售

为方便销售，提高价格，可将果实分为两级出售。紫果：一级果单果重 60 克以上，二级果单果重 40～59 克。黄果：一级果单果重 70 克以上，二级果单果重 40～69 克。杂交大黄果：一级果单果重 100 克以上，二级果单果重 50～99 克。

七、沃柑种植技术

（一）园地规划及种植

1. 园地规划

果园要做好规划，设计与修筑运输耕作道路，要建设好排水工程，周边不能种植与柑橘果树有共同病虫害的植物。在平地以及坡度在6°以下的缓坡地，一般栽植行为南北向，且采用长方形栽植，每200米宽要留一田间道。坡度6°～20°的丘陵地块，要求栽植行的行向与梯形地走向相同，采取等高线栽植，梯地水平走向应有3‰～5‰的比降，防止水土流失。

2. 苗木质量及种植

到无病苗圃引进脱毒苗木，并经严格的检疫。苗木购回后，必须进行消毒处理后方可定植。种植时期在2～3月春梢萌芽前。种植密度为55～111株/亩，即株行距为（2～3米）×（3～4米）。若采用计划密植的，待株、行间交叉封行后，要及时间伐。在种植前3～4个月，须对全园土壤进行机械耕作，然后挖宽100厘米×深60～80厘米的种植坑，然后经过2～3个月的日晒风化后再回填土壤，并在距地面20～30厘米深处施腐熟的有机肥作底肥，然后再将土壤全部回填到种植坑内等待种植。经消毒处理的苗木进行根系和枝叶适度修剪后放入定植穴中央，把根系舒展开，扶正苗木，一边填土一边轻轻向上提苗、用脚踏实，使根系与土壤紧密接触。填土后在树苗周围筑直径1米、高15～20厘米的树盘，淋足定根水。栽植深度以根颈高出地面5～10厘米为宜。

（二）土肥水管理

1. 土壤管理

（1）冬翻、深施有机肥，熟化土壤：在每年果实采收结束至春芽萌动前要进行全园冬翻，深20～35厘米，从树干向外，由浅到深。在果树开花之前，从树冠滴水线开始向外挖宽30厘米、深60厘米半圆的施肥坑，深施农家肥和绿肥。次年挖另一半圆进行施肥。

（2）间作或生草：柑橘园要实行间作或生草栽培。秋冬季种油菜、茹菜，春夏季种黄豆、绿豆、山绿豆等豆科植物。

（3）覆盖与培土：在高温或者干旱季节，要用稻草、秸秆、甘蔗叶、花生藤等覆盖好树盘，覆盖厚度为10～15厘米，覆盖物应与根颈保持10厘米左右的距离，避免灼伤根颈，在冬季深翻时顺便培入 8～15 厘米厚的塘泥。

2. 施肥

（1）施肥原则：施肥时应充分满足柑橘树对各种营养元素的要求，应以施有机肥为主，严格控制化肥的施用量。

（2）肥料的种类：为了生产安全卫生、优质的无公害果品，在施用的肥料品种上严格按照无公害食品的肥料使用准则及本地的肥料资源进行合理的选择。适合柑橘果园施用的肥料种类主要有绿肥、鸡粪、厩肥、麸肥、氨基酸肥、有机复合肥、生物菌肥、钙镁磷肥、硫酸钾、尿素等。

（3）施肥方法。

①叶面追肥。根据柑橘生长和发育情况，可进行适时适当的叶面施肥，可有效提高产量和质量。叶面追施一般使用 0.2%磷酸二氢钾 800 倍稀释液或氨基酸 800 倍稀释液喷施等。但在果实采收前 30 天内停止叶面追肥。叶面追肥时期主要在开花坐果期间（4～6 月）、果实膨大及秋梢自剪时（7～9 月）、柑橘采收结束后（1～4 月）。

②土壤施肥。

A. 幼树施肥。幼树施肥以农家肥为主，若未能满足柑橘的正常生长所需营养，可适量使用尿素、硫酸钾、钙镁磷等给予追施补充。每年在 2 月和 7 月施用 2 次农家肥，按照每株 5.0～7.5 千克鸡粪等有机肥与每株 0.5 千克的钙镁磷肥拌匀堆沤 1 个月左右，待发酵结束后，在树冠滴水线稍往外挖环形沟（宽 30 厘米，深 40 厘米，长 100 厘米），并施入上述有机肥。在春、夏、秋梢抽生时期，根据幼树的生长情况可适量追施 1～2 次以氮肥为主，磷、钾肥配合的速效化肥。在顶芽自剪至新梢转绿前可以增加根外追肥加速新梢的转绿老熟，促进叶片的光合作用和提高叶片的抗病性。在 9 月以后应停止施用速效氮肥，防止抽生冬梢。一般 1～3 年生幼树单株年施纯氮为 180～300 克，按氮、磷、钾比为 1∶0.3∶0.5 为宜，施肥量应随着柑橘树的长大由少到多逐年增加。

B. 果树施肥。结果树施肥也是以有机肥为主，有机肥要占全年施肥总量的 70%以上。如果有机肥未能满足柑橘树正常生长对养分的需求，可适量施用尿素、钙镁磷、硫酸钾等肥料给予补充，但无机氮与有机氮之比不能超过 1∶1。有机肥、钙镁磷肥必须经过堆沤腐熟后方可施用。施肥量按产量 100 千克施纯氮为 0.6～0.8 千克，氮、磷、钾的比例以 1∶（0.4～0.5）∶（0.8～1）为宜。具体的施肥时间及数量是：①开花前施肥（2 月下旬～3 月上旬），应以速效性肥为主，配合施入适量缓效的有机肥，施肥量占全年总施肥量的 20%左右；②叶面喷施稳果肥，此时正值沃柑生理落果和夏梢抽发期，一般喷施 0.3%尿素＋0.3%磷酸二氢钾，每隔 15 天左右 1 次，根据树况连续喷 2～3 次，施肥量约占全年的 5%左右；③壮果促梢肥

（7 月至 8 月上旬），主要以速效肥为主，配合施用一些有机肥，施肥量约占全年的 50％左右；④采果肥（10 月下旬至 11 月上旬或采后施），以发酵腐熟的有机肥为主适量配合施用化肥，施肥量约占全年的 25％。

3. 水分管理

（1）灌溉：一般进入 9 月以后容易出现高温干旱天气，影响果实生长及容易造成落果，使产量减少。因此，一旦出现干旱情况应及时进行灌溉，灌溉所使用的水源必须是无污染的江河水、泉水或地下水。

（2）排水：7～9 月是多台风及多雨季节，地势低易积水的果园要建设好排水系统，并清淤疏通沟渠以便及时排水。

（三）果树管理

沃柑适宜自然开心形树形，一般有 3 个主枝，无中心主干，树冠开张，开心而不露干。主要采用定干、选配主枝、摘心、抹芽、除萌等技术操作。

1. 幼树修剪要点及方法

幼树修剪以轻剪为主。选定主干延长枝和各主枝、副主枝的延长枝后，对其进行中度至重度短截，并用短截程度和剪口芽的方向调节各主枝之间生长势的平衡。轻剪其他枝梢，避免使用过多的疏剪和重短截，除了对过密的枝群做适当的疏剪外，内膛阴枝和树冠中下部较弱的枝梢一般均应暂时保留。

2. 结果树修剪要点及方法

结果树的修剪一年进行 3 次，即春剪、夏剪、冬剪。各次修剪的目的、作用及方法要求不一样。

（1）冬剪：冬剪的主要目的是根据植株树形调整树冠的结构，保持能高产、稳产、优质的良好树体形状，清除所有的病虫枝叶，减少来年的病虫来源。初结果树宜轻不宜重，主要疏剪过密的部分枝条，以改善树冠的通风透光条件。盛果期主要是通过压顶、开天窗、开行、回缩、挖洞疏枝等方法，维护与保持高产、稳产、优质的良好树冠结构，延长盛果期。衰老更新期是通过抽剪大枝压顶开天窗，重截回缩一些衰退枝组，促进果树抽生足量健壮的枝梢以复壮树势。

（2）春剪：春剪的主要目的是通过修剪除掉抽生过多的营养春梢，以缓和果梢矛盾，促进开花和提高坐果率，同时也起到改善树冠通风透光条件的作用。

（3）夏剪：夏剪的主要目的是通过修剪来促进秋梢的抽生，培育量多质优的结果母枝，保持果树连年高产、稳产、质优。修剪的主要方法是短截较粗壮的枝条促使其抽生健壮的秋梢，同时对于挂果特别多的果树采取疏掉病虫果、畸形果、太阳果以及一些小果，以果换梢。

（四）花果管理

1. 控花

冬季一般采取短截、回缩的办法减少来年的花量，同时可促进春梢的抽生；在进行花前修剪时，采取强枝适当多留，弱枝可少留或不留，有叶、单花的多留，无叶、花的少留或不留；抹除掉畸形花、病虫花等。

2. 人工疏果

疏果一般是结合夏剪放梢进行。疏果的程度应根据树势和叶果比进行。晚熟沃柑的适宜叶果比为 20：1～25：1，疏除的对象主要是小果、畸形果、病虫果、密弱果、太阳果等。树势弱的树叶果比应适当加大。

3. 保果

若花量少或经过疏花疏果后，树上挂果量已经合适，就要注意保果，避免产量减少。方法是在开花坐果期间进行叶面追肥，药剂有爱多收1 000倍稀释液＋0.2％磷酸二氢钾＋0.1％硼砂、碧护可湿性粉剂11 000倍稀释液、胺鲜酯1 000倍稀释液、芸苔素内酯1 000倍稀释液＋硼镁铁锌钼1 000倍稀释液等，一般每隔 10 天左右喷 1 次，以促进新梢叶片转绿，提高光合作用强度，提高坐果率。

（五）病虫害防治

无公害食品生产应从果树的病虫草等整个果园生态系统出发，综合运用各种病虫草害的防治措施，创造不利于病虫草滋生和有利于各类天敌繁衍的环境条件，保持果园生态系统的有效平衡和生物多样化，减少各种病虫草害所造成的损失。

优先采用农业防治，物理机械防治，生物防治等对生态破坏性小的措施。但在特殊情况下，必须使用化学农药时，应严格遵守无公害食品生产农药使用准则，选择合适的农药品种、使用次数和使用时期。如在广西国有明阳农场柑橘园主要发生的病虫害有螨类、蚧类、潜叶蛾、黑蚱蝉、象鼻虫、蚜虫、溃疡病、疮痂病、炭疽病、树脂病、黄龙病等，具体可选择以下措施进行防治。

1. 植物检疫

严禁把一些检疫性病虫害带入果园。严禁从疫区调入苗木、接穗。凡是从外地引进的苗木、接穗、种子必须经过严格的消毒处理后方可使用。

2. 农业防治

采用农业防治的主要措施：第一，实行园内其他作物的间作制和生草栽培制。间作物或草类应与柑橘无共生性病虫害，而且要浅根、矮秆，一般以豆科植物和禾本科牧草为宜。如绿豆、黄豆、旋扭山绿豆、肥田萝卜以及百花草等，并适时刈割翻埋于土壤中或覆盖于树盘上。第二，加强肥水管理，增强树势，提高树体自身抗病虫能力和补偿能力。实施冬季翻土、修剪、清园、排水、控梢等农业措施，减少病虫来源。第三，通过预测预报，做好病虫害防治工作，如促梢时应在潜叶蛾发生为害的低峰期放梢。收获时，要提高采果质量，减少机械损伤，降低果实腐烂率，实现增产增收。第四，防治柑橘黄龙病时要及时挖除病树并做好消毒工作，同时严格控制柑橘木虱的发生，打断黄龙病的传播途径。

3. 物理机械防治

（1）应用变频式诱杀虫灯防治害虫：对有趋光性的害虫，可用变频式诱杀虫灯进行诱杀，如吸果夜蛾、金龟子、卷叶蛾等害虫。

（2）应用趋化性防治害虫：对有趋化性的害虫，如大实蝇、拟小黄卷叶蛾、吸果夜蛾等对糖、酒、醋液有趋性，可在糖、醋、酒混合液中加入农药进行诱杀。

（3）应用色彩防治害虫：对色彩有趋性而且个体较小的害虫，如叶蝉、蚜虫等，可用黄色板诱集。

（4）人工捕捉害虫：对个体较大的害虫，如天牛、蚱蝉、金龟子、象鼻虫等，可采取人工捕捉的办法进行防治。

4. 生物防治

要求实施园地生草栽培和间作，改善果园小环境，以利于天敌生存和繁殖；科学使用农药，保护和充分利用果园中的天敌资源。柑橘果园自然存在多种天敌，如尼氏钝绥螨、瓢虫、日本方头甲、松毛赤眼蜂、草蛉、黄猄蚁等。因此，在天敌繁殖季节的3～8月使用农药时，应选择对天敌安全的农药，保护天敌；还可以在田间放置性引诱剂诱杀害虫，减少雌雄虫交配的机会。

5. 化学防治

（1）农药种类选择：选择农药时，必须在生产无公害农产品允许的范围内使用，不能使用高毒、高残留的农药。

（2）农药使用准则：严禁使用剧毒、高毒、高残留及具有三致毒性（致癌、致畸、致突变）的农药，包括生产无公害食品禁止使用的农药品种。在保鲜贮藏期间，严禁使用高毒、高残留农药防治病虫害。严禁使用基因工程品种（产品）及其制剂。严格按照无公害农产品要求控制用药量与安全间隔期。

（六）果实采收

果实达到一定的成熟度后就可采收，贮藏果在7～8成熟时采收。果实要正常成熟才能表现出品种固有的品质特性（色泽、香味、风味和口感等），因此，鲜销和加工用果要达到9～10成熟时才能采收。果实禁止使用人工合成的植物生长调节剂进行果实催熟及着色，果实采收前一个月内严禁施用农药和叶面肥。

八、茉莉花栽培技术

（一）品　种

目前我国茉莉品种约有 60 种，其中栽培品种主要有单瓣茉莉、双瓣茉莉和多瓣茉莉 3 种。

1. 单瓣茉莉

植株较矮小，高 70～90 厘米，茎枝细小，呈藤蔓型，故有藤本茉莉之称，花蕾略尖长，较小而轻，产量比双瓣茉莉低，比多瓣茉莉高，不耐寒、不耐涝，抗病虫能力弱。

2. 双瓣茉莉

双瓣茉莉是我国大面积栽培的用于窨制花茶的主要品种，植株高 1～1.5 米，直立丛生，分枝多，茎枝粗硬，叶色浓绿，叶质较厚且富有光泽，花朵比单瓣茉莉、多瓣茉莉大，花蕾洁白油润，蜡质明显。花香较浓烈，生长健壮，适应性强，鲜花产量（3 年以上）每亩可达 500 千克以上。

3. 多瓣茉莉

枝条有较明显的疣状突起，叶片浓绿，花紧结、较圆而小，顶部略呈凹口。开花时间长，香气较淡，产量较低，一般不作为窨制花茶的鲜花。

（二）园地选择

茉莉花原产于亚热带，适应高温、沃土的环境，喜光怕阴、喜肥怕瘦、喜酸怕碱、喜气怕闷。因此，在选择园地时，尽量接近其适生环境，选择光照充足、土层深厚、土壤肥沃偏酸、水源充足、排灌良好、交通方便的土地种植茉莉花。茉莉花进入采花季节后必须每天采花运往加工厂进行销售，采花的天数每年在 200 天以上，因此种植茉莉花的地点应在离茉莉花厂 10 千米以内，以便于运花销售。

（三）育苗技术

茉莉花开花后一般不结实（罕见结实），生产上只能采用无性繁殖，方法有扦插、压条、分株等。茉莉再生能力强，采用扦插法，发根快、成苗率高，与压条法、分株法比较具有操作简便、节省材料等优点，因而被广泛采用。

1. 压条繁殖

压条繁殖是利用茉莉花植株下部萌生的枝条或具有一定长度的枝梢，把其中一段压入土中使其生出新根，剪离母枝后即成为独立的新植株。前提是必须有茉莉花的母树，但是每丛母树可压的枝条不多，无法满足大量的种苗供应。

2. 分株繁殖

茉莉花是丛生灌木，根茎部位能产生许多不定根，2 年生以上植株常有数条茎枝，可把这些带根的茎用来分株繁殖。前提是必须有 2 年生以上的茉莉花母树。该法繁殖数量比压条和扦插低，不能满足大规模栽培的需要。

3. 扦插育苗

扦插繁殖苗床育苗占地少，土地利用率高，每亩可繁殖 10 万株左右苗木。由于集中扦插在苗圃里，便于管理，有充分选择苗木的余地，因而苗木的质量高，生长整齐，同时又适合大规模生产用苗的要求，所以在生产上广泛应用。

（1）苗圃的选择：要求土壤土质疏松肥沃、水源充足、排灌方便、交通方便的沙土或沙壤土。

（2）选取插穗：繁殖用的插穗主要来源于每年大修剪时剪下来的枝条。要选择无病虫害、有一定粗度的壮年枝条，同一枝条以中下部为最佳。

（3）整地理墒：苗圃地育苗前深翻晒白，耙细整平，四周挖好排灌沟，按墒面宽 120 厘米、沟宽 25 厘米、深 20 厘米开沟理墒，墒面平整，土粒细碎，将苗床充分浇湿后，用芽前每亩用除草剂都阿合剂 150 毫升兑水喷洒苗床。冬季育苗的在苗床上覆盖好地膜。

（4）插条剪取及处理：将每年大修时剪下的枝条收集在荫蔽处进行插条修剪。选择有 2～3 个节，长度为 10 厘米左右的枝条，剪去叶片，上端离腋芽 1 厘米左右处剪平，下端离腋芽 1 厘米左右剪成 45°的斜口，按 80～100 条一捆绑，将剪好的插条放在阴凉处保湿保存。扦插前对插条进行药剂处理，首先用施保克1 000倍稀释液浸泡 3～5 分钟，捞出晾干；再用 50 毫克/升的生根粉液浸泡 20～30 分钟，捞出后按 12 厘米×4 厘米的株行距扦插在苗床上，扦插时插条顶端离土面 3 厘米左右。每亩可扦插 15 万条插条。

（5）扦插的苗床管理：扦插的苗床要保持土壤湿润，晴天注意勤除草，保持无杂草盖苗现象。苗床的苗木小，根系少，要施水肥，最好用清粪水浇施。薄施勤施，每月施肥 1 次。苗床发现病虫害要及时防治，可用菌核净1 000倍稀释液＋杀虫丹1 000倍稀释液每月喷洒 1 次。6～8 个月后，苗木有 2 个以上分枝、两层根系、30 厘米以上的高度方可出圃。

（四）移　栽

1. 移栽时期

以春、秋两季最佳，茉莉花的主要种植地为双季稻地和水果、甘蔗地，在土地空闲时进行移栽。春季气温逐渐回升，适合茉莉花的根系成活生长，同时当年种植当年即可采收。秋季的气温也非常适宜茉莉花根系生长。夏季气温太高，不适宜茉莉花根系生长，移栽时叶片容易萎蔫影响成活。冬季气温过低且风大，容易吹干叶片，茉莉花生长缓慢而影响成活。

2. 栽培规格

为了方便整理，应起畦种植，畦宽以有利于施肥、培土、采收为原则，一般畦宽 120 厘米，畦高 20 厘米，畦沟深 25 厘米。在畦面两边各挖 1 条宽 30 厘米、深 10 厘米的种植沟，株距 25 厘米，行距 60 厘米，亩栽4 000株。

3. 移栽方法

选择株高 30 厘米以上，有 2 个以上分枝、2 层根系，叶色正常，植株健壮，无病虫害的种苗，剪去 25 厘米以上的枝叶和过长的根系，用 0.1%施保克+0.3%普钙液蘸根处理 3～5 分钟后定植，按株距 25 厘米定植在种植沟内，要栽正、栽直、根系顺直与土壤结合，无空洞现象，不能裸露根系，浇足定根水。畦面上可用蔗渣、稻草、甘蔗叶等进行覆盖。

（五）修剪、短截

茉莉花生长发育快，当年种植当年就能孕蕾开花，第三、第四年产量最高，定值 6～7 年后植株开始衰退，产量逐渐下降，为保证茉莉花连年高产稳产，每年都要进行修剪、短截，发现衰老现象就要更新。

1. 打顶、短截

幼龄茉莉花（6 个月）苗架小、分枝少，需要尽快培养丰产树形，通过打顶破坏顶端生长，促使植株多分枝，形成更多的花蕾。打顶比不打顶发芽、孕蕾早 7～10 天，新枝多 2～3 倍。遇有花蕾时也要打顶，主要是针对新植的幼树。短截是在每年的 2 月上中旬现蕾前将徒长枝剪短，保留 3～4 对叶片，使徒长枝的顶端优势减弱，促使植株早孕蕾。进入采花期以后，每束花采完后都要进行 1 次短截，短截应根据枝条生长的部位、密度酌情进行，原则上使每丛茉莉花能最大限度地增加光照面，使主枝、分枝分布均匀，通风透气，每次短截枝条约占枝条总数的 2/3。

2. 冬季修剪

除打顶、短截外，修剪也是茉莉花高产优质栽培的主要技术措施，修剪在每年的 12 月中旬以后第二年的 1 月下旬前进行。先大修剪，即在离地面 20～25 厘米处进行大平剪，形成整齐的树冠，以后每年修剪时，在上年的修剪面上提高 3 厘米左右。修剪时还要剪去枯枝、弱枝、病枝及垂地枝，修剪可以减少养分损耗，使主枝及新芽生长茁壮。修剪下的枝条可以用于扦插育苗，不能利用的部分要集中烧毁，修剪后结合中耕施肥管理。

3. 夏季修剪

茉莉花夏季修剪是通过农艺措施，为茉莉花创造一个通风透光的良好环境，同时根据茉莉花市场行情，人为地调节产花高峰期，避开花价低潮，提高经济效益。

茉莉花修剪的枝龄为种植 1 年以上的茉莉花。每年的 6 月上旬用大修枝剪、电动绿篱剪等工具将茉莉花从离地面 50～60 厘米处进行平剪，剪去上部所有枝叶，使茉莉花植株形成整齐的树冠。将剪下的枝叶清除干净，再将病枝、枯枝、垂地、下部的细弱枝全部清除。修剪后及时中耕松土，每亩施用茉莉花专用肥 40 千克、硫酸钾复合肥 15 千克，及时防治病虫害。

4. 更新

茉莉花定植 6～7 年后，植株生长发育能力衰退，一些茉莉园或个别植株因管理不善、生长缓慢引起早衰，也应进行更新。具体做法是用大修枝剪将离地面3～5 厘米以上的部分全部剪除，或齐地面大平剪，随即施肥、培土，促使地上部分重新发枝。

（六）肥水管理

1. 肥料管理

茉莉花对氮、磷、钾的需求比例为 2.4∶1∶2.9，全年每亩用肥量折合纯氮 28.4 千克、磷 11.6 千克、钾 33.7 千克。全年每亩施农家肥1 000千克、尿素 40 千克、普钙 100 千克、硫酸钾复合肥 50 千克、茉莉花专用肥 160 千克、硫酸钾复合肥 50 千克。

茉莉花全年实行 3 次根际施肥，即冬肥、夏肥、秋肥，冬肥占 50%，结合冬季大修剪进行，每亩施农家肥1 000千克、尿素 20 千克、普钙 50 千克、硫酸钾复合肥 25 千克，或茉莉花专用肥 80 千克、硫酸钾复合肥 25 千克。夏肥占 25%，结合夏季修剪进行，每亩施尿素 10 千克、普钙 25 千克、硫酸钾复合肥 15 千克，或茉莉花专用肥 40 千克、硫酸钾复合肥 15 千克。秋肥占 25%，在每年 8 月初进行，每亩施尿素 10 千克、普钙 25 千克、硫酸钾复合肥 10 千克，或茉莉花专用肥 40 千克、硫酸钾复合肥 10 千克。

2. 水分管理

茉莉花苗定植后要浇足定根水，以后根据茉莉花对水分的要求，保持土壤含水量在 60%～70%之间，水分过多会导致烂根、叶黄，严重的黑根死亡；干旱则叶子萎蔫、花干缩，因此要注意干旱灌水，雨天开挖排水沟排除积水。一旦出现叶片微卷应及时淋水或灌跑马水。

3. 土壤管理

中耕除草就是为茉莉花植株创造一个透气、保水、疏松、无杂草的土壤环境，全年要进行6～7次，离苗木基部远处适当深耕，近处要浅耕，一般入土7厘米左右。干旱季节中耕后，在墒面上铺一层甘蔗渣、甘蔗叶、稻草等，具有防草、抗旱的效果。

（七）病虫害防治

茉莉花病害主要有白绢病、枝枯病，虫害主要有茉莉花蕾螟（花心虫）、烟粉虱、卷叶螟、蓟马、红蜘蛛等。

1. 白绢病

（1）症状：白绢病首先在近地面的基部枝干和下部根系蔓延扩展，形成白色绢丝状的膜层，逐渐形成白色、黄色的油状颗粒，即菌核，这是识别白绢病的主要症状。苗木发病后，患病处的茎、根的皮层腐烂，植株营养受阻，叶片枯死脱落，最后整株死亡。

（2）防治方法：严格检疫，杜绝菌源，做好园地排水工作，在开花期用1 000倍施保克稀释液喷药防治，发病严重的病株要挖出烧毁，用菌核净对原土消毒后补栽。

2. 枝枯病

（1）症状：在春秋季节发病多，尤其是秋季发病最盛，对秋后产量影响大。该病首先在当年新枝基部产生褐色小斑纹，此时枝条上部保持正常生长状态。随着病斑的扩展，当危及侧枝的营养输送时，上部枝叶开始枯萎，继而变成枯褐色病枝。当病斑扩大到枝条基部整个皮层时，发病部位以上的所有枝叶枯死。

（2）防治方法：及时修剪枯枝，防止蔓延传染，采花结束后用百菌清1 000倍稀释液喷洒防治。

3. 茉莉花主要虫害

为害茉莉花的虫主要有茉莉花蕾螟（花心虫）、烟粉虱、卷叶螟、蓟马、红蜘蛛等。

防治方法：①冬季修剪、清园、消灭越冬源，结合采花摘除受害花蕾、受害枝梢。②在每茬花采完后，结合打顶短截将病虫枝清除集中烧毁。③药物防治用天泰、高效大功臣、一遍净、克螨特等高效、低毒、低残留农药。

（八）采收与贮运

种植茉莉花的目的是采摘质量好、数量多的鲜花进行花茶加工，因此除了加强管理外，最后一个关键措施就是及时、合理地对鲜花进行采收和贮运。

1. 鲜花采收的标准

花蕾成熟，能在当天晚上开放吐香（含苞待放），具体要求是花蕾朵朵成熟、饱满丰润、色泽洁白、单朵短蒂、无病虫伤花、无生花、无开花、无茎叶等杂物。

2. 采摘方法

用拇指和食指尖夹住花柄，手掌心斜上，食指稍微用力，花蕾即可采下。

3. 贮运方法

采花时用竹篓或布袋盛花，避免阳光直射，将所采的鲜花集中后用竹篓或尼龙网袋装好及时运往收购地点销售。

九、莲藕种植技术

（一）品　种

1. 鄂莲一号

早熟，花少，入泥浅，主藕 6～7 节，长 130 厘米，单支重 5 千克左右，皮色黄白。7 月上旬每亩可收青荷藕1 000千克，9～10 月后可收老熟藕1 000～1 500千克。宜炒食。

2. 鄂莲四号

中熟，花白色，主藕 5～7 节，长 120～150 厘米，单支重 5～6 千克，节粗大，皮淡黄白色。7 月中下旬每亩可收青荷藕 750～1 000千克，9 月可开始收老熟藕，每亩1 500千克左右。生食较甜，煨汤较粉，也适宜炒食。

3. 鄂莲五号（1735）

早中熟，主藕 5～6 节，长 120 厘米，藕肉厚实，通气孔小，表皮肤白色。7 月中下旬每亩产青荷藕 500～800 千克，8 月下旬每亩产老熟藕1 500千克。生长势旺，不早衰，抗逆性强，稳产。炒食和煨汤的风味都好，在南方和出口市场倍受欢迎。

4. 新一号莲藕

主藕 5～6 节，长 120 厘米。藕型肥大，皮白肉脆，商品性好。8 月中下旬成熟后，一般亩产1 500千克左右。煨汤粉，凉拌、炒食味甜。

（二）对环境条件的要求

莲藕是喜光喜温性植物，萌芽始温在 15℃左右，生长最适温度为 28～30℃，昼夜温差大有利于藕节间膨大形成。

莲藕在整个生育期内不能离水，适宜水深在 100 厘米以下。同一品种在浅水中种植时藕节间短，节数较多，而在深水中种植时节间伸长变粗，节数变少。

莲藕对土质要求不严格，在大部分土质中都能生长，适宜 pH 值为 6.5～7.5。耐肥，适宜在有机质丰富、耕作层较深（30～50 厘米）、保水能力强的黏质土壤中生长。

（三）浅水藕栽培

1. 藕田选择

浅水藕多为水田栽培，应选日照充足、水位稳定、土质肥沃的水田种植。

2. 藕种选择

应选优良品种的纯种主藕和较大的子藕作种，种藕的顶芽、侧芽、叶芽完整。

3. 整地施肥

每亩施绿肥鲜草1 000千克左右，或人畜粪肥1 000～1 500千克作基肥，深耕20～30 厘米，整地耙平，放入 3～5 厘米浅水。

4. 栽种时间

一般在当地日平均气温达 15℃以上、水田土温达 12℃以上时栽种。

5. 合理密植

种藕适当密植可早熟增产。如大紫红品种，株行距 0.7 米×1.5 米，每亩400～500 株，用种量 300～400 千克，亩产量达1 000千克以上，采收期提早。早熟品种种植密度较高，一般行距 1.2～1.5 米，穴距 1 米，每穴 2 支，每亩栽1 000支左右。晚熟品种行距 2～2.5 米，穴距 1 米，每亩栽藕种 600～700 支。

6. 种藕方式

栽种藕时用斜插法，将藕头埋入泥中 8～12 厘米，尾段略向上翘，前后倾斜 20°～25°。种藕的藕头左右相对，四周栽植点的藕头一律朝向田内，一般以三岔式排列较好。

7. 中耕除草

每月进行 1 次中耕除草，直到基本封行为止。

8. 分期追肥

一般藕田都要分期追肥，在栽藕后 30～40 天，刚长出立叶时应追施发棵肥，以促进分枝和出叶，每亩施尿素 10～15 千克或腐熟粪肥1 500千克。到田间已长满立叶、部分植株出现后栋叶时，即地下开始结藕时重施结藕肥，每亩施尿素 20 千克，另外加过磷酸钙 20～25 千克以促进新藕增大。如植株生长不旺，立叶少而小，可在两次追肥中间再增施 1 次。每次追肥前应尽量放浅田水，施肥应在露水干后进行，每次施后应浇水冲洗叶片以防灼伤，施后 1 天还水。

9. 水位管理

生长前期保持 5～10 厘米浅水，以使土温增高，促进生长。生长中期，即发生分枝和出现立叶以后应逐渐加深水位，一般到 20 厘米左右，最深不宜超过 50 厘米，以促进立叶逐张高大，抑制小分枝发生，提高大分枝结藕率，后期立叶满田，出现后栋叶时应将水位降到 10～15 厘米，以促进结藕。总之水位控制的规律为浅—深—浅，大雨及时排水。

10. 转藕头

莲藕生长旺盛时，为防止地下茎穿越田埂，应随时将邻近田埂的藕梢向田内拨转，每 3～5 天查看 1 次。藕梢很嫩，转头时要特别小心，以免折断。

11. 病虫害防治

（1）莲缢管蚜：5 月上旬到 11 月均有发生，以若虫、成虫群集于叶芽、花蕾及叶背处，吸取汁液为害，每年发生 20 多代。用 40%乐果乳油1 000～1 200倍稀释液、50%抗蚜威可湿性粉剂1 000倍稀释液、20%灭扫利乳油1 000倍稀释液喷雾防治。

（2）稻根叶甲：稻根叶甲又称食根金花虫、水蛆。幼虫为害莲藕的茎节，吸吮汁液，以致荷叶枯死。成虫也啃食荷叶。防治方法是水旱田轮作可杀死土中越冬幼虫；清除莲田杂草，尤其是眼子菜，可以减少成虫产卵机会和食料；结合冬耕或春耕，每亩用 50%西维因可湿性粉剂 1.5～2 千克加细土 5 千克，如每亩再施石灰 20～30 千克，撒入田内，则效果更好。

（3）黑斑病：主要发生在叶片上，开始时出现淡褐色斑点，而后扩大，直径可达 10～15 毫米。病斑上有明显的轮纹并生黑色的霉状物。严重时荷叶大量枯死。防治方法是 70%甲基托布津可湿性粉剂每亩每次 100 克或 25%多菌灵可湿性粉剂每亩每次 200 克，加水 75 千克常量喷雾。

（4）根腐病：主要为害须根和地下茎，根部变褐腐烂，地上部分叶片失水枯萎而死。防治方法是选择抗病品种，发病的藕田进行水旱轮作。

（5）僵藕：藕身变得僵硬瘦小，其上分布较多黑褐色坏死条斑，顶芽扭曲畸形易折断，产量品质严重下降，甚至不堪食用。防治方法是采用综合防治，包括藕田及时换茬、轮作；增施有机肥料；冬季冬耕晒田或种绿肥。

此外莲藕的其他病害还有叶斑病、炭疽病、斑点病、斑叶病、褐斑病，用 70%甲基托布津可湿性粉剂或 25%多菌灵可湿性粉剂加水稀释喷雾防治均有效果。

（四）深水藕栽培

深水藕的栽培技术与浅水藕有很多共同之处，现仅将其不同之处简述如下：

1. 水面选择

种藕的湖塘应选择阳光充足、水位比较稳定（春季水位在 30 厘米左右，夏季最大水位不超过 1 米）、水流缓慢、水下淤泥层 20 厘米以上的浅湖、河湾、池塘。

2. 整地

深水藕一般一次栽植多年采收，故对整地要求较高。前茬常为蒲草和芦苇，一般第一年夏季收割前茬作物后用大锹深翻 30 厘米左右，并将根垡切开，浸泡于水中，促使前茬作物根株腐烂，形成大量腐殖质，以改良土壤。第二年春筑埂、平地和碎垡，有条件的可用机耕。整平后放入浅水，即可栽藕。

3. 种藕选择

选用深水位类型的品种栽植。每亩用种量比浅水藕增加 20%左右。

4. 适时栽植

由于水位较深，土壤升温较慢，栽植时间要比浅水藕推迟 10～15 天。栽时要求复泥压紧，防止浮起，栽后出苗要及时补缺，以防缺株。

5. 追固体肥

深水中肥料易流失，不宜施用液体肥料，只能施厩肥或青草绿肥，塞入水下泥中，或将化肥与河泥充分混合，做成肥泥团施入田中。

6. 调节水位

深水藕在夏季水位猛涨时应及时排涝，特别是在立叶受淹后，要在 8 个小时内紧急排水，使绿叶露出水面，以防淹死。

7. 防风消浪

深水藕易受风浪影响，特别在结藕期间台风袭击，动摇根株，易造成减产。应在藕塘四周种植多行茭白或茭草，可防风消浪，减轻风害。

8. 挖藕留种

深水藕一般成熟较迟，待立叶全部发黄，藕已成熟时，留下 1/4 作为下年种藕，即每采 2 米宽留 0.5 米不采收。

9. 深水采藕

先找终止叶柄，然后顺终止叶柄用脚尖插入泥中探藕，将藕身两侧泥土蹬去，再从后栋叶节的外侧将藕鞭踩断，最后用一手抓住藕的后把，另一手从下面托住藕身中段，轻轻向后提出土，托出水面。如水深超过 1 米，可采用带长柄的铁钩钩住藕节。

10. 病虫害防治

参考浅水藕的病虫害防治。

十、山药种植技术

（一）繁　殖

山药繁殖通常采用余零子（珠芽）繁殖和龙头（芦头）繁殖。

1. 余零子繁殖

余零子是山药茎蔓上长出的珠芽。采挖山药时将蔓茎拔起，摇落余零子，再将散落在地上的余零子收集在一起，从中选择个大饱满、呈长卵形、表面光滑、不受伤、没有病虫害的健壮余零子作种用，装入筐内，在室内存放。第二年 3～4 月，在整好的畦面上按行距 20～25 厘米开深为 5～7 厘米的沟，沟内浇淋人畜粪水，稍干后下种，按株距 3～5 厘米播下余零子 1 粒，播后盖上草木灰后再盖土，稍压实。播后 15～20 天出苗。加强管理，施肥 2～3 次。

2. 龙头繁殖

在收获山药时，选颈短、粗壮、芽头充实饱满、无病虫害的山药，切下长 15～20 厘米的芦头，晾晒 4～5 天，待切面收缩愈合后放在室内墙角通风处进行层积沙藏。即在地面上铺放一层湿沙，厚 15 厘米，上平铺一层龙头，厚 15 厘米，再铺一层湿沙，厚 10～12 厘米，如此层积 2～3 层，最后一层湿沙上盖稻草，保持温度在 5℃左右。贮藏期间要定期检查，防止腐烂。第二年春季再挖出供大田种植，在南方气候温暖地区可在春季随挖随种。

（二）种　植

1. 选地整地

山药是深根性植物，根茎生长要求有深厚的土层，因此种植地宜选择阳光充足、背风、土层深厚、土壤肥沃疏松、排水良好的沙质壤土地种植。

（1）深翻地起高垄：在土层深厚、疏松的地块上翻地深 40～50 厘米。在种植前每亩施厩肥、草木灰、堆肥混合肥3 000千克做基肥，施后浅犁耙 1 次，起高 25～30 厘米、宽 60～70 厘米的种植垄。

（2）挖沟起垄：在头一年冬季按垄间的距离，每 40 厘米左右挖宽 60 厘米、深 50 厘米的种植沟，把土放在沟的两侧，使土壤经过冬天风化熟地。下种前把原土填回沟内，边填边施入半腐熟的堆肥、绿肥和土杂肥，并把肥料与回土拌匀，一层层往上填，以改善沟内的土质结构，提高肥力，创造有利于山药块根生长的土壤条件，然后把土填满沟。回填的土层不宜混乱，然后每亩再施厩肥、草木灰3 000千克，犁耙 1 次，起垄，宽 60～70 厘米，高 25～30 厘米。

（3）打洞：在种植前犁耙 1 次，起垄，宽 60～70 厘米，高 15～20 厘米，在垄面上按行距 25～30 厘米、株距 20 厘米，用打洞机打深 50 厘米、宽 8～10 厘米的种植洞，在洞底施半腐熟的厩肥和堆肥，离洞口 5 厘米处施放腐熟的厩肥、草木灰，混合后加入适量土，再填放一层土，以待种植。

2. 种植

3～4 月种植，在起好的垄上，按行距 30 厘米、株距 20 厘米开深 6～7 厘米的沟，将龙头或栽子平放于沟内，芽口顺向一方，每沟最后一个芽口倒放，与前一个平行但头尾相反。栽后在沟内施人畜粪水，每亩施1 500千克，稍干后用草木灰或肥土盖种，再用细土把垄面填平。打洞种植时，每个洞放龙头或种栽 1 个，芽口顺向一方，用细土盖过芽头 2～3 厘米，然后整平垄面。

3. 田间管理

山药的田间管理工作对产量的影响很大，必须认真做好。管理措施主要有以下几项。

（1）除苗：山药种植后，每段种根往往长出数株苗，而每株苗又再分出 1～2 株苗。苗数过多，则植株纤细，因此苗长至 30 厘米时，要把种根上生出的部分苗和苗上长出的分株除去，只留 1～2 株生长粗壮的苗，以保证植株生长健壮。

（2）中耕除草：山药生长期有 5 个月左右的时间处于高温多雨季节，土壤容易板结，杂草生长快，必须加强中耕除草。初次中耕宜浅，不要伤及块根。中耕除草的次数应视杂草生长的情况和土壤板结的程度而定，原则上要保持畦面疏松无杂草。

（3）追肥：山药是喜肥植物，除施足基肥外，在生长发育期还要进行多次追肥，以满足其对养分的需求。第一次施肥在苗长高至 30 厘米时，每亩施稀薄人畜粪水 500 千克，以促进幼苗生长，第二、第三次肥分别在 6 月、7 月，每亩施人畜粪水1 500千克或尿素 5 千克兑水施下，以促进植株生长繁茂。第四次施肥在 8 月中旬，每亩施花生麸 50 千克、腐熟厩肥1 000千克、草木灰 200 千克，混匀后施下，施后培土。9 月上旬，每亩再施氯化钾 25 千克。后两次追肥主要是促进地下块根生长膨大，提高产量。

（4）插篱：山药是缠绕性草本植物，依靠缠绕他物向上生长，以利于株间通风透光，增强光合作用，促进块根生长。在苗长高至 20 厘米以上时，用竹竿、小竹条、树枝等在垄上插成篱笆状，入土深 20 厘米左右，以防被大风刮倒。

（5）打顶：当山药的茎蔓长至篱笆顶部时，便将其顶芽摘除，以促进部分侧芽萌发长成分枝，增大植株光合作用的面积，以利于营养物质的制造及积累。

（6）灌水、排水：在山药生长期间，若遇天气干旱，土壤水分含量低，则要适当进行灌溉，以保持土壤湿润。灌溉时宜采取沟灌，待水分渗湿畦土时，立即把水排去。在雨季，尤其是在大雨后，应及时疏沟排水，以防湿度过大导致块根腐烂。

（三）病虫害防治

1. 炭疽病

（1）症状：主要为害叶部和茎部。植株发病初期，叶面出现红褐色病斑，病斑中央色稍浅，潮湿时产生粉红色胶黏质小点，后变为黑色。病斑呈长圆形，后病斑扩大，严重时植株枯萎。炭疽病如急性发病，则病情发展快、为害重，发病面积占种植地块面积的80%左右。一般多在茎部蔓节上先发病，叶片迅速脱落。高湿多风雨的天气有利于发病，连作、排水不良、潮湿、背阳及植株生长衰弱的田块发病较重。一般在6月发病，直到收获都可为害，常造成叶片早枯而减产。

（2）防治方法：①与玉米、小麦等禾本科作物轮作3～5年，不宜与山芋、花生轮作。山药收获后，将田间的枯茎落叶、插架材料清出田外，集中烧毁或深埋，以减少第二年的病源。施肥以有机肥为主，增施磷肥、钾肥，提高植株抗病能力。②栽种前用70%甲基托布津800倍稀释液或50%多菌灵1 000～1 500倍稀释液浸种15～20分钟；或用1∶1∶150波尔多液浸种10分钟，捞出稍晾一下再种植；或在山药种段上涂蘸草木灰后再种植。③在发病初期用50%退菌特800～1 000倍稀释液或70%甲基托布津1 200倍稀释液喷洒防治，每7天1次，连喷2～3次。

2. 褐斑病

（1）症状：初发病时，在叶片上出现不规则的淡黄色病斑，病斑内有多数白色至黄白色小点，即为分生孢子盘上聚集的分生孢子。后期病斑扩大变为褐色，病斑多时叶片枯黄。发病最适温度为25～32℃，多风雨、潮湿的天气发病较重。

（2）防治方法：①彻底清理田园，将田间残茎落叶清出田外烧毁，减少越冬病菌。②在发病初期用65%代森锌500～600倍稀释液或1∶1∶120波尔多液喷洒防治，每7天1次，连续2～3次。

3. 茎腐病

（1）症状：为害地下茎。发病初期，地下茎形成不规则形的褐色斑点，后病斑扩大，形成深褐色的长形凹陷病斑，严重时地下茎干缩，病斑表面常有淡褐色不十分明显的丝状霉。山药出苗至9月均可发病，干旱年份发病轻，雨水多、积水的地块发病重。

（2）防治方法：①与禾本科植物实行3年以上的轮作，施用充分腐熟的有机肥做基肥，防止田间积水，雨后要及时排除积水。②栽种前用50%多菌灵400～500倍稀释液浸种30分钟，稍晾干后再栽种。③发病初期选用50%多菌灵400～500倍稀释液、75%百菌清600倍稀释液或95%敌克松200～300倍稀释液灌根2次，每

10～15 天 1 次。

4. 红斑病

（1）症状：红斑病又叫短体线虫病，是由穿刺体线虫、咖啡短体线虫为害山药地下块根的一种病害，是近年来发现的新病害。发病植株在地下块根上形成近圆形或不规则形、稍凹陷的病斑，呈红褐色，直径为 2～4 毫米，病斑密集时融合成大片暗褐色斑块，表面有细龟纹，病斑深 2～3 毫米，后期患病组织变成褐色而干腐。

（2）防治方法：①不从病区引种，用余零子和无病种繁殖，栽种前在切口处涂抹草木灰进行消毒。②与水稻、玉米、萝卜等作物实行 3 年以上轮作，种植前每亩施用 20%益收宝颗粒剂 1～1.3 千克，沟施或穴施，可减轻为害。

5. 根结线虫病

（1）症状：根结线虫病是由根结线虫引起的地下块根的病害。病株地下块根表皮上产生许多大小不等的瘤状物，瘤状物相互连接重叠形成大的瘤状物。受害轻者商品质量下降，严重时块根表皮呈深褐色，内部组织变成黑色并腐烂。根结线虫主要发生在 0～30 厘米深的土层内，30 厘米以下的土层发病较少，干燥的沙土地及连作地发病严重。在山药的整个生长期均可为害。

（2）防治方法：参考红斑病的防治办法。

6. 甘薯叶甲

（1）症状：成虫为害幼苗，幼虫啃食地下块根。成虫啃食幼苗顶端的嫩叶、嫩茎，被害茎上有伤痕，常使植株折断，致使幼苗枯死。幼虫啃食地下块根，把块根表面咬成深浅不一的弯曲伤痕或蛀食块根内部造成弯曲隧道，影响块根膨大，被害块根往往变成黑色。

（2）防治方法：①栽种前用 50%辛硫磷乳剂或 50%杀螟松乳剂 500 倍稀释液浸种。②成虫期用 40%乐果乳剂1 000～1 500倍稀释液或 90%晶体敌百虫 800～1 000倍稀释液喷洒防治。③结合整地和施肥，在土壤或肥料中拌入杀虫剂，以杀死越冬幼虫。

7. 叶蜂

（1）症状：叶蜂为害山药，是专食性害虫，5～9 月密集在叶背蚕食叶片，将全株大部分叶片吃光，严重影响产量。

（2）防治方法：①进行精耕细作，以破坏叶蜂越冬蛹的越冬场所，减少第一代虫源。②合理施肥浇水，改变田间小气候，也能减轻为害。③在 1～2 龄幼虫盛发期，用 90%晶体敌百虫1 000倍稀释液或 20%速灭杀丁3 000倍稀释液喷洒防治。

（四）采收与加工

1. 采收

宜在11月至翌年1月采收，采收前先把插篱拔起，割除藤蔓，清出田外烧毁。然后从畦的一端深挖，取出块根，沿着垄往前挖取，注意不要挖伤和挖断块根。抖去泥土运回加工。

2. 中药材加工

（1）毛山药加工：将运回的山药块根，切下芦头做种用。剩下部分用水洗净附泥，除净须根，刮净外皮，用清水浸泡24小时后洗去黏胶质，取出晾干表面水分，放入硫黄柜内熏至透心，然后用清水洗净，摊于太阳下暴晒至足干。如果遇阴雨天气，可放入烘炉用炭火烘干（不宜用明火）。

（2）光山药加工：①选料。在采收时，选择直径为3～4厘米、呈圆柱状、上下粗细相近的块根加工光山药。②刮皮熏硫。切去山药块根上端的芦头，洗去泥沙，剪除须根，刮净外皮，用清水浸泡24小时后洗去胶质，取出晾干水分，放入硫黄柜内熏硫24～48小时，待块根变软、折断无黄心时取出，用清水洗1次。③晒干揉搓。将熏硫后的山药摊放在竹席上暴晒，并常翻动。待晒至六成干时，放入瓦缸内回潮变软后进行揉搓。方法是在表面光滑的木板上面放一层山药，再用另一块同样光滑的木板压住，然后用手抓住木板的两头，稍用力来回揉搓，将山药块根搓至圆直坚实。每揉搓1次后晒1小时，再放入缸内，用白布盖面，约1天，取出再揉搓。如此反复多次，直至干爽。④将经揉搓的山药块根放入清水内稍浸片刻，待表面湿润，即用薄金属片或玻璃片刮削，使整条山药呈圆柱形，上下大小一致，每条直径为1.5～3厘米。刮后用铜筛网将山药表面磨光滑，最后用白布抹去表面的粉末，摆放在干净的竹席上晒至足干。

3. 中药饮片加工

（1）山药片：除去杂质，大小分开，洗净。用适量水浸泡至半透心，取出，润透（在闷润时熏硫黄1次），切成0.25～0.4厘米厚的片，干燥，筛去灰屑。

（2）炒山药：取净山药片，置锅内用文火炒至微黄时，取出晾凉。

（3）麸炒山药：将锅烧热，撒入适量麦麸，待冒烟时加入净山药片，用中火炒至表面呈黄色，取出筛去麦麸，晾凉。每10千克山药用麦麸1千克。

4. 贮藏养护

毛山药用麻袋或竹筐盛装，每件重约40千克。光山药、饮片一般用木箱盛装，置通风、干燥、避光处贮藏，要求温度在30℃以下，空气相对湿度为70％～75％，商品安全含水量为12％～14％。

商品易遭虫蛀、鼠盗、吸潮生霉。贮藏时间过长颜色变深。吸潮品表面呈黑色或长有绿色霉斑。为害仓虫有米象、毛衣鱼、褐粉蠹、黑粉虫、缩劲薪甲、谷潜长头谷盗等。被蛀品可见白色蛀粉、细小蛀孔和蛀痕。

贮藏期间应保持环境清洁、卫生，四壁嵌缝要堵严，减少鼠害。初发霉和轻度虫蛀，可及时晾晒。虫情严重时，可用磷化铝、溴甲烷熏杀。

十一、八角种植技术

（一）繁　殖

1. 种子育苗繁殖

（1）选种采种：种植果用林宜选择柔枝八角品种，种植叶用林则选白花八角品种为好，用来培育嫁接苗做砧木的应选矮型八角品种。采种母株应选择树龄为20～50年，树势生长茂盛，具有丰产树型、高产、稳产、果形肥大端正、抗逆性强的母树。选择秋季大造果采种。每年10月上旬，当果实由青绿色转为黄绿色或黄褐色时采果，将采回的种子脱粒，方法是把果实摊放在室内晾干，几天后待果实开裂，种子会自行脱出。也可摊放在室外晾晒，晒时堆厚为15厘米左右，需经常翻动，约3天后果实陆续开裂，种子脱出。脱出的种子要及时收回，不宜长时间暴晒，否则油分挥发会降低发芽率。

（2）种子贮藏。

①湿润贮藏法：一般筛取粗细均匀的湿润细沙或黄泥心土贮藏种子，贮藏前先把种子和细沙或黄泥心土消毒。先将种子在0.2%～0.5%高锰酸钾溶液或70%甲基托布津可湿性粉剂300倍稀释液中浸泡5～8分钟消毒，细沙或黄泥心土则按1 000∶1的比例拌入70%甲基托布津可湿性粉剂或50%多菌灵可湿性粉剂，拌匀，洒水，至细沙或黄泥心土等贮藏材料手抓成团、松手即散开时，把种子拌入沙或土中，分厢堆好，厢面撒一层2～3厘米厚的干净沙，每厢高度不超过20厘米。贮藏过程中要保持沙土湿润偏干。40～60天后有30%的种子裂开露白时，应抓紧时间播种。

②干燥贮藏法：用4～5倍较干的细沙或黄泥心土与八角种子拌匀，压实，以抑制种子呼吸，减少油分挥发，保持种子的发芽能力。干沙土与种子拌好后，可贮藏于室内干燥的地穴里，穴口填满干细沙，并用木板封闭穴口，以防鼠害和减少通气。若需长途运输，可用木箱包装密封。采用这种方法贮藏的种子发芽率可达70%以上。在贮藏过程中，应注意室内需通风阴凉，避免风吹、日晒和雨淋。如果贮藏的种子数量少，可放在室内的水缸边。湿润贮藏时，要常检查沙土的湿润度，适时淋水，适当翻动沙土，保持沙土的通透性，还要注意防鼠害。

（3）播种育苗。

①苗圃的选择和整地。苗圃宜选择交通方便的山脚或缓坡地，最好是生荒地且土层深厚疏松、有机质含量高、近水源的沙壤土或壤土处。在秋末冬初清除杂草、

灌木后翻地，经冬季风化熟化，到次年春再翻耙 1～2 次，把地耙平、耙细，每亩施土杂肥1 500～2 000千克、厩肥1 000千克、过磷酸钙 30～50 千克作为基肥。起宽 1～1.2 米、高 20～25 厘米的高畦，畦长 8～10 米或视田地情况而定，畦间留 30～40 厘米宽的工作道。

②播种：于 1～3 月播种，最迟不超过 3 月中旬。在无霜地区播种宜早不宜迟，播种越早对幼苗生长越有利，苗长得越快就越健壮。在有霜地区，要等气温回升且稳定后才能播种，并要注意倒春寒。在起好的畦上按行距 15～20 厘米开 3～4 厘米深的播种沟，在沟内按株距 3～4 厘米点播种子 1～2 粒，播后覆盖 3 厘米厚的细土。播种前如用生根菌拌种，可促进早长根，种、肥比例为 1∶1。播后若天气干旱，应及时淋水，保持土壤湿润。通常气温在 18℃以上时，播种后经 20 天左右可以出苗，但出苗不一致，出苗持续时间多为 20～40 天。

③搭棚：播种后要及时搭棚或拉遮阳网遮阳，并在畦面上铺盖稻草或杂草，要求开始时要保证荫蔽度在 70％以上，之后随着苗木的生长及木质化程度的提高，可以不断降低荫蔽度，至 11 月光照弱而短时，可把遮阳棚拆除。

④施肥：5 月苗高 4～5 厘米时进行第一次追肥，6～7 月苗木生长旺盛季节进行第二次追肥，之后每抽出 1 次新梢就追肥 1 次。追肥原则是先淡后浓，先少后多。常用追肥的浓度是尿素为 0.2％～0.3％，复合肥为 0.3％～0.4％，过磷酸钙（浸提液）为 0.4％～0.5％。肥料淋施或沟施。

⑤除草、松土：通常除草和松土同时进行，在幼苗出土前喷 1 次百草枯、丁草胺等除草剂，可减轻除草压力。除草应以除早、除小、除净的原则，不让杂草滋生，以免影响苗木生长。刚开始松土时不宜过深，之后随着苗木生长，松土才逐渐加深。

⑥间苗、补苗：当八角长高至 15～20 厘米时，应视苗木疏密程度进行间苗。对过密的苗木，应将细苗、弱苗和病苗间除，要求每亩的有效苗木为 3 万株左右。对苗木稀疏的地方应进行补苗，使苗木之间距离均匀，生长健壮。

⑦防寒、抗旱：八角虽然有一定的抗寒能力，但受到寒流的袭击也会发生冻害。在霜冻到来前应采取烟熏或覆盖薄膜的方式防止冻害的发生。天气干旱时，要经常浇水或灌溉，保持育苗地湿润，以免受旱影响苗木生长。

（4）实生苗的出圃规格。

1 年生一级实生苗：株高 67 厘米以上，地茎 0.8 厘米以上，根系发达，叶色浓绿，无病虫害。

1 年生二级实生苗：株高 38 厘米以上，地茎 0.45 厘米以上，根系完整，叶色青绿，无病虫害。

2 年生一级实生苗：株高 115 厘米以上，地茎 1.1 厘米以上，根系发达，叶色浓绿，无病虫害。

2 年生二级实生苗：株高 80 厘米以上，地茎 0.8 厘米以上，根系完整，叶色浓绿，无病虫害。

实生苗苗圃的产量：每亩可产 1 年生苗 3 万株，60 厘米高的 2 年生苗 2 万株，1.3 米以上高的 3 年生苗 1 万～1.5 万株。一般生产上用 2～3 年生的苗木造林，成活率较高。

（5）起苗：八角苗木在出圃前 2～3 天，苗圃应灌水 1 次，使土壤湿润松软，以便起苗，减少根部损伤。起苗时可用锄头或使用起苗器。用锄头起苗时，应从苗床的一端开始起挖，挖一条深于根部的沟，按着畦向依次挖掘。起苗前剪去 3/4 的叶子和大部分侧枝，以减少蒸腾作用。起苗时要尽量保护好根系，起苗后要立即分级浆根，并将 1～2 级苗按每 50 株一捆捆好，运往造林地，再用黄泥水浆根 1 次，放于阴凉处。应当天起苗当天种完，如没有种完，要将苗木放在湿泥地上，并用湿草盖根部，第二天种完。

（6）苗木运输：挖出的苗木应分批挂上标签，注明品种、级别、数量和起苗日期，装运时要按品种、级别堆放，分层直立装车，上面盖帆布篷。启程前喷少许水，使苗木保持一定湿度，切忌日晒、风吹、雨淋和堆放过高。苗木运到目的地后要及时定植。

2. 营养钵育苗

（1）小苗培育：宜选择靠近水源、排水良好、质地疏松的沙壤土处做育苗地。播种前精细整地，把泥土打碎，捡净石块、草根。苗床以长 10 米、宽 1 米为宜，并在苗床的畦面上铺一层约 3 厘米厚的森林细土。每年2～3 月播种。播种前先用 0.3％福尔马林溶液浸种 1 分钟进行消毒，取出后密封 2 小时，然后用清水浸泡 12 小时，捞出后便可播种。

播种后，用竹片插成中间约 50 厘米高的弧形棚架，上盖农用塑料膜，四边压实，可防止鼠害、提高温度、加速发芽。也可以用防鼠药剂处理种子后再播种，这样可不用搭棚和盖农用塑料膜，改用草盖畦面，经常浇水保持湿润即可。盖农用塑料膜时要调节好温度，天冷时盖好，天热时要揭开，保持温度为 20～25℃。

（2）移苗入营养钵：营养钵可用塑料袋或纸杯，1 年生苗木可用直径 5 厘米、高 10 厘米的规格，2 年生苗木可用直径 8～10 厘米、高 15～20 厘米的规格。营养钵内装营养土。营养土的配制方法是用稻田表土或森林表土 80％、草木灰 15％～20％、磷肥 3％，将草木灰与磷肥加适量水拌匀堆沤，用草或农用塑料膜盖好发酵，稻田表土或森林表土打碎后用 1 厘米筛孔过筛，与堆沤的草木灰拌和均匀，装入营养钵内。或用疏松肥沃的熟土与腐熟农家肥 50 千克、过磷酸钙 5～6 千克、硫酸铵 3～4 千克拌匀，配合比例为熟土 70％～80％、肥料 20％～30％，装入营养钵内。

当八角苗的叶片有黄豆粒大、侧根长至 0.5 厘米时移入营养钵内。移植前要先配好黄泥浆，即用黄泥心土与水充分搅拌成稀泥浆，加 ABT 生根粉 3 号 25 毫升/千克。起苗时用锋利的剪刀剪去主根的 1/3，再放入盛有黄泥浆的盘中（黄泥浆深 1～1.5 厘米）。移植时，用手指大小的竹片于营养钵中央打洞，然后放入小苗，扶正压实，淋足定根水即可。

用营养钵育苗也可以不经过小苗培育的阶段，直接把种子播入营养钵内即可。方法是播种前先处理种子，处理方法与育苗地育苗的种子处理相同。在播种前 1 天，把营养钵内的土淋透水，若营养土下沉，应加土至钵口再淋水，待土不粘手时播种。每一个营养钵播入 1 粒经过催芽露白的种子，然后覆土 2～3 厘米厚，并适当淋水保持土壤湿润。最后把营养钵排放在预先选好、整平的地面上，按品字形逐个排放，尽量靠近，排放宽度以 1 米为宜，长度视地形而定。如放置营养钵的地方无天然物遮阳，应搭设遮阳棚。

（3）苗期管理：移苗入营养钵（或播种）后，主要工作是搭遮阳棚、淋水施肥和防治病虫害。日常苗期管理工作与实生苗期的管理相同。苗木经过 1 年培育，即可上山造林。

3. 嫁接苗的培育

（1）砧木培育：选择根系发达、抗逆性强、无病虫害的品种，以种子播种，培育做嫁接用的砧木苗。砧木以 1～2 年生的粗壮实生苗为佳，待其长至 40 厘米高、根茎直径 0.5 厘米以上时，即可用于嫁接。可选用无矮化八角品种作砧木，也可选用当地的八角品种作砧木进行嫁接，以提高亲和力及嫁接成活率。

（2）接穗选择：接穗要从能适应当地条件的优良丰产品种壮年八角树上采集，剪取树冠中下部外围向阳生长的健壮、充实老熟、芽眼饱满的上一年结果枝做接穗。用这样的枝条做接穗，嫁接后成活率高、分枝多、较矮化、方便采收。不能用徒长枝作接穗，因其嫁接成活后，通常植株直立徒长、分枝少、产量低、树高而不易摘果。选好的接穗最好随采随嫁接，如需长途运输或 2 天以内无法嫁接完，可用湿润细沙贮藏或用湿毛巾包裹，以防接穗失水而降低嫁接成活率。但接穗贮藏不能超过 7 天。

（3）嫁接时间：除寒冷天气外，其他时间均可进行，但最好是在 1 月至 3 月上旬春梢未萌动前进行，此时嫁接成活率高。4～5 月和 8～9 月可以进行芽接。嫁接必须选择晴天或阴天的上午或下午进行，切忌在雨天和中午进行。

（4）嫁接方法：八角的嫁接主要采用枝接（切接）法，也有用芽接（腹接）法。

①枝接法：这是八角嫁接常用的方法，嫁接成活率较高，尤其适用于较小的砧木。

接穗的削法：削接穗时，先用左手持接穗的枝条，选择枝条最平滑的一面紧贴食指，在离芽眼1.5～2厘米处，以40°～45°角向下斜削一刀，把枝条下部削断，即为削接穗的短削面。然后翻转枝条，在离芽眼2毫米处向下平削一刀，把皮层削开，切口深度以刚刚削到形成层为宜，要求切口平直、光滑无毛，再削去皮层且不带木质部，即可削出接穗的长削面，削面长1.5～2厘米。再在芽眼上方2毫米处，以45°角斜削一刀（留2～3个芽眼），把接穗削入干净、无水的盘中。因八角树体含单宁较多，不宜把接穗削入有水的盘中，以免伤口迅速氧化，降低嫁接成活率。

砧木的切法：嫁接前把砧木离地15厘米以上的茎叶剪去，在离地6～8厘米处选择平滑的一面，沿着形成层垂直纵切一刀，切口的长度与接穗切面相等或稍短。要求切口平直、光滑无毛，以刚切到形成层为宜。

嫁接及捆扎：将已削好的接穗迅速插入切好的砧木切口中，接穗形成层对准砧木形成层。注意拿接穗的手不能接触长削面，以免沾污切口，影响成活率。削好一个接穗即嫁接一个，以免与空气接触时间过长使单宁氧化加重，降低成活率。

嫁接前将塑料薄膜剪成1厘米宽、30～35厘米长的条带。捆扎接穗时，以左手拿着薄膜带的1/4，右手拿3/4，先拦腰将接穗与砧木环扎一周扎紧接穗，再从上至下将接穗与砧木的接触部分扎紧，用薄膜长的一端密盖砧木顶部切口，用短的一端密盖接穗，在顶部接口（留出芽眼不包）处将薄膜长的一端扭成绳，压紧接穗与砧木的交界处后再捆扎1～2周并打结。

②芽接法：通常采用“T”形芽接。在每年春、夏、秋季均可进行，以4～5月为最佳。嫁接时从选好的接穗上削取盾形芽片，芽片长2厘米左右、宽0.5厘米。削芽时，从芽下1.5厘米处向上削，刀深至木质部，削至超过芽0.5厘米处即横切断皮层。在砧木离地5～8厘米处，选平直光滑的部位，切一“T”形切口，深至木质部，长、宽与芽片相当，然后用芽片从“T”形切口交叉处撬开，将从接穗上削取的芽片接入切口中，使芽片上缘与切口上片密接，用塑料绳自下而上捆扎，密闭接口芽片。如为带有叶片的芽片，叶片可以外露，其余部位要密封，防止水分渗入而影响成活率。

（5）嫁接苗的管理：嫁接后要经常检查，发现未成活的要及时补接。视情况及时解绑定干，剪砧木，抹芽。嫁接后要搭棚遮阳，干旱时应经常淋水，保持苗地湿润，防止嫁接苗凋萎死亡，还要防治病虫为害和防止牲畜践踏。嫁接苗成活后长至10～15厘米高时，要勤中耕松土、施肥促进其生长。嫁接苗经过1年的培育可上山造林。

（6）嫁接苗出圃的规格：共分三级。

一级嫁接苗：株高30厘米以上，嫁接口往上1厘米处茎粗0.4厘米以上，愈合良好，生长健壮，芽眼饱满，根系发达，无病虫害。

二级嫁接苗：株高 25 厘米以上，嫁接口往上 1 厘米处茎粗 0.25 厘米以上，愈合较好，芽眼饱满，根系发达，无病虫害。

三级嫁接苗：嫁接成活但低矮，株高不足 25 厘米。

4. 扦插育苗

扦插育苗是利用八角的枝条进行扦插育苗的一种繁殖方法。采用此法繁殖能保持母树的优良性状，提早开花结果，能使树型矮化，便于管理，但是成活率较低，要求技术也较高。

（1）插条的选择及处理：八角的扦插插穗应从 15～30 年生、结果多而稳定、果形肥大饱满、结果大小年不明显、无病虫害的优良母树中选取，采剪的部位应为树冠上部主干上 1 年生或半年生的枝条。插穗直径 0.5～0.8 厘米、长 15～20 厘米。每条插穗带芽 2～6 个，上端在离芽 1 厘米处剪平，下端在芽处剪成马耳形，剪时不要碰掉腋芽，并保留插穗上的叶片。剪好的插穗用 ABT 生根粉 200 微升/升溶液或萘乙酸 50 微升/升溶液浸泡插穗切口，浸泡深度为 4～5 厘米。浸泡的时间按插穗的老嫩程度而定，半木质化的嫩枝用生根粉溶液浸泡 30～60 分钟或用萘乙酸溶液浸泡 6～8 小时，木质化的枝条用生根粉溶液浸泡 1～2 小时或用萘乙酸溶液浸泡 10～12 小时。

（2）苗床整理：扦插用的苗床基质宜采用河沙或河沙与黄土各 50%，用 0.2% 高锰酸钾溶液进行消毒后，即可整理成宽 1 米、高 15 厘米、长按地形而定的苗床。

（3）扦插：八角扦插育苗一年四季均可以进行，以春季为佳，成活率高。在苗床上按行距 15～20 厘米、株距 8～10 厘米进行斜插，老枝插条的扦插深度为 1/2，嫩枝插条的扦插深度为 1/3。

（4）扦插后的管理：主要有 4 个方面。

①搭棚遮阳。扦插后，为了避免插穗受到强烈阳光的照射，要马上搭拱形棚遮阳，并盖上塑料膜保湿。扦插后的头 20 天拱形棚宜盖上黑色塑料膜，使其不透光，20 天后可透少量光，1 个月后插穗长出根时可逐渐加大透光度，改换盖遮阳网。

②调节温度、湿度。八角扦插初期，为了减少插穗水分的消耗，应安装自动喷雾设施，以保证棚内的空气相对湿度在 85%～90%，当插穗生根后空气相对湿度可降至 75%～80%。如果没有自动喷淋设备，可利用坡位高度差安装水箱，利用水的压力自动喷雾，但喷水量不宜过大，以防苗床积水。棚内温度保持在 20～30℃为宜，如果超过 32℃，要揭膜通风、降温。

③移入肥床培育。经过 2 个月培育后，绝大部分插穗已长出根，原来用河沙或黄土做成的基质苗床已经不能满足插穗生长的需要，此时应把长根的插穗移至土壤肥沃的苗床上进行培育，并把少数未长根的插穗集中在一起，继续在原苗床上培育。

④炼苗。在肥沃的苗床上经4～5个月培育后，插穗长成小苗，对外界不良环境已有一定的抵抗能力，此时可选择阴雨天移入大田苗圃上培育，进行炼苗，使苗不断木质化，生长健壮。待苗长至30厘米高以上、根径粗0.6厘米以上、根系发达、叶色青绿、无病虫害时，便可出圃上山造林。

(5) 分株繁殖：分株繁殖是利用八角幼树分蘖多的特性进行繁殖的一种方法。通常每株八角幼树可分出1～3株甚至更多，因而此法是一种高效、快速的育苗方法，而且用此法培育的苗木上山造林苗木成活快、根多苗壮、成活率高。培育方法为每年初春，除生长粗壮的主干外，对其余低位萌蘖的基部进行环状剥皮，环宽为2～4厘米，并培土高过环剥处20厘米，这样在环剥处上方会长出大量的须根，当年冬季即可从环剥处下方基部剪下，作为苗木带土造林。

（二）造　林

八角树是多年生的植物，1次种植可多年收益，经济寿命长。因此，要针对八角对生态环境条件的要求，选择适宜的环境条件种植，提高开垦质量。掌握定植技术及施足基肥等关键技术措施是十分重要的。

1. 造林地的选择

根据八角对生长环境的要求和生长习性选择好种植地。八角树属浅根树种，主根长得不深，侧根分布在约50厘米深的土层中，枝条颇脆。因此，种植地宜选择在海拔1 000米以下、山峦重叠、云雾缭绕的低山和高丘上，且为坡度在30°以下的山谷或中下坡避风处，坡向以东坡、东北坡为佳。以土层深厚、疏松、肥沃、湿润、排水良好的壤土、轻壤土、沙壤土以及腐殖质含量丰富的山地为宜，且为pH值4.5～5.5的酸性土。通常用荒坡造林，也可以用残林造林或在疏杂木林下造林。

2. 整地

八角树造林时应根据不同的坡度进行整地。15°以下的缓坡地宜进行全垦，带宽为1.5米，带间留植被2米；15°～20°的坡地采用局部整地，带宽在1米以下；20°以上的坡地带宽为1米左右。整地时，可利用杂木林做八角的遮阳树，即先把杂木林中的藤本植物和有刺的植物砍除，然后在遮阳树旁1～2米处挖宽、深各50厘米的种植坑，坑距因受杂木林限制，多为不规则。坡度很大、地形复杂、坡面有乱石不易筑成梯田的陡坡，可在整地时修筑鱼鳞坑，以减轻表土被雨水冲刷的程度。要求在整地前劈山和炼山，把砍倒的杂草灌木晒干烧掉，要注意防止火灾。整地时要把地内的树根、树头、石块清除干净，整地后按株行距拉线定标并挖穴。整地应在造林头一年的秋冬进行，且要坚持高标准、高质量，严格要求。

3. 种植密度

八角造林的密度按经营目的、抚育管理水平和土壤肥力情况而定，通常果用林可疏些，叶用林可密些，土壤肥沃则宜稀植，土壤贫瘠则宜密植。目前果用林多采用 3 米×3 米的行株距，每亩种 74 株；而叶用林采用的行株距为 1.33 米×1.33 米，每亩种 275 株。

4. 定植

一般在每年 2 月下旬至 4 月上旬新芽尚未萌发前定植。此时气温逐渐回升，降雨增多，树苗容易成活。定植宜选阴雨天进行。定植前半个月，将挖出的表土填回坑内，结合回土，每坑施入农家肥或土杂肥 2.5～3 千克、过磷酸钙 0.25～0.3 千克，与表土拌和均匀后填满种植坑。如果缺乏有机肥，可每坑施复合肥 2 千克左右，与表土拌和均匀后填入坑内。因回土后土质疏松，土壤往往会下沉，因此填回的土要略高于种植坑坑面 10～15 厘米。目前生产上定植时多采用深坑种植法，种植坑内不填满土，坑面低于地面 10 厘米左右，种植时每坑栽苗 1 株，若为小苗则栽 2 株。种植时根系要舒展、不弯曲，苗放在坑中央，直立，然后埋地表土至穴深 1/2 处，提苗使根舒展后踩实，再埋虚土，使之形成上虚下实的状态，防止土壤水分蒸发。采用营养钵育苗的，要在种植坑内先撕开袋子，小心植入苗木，勿伤其根系，然后埋上打碎的土块。采用嫁接苗定植的，接穗应离地面 3～5 厘米，且要统一朝一个方向，以便管理。

定植后应淋足定根水，在坑面盖草保湿，以提高成活率。在无荫蔽的地方要临时插荫蔽树枝，以免小苗被晒枯，保证成活。

（三）抚育管理

1. 幼龄树的抚育管理

幼龄树管理的目标是力争 3 年成林，因此要重点强化头 3 年的抚育管理。

（1）遮阳保湿。八角树在营养生长期喜欢较荫蔽的环境，种植后可在植穴周围插树枝，或在造林时有意识地保留一些遮阳树。除草时把树盘外的杂草、杂木酌情留下以达到遮阳保湿的效果，有利于幼树生长。

（2）间套作。在幼龄八角林地内可间套作花生、黄豆、玉米、绿豆、木薯、蔬菜和药材等，间套作物应离树盘至少 1 米远。不能间套作攀缘作物、缠绕作物以及与八角树有共同病虫害的作物。在八角林地间套作物可以对土壤起覆盖作用，减少土壤水分蒸发和降低夏季的温度，减少水土流失，抑制杂草生长，增加土壤有机质，提高土壤肥力，利于幼龄树生长。

（3）除草培土。八角的幼树期株距较宽，在高温季节容易滋生杂草，因此必须重视除草工作。可采用人工除草和用化学除草剂除草，要求把树盘内的杂草除掉，保留暂不影响树体生长的盘外杂草，为幼树提供荫蔽环境。

（4）扩穴改土。通过扩穴改土、增施有机肥达到熟化林地、扩大根系范围的目的。一般是在秋季枝梢老熟时进行较好，因秋季气温较高，断根后伤口容易愈合，有利于新根生长。方法是在定植坑外围两侧各挖一条长 1～1.2 米、宽和深各 50 厘米的条沟，第二年轮换方向，逐年外移，经 3～4 年完成。施肥量可根据不同树龄的幼树而定，一般 3 年龄以下的幼树，每株可施复合肥 50～100 克；3 年龄以上的幼树，每株施复合肥或八角专用肥 150～250 克。在树冠投影下挖浅沟施下。

（5）整形修剪。八角幼树有很强的顶端优势，整形修剪的目的是为了培育高产的树形，集中养分，提早结果。

①截顶和留干：幼龄树生长 3～4 年后，株高可达 1.5～2 米，此时应截顶促其分枝，并留 1～2 条最粗壮的顶枝做主干培养，把除主干以外的顶枝剪去，同时要保护主干的顶芽，不能碰断。

②抹芽：抹芽的目的主要是扩大树冠，培育丰产树形。具体方法是对 1～2 条主干的主梢加以培养，其余由顶枝萌发的主梢全部抹去，只留下副梢，且以留下 2～3 条副梢为宜。

③拉枝：拉枝可使分枝结构合理，上下枝不重叠，以保证树体通风透气，调节结果枝和营养枝的比例。坡度小、密植、土肥供应不足的八角树开张枝条角度宜小些，坡度大、稀植、土壤肥沃的开张枝条角度可大些，这样有利于八角树丰产。

④修剪：对八角幼龄树的内膛枝、荫蔽枝、弱枝应适当修剪，使其通风透光，对病虫枝、枯枝应全部剪除，以防止病虫害蔓延。

（6）施肥。实生苗和嫁接苗的施肥不同。

①实生苗幼龄树施肥：造林后幼树要连续抚育 7 年。第一年在 6～7 月结合深翻扩穴，每株施氮肥或复合肥 50～150 克。第二年施肥 2 次，第一次在 1～3 月，第二次在 7～8 月，每次每株施复合肥或八角专用肥 100～150 克。之后每年施肥 2 次，施肥量随着植株长大而适当增加。

②嫁接苗幼龄树施肥：造林后幼树要连续抚育 3 年。第一年施肥 2 次，第一次在 5～6 月，结合深翻扩穴，每株施氮肥或复合肥 50 克，并注意除掉砧木上长出的萌芽；第二次在 9～10 月，每株施肥 50～100 克。自第二年起，每年施肥 2 次，第一次在 3 月，第二次在 7～8 月，每次每株施复合肥或八角专用肥 100～150 克。

除对八角幼龄树的土壤施肥外，一般在展叶期、老熟期各喷 1 次 0.20%磷酸二氢钾和 0.3%尿素混合溶液或台湾“卢博士”有机液肥1 500倍稀释液等优质叶面肥，在新梢老熟后或芽眼萌动前再加上赤霉素每克兑水 50 升共喷，可以加速下次抽梢和促使抽梢整齐。因叶背对肥料的吸收能力要比叶面强，喷叶面肥时应主要喷叶背。

2. 成龄树的抚育管理

（1）深翻扩穴：通常在秋、冬季枝梢老熟时进行，在树冠滴水线外 1 米处挖深

20 厘米、宽 50 厘米的条沟，长度视树冠大小而定，通常为 1～2 米。扩穴开沟时挖出的表土、心土应分开堆放，填土时采取分层回填，即先将绿肥、杂草、农家肥、化肥等填入沟内，厚 15～20 厘米，并在上面撒一些石灰，再盖一层表土，最后用心土将扩穴沟填满使土略高于地面。挖沟时注意要与上次的扩穴处相连接好。扩穴时的施肥量，每株可施腐熟猪粪或牛粪 40～50 千克、土杂肥 40～50 千克、过磷酸钙 0.5～1.5 千克，或每株施八角专用肥 0.5～3 千克。10 年以下树龄的八角树每年扩穴 1～2 次，10 年以上树龄的每年扩穴 1 次。林地内土壤熟化后，1～2 年进行 1 次扩穴。

（2）除草、培土：方法基本同幼林期。

（3）覆盖：结合中耕除草，将树盘周围的杂草除干净盖在树盘上，这样可以防止杂草生长，减少水土流失，抗旱保湿，有利于改善土壤结构。覆盖物宜离树干 10 厘米左右。

（4）梯田和排灌系统的维修：在造林时梯田和排灌系统未完善的，在投产前要把整个林地整理成设备完善的梯田式林地，以防止水土流失，同时还要做好排灌系统的维修。

（5）施肥：施肥时间应根据八角的物候期和养分的需要来安排，通常在 2～3 月施保果促梢肥，5～6 月施促花壮果肥，7～8 月施壮花壮果肥，9～10 月施采果肥，10～11 月施返秋壮果肥和过冬肥。肥料种类有有机肥、无机肥、复合肥和微生物肥料四大类。有机肥有人粪尿、畜禽粪尿、饼肥、堆肥、厩肥等，无机肥有尿素、碳酸氢铵、过磷酸钙、钙镁磷肥、氯化钾、硫酸钾、硫酸镁、硫酸锌、硼砂等，复合肥分为有机复合肥、无机复合肥和八角专用肥。施肥量为幼龄期（10 年树龄以下）每次每株施复合肥或八角专用肥 0.5～1 千克，初果期（11～20 年树龄）每次每株施复合肥或八角专用肥 1～2 千克，盛果期（20 年树龄以上）每次每株施复合肥或八角专用肥 2～3 千克。

①施肥方法。八角树的根系最密集处为树冠滴水线外 1～3 米，这是施肥最理想的地方。盛产期的八角树已经封行，根系密布整个林地，施肥地点一般在两株树中间，且因盛产期八角树根系分布最密集的深度为 10～35 厘米，施肥的深度最好不超过 20 厘米，而宽度、长度可适当增加，以利于扩大吸收面积。如果开深沟施肥，会造成断根过多，落花、落果严重。八角树盛果期施肥方法有环状施肥、放射状施肥、穴施、撒施。环状施肥即在树冠外围垂直地面处挖一环状沟，宽、深各 20 厘米左右，将肥施入沟内，覆土埋好。放射状施肥是在离树干一定距离处，向外围挖 2～3 条放射沟，宽、深各 20 厘米左右，内浅外深，长与树冠相等，将肥料施入沟中，第二次施肥时需变换开沟位置。穴施即在树冠下 1/2 处向外均匀挖若干个小穴，穴数视树的大小而定，即树冠投影处的上坡部位及其左右各挖一个宽 20～30

厘米、深约20厘米的品字形穴，把肥料施入穴内，覆土压实即可，此法宜在陡坡地采用。撒施是把肥料均匀地撒在林地上，然后翻入土内。

②根外追肥。主要是施叶面肥。常用的叶面肥有尿素、磷酸二氢钾、过磷酸钙、氯化钾、硫酸镁、硫酸锌、硼砂等无机肥和喷施宝、喷丰收、肥霜、台湾“卢博士”等有机液肥以及“正丰”生态肥等。用叶面肥追肥，在花蕾期喷施可壮花，在幼果期喷施可保果、壮果，在新梢期喷施可壮梢和加速新梢老化，在冬季喷施则可增强树体的抗寒能力。因此，适时施叶面肥能达到很好的效果。

（6）整形修剪：八角成龄树修枝的目的是使枝条分布均匀，树冠通风透光，减少病虫害发生，控制养分的消耗，提高产量和品质。整形修剪主要有截顶留干、抹芽、扭梢、拉枝。扭梢是一项重要的技术措施，每年进行2次，通常在5～6月和8～9月进行。在新梢没有木质化前，将荫蔽梢、徒长梢等从其基部3～6厘米处轻轻扭转180°，使木质部和韧皮部受伤但不至于折断。扭梢后可以缓和树体的营养生长，促使这些梢次年转为结果母株。扭梢应在晴天中午进行。

（7）保花、保果：八角树落花、落果的原因很多，要采取措施进行保花、保果，以保证稳产、高产。

①选择合适的造林地。八角树是喜阴凉、好水肥、忌强光、怕旱、怕涝、怕风的树种，应选择海拔在300米以上的中坡、下坡造林。

②调节树体营养水平。每年7～8月结合中耕除草，每株结果树施1～1.5千克复合肥或八角专用肥和少量微量元素如锌、硼等，在树冠投影下开浅沟施肥并盖土。在3～4月开花前每株施复合肥1～1.5千克和尿素、氯化钾0.5千克，在花谢后每半个月喷0.3%尿素和0.2%磷酸二氢钾混合溶液2～3次，可以提高坐果率，减少落果，提高产量。

③施用微量元素。在花蕾期、生理落果期各喷1次0.15%硼酸溶液或0.2%硫酸锌溶液。

④环割或环扎。目的是使八角树的韧皮部受到损伤，在伤口愈合之前阻碍和缓和养分的上下流通，抑制营养生长而促进生殖生长。在花蕾期环割可以保花，在幼果膨大期环割可以保果。环割主要在2～3月进行，此时环割可以减少秋芽的抽生量，减少因春梢抢夺养分而造成的落果，维持梢、果的养分供应基本平衡。环割主要采用螺旋形，环割两端口不能相连，一般环割1.5～2圈，多数在主干的下端进行，深度以刚割去皮层并触及木质部为宜，环宽为0.3～0.4厘米，螺旋形螺距约5厘米。树势中等的树全年环割次数不超过3次，壮旺树不超过4次。严重干旱时，忌进行环割，冬季也不宜环割，老树、弱树严禁环割。环扎以铁线陷入皮层的1/3为宜，春梢老熟后要解除铁线，否则会导致树势衰退。

⑤拉梢。春梢大量抽生会加剧落果，但是春梢又是次年的结果母株，必须培育

健壮的春梢，才能保证次年的产量。因此每条枝抽 3 条梢以上的，只留下 2 条梢，在副梢长 2～3 厘米时进行抹梢。也可以用化学药物进行控梢，如用多效唑 25 克兑水 15 升，在少量春梢萌动时喷洒，减少春梢抽生量，避免抽梢与幼果的发育争夺养分，可减轻落果，效果较好。或每株淋施 20～30 克多效唑入土壤中，也能收到同样的效果。

3. 八角低产林的改造

八角低产林形成的原因很多，主要是品种混杂、良莠不齐、管理粗放、种植密度过大、落花落果严重、基地建设缺乏科学性等，从而导致低产。

（1）密林疏伐。八角树到 8～10 龄以后树冠枝条伸展较快，若林木过密，则透光、透气不良，光合作用将会减弱，制造养分的能力会降低，影响树木的生长发育，降低八角产量。此时八角林正进入初果期，需要大量的养分，应适当疏伐，去劣留优，并将林内及林缘 3 米以内的杂灌木砍掉，以增加林木的透光度和透风度。每亩保留林木 25～30 株，具体视品种、树龄大小和抚育管理水平而定。林木密度以树冠间距 2 米左右为宜。疏伐时间在 9～10 月八角采果后进行。疏林应分批、分次进行，强度不宜过大，以免发生日灼病。疏林时要尽量留下优良的单枝，不要强调疏伐后的株行距，除考虑优胜劣汰外，还要去弱小留壮旺、去枝少留枝多、去高矮留中等。

（2）除草垦覆。林地内生长的杂草会与八角树争夺养分，应结合施肥铲除杂草。每年要进行除草 2～3 次，春、秋季或春、夏、秋季各进行 1 次，并将除下的草覆盖在树盘内或在扩穴改土时作为绿肥埋入土中。可用除草剂如草甘膦、百草枯等进行除草。

八角林地多是红壤土或黄壤土，易板结，且经多年人、畜践踏，草木根须纠缠，土壤吸水性及通气性变差。因此，通过垦覆可以增强土壤的通透性，促进根系生长，同时还可以起到断根的作用，促使八角开花结果，提高坐果率。垦覆一般在 5～6 月结合抚育进行。坡度在 25°以下的林地采用块状垦覆，坡度稍大的林地可采用冠幅内垦覆，深度以 10～15 厘米为宜，3～4 年进行 1 次。

（3）施肥：八角树一年四季都开花结果，7～11 月开花最多，9～10 月果实成熟可采收。八角树开花结果期长，因此所需养分较多且营养要全面，要获得高产就必须满足其对营养的需要。通常每年要施八角专用肥 2 次，第一次在 1～3 月，以保果壮芽，每株施 1～1.5 千克；第二次在 5～7 月，以促进正常开花和壮果，每株施 1.5～2 千克，施后有明显的增产效果。

（四）病虫害防治

1. 褐斑病

（1）症状：叶片初发病时，叶缘开始黄化，出现黄褐色小斑，病斑扩大后呈深褐色圆形或半圆形斑，病部叶背面呈棕褐色，病斑上布满黑色小点。枝条发病时，病斑初为黑色小点，扩大后围绕整个枝条，最后小枝枯死，病部上有小黑点。

（2）防治方法：①剪除病枝、病叶。每年入秋以后，将残留在树上的病枝、病叶剪除并烧毁或深埋，减少越冬病菌。②增施磷肥、钾肥，增强植株抗病能力。③发病前或初发病时选用 1∶1∶100 波尔多液、70％甲基托布津可湿性粉剂 800 倍稀释液或 50％多菌灵可湿性粉剂1 000倍稀释液喷洒防治，每 10 天喷 1 次，连续喷 2～3 次。

2. 煤烟病

（1）症状：发病初期病部表面出现辐射状的黑色小圆点，之后向四周扩展，呈黑色煤烟状或呈黑色的薄纸状，四周有时翘起，翘起处可见剥落的叶面。植株受害后会使光合作用受影响，并对气体交流不利，轻者会影响八角树的产量和质量，严重时会使植株成片枯死。

（2）防治方法：①当介壳虫、蚜虫为害时，及时用 80％敌敌畏乳油1 000～1 500倍稀释液喷杀防治。②生物防治。在林地内和林地周围做好瓢虫、寄生虫的保护工作。③煤烟病发生期用 1∶1∶150 波尔多液喷洒防治，每 10～14 天喷 1 次，连续喷 2～3 次。

3. 炭疽病

（1）症状：叶片发病初期，叶尖、叶缘开始出现暗褐色水渍状小斑点，病情发展时蔓延到叶片中部，扩大成为不规则的褐色大斑，后期病斑中部变为灰褐色，上生有许多轮纹状小黑点。发病后期和为害严重时，叶片枯焦脱落，严重影响叶片产量，使果实绝收。嫩梢染病主要发生于苗木和幼龄树，发病部位先是呈水渍状褐斑，随后扩大成为黑色腐斑，并使苗木和嫩梢迅速枯死。花果受害后，在花梗和果柄上出现与嫩梢相同的症状，果皮受害部位与健部分界明显，病部有时发生皱缩。

（2）防治方法：①种子消毒。播种前用 70％甲基托布津可湿性粉剂 500 倍稀释液或 50％多菌灵可湿性粉剂 300 倍稀释液浸种 10～15 分钟，捞出晾干后播种。②苗木消毒。苗木上山造林前用 65％蓝焰可湿性粉剂 800 倍稀释液或农抗- 120 的1 000倍稀释液喷洒苗木 1 次。③加强林地管理，增施磷肥、钾肥，增强植株抗病能力。

4. 藻斑病

（1）症状：发病时叶片两面均受感染，以叶正面居多。初发病时叶片上出现圆形、灰褐色、边缘色浅的小斑，之后病斑扩大相连形成不规则的斑块。病部隆起似毡状硬块。该病不会导致植株枯死，但影响光合作用，继而影响植株生长、果实产量和质量。

(2) 防治方法：①搞好林地清洁，对过密枝、荫蔽枝、交叉重叠枝进行修剪，并清出林地外，改善通风透光和卫生状况，降低林地内湿度。②发病初期用 1∶1∶100 波尔多液或 70%甲基托布津可湿性粉剂 800 倍稀释液喷洒防治。

5. 白粉病

(1) 症状：为害八角叶部、新梢、花和幼果。发病初期在叶片、叶脉附近布满一层白色粉状物，之后病叶色泽逐渐变暗呈黄褐色，最后脱落。有的叶片发生畸形，叶片病部逐渐扩展到枝梢，导致被害嫩梢枯死，严重时影响八角树的生长和产量。发病适宜温度为 15～20℃，高温易于发病，树冠荫蔽度大的发病严重。每年 5～10 月为发病高峰期。

(2) 防治方法：①对发病植株应及时修剪病枝叶，并将过密枝剪去，集中烧毁。②加强林地管理，多施有机肥、磷肥、钾肥，忌施过多的氮肥，以增强植株抗病能力。③发病期选用 70%甲基托布津可湿性粉剂1 000倍稀释液、50%多菌灵可湿性粉剂1 000倍稀释液、65%代森锌 500 倍稀释液、65%蓝焰可湿性粉剂1 000倍稀释液喷洒防治，每 7～10 天喷 1 次，连续喷 2～3 次。

6. 缩叶病

(1) 症状：为害八角叶片和嫩梢。叶片受害后，发生皱缩、扭曲，叶肉变畸形，嫩梢及未木质化的枝条斑驳相间。病株稍矮小，明显缺乏养分。发病株比正常株开花结果迟、坐果率低、果实变小、产量下降。该病与昆虫和蛞蝓（鼻涕虫）的活动有密切关系，夏、秋季发病较严重。

(2) 防治方法：①苗木出圃时严格进行检疫，不让带病苗木上山造林，发现病株要及时砍除并集中烧毁。②加强林地管理，增施磷肥、钾肥，以增强植株抗病能力。③抽梢期用 90%晶体敌百虫1 000倍稀释液或 80%敌敌畏乳油1 000倍稀释液喷洒，消灭八角林内的有害昆虫，切断传播途径。

7. 八角金花虫

(1) 症状：八角金花虫又叫八角叶甲，以成虫、幼虫为害八角树的叶片，是八角树的主要害虫之一。每年 3～4 月为幼虫为害期，5 月下旬至 8 月上旬为成虫为害期。为害时先把嫩叶整片吃光，再咬食较老的叶片。受害的八角树林似被火烧过一样，造成连年减产，甚至植株枯死。

(2) 防治方法：①生物防治，即在 3 月金花虫幼虫孵化前，于清晨或雨后喷洒白僵菌可湿性粉剂，待幼虫孵化后感染死亡。②4 月幼虫孵化盛期，用敌杀死可湿性粉剂喷杀幼虫，待幼虫跌落地面后再用 10%杀虫威乳剂1 000倍稀释液喷洒速杀。

③4 月底至 5 月中旬老熟幼虫入地化蛹时，可结合中耕除草锄松表土破坏幼虫的正常化蛹。④6 月成虫发生期，采用与幼虫防治相同的方法喷杀。⑤人工除虫，即在产卵期摘除卵块，在幼虫入土化蛹时挖土灭蛹，在成虫期人工捕杀成虫，能有效控制金花虫的为害。

8. 尺蠖

（1）症状：尺蠖以幼虫为害八角叶片，是为害八角树的主要害虫之一。幼虫啃食八角叶片，严重时可把整片叶吃光。受其连续为害的树生长不良，造成减产或全株枯死。

（2）防治方法：①人工捕杀。利用尺蠖幼虫受惊即吐丝下垂的习性，用力摇动树木，待幼虫落地后进行人工捕杀。结合中耕除草挖出蛹并踩死。②灯光诱杀。利用成虫的趋光性，入夜后点黑光灯进行诱杀。③用 90％晶体敌百虫 800 倍稀释液喷杀幼虫，减轻幼虫为害。④涂胶。用桐油 1 份、松香 1 份、敌百虫 0.5 份混合成有毒涂胶，在树干离地面约 50 厘米处涂成闭合的环圈，环宽 10 厘米，以防止幼虫爬上树为害。⑤生物防治。用苏云杆菌粉炮进行防治，每亩放粉炮 5 只（折合 1 千克原粉）。也可以在八角林内放赤眼蜂，每亩放蜂 2 万～5 万只，可达到较好的防治效果。

9. 介壳虫

（1）症状：介壳虫以成虫、若虫为害八角叶片、嫩梢、枝干、果实。成虫、若虫常群集在叶片、嫩梢、枝干、果实上吸取汁液，叶被害后出现淡黄色斑点以致脱落，幼嫩枝梢被害后生长不良、枯黄萎缩，被害枝干表面粗糙甚至枯死，被害果实凹凸不平、品质变劣甚至落果，同时还会诱发煤烟病致全株枯死。介壳虫在八角树上一年四季都可发生为害，但以干旱季节和林内郁闭度大时发生较严重。

（2）防治方法：①剪虫枝，每年结合修剪，将虫枝剪除烧毁。②在若虫 1～2 龄的幼龄期，选用 40％介壳虫消乳剂1 000～2 000倍稀释液或 20％蚧虱杀乳剂1 000～1 500倍稀释液喷杀，幼虫用低浓度溶液喷杀，成虫用高浓度溶液喷杀。③瓢虫、黄蜂是介壳虫的天敌，应加以保护和引进，减少介壳虫的发生。

10. 小地老虎

（1）症状：小地老虎以幼虫为害八角的嫩根、嫩苗、嫩叶。幼虫咬食嫩根、嫩苗、嫩叶、未出土的种子和未木质化的生长点，为害严重时会造成大面积缺苗。4～6 月为害较严重。

（2）防治方法：①利用成虫的趋光性，在夜晚点黑光灯诱杀。或利用其趋化性，用糖醋酒液（红糖 6 份、酒 1 份、醋 3 份、水 10 份、90％晶体敌百虫 1 份混合配成）进行诱杀。②清除杂草。杂草是小地老虎产卵的主要场所和幼虫饲料，可铲除杂草以减少害虫密度。③用 90％晶体敌百虫 800 倍稀释液或 10％杀虫威乳剂1 000倍稀释液喷洒防治。

11. 八角象鼻虫

（1）症状：八角象鼻虫以幼虫为害八角的枝条。幼虫蛀入枝条并向下蛀食，使枝条顶端焦枯变黑，影响幼龄树的光合作用，导致生长势衰弱。八角树连续多年受害时，会使幼龄树变为“小老头”树。

（2）防治方法：①剪枝，在枝条受害初期将顶部枯黄的枝条剪下，把虫杀死。②利用成虫的假死性，在树下铺塑料薄膜，于早晨摇动树枝，把落下的成虫收集杀死。③在成虫发生期用80％敌敌畏乳油1 000～1 500倍稀释液喷杀。

12. 拟木蠹蛾

（1）症状：拟木蠹蛾以幼虫为害八角的树干。幼虫钻蛀枝干形成坑道，被害株树势被削弱。

（2）防治方法：①堵塞虫道。用80％敌敌畏乳油5～10倍稀释液注入虫孔内，每个虫孔注入2毫升，然后用棉花或黄泥封洞孔，可杀死幼虫。②早期防治。幼虫在6～7月刚孵化时入木不深，隧道细薄，用90％晶体敌百虫800倍稀释液喷洒隧道及附近的树枝，可以杀死初期幼虫。③人工刺杀。用竹签、木签严实地堵塞虫道，使幼虫和蛹窒息而死，或用钢丝刺死。

13. 中华管蓟马

（1）症状：中华管蓟马以成虫、若虫为害八角的花朵。该虫为一种小型昆虫，浅褐色或黑色，成虫体长不超过2毫米。成虫、若虫对八角的花内心、花瓣、花药的表皮进行刮锉，吸吮膜下汁液，造成受害部位的果皮组织增生和木栓化形成疮痂果，从而降低产量和质量。

（2）防治方法：①在花蕾期，用内吸杀虫剂涂树干或打孔注液。可用90％乐果原药稀释5～10倍后注入虫孔并封口。涂干时幼树可直接涂在树干上，成年树则刮去粗皮后再涂，并用塑料薄膜环缚，环宽10～15厘米为宜，10天后解除薄膜。②在盛花期，用2.5％敌杀死乳剂5 000倍稀释液或杀虫威乳剂1 500倍稀释液喷1～2次。

14. 蚜虫

（1）症状：蚜虫以成虫、若虫为害八角的嫩芽、嫩叶、花蕾及幼果。成虫常群集在嫩芽、嫩叶、花蕾、幼果上吸取汁液，使嫩叶卷曲，枝条不生长且呈拳头状，并可传播煤烟病。

（2）防治方法：①保护天敌。蚜虫的天敌有瓢虫、食蚜蝇等，对其天敌加以保护，能有效地控制蚜虫的发生。②在若虫期可用50％抗蚜威5 000倍稀释液喷杀。

15. 八角瘿螨

（1）症状：八角瘿螨以成螨、若螨在八角的嫩叶、嫩梢、幼果上刺吸汁液为害。新梢受害部位逐渐木质化，对枝梢生长有较大影响。嫩叶受害后在叶背上出现针孔大小的小油点，然后多数小油点密集在一处，在后期连成褐色小斑块，受病部位叶面呈黄色，严重时斑块能穿透叶面形成穿孔。幼果受害后在角瓣之间的表皮上出现堆积在一起的小瘤状肉质突起（肉瘤），颜色与果色基本相同，为害严重时，扩散至全果，影响外观和降低果的质量。

（2）防治方法：①剪去受害枝梢。新梢未萌发前，大多数瘿螨集中在受害枝梢上，此时应将受害枝梢剪除并集中烧毁。②在抽新梢期间，可用73%克螨特1 500倍稀释液或20%扫螨净可湿性粉剂3 000倍稀释液喷杀。

（五）采收与加工

1. 采收

八角采用实生苗造林的，在上山造林后8～10年便开花结果，用嫁接苗和扦插苗上山造林的第三年便开花结果，之后逐渐进入盛果期。八角树每年结果2次，4月成熟的称春果或四季果，产量较低，只占全年总产量的10%左右，9～10月成熟的果称秋果或大造果，产量占全年总产量的90%。当果实由青色变为黄色时采收较为适宜，不宜过早或过迟。据测定，7月下旬至8月上旬采收的果实与9月采收的果实相比，含油率低20%，果形瘦小不饱满。而9月采收的果实肥大，籽粒饱满，油分含量高，质量达1～2级。因此秋果在9～10月采收较适宜，春果则宜在4月采收。

八角果实成熟时，树枝上还有花和幼果，所以采果时不能用竹竿打落果，也不宜摇动树枝和折枝，只能上树采摘。方法是采摘人员扎好安全带，携带竹钩和竹篮上树，近处的果实用手摘取，远处的果实用竹钩轻轻将枝条拉近身边摘取并放入篮内，然后用绳子将盛满果实的竹篮吊下来，将果实倒入预先铺放好的竹席上。虽然此法采收较费工、费时，但采收的果实能加工出优质品。采收宜在晴天进行，阴雨天气不便于上树，也不便于处理采下的果实，采收后的果实堆放时间过长容易发霉变质，降低质量。

2. 加工

（1）自然干燥：是用太阳直接晒干或借助风和高温使八角果实逐渐干爽的方法。此法简单经济，加工出的成品颜色好、折干率高，操作容易，成本低，但所需时间较长，为4～5天，同时受天气的制约。下面介绍自然干燥的几种方法。

（2）直接干燥法：将八角鲜果直接摊开在干净晒场上或竹席上，在太阳下晒4～5天，可干燥为成品。此法需要大场地，在收果旺期场地不足时，可采用晒1天后先堆放起来，然后边收边分期、分批晒干。直接干燥成品率高，香味持久，但颜色和光泽较差。

①杀青干燥法：将八角鲜果放入80～100℃的热水中，不断用木棒搅拌，经5～8分钟杀青后，果实颜色由青绿色变为淡黄色时马上取出，然后在太阳下晒4～5天

后干燥为成品。杀青的目的是提高细胞通透性，加快干燥。杀青时间要控制好，若杀青不透，则干燥后果实偏黑；若杀青过久，则果肉会溃烂。只有杀青适宜，干燥后果实的颜色才有光泽，呈棕红色，质量好。但采用此法时芳香油挥发大，香气损失快，若遇阴雨天气需杀青后才能堆放。

②薄膜覆盖干燥法：将八角鲜果摊开在太阳下暴晒至发热后，将其收拢并堆成长方形的畦，畦宽 70～100 厘米、高 20 厘米，长度视场地而定，然后用塑料薄膜覆盖，四周用木板或石块把塑料薄膜的边压住，以达到相对密度要求，之后继续暴晒 4～5 小时，待薄膜内层凝结大量水珠后不再加盖薄膜，第二天再按此法操作，但薄膜覆盖时间减少 2～3 小时，第三天不再覆盖薄膜，4～5 天后即可干燥为成品。此法干燥得出的成品呈棕红色，有光泽，香气持久。

③烘烤干燥法：是指用柴火、木炭、热风、高炉蒸汽烘烤干八角鲜果的干燥方法。此法适于阴雨天气多、云雾多、雨水多的山区采用。此法不受天气影响，可以避免鲜果腐烂。

柴火烘烤烘干：指建造烘烤炉，用柴火将八角鲜果烤干的方法。一般烤炉的结构是炉身四周用耐火砖和三合土砌成，炉高 1.2 米、长 2 米、宽 1.5 米，离地 1 米处每隔 20 厘米放 1 条 4～5 厘米粗的木条，上铺竹笪，四周用砖砌高 20 厘米，以防八角果落地。一炉可装杀青过的八角鲜果 100～150 千克，炉内烧木炭或柴火，用 50℃温度烘烤，经常翻动，约 2 天可烘干一炉。用此法烘干的成品颜色紫红，无光泽，但品质好、香味浓、容易保管。

高炉烘房烘干：将八角鲜果放入 45～55℃的高炉蒸汽层中，经 18～24 小时，可以烘干为成品。蒸汽烘房的大小可根据烘烤的量而定。

烘干机烘干：烘干机由热风炉和手拉式百叶箱两大部分组成，可用柴火、煤、电作为燃料，每次烘干时间为 7～13 小时，每次可烘干八角鲜果 150～300 千克。使用时可将烘干机加热至 90～100℃，放入八角鲜果 10～15 分钟后，调节温度至 50～60℃，恒温 7～9 小时，即可干燥为成品。

无论采用晒干法或烘干法，都由于果实大小不一，含水量不同，干燥时间有差异，造成干燥不一致，因此，当果实中的 70％达到干燥时，应拣出湿果另行干燥。

将加工干燥好的八角果实按质分等级，分别装袋。

3. 贮藏与养护

八角一般用麻袋包装，贮藏于干燥阴凉避风处，温度保持在 30℃以下，商品安全含水量为 10％～13％。八角含水量高，易发霉，而过于干燥又干硬失润。受高温影响则易散味，水分过多时种子软韧，手掐不易折断。若贮藏时间过长，则表面色暗、油质少、气味淡薄。贮藏期间应定期检查，若商品软潮，可通风散潮，忌暴晒。商品含水量正常时可密封贮藏。

十二、三七种植技术

（一）繁　殖

三七采用种子育苗繁殖。

1. 苗床选地、整地

三七育苗地和种植地宜选择海拔 700～1 000米的山地，向东南或南面 5°～10°的缓坡，距水源近，pH 值 5.5～7 的沙壤土或腐殖质土。轮作地前作以玉米、黄豆等作物为宜。

新开荒地宜在夏季翻耕，以后每个月再翻 1 次，促使土壤充分风化。如用熟地，在前作收获后即行翻地。为了增加土壤肥力，可于第一次翻耕后在地面铺一层枯枝杂草，进行烧土处理，这样既可以改良土壤，又可以起到消毒、减少病虫害的作用。最后 1 次犁耙时每亩撒施生石灰 50～100 千克进行土壤消毒。整地不要在阴雨天或雨后进行，土壤要充分耙细，清除树根和石块。土地耙细整平后起畦，起畦分为单畦和双畦。

（1）单畦：畦面宽 55～60 厘米、高 20 厘米，畦间距 35 厘米。单畦一般在平地和缓坡地采用，有利于排水。

（2）双畦：起大畦、小畦。大畦宽 120 厘米、高 20 厘米，畦间距 35 厘米；小畦宽 45 厘米、高 10 厘米，畦间距 10～15 厘米。双畦适宜海拔较高、气温较低、坡度较大、土壤保水性稍差的种植地。这种畦可以提高土壤利用率 12%左右。起畦时，要顺着坡向，要求笔直，以利于排水和三七园的管理。畦面整成龟背形，畦边成 45°角倾斜，并加以压实。畦的长度视地形而定，一般 10～12 米较为适宜。大的三七园中间应开有人行道，道宽 50～60 厘米，以便于三七园的管理。

2. 搭棚

三七是阴性植物，在一定的荫蔽条件下才能正常生长，因此育苗地和种植地在整好地后，必须搭好遮阳棚。搭棚用的材料应因地制宜，就地取材。在起畦或未起畦的地内，每隔 1.5 米埋一根直径 8～10 厘米、高 1.9 米的木柱（或钢筋水泥柱），前后左右排成行。木柱顶上用长木条先架纵杆，或用 10 号铁丝拉成纵杆，然后隔适当距离放横杆或横拉 10 号铁丝，在横杆上排放小竹条或小木条，上面再铺放蕨草或玉米秆，再加小竹条压上用铁丝扎紧，防止玉米秆和小竹条被风吹走而使棚内透光不均匀。棚的四周用蕨草和玉米秆夹成块围着，防止早晚阳光直射入园内，还可防止野兽及家畜、家禽入园践踏。在园的每面适当位置开 1～2 扇门。每个棚的大小以2 000平方米左右（3 亩）为宜。

3. 繁殖方法

（1）选种：选择生长健壮、无病虫害、果实饱满的 3～4 年生的三七留作种用。6 月上、中旬植株抽薹时，花盘周围密生的花叶（小叶片）和大花序上或旁边附着的小花序应及时摘除，促进种子饱满。三七开花结果时，花盘重量逐渐增加，为了防止花梗弯折，必须在植株旁插一细木或小竹棍作支撑，并将花盘拴在柱上。插支柱时切勿伤根部，绑扎花盘不宜过紧。为了提高种子饱满度，现蕾至花期应增施 1 次磷肥和钾肥。

（2）采种和种子处理：三七种子一般于 10 月中旬至 12 月中旬成熟。由于开花时间长，种子成熟期很不一致。根据种子成熟情况，大致分 3 批，第一批在 10 月中旬至 11 月上旬成熟，第二批在 11 月中下旬成熟，第三批在 12 月上中旬成熟。第一、第二批果实成熟呈鲜红色，种子饱满，发芽率高，第三批果实未完全成熟呈浅黄色，种子小且不饱满。所以选择第一、第二批果实作种培育出的幼苗才健壮，抗病、抗逆性强。

采收的果实（产地也叫“红籽”）不能堆放，以免发热霉烂。应将果实放入竹筛置于水中用手搓去果皮，洗净种子，取出晾干表面水分。或将果实薄薄地摊在竹席上置通风阴凉处，待其外皮稍干后剥去单粒果皮。去果皮后的种子应当天播种，当天播不完的种子应妥善处理，以防鼠害；近期不能播种则用湿沙贮藏，防止干燥。

种子若需远途运输到别的地方播种则不宜除去果皮，应将果实 1 份加3～4 份湿沙拌匀。运输过程中要保持箱内沙土的含水量在 25%左右，否则会引起种子变黑腐烂。种子呼吸旺盛，不能让箱内的温度升高，否则会使种子失去发芽能力。种子运达目的地后，立即将沙土筛除，搓去果皮，洗净种子播种。

（3）播种：种子要进行消毒处理。选用 65%代森锌 400 倍稀释液、0.3 波美度的石硫合剂、1∶1∶200 波尔多液、50%甲基托布津1 000倍稀释液浸种 10 分钟，取出晾干。如在炭疽病发生的三七园采种，则用 40%福尔马林 150 倍稀释液浸种 10 分钟，取出马上用清水洗净药剂，放在阴凉处晾干。三七的播种期在 11 月，播种前用特制的播种板或木刀，按行株距 6 厘米×6 厘米或 6 厘米×5 厘米开沟播种，穴深 1.5 厘米，每穴播种子 1 粒。随后均匀撒上一层混合肥，畦上铺盖一层不带种子的草。每亩播种量为 10 万～12 万粒。

（4）苗期管理：主要是做好防旱和排水。天气干旱时要经常浇水，保持畦面湿润，以促进种子发芽和幼苗生长；雨后及时排水，防止园内积水；降低园内和土壤的温度，防止病虫害发生，并将园内的杂草拔除干净。

入夏（5 月）前，结合除草每 15～20 天施肥 1 次，多施草木灰，促进出土的幼苗生长健壮。入夏以后则施干肥1～2次，6～8月，每月追施淡粪水1次，促进幼苗生长。三七苗期要根据不同季节的光照强度变化调节园内的透光度，一般早春为50％～60％，夏季为30％～40％，入秋后为50％。

（二）种　植

三七种植在次年的11月下旬至第三年1月休眠芽萌动前。当地下根有筷子头粗时，即可挖起来用种根进行种植。

1. 起苗和种根的消毒

挖起种根时如畦土过于干燥，要在起苗前1～2天用水浇透畦土再把种根挖起。起苗过程中要保护好种根尤其是种根上的须根，并注意剔除有病种根，然后按种根的大小和重量进行分级。种根千条重2千克以上为一级，千条重1.5～2千克为二级，千条重1.5千克以下为三级。分级的目的是分级种植，便于管理。

种植前，种根需要进行消毒。消毒常用的药剂和方法可参照种子消毒的方法。种根不能用福尔马林消毒，否则芽头会发生药害而失去发芽能力。

2. 种植方法

三七种植一般在11月下旬至次年1月进行。在起好的畦面上用木刀按各级别种根种植的行株距要求开3～5厘米的浅沟，按行距13厘米、株距15～17厘米进行种植，每亩种植种根2万～3万条。为利于根部生长和便于管理，种植时芽头统一向下坡斜放，并要求须根舒展开。先盖一层细土，然后盖土平畦面，最后盖草，并浇透定根水。

（三）田间管理

1. 除草、培土

三七是一种浅根植物，根部多分布在表土层15厘米处，故不宜中耕，以免伤其根部。每年3月以后，幼苗出土，发现畦面有杂草要及时拔除，防止杂草与三七植株争夺水分和养分，减少病虫害的传播媒介。除草的同时，如发现根部露出土面，要随手培上细土，以利于根部生长和对水分、养分的吸收。

2. 浇水、排水

三七在生长过程中既不能受旱，也不能受涝。在干旱季节要经常浇水，保持畦土湿润。浇水要小心，不要泼浇，应轻缓浇或喷洒，否则易造成植株倒伏；浇水要均匀，以湿透畦表土为宜。雨后特别是雨季大雨过后要及时排除园内的积水，降低园内的空气湿度和土壤湿度，防止根腐病和其他病害发生。

3. 追肥

三七的药用部分是地下根，又是喜肥植物，需肥多，要求高，施肥应做到熟、细、均、足。追肥以农家肥为主，施用的肥料中厩肥、饼肥须经过堆沤腐熟后才能施用。除在种植时施足基肥外，还须根据其生长发育不同阶段的营养需要进行多次追肥。三七种植后的追肥要掌握“少施多次”的原则，即施肥次数多，每次施肥量要少。幼苗出土后，在畦面上撒施草木灰2～3次，每亩用肥量为50～100千克。追肥可促进幼苗生长健壮，增强对病虫害的抵抗力，减少病虫害发生。4月、5月各施1次粪灰混合肥（腐熟厩肥60%～70%、草木灰30%～40%），每亩施500千克以提高土壤肥力。6月三七根部迅速增大，应以施磷肥和钾肥为主，每亩施过磷酸钙30千克、氯化钾10千克，施前先在根际附近上方开一半圆形浅沟，然后均匀施入，盖土。12月在清除园内的枯枝落叶、消毒畦面后，每亩施入厩肥、草木灰混合肥2 000～3 000千克，盖于冬芽上，保护芽头过冬，并使次年发的芽粗壮和出苗齐。

4. 调节透光度

应根据不同季节的光照强度做好园内透光的调节，以满足三七对光照的要求。一般早春太阳光照较弱、气温低、土壤湿度较大，园内透光度宜大些，为60%～70%；5～9月光照强度大、气温高，园内透光度宜小些，为30%～40%；10月以后气温逐渐下降、光照强度减弱，园内透光度可调节到50%，以利于结果和根部膨大；12月园内透光度可增加到70%，以增加园内光照，提高土温，有利于园内土壤风化。冬季寒冷，有霜雪的地区则在1月适当加厚天棚上的覆盖物，并适当加密、加厚四周围篱，以保持园内有较高的温度，避免三七芽被冻坏，利于出齐苗。

5. 摘花打薹

摘花打薹是提高三七产量和质量的一项重要技术措施，一般每亩可提高产量20%左右，并使三七的质量有较大的提高。摘花打薹只限于不留种的三七园，留种的三七园不宜摘花打薹。6月，当三七植株顶部刚抽出花薹2～3厘米高时，每天上午9时以后露水干时将花薹摘掉，并将摘下的花薹、花蕾晒干作为商品——田七花。摘除花薹的三七植株可以减少开花结果期营养物质的消耗，增加根部营养物质的积累。这项工作在移植的当年和以后要年年进行，才能取得显著的增产效果。

6. 冬季清园

三七冬季清园又叫冬季管理。进入冬季以后，气温降低，为害三七植株的各种病菌和虫害便潜入三七园内的枯枝落叶和土壤中越冬，成为次年为害三七的病虫源。因此，每年进入12月，三七植株叶片变黄、出现枯叶时，应及时将地上茎叶剪除掉，铲除园内外的杂草，集中到园外烧毁，并用2～3波美度的石硫合剂喷洒畦面，进一步杀死在畦内土壤越冬的病菌和害虫，这样可以减少或预防第二年病虫害的发生。

对搭遮阳棚用的材料如木柱、横条，在清园施冬肥后要进行1次全面的检查。

不牢固的应及时进行修理和更换新料，以免倒塌。入秋以后天气干燥，要做好防火工作。

（四）地膜覆盖栽培技术

1. 三七地膜覆盖栽培的意义

三七采用地膜覆盖栽培，可有效地改善土壤的温度、湿度及营养环境，提高光能利用率，减少肥料流失，保持土壤疏松，提高土壤肥力，为三七生长发育创造良好的条件，最终达到提高产量的目的。一般地膜覆盖栽培的三七园比不覆盖的每亩产量提高25%～36%。

2. 三七地膜覆盖栽培技术

（1）选地、整地：地膜覆盖栽培三七，种植地的选地、整地和搭棚与露天栽培相同，要求施足肥。搭设遮阳棚时，支撑棚架的柱子应直立在畦边上，以便覆盖薄膜时减少破口，提高保湿效果。

（2）播种、育苗：11～12月，在3年生三七植株上采收成熟果实，选择饱满无病的果实搓出种子，种子经消毒处理后即可播种。点播，行株距为5～7厘米，深1.5厘米，每亩播种10万～15万粒，需种子8～9千克，播种后用草木灰或腐熟的优质农家肥覆盖。覆盖薄膜前若土壤水分不足时要灌水2次，在第二次灌（浇）水后1～2天覆盖地膜，并压盖牢固。覆盖地膜能促进早出苗。当三七呈倒钩形露出土面出苗时，应及时用8号铁丝制成的小钩钩破地膜，使幼苗长出膜面上，破膜放苗时不宜用刀片来切割膜。

（3）移植：三七可在冬、春季进行移植，以冬季为好。起苗、苗株处理、种植行株距、栽种方法等与露天栽培相同。栽后盖腐熟厩肥或土杂肥，土壤干燥时可浇水1次，在行间覆盖地膜。

（4）田间管理：三七播种后生长期的管理、搭遮阳棚和调节围篱透光度等与露地栽培相同。雨后要及时排除园内的积水，干旱严重时应沟灌（浇）水1～2次。追肥如用人畜粪水，应充分腐熟，要掌握“少施多次”的原则。如2～3月三七出土前，各年生三七可施稀薄粪水2～3次，每次每亩施2 000～3 000千克。4～5月每亩追施复合肥13千克、硫酸钾5千克，将肥料混合均匀后用小勺自苗孔施入行间地表，并及时摘除花薹。入冬后应将残膜清除。在每次中耕、除草、施肥、灌水、施药后，要重新盖好地膜，封严保温。地膜可用厚度为0.008毫米的线性聚乙烯薄膜，每亩用量为8～11千克。

（五）病虫害防治

1. 炭疽病

（1）症状：为害三七的叶、茎秆、花等部位，严重时三七园内植株发病率可达70%以上，使植株生长发育受到很大的影响，往往造成减产。叶片被害最初出现水渍状褐色小斑点，病斑扩大后有明显的褐色边缘，中央坏死或透明状，发病后叶片变薄，干燥时质脆易破裂穿孔并脱落。叶柄和茎初发病时病斑呈黄色斑点，扩大后呈梭状，中央凹陷呈黄褐色，最后病部萎蔫、干枯扭折，上部茎叶枯死，故又称“扭脖病”。幼苗被害时幼茎基部出现红褐色梭形病斑，中央凹陷，病部倒折而死亡。花盘被害，最后干枯，严重影响三七留种。

（2）防治方法：①搞好冬季清园，冬、春季节清除三七园内的病株残叶及园内外的杂草、落叶，并集中到园外烧毁，同时在畦面上喷 2 波美度的石硫合剂，消灭越冬病菌。②选用无病种子，播种前种子用 45%代森铵 800 倍稀释液与 50%退菌特 500 倍稀释液混合消毒灭菌。或用 40%福尔马林 150 倍稀释液浸种 10 分钟，取出立即用清水洗净，晾干水分再播种。③选用无病种根，并用 50%甲基托布津 1 000倍稀释液或 1∶1∶300 波尔多液浸种根 5 分钟，取出晾干后种植。④及时调节遮阳棚，使三七园内透光适中，保持凉爽的小气候。雨后打开园门通风透气，降低湿度。发病严重时，应适当降低透光度。⑤发病前或发病后选用 65%代森锌 500 倍稀释液、70%甲基托布津 800～1 000倍稀释液或 50%退菌特 500 倍稀释液喷洒防治，每 7 天 1 次，连续喷 2～3 次。

2. 黑斑病

（1）症状：为害茎、叶、花轴、果柄的幼嫩部位。叶片受害，初发病时叶尖、叶缘和叶片中间出现近圆形或不规则形的褐色水渍状病斑，后期病斑中心的色泽褪淡并破裂，潮湿时病斑扩展快，叶片脱落。茎、叶柄、花轴发病时，初期出现椭圆形淡绿色小斑，迅速变成褐色病斑并向上下扩展凹陷，病部长有黑色霉层，随着病部折垂，病斑上部干枯，叶片脱落。果实被害时，果皮上出现不规则形的褐色水渍状病斑，果实逐渐干缩，上生黑色霉状物。种子受害时，表面初呈米黄色，逐渐变为锈褐色，上生绿黑色状物。根、根茎、芽受害时，初期出现褐色湿腐斑，扩展后形成根腐，造成全株死亡。

（2）防治方法：①选用无病种子、种根，并进行严格消毒（所用药剂及方法参见炭疽病的防治方法）。②冬季彻底进行清园，将园内的残枝病叶和园内外的杂草清除干净并集中到园外烧毁，同时用 45%代森铵 500 倍稀释液和 50%退菌特 500 倍稀释液混合喷洒畦面，消灭在土壤中越冬的病菌。③选择新垦荒地种植，忌连作，不宜与花生轮作。合理密植，施用的肥料要充分腐熟打碎，不要偏施氮肥，要增施磷肥、钾肥。保持遮阳棚透光均匀，透光度保持在25%～35%。④适时喷药，发病前或出现病株时，采用喷药保护，可预防和控制病情的发生和发展，每7天喷1次，连续喷4～5次，并交替用药。常用药剂有45%代森铵500倍稀释液、50%退菌特500倍稀释液、65%代森锌500倍稀释液（与其他药混合用）、75%百菌清500～600倍稀释液、70%甲基托布津800倍稀释液。

3. 白粉病

（1）症状：为害三七叶部，三七产地普遍发生，各年生三七的地上部位在整个生育期均会发生。该病蔓延迅速，为害严重，造成的损失较大。叶片被害，初时叶片正面出现黄斑，叶片背面（也有在正面）生出灰白色霉状病斑。环境适宜时，霉斑迅速扩大，相互连成一片，严重时整片叶呈灰白色，最后变成黄褐色干枯而脱落，植株呈光秆状。

（2）防治方法：①冬季彻底清园，将园内外的杂草和园内的残株病叶一起清除集中到园外烧毁。清园后用0.8～1.2波美度的石硫合剂或65%代森锌500倍稀释液喷洒畦面，消灭潜伏在土壤中的越冬病菌。②合理施肥，增施磷肥、钾肥，适时浇水，加强管理，控制其蔓延。③发病季节喷1∶1∶200波尔多液，每隔10天喷1次，连续喷2～3次。④发病后，用70%甲基托布津800倍稀释液或75%百菌清600倍稀释液喷洒，每5～7天喷1次，直至消灭病菌。

4. 疫病

（1）症状：为害三七叶部。不常发生，但一旦发生，则十分严重，会导致三七减产。发病初期叶片或叶柄上出现暗绿色不规则形病斑，随后病斑色加深，患部变软，叶片如被开水烫过，呈半透明状干枯或下垂而粘在茎秆上。病菌侵入叶脉、茎秆则出现不规则形的暗褐色水渍状病斑，其边缘不明显。天气阴湿或大雨后，病势发展，患部变软，叶片下垂，植株倒伏死亡。

（2）防治方法：①保持三七园清洁，冬季捡净枯枝落叶集中到园外烧毁，并用2波美度的石硫合剂喷洒畦面，杀死潜伏在土壤中的越冬病菌。②增施草木灰或喷0.2%磷酸二氢钾。雨季打开园门，通风降湿。③发病前喷1∶1∶200波尔多液、65%代森锌500倍稀释液或45%代森铵800倍稀释液，每10天喷1次，连续喷2～3次。④发现病株后及时剪除病叶烧毁，防止扩散传播，并喷50%甲基托布津1 000～1 500倍稀释液，每7天喷1次，连续喷2～3次。

5. 立枯病

（1）症状：立枯病是三七苗期毁灭性的病害，常使种子、种芽腐烂，幼苗折倒死亡，严重时整畦苗倒伏。幼苗受害，在叶柄基部出现黄褐色水渍状条斑，随着病情的发展，病斑变为暗褐色，最后病部缢缩、幼苗折倒死亡。种子受害后腐烂成乳白色的浆汁，种芽变黑褐色，渐至死亡。

（2）防治方法：①整地时用柴草烧土。施用腐熟农家肥，增施磷肥、钾肥。②播种用的种子用50%甲基托布津1 000～1 500倍稀释液浸种10分钟进行消毒。③未出苗前用1∶1∶100波尔多液喷洒畦面，出苗后用苯并咪唑1 000倍稀释液喷洒，每5～7天喷1次，连续喷2～3次。④发现病株及时拔除，并在周围撒石灰粉消毒，同时用50%甲基托布津1 000倍稀释液，每5～7天喷洒1次，连续喷2～3次。⑤加强遮阳棚管理，出苗后保持30%～35%的透光度，并打开园门，改善园内通风条件。⑥每隔半个月施1次1∶5∶0.5的石灰、草木灰、过磷酸钙混合肥料，以促进幼苗生长健壮，增强抗病能力。

6. 根腐病

（1）症状：根腐病是一种毁灭性的病害，为害三七根部，一年四季均可发病，生长年限越长则发病越严重。根部受害，初期在根尖处出现淡黄色水渍状斑点，病情加重后，原发病处变为黑褐色，并不断向侧根、块根蔓延扩展，根皮脱落，块根内部变软、腐烂，呈白色浆汁状，有腥臭气味。发病初期地上部不易发现症状，但经详细观察可见叶色不正，叶脉附近颜色稍淡，展叶不正，叶尖略微软萎向下。病情发展后叶脉附近颜色稍淡的部位向四周扩大，晴天中午出现萎蔫，早、晚恢复正常。如一侧复叶表现此症状，其地下相应部位的侧根则已腐烂，所有的复叶都不正常，这是块根患病的表现。病情严重时叶片发黄枯萎。根茎（羊肠头）受害，初期呈水渍状，后随着病情发展直至腐烂。初期地上部不易发现有明显症状，随着病情的发展，开始有轻微萎蔫，尤其在中午较明显，一般叶色仍正常，最后变黄，萎蔫下垂，向上轻提即可带出部分腐烂的根茎。

（2）防治方法：①选择通风、土壤疏松、排水良好、前作为禾本科作物的地块建三七园。②移栽前结合整地，每亩用30%菲醌1.5千克或敌克松1千克进行土壤消毒。③培育和精选无病、健壮的种根，严格剔除病苗，起苗时严格防止机械损伤，栽前宜进行种苗消毒处理。④加强三七园的管理，要做到整地精耕细作，施用充分腐熟的细碎肥料；防止畦土忽干忽湿，旱季要抗旱浇水，雨季要加强排水；合理追肥、勤除草，并根据气温和光照变化调整遮阳棚和开关园门，注意通风。⑤在发病季节前用50%甲基托布津1 500倍稀释液或45%代森铵1 000倍稀释液浇根保护。⑥用1∶1∶500代森铵和代森锌混合液，于出苗前后及生长期定期喷洒。夏、秋两季，每平方米用50%多菌灵10～15克拌细土均匀撒施；初夏或秋季干旱时，可用50%多菌灵500～800倍稀释液喷浇。⑦发现病株及时拔除，在病穴处撒入石灰粉，防止病菌蔓延。

7. 黄锈病

（1）症状：为害三七叶部，各年生三七都会发病，发病较为普遍，老三七园或大三七园受害严重。出苗期发病时，幼苗未展叶片背面密布许多如针头大的黄锈色小点，病斑扩大后呈近圆形或放射形，边缘不整齐，受害部位呈现铁锈样黄色粉末状（孢子堆），这时发病快而猛，病叶外缘向下卷曲不能展开，严重时叶片枯萎或脱落。

（2）防治方法：①发病严重的三七园，在收完红籽（果实）后可提前除去地上茎叶，并用0.3～0.5波美度的石硫合剂喷洒畦面1次，施冬芽肥之前再喷1次，以消灭越冬病菌，减少次年为害。②选用无病植株上的红籽和无病种根种植，种植前进行消毒处理。③每年三七出苗时，经常检查，发现病株立即摘除病叶，并用0.1～0.3波美度的石硫合剂和1∶1∶300波尔多液交叉喷洒，每7～10天喷1次，连喷多次，以防止病菌扩散。④发病迅速期选用敌锈钠200～250倍稀释液、25%粉锈宁300～500倍稀释液或50%退菌特500倍稀释液喷洒，可以控制病情发展。

8. 褐斑病

（1）症状：为害三七叶片。初发病时，在叶片前缘出现半圆形或不规则形的褐色病斑。随着病情的发展，病部中心褪色、变薄呈半透明状，大多数受害叶的病部干枯破裂呈缺刻状，严重时病叶脱落。

（2）防治方法：发病初期用65%代森锌500倍稀释液或45%代森铵300～500倍稀释液喷洒，以后改用1∶1∶300波尔多液喷洒防治。

9. 斑点病

（1）症状：为害三七叶部。发病初期多在叶面出现圆形或不规则形的黄色小斑，病情发展后，病斑中央为淡褐色，边缘为深褐色，病部变薄而透明，严重时病部破碎成孔洞。

（2）防治方法：①及时调整遮阳棚，减少透光度。②发病初期用65%代森锌300倍稀释液或1∶1∶300波尔多液喷洒防治，每7天喷1次，连续喷2～3次。

10. 叶枯病

（1）症状：叶枯病是一种生理性病害，各年生三七均能发生，移植后的2年生三七发病尤其普遍，温暖地区多见。初发病时先在叶尖或叶片前缘出现干枯，病斑与健部有明显的分界。病情加重后病部变薄，空气干燥时病叶破碎。严重时整片叶片1/3以上被害，叶片脱落甚至只剩茎秆。

（2）防治方法：①每年4～5月太阳光照强烈时，加盖遮阳棚覆草，减少透光度至25%～30%。②5～9月打开园门通风，降低三七园内的温度。③加强抗旱浇水，增加三七园内的湿度。

11. 根结线虫病

（1）症状：三七被根结线虫侵染后，在支根上形成粟米粒大小的圆球形根结，根结上生出许多不定根，须根受侵染后又形成根结。经重复多次侵染，根系形成乱麻状的根须团。发病较轻的植株表现出的症状不明显，发病严重时植株生长矮小、茎叶发黄、叶片变小。

（2）防治方法：①加强田间管理，清除三七园内的残枝和杂草。整地时深翻地，将根结线虫翻埋于土壤深处，可减少该病发生。②每亩用灭线宁或灭线灵400～500克，拌细土进行土壤处理，可收到较好的效果。③实行水旱轮作，可有效防治根结线虫病的发生。

12. 红蜘蛛

（1）症状：主要以成虫、若虫群集于三七叶背吮吸汁液，致使叶片由绿转黄，最后呈黄红色，衰老脱落。花盘被害后，造成早期萎缩，红籽被害后籽粒干瘪，不能作种。各年生三七均有发生，以幼苗及2年生三七受害较重。每年3～4月即有发生，8～9月为害较重，高温、干燥条件下尤为严重。

（2）防治方法：①冬季清园时，彻底铲除三七园内外的杂草。捡净枯枝残叶，集中到园外烧毁，并在畦上喷洒2～3波美度的石硫合剂，杀灭潜伏在芽缝或土隙内越冬的成虫、若虫。②3～4月在红蜘蛛未大发生前喷0.2波美度的石硫合剂，每7～10天喷1次，连续喷2～3次。③在红蜘蛛发生期间勤检查，如发现有为害，立即用40%乐果乳油2 000倍稀释液或80%敌敌畏乳油1 500～2 000倍稀释液喷洒，每5天喷1次，连续喷2～3次。④在红蜘蛛发生盛期，每5天喷1次73%克螨特2 000倍稀释液，连续喷多次。

13. 蚜虫

（1）症状：蚜虫是三七常见为害较严重的虫害。以成虫和若虫群集在三七嫩叶背面和嫩茎顶端吮吸汁液，使叶片边缘向内卷曲，受害重的三七叶片卷曲皱缩呈畸形，致使开花结果推迟。5月中、下旬是第一代为害高峰，6月上、中旬形成第二次为害高峰，三七苗普遍受害。

（2）防治方法：①冬季彻底清园，把园内外的杂草铲除干净，消灭中间寄主。②在三七园内放养蚜虫的天敌如瓢虫、草蛉、食蚜蝇等，进行生物防治。③在蚜虫发生期用40%乐果乳油1 000～1 500倍稀释液或灭蚜松（灭蚜灵）1 000～1 500倍稀释液喷洒，连喷多次，直至杀灭蚜虫。

14. 种蝇

（1）症状：种蝇幼虫为杂食性害虫。三七播种或移栽后，出苗前幼虫钻入种子或已萌动的芽内为害，致使三七不能发芽出苗，严重时种子软腐，成片缺苗。受害特别严重的三七园受害率达80%以上。对已出土的幼苗，幼虫常由地下钻入幼苗，并向上蛀食，致使整株苗死亡。

（2）防治方法：①三七园施用的有机肥料，必须经过堆沤充分腐熟后才施用。在播种前20～30天施用的肥料须用杀虫剂进行消毒。②用50%辛硫磷乳油50克兑水250克，拌种25～40千克，消毒处理后才播种。③出苗前用80%敌敌畏乳油

1 000倍稀释液喷畦面土 2～3 次，防止种蝇飞来产卵繁殖为害。④出苗初期发现有幼虫为害，可用 40%乐果乳油1 000倍稀释液或 80%敌敌畏乳油1 000倍稀释液灌根。灌根前先浇透水，后施药。

15. 小地老虎

（1）症状：以幼虫为害三七，1～3 龄幼虫躲藏在植株心叶或叶背上，昼夜取食，造成无数孔洞、缺刻或取食叶肉后留下网状表皮。3 龄以后的大龄幼虫，白天躲在土中，晚上出土为害，咬断幼苗嫩茎，有时还把咬断的嫩茎拖入洞穴内，常造成严重缺苗。

（2）防治方法：①诱杀成虫。用红糖 6 份、酒 1 份、醋 3 份，加 10 份水制成糖浆诱液，按 1%的比例加入敌百虫配成糖浆诱蛾毒饵，用钵或盆装，放在三七园周围距地面 1 米处，每 7 天换 1 次毒饵。②毒草诱杀幼虫。用新鲜嫩草或菜叶 50 千克切碎，将 90%晶体敌百虫 50 克溶解于 1～1.5 千克温水中，然后拌到碎草和蔬菜中，于傍晚撒在三七植株行间，诱杀幼虫。每亩三七园用毒草 10～15 千克。③虫口密度大的三七园，可在早晨、傍晚或阴雨天，顺着三七畦查虫灭虫，进行人工捕杀。④3 龄幼虫未入土前用 80%敌敌畏乳油1 000倍稀释液或 40%乐果乳油在傍晚时喷杀。

16. 尺蠖

（1）症状：幼虫为害三七叶片和花序，造成叶片缺刻或有孔洞，花序被吃不能开花结果。一般 4～5 月发生，6～9 月为害较严重。

（2）防治方法：①保持三七园清洁，并结合三七园的管理，发现蛹和幼虫及时杀灭。②被害严重的三七园可用黑光灯诱杀成虫。③幼虫期用 50%辛硫磷乳油1 000～1 500倍稀释液或 80%敌敌畏乳油1 200倍稀释液喷杀。

17. 介壳虫

（1）症状：一般在每年 6 月开始发生，大雨后介壳虫从地面爬上茎秆为害，7 月以后为害花轴和小叶柄，8～10 月为害严重。虫体附在茎秆、花轴、小花轴上吸取汁液，造成被害植株生长不良、小花萎黄，严重时导致干花和小果干枯脱落。

（2）防治方法：①虫害发生期勤检查，发现植株上有虫体及时用手掐死。②三七园发生虫害后，在介壳虫幼龄期用多灭灵 600～800 倍稀释液喷杀。③在虫害发生严重期，用 80%敌敌畏乳油1 000倍稀释液喷洒，每 5～7 天喷 1 次，连续喷 3～4 次。

18. 白粉虱

（1）症状：成虫和若虫聚集于三七叶背吸取叶内汁液，被害处生有细小黄斑，受害严重的叶片往往干枯。白粉虱还不断分泌蜜露，滴在寄主茎、叶和果实上，诱发煤烟病，使叶片不能正常进行光合作用，植株生长发育受阻。

(2) 防治方法：①黄板诱杀。用黄色木板，上涂机油，诱粘白粉虱。②用50%二嗪农1 500倍稀释液喷洒，或用40%乐果乳油1 000倍稀释液与50%马拉硫磷1 000倍稀释液混合喷洒防治。

19. 蛞蝓

(1) 症状：主要为害三七地上部分。未出苗前为害休眠芽，使三七不出苗；出苗后食害幼嫩茎叶，轻者把茎叶食成疤痕、孔洞，重者把植株吃光；三七抽薹开花时，食害花序；结果时，食害果实。蛞蝓爬过的地方都留下银白色发亮的胶质痕迹，会影响光合作用。

(2) 防治方法：①蛞蝓发生严重的三七园，用7%食盐或高锰酸钾800倍稀释液泼洗三七园周围的围篱基部，可杀死其中的蛞蝓。②晴天的傍晚在畦面上撒草木灰、石灰，黏附晚上出来活动取食的蛞蝓，使其脱水死亡。③将四周距地面60厘米以下的围篱拆除，调节遮阳棚密度，使三七园通风透光良好，降低湿度，制造园内不适宜蛞蝓活动的条件，并在周围撒施石灰粉，从而杜绝园外蛞蝓爬入园内为害三七。④蛞蝓发生期在围篱边、畦上、畦沟堆放蔬菜、瓜皮，引诱蛞蝓取食，集中杀灭。⑤用40%多菌灵300倍稀释液或50%甲胺磷250倍稀释液喷洒在畦面上，可杀死潜伏在土中的蛞蝓。

（六）采收与加工

1. 采收

三七种植2～3年后（不包括育苗）可以采收。虽延迟收获年限，其块根可以继续增大、增重，但是速度也随之减慢，会增加生产成本。此外，搭棚架的许多材料经过日晒雨淋已腐朽，容易倒塌。因此，三七种植后2～3年采收较为适宜。在一年之中三七有两个收获期，以7月下旬至8月上中旬采收为好，这时植株尚未开花，根内营养物质丰富，产量和折干率均高，产品坚实质重，表面光滑，内部组织菊花纹明显，皮部和中髓间无裂隙，品质优。去薹、摘花蕾的三七延至9月采收更好。留种的三七宜在11～12月收获完种实后采收，因为开花结果后植株要消耗大量营养物质，根部积累的营养物质相应少了，如果这时采收三七，加工的产品瘦小、欠饱满。7～8月采收的称为春三七，11～12月采收的称为冬三七。

三七采收宜在晴天进行。在采收前一星期，先在离地面7～10厘米处将地上茎叶剪除。采收时将全根挖起，注意不要伤根，然后轻轻抖去泥土，运回加工。

2. 加工

三七的加工关系到三七质量的优劣，因此不可忽视。通常按以下4个步骤进行加工。

(1) 洗水：加工时先将残留的地上茎切除，留下根茎、块根、侧根和须根，然后放到竹筐内，置于流水处或装半盆水的木盆内，洗去根上的附泥，并边洗边将侧根上的须根摘除。

（2）修剪：三七洗去泥沙后，即按个头大小分成大、中、小3个级别，分别摊放在竹席或干净的水泥晒场上暴晒3～4天，待侧根变软后，即将侧根剪下。剪侧根时，要留下1毫米，使其晒干时三七头上不留有凹陷，表面光滑。剪侧根不宜过早或过迟，以手掐侧根变软时最适宜。过早剪则晒干后会留下白口，过迟剪则剪口过大，均影响三七的外观质量。

（3）搓揉：将经过修剪整形的块根（三七头）摊放在太阳下继续暴晒3～4天，最好日晒夜烘，至四五成干、手捏感觉三七头变软时开始搓揉。方法是把三七头放入麻袋内，每次放3千克左右，然后摊放在光滑的木板或地面上，用手按住稍用力来回转动，使袋内的三七头相互撞擦，逐渐除去外部粗皮（又叫泥头），并使三七头内的水分向外渗出。以后每1～2天搓揉1次，反复多次，直至三七头质地坚实、足干为止。也可以放入旋转滚筒内，使其碰撞摩擦。

（4）抛光：把经过搓揉的三七头再放入麻袋内，加入龙须草或青小豆、荞麦，然后用手抓住麻袋两头，提起用力摇动15～20分钟，使三七头光滑发亮即成。或在旋转滚筒内加入少量的石蜡，来回振荡，使石蜡粘在三七头的表面，这样不但外观光滑美观，而且起到一定的防潮作用。

在加工过程中，若遇到阴雨天气，可用火烘加工。火烘时要掌握好温度，保持在40～50℃。开始烘烤时温度控制在40～50℃，2天后把温度慢慢降低。要注意不宜超过50℃，否则容易烘焦、空心，影响产品质量。烘烤过程中每天要翻动多次，使三七头受热均匀。烘烤时三七头应按大小分开。其余的加工顺序和上述的日晒加工相同。

剪下的叶片、根茎、侧根、须根，应收集摊放在太阳下晒干或用火烘干，便可成为三七叶、剪口、筋条、七须等产品。

3. 中药饮片加工

（1）三七粉：三七除净杂质，洗净，干燥，研成细粉、过筛。

（2）生品：三七除净杂质，洗净，干燥，用时捣碎。

（3）三七片：三七除净杂质，洗净，用水润透，置蒸笼内蒸透，切成0.1～0.25厘米厚的片。

（4）熟三七：三七除净杂质，洗净，切成0.15～0.25厘米厚的片或打碎（分大块、小块），用食油炸至焦黄，取出放凉。

4. 贮藏养护

三七通常用双层麻袋包装，每件50千克，贮存于阴凉干燥处。贮藏的适宜温度在25℃以下，相对湿度为70%～75%。

三七含有糖类，受潮易发霉、虫蛀，霉斑白色或绿色，多出现在商品表面和缝隙间。为害仓虫有褐蕈虫、土耳其扁谷盗、脊胸露尾甲、药材甲、粉斑螟、大谷盗。被蛀食的三七表面出现许多虫孔，严重时横断面有蛀空的痕迹和虫体。

三七贮藏入库前要严格进行检查验收，对色泽深、手感软润、质地较重、相互撞击声不清脆的，应进行晾晒处理。入夏前，可分成小件或小批，密封抽氧充氮，加以养护。高温季节，每月检查 1 次，发现吸潮或轻度虫蛀要及时晾晒，严重时可用磷化铝、溴甲烷熏杀害虫。

种植致富技术
桂北篇

十三、葡萄种植技术

（一）扦插育苗技术

1. 扦插育苗地的选择

育苗之前应先选好苗圃地。苗圃地以选择地势平坦、土质疏松、靠近水源、排灌方便的沙质壤土或壤土地为好。苗圃的地点最好选在供应苗木的中心和交通方便的地方。在这种条件下育出的苗木，对周围环境的适应性强，栽植成活率高，缓苗期短，生长发育好，运输费用低，途中操作少。苗圃地的地势以背风向阳、光照充足、稍有坡度的倾斜地为好，地下水位距地面 1 米以下。涝洼地容易积水，易受涝害，不宜育苗。在土质肥沃的平地，苗木易徒长，组织不充实，冬季易遭受冻害，所以育苗地以沙质土或壤土为好。苗圃地还要有灌溉条件。插条的生根和发芽都需要充足的水分，生根后的幼苗根系少而且分布较浅，耐旱力弱，更需要充足的水分。土壤一旦干旱，轻则幼苗停止生长，重则干枯死亡。低洼易涝的地方应注意排水防涝。

为了便于管理，可根据地形、面积、品种和不同的育苗方法等情况，将苗圃地划分为若干小区，各小区预留小路和排、灌水沟等。

苗圃地选好以后，应在冬季封冻之前深耕 50 厘米以上，并结合施入有机肥及过磷酸钙等，耕后耙平，第二年春季开冻后再细耙一遍。土壤应事先浇透水，待水渗下去以后筑垄整畦备用。为利于防寒保温和保湿，北方葡萄产区多采用垄插；南方春季雨水较多，土壤湿度大，多采用深沟高畦的畦插法，以利于排水防涝。垄插以东西向为好，将插条插在垄的南侧，顶芽向上，垄距 50 厘米左右。畦插以南北向为好，南北斜插，顶芽向上，畦宽 1～1.5 米，行向与畦向平行，每畦插 3～4 行。

2. 葡萄扦插技术及管理

（1）扦插技术：扦插常用的方法有垄插和畦插，垄插比畦插效果好。垄插受光面积较大，可提高早春的土壤温度，也便于中耕除草等田间作业。

确定扦插方式后再进行整地。当平均气温达到 8～10℃时即可扦插。在气温较高的南方地区，秋、冬季均可扦插。垄插一般是东西向起垄，行距 50 厘米左右。先挖深、宽各 20 厘米的沟，从沟内挖出的土翻向北面，筑成高约 20 厘米的垄，然后将插条沿沟壁按 15～20 厘米的株距插入，如插条长度超过 30 厘米时，应倾斜扦插，使顶芽向南，然后从南面取土覆盖，并用脚将其踩实。插完后立即浇透水，待水渗下去后再盖一层土，盖土厚度以超过顶芽3～4厘米为宜。

扦插时速度要快，不能让插条长时间暴露于空气之中，以免插条被风干失水。插条与土壤必须紧密接触，中间不能留有间隙，以免通风失水，影响成活。为防止品种间发生混乱，可在地头插立标牌，注明品种和扦插时间，注意不能倒插。

有条件的地方还可采用全光照弥雾扦插。就是在葡萄生长季节，在室外用带叶嫩枝扦插，使光合作用与生根同时进行，由原有的叶片制造营养，供生根和生长的需要，能明显地提高扦插的生根率和成活率。

庭院栽植葡萄时，为了早成苗、早结果，可采用长枝扦插或圈条扦插等。

（2）管理。

①注意检查。葡萄扦插以后，首先要检查成活和出苗情况。气温在25℃左右时，葡萄插条扦插后半个月左右便可萌芽生根，此时应注意检查盖土厚薄和出苗率高低。发现盖土过厚时，可适当除去一部分，保留2～3厘米厚的湿润细土即可。发现顶芽损伤者，不能立即拔除，如为单芽扦插，可等副芽萌发成苗再拔除；如为双芽扦插或多芽扦插，可再扒去一层盖土，利用下节芽萌发成活。同时注意检查是否有害虫。

②注意保湿。扦插后浇1次水，覆盖一层塑料薄膜，可增温保湿。覆盖作物秸秆也有类似的效果，但浇水不宜过多，覆草也不能过厚，以免降低地温，影响发芽生根。

③适时追肥。在扦插前施足基肥的情况下，整个幼苗生长期追肥2～3次即可。第一次在幼苗全部出土后半个月左右，结合浇水施1次稀薄的腐熟人粪尿或速效氮肥。在苗高30～40厘米时，再施1次速效氮肥，至8月上、中旬，追施1次磷肥、钾肥。还可结合喷药，根外喷施1%～2%草木灰溶液或过磷酸钾溶液。

④注意枝蔓管理。当幼苗高达30厘米时，为使枝蔓直立生长，可在每株苗旁边立一支柱，将新蔓上引，以免枝叶铺地，沾染泥土而招致病虫，影响生长。副梢和卷须应及时去掉，以便集中营养供应主蔓生长。如果苗木粗壮，可在基部选留1～2个副梢，作为快速整形和提早结果之用，否则应将副梢全部除去。

⑤防治病虫害。早春普遍有地下害虫如金龟子为害，可施用毒饵杀灭和人工捕捉。6～7月容易发生黑痘病和白腐病等，可先喷1次260倍等量式波尔多液，隔3～4周后再喷1次800～1 000倍退菌特稀释液，以后每隔2～3周喷1次波尔多液。发现病枝、病叶应立即剪除并烧毁，以防蔓延。

苗圃地内最好不要间作，以免晚秋肥水不足，影响葡萄苗生长，造成组织不充实而影响苗木质量。

（二）压条繁殖技术

1. 普通压条法

在春天芽眼萌动以前，选择接近地面的1年生枝条，将其弯成弓形，压入事先挖好的沟中，沟深、宽各20厘米左右即可。为了培育盆栽葡萄，可将枝条压入盛满土的盆中，也可压入其他容器如竹筐、条筐、木筐或塑料袋中。枝条的顶端用木棍支撑，待新株生根后将其剪断，与母株分离，即可成为独立的植株。

2. 连续压条法

此法多选用植株基部较长的1年生萌蘖枝或多余的老蔓。春季新梢长到20厘米左右时，顺着枝条的延伸方向挖深、宽各约20厘米的沟，沟内施入适量有机肥，并与底土拌匀，然后将所压的枝蔓放进沟中，每隔一定距离用木杈或铁杈将其固定，并覆盖一层薄土，以后随着新梢的生长，逐渐加厚盖土。这样，每节都可长出新梢和根系，在秋季落叶后挖出并剪断，便可成为独立的植株。

3. 以苗育苗

用当年的扦插苗进行压条。当扦插苗的嫩梢长到50厘米时进行轻度摘心，以刺激副梢生长。当新梢上部的3～5条粗壮副梢长到30厘米左右时，将新梢压倒，并在副梢基部培土。土的高度根据副梢部位的高低来确定，培土一般要分3次完成。待副梢发根后，便成为独立的新株。在扦插苗圃内应用此法育苗，可增加出苗率。为方便管理，扦插苗的株距和行距应适当加宽。

（三）嫁接育苗技术

1. 常用的砧木

（1）美洲葡萄：生长势旺，适应性强，抗病、抗寒，耐潮湿，但对根瘤蚜的抵抗力弱。

（2）河岸葡萄：原产于北美洲东部的森林及河谷地带，因其生态环境潮湿和寒冷，所以抗寒力特强，冬季可抗−30℃的低温。对根瘤蚜具有高抗性，对潮湿的酸性土壤有较强的适应性，抗扇叶病毒，对卷叶病毒的抗性中等，抗旱性较弱，生长周期短，为矮化砧木。

（3）沙地葡萄：原产于美国中南部的沙砾干燥地区。扦插易生根，嫁接亲和力强，生长细弱，根系发达，抗寒耐旱，耐瘠薄，抗根瘤蚜，不抗扇叶病毒，在石灰质土壤中易黄化。以沙地葡萄培育的代表砧木是圣乔治。

另外，还有一批以上述野生葡萄为亲本，通过杂交培育出的有利用价值的砧木品种。

2. 嫁接技术

葡萄嫁接的方法很多，按生产季节分休眠期嫁接、伤流期嫁接、生产期嫁接等。

（1）休眠期嫁接：大量生产嫁接苗时常用这种方法，可人工嫁接，也可用嫁接机嫁接。不使用嫁接机时，在冬春休眠期嫁接多用劈接法。

为促进伤口愈合，嫁接好后可将嫁接苗放在25℃左右的愈合箱中进行保温、保湿处理，经15～20天后，砧木基部长出愈伤组织和幼根，接口处也长出愈伤组织。经过通风锻炼后，即可扦插于露地苗床或温室育苗箱中。

嫁接苗定植于苗圃后，接穗离地面不可太近，以免接穗生根后取代砧木根系而使砧木失去作用。

（2）伤流期嫁接：伤流期嫁接即在葡萄伤流期前后，采用硬枝嫁接。可切接，也可劈接。

①切接。可用于育苗，也可用于老树更新或品种更新。削接穗的嫁接刀一定要锋利，切面要平滑，削好的接穗应保留2个芽眼，以防芽眼萌发前后发生意外损伤。将砧木在距地面5～10厘米处锯断或剪断，在形成层内侧用切接刀垂直切下，切面要平直。接穗和砧木接合时，一定要使两者的形成层对准，而且要接合牢固。如果砧木和接穗的粗细不一致时，两者的形成层也必须有一侧彼此吻合。接穗和砧木之间不能有空隙，以免彼此不密接而影响成活。

接穗和砧木接合以后还要进行绑缚。绑缚时不能移动移穗，以免形成层错位。绑缚的松紧度要适宜，既不损伤组织，又要牢固。绑缚材料多用塑料条。为促进接口愈合，可在砧木周围堆一土堆，并在接芽上覆盖10厘米厚的土层，以利于保温、保湿。嫁接后30～35天，接穗始萌芽，砧木也会长出一些萌蘖。由于这些萌蘖枝直接从砧木吸收水分和养分，因此生长很快，易与接穗的萌芽争夺水分和养分。为保证接穗所萌发的芽能够正常生长，必须及时扒开土堆，除去砧木的萌蘖枝和接穗所长出的根。

②劈接。粗大的砧木嫁接时常用劈接法。即在砧木横断面的中心纵切一刀，并分开砧木，插入2个削好的接穗，使两者的形成层彼此对准，再用塑料条将接口绑缚好，以防失水。用湿润细土将砧木和接穗同时埋上，以后注意及时扒土，除去砧木萌蘖。

（3）生长期嫁接：用嫩枝嫁接或绿枝嫁接。在5月下旬至6月上旬，葡萄当年萌发的新梢呈半木质化或接近木质化时进行。砧木和接穗都是当年萌发的新梢。接穗应选健壮的新梢或副梢，剪下后去掉叶片，只留1厘米长的叶柄，接穗上的芽最好是未萌发的夏芽，嫁接成活后，可早于冬芽20天左右萌发并长成新梢。

绿枝嫁接的接穗常为单芽。接穗削好后，将砧木的切口轻轻撬开，将接穗仔细插入，使形成层对准，砧木和接穗的粗细不一致时，也要保证有一侧形成层彼此吻合。

接好后，用塑料条绑缚严密，仅露出叶柄和冬芽或夏芽。在干旱地区，嫩梢嫁接易失水而影响成活，可用小塑料袋将嫁接部位及接穗包住，成活后再去掉。

嫁接后应及时灌水，保持土壤湿度，以保证苗木成活。嫁接成活后应注意防治病虫害，并及时除去绑缚的塑料条，为嫁接部位松绑，以促进生长。

嫁接技术的熟练程度、嫁接刀具是否锋利、嫁接面是否平整光滑、形成层的对接是否准确、绑缚的松紧度是否适宜以及绑缚过程中对接穗有无碰动等，对愈伤组织的形成和嫁接成活率都有较大的影响。

（四）葡萄园建立

1. 葡萄园地的选择

一般来说，葡萄最适生长于粗沙壤土和沙质壤土上，在河海沙滩、山地和轻度盐碱地上也可以获得良好的收成。在不同的土质条件下，葡萄的生长发育、果实成熟早晚、产量高低、品质好坏、酿造葡萄酒的酒质或果汁的风味等，也都有所不同。

从各葡萄产区情况看，以缓坡地建立葡萄园最为理想。缓坡地通风透光良好，排水较为方便，病虫为害较轻，浆果品质优良；而在低洼地建立葡萄园的效果较差。河海沙滩地土质瘠薄，保水、保肥力差，但昼夜温差较大，建园前如能压土改沙，然后种植葡萄，效果较好。

2. 新建葡萄园的规划

新建葡萄园时，园址的地形和地势不同，规划设计的程序也不同。山地丘陵或坡地要先进行地形测量，根据测量结果画出地形图；平地则需画出平面图。

园地面积较小时，在规划图上附设计说明书；如园地面积较大，超过 15 公顷，规划设计时应考虑以下内容。

（1）根据地形、坡度和坡向划分栽植区。划分栽植区的原则是利于排水和灌溉，利于田间作业。栽植区多为长方形，一般是长坡和行向相一致。

（2）根据园地总面积的大小、地形和地势设置道路。主道路应贯穿于葡萄园的中心。园地面积较小的设主道路 1 条，面积较大的可先在中间设 2 条彼此垂直的主道路，然后再把整个园区分成 4 个、6 个或 8 个栽植区。一般支道路设在作业区的边界，与主道路相垂直。为节省土地，可将作业道路设在葡萄行间的空地上，但要与支道路相连接。主道路和支道路是固定的路，路基和路面可高一些，而且要坚固耐用。

（3）根据比例的大小标好总渠、支渠和毛渠等灌溉系统。设计原则为总渠高于支渠，支渠高于毛渠。与此同时，还要设计好排水系统。排水系统的设置一般分小排水沟、中排水沟和总排水沟三级，高度差是由小到大逐级降低。排灌系统最好与道路系统相结合，设在道路的两侧。

（4）设置防风林。在葡萄园周围设置防风林，可改善葡萄园内的小气候，有防风、防沙和防霜冻的作用。防风林带的走向应与风的方向相垂直，在风大和风多的地区，还可设置与主林带相垂直的副林带。主林带一般由 4～6 行乔木和灌木构成，副林带则一般为 2～3 行。在风沙严重的地区，主林带之间的距离一般为 300～500 米，副林带间距 200 米左右。葡萄园的边界还要设 3～5 行边界林。各林带占地面积一般为葡萄园总面积的 10％。

此外，葡萄园内的房屋，包括管理人员的住房、库房、畜舍和禽舍等，都应在规划时统一安排。

规划设计葡萄园以后，就可以选择葡萄品种。选择葡萄品种时，应根据当地的自然条件、地理位置、交通情况、不同用途等综合考虑。要注意选用最能适应当地自然条件的优良品种，同时还要注意选用适宜的砧木及其组合。根据不同用途合理安排品种，但品种不宜过多，有些品种还应注意配置相应的授粉品种。

3. 定植

葡萄定植前将栽植区园地深翻 40～50 厘米，以清除杂物，改善土壤的理化性能，促进微生物的活动，为根系生长创造良好条件，提高栽植成活率，以利于植株健壮生长、增强抗性、提早结果。

园地整好以后，再按定植行向挖掘定植沟。定植沟的深、宽一般不小于 60 厘米。挖沟时，表层熟土与底层生土要分别堆放。定植沟挖好以后，先在沟底撒一层 10～15 厘米厚的细碎的作物秸秆或绿肥，再填入 10～15 厘米厚的表土，同时施入有机肥料，最后填上底土，回土与地面相平。填土时注意层层踩实，以免浇水后下沉过多。浇透水以后，于第二年春季按照原定株距栽植。如果株行距较大，劳力又不足时，也可不进行全园整地而直接挖定植穴，穴的深、宽不小于 60 厘米，其余操作与定植沟相同。但定植穴一般容积较小，挖掘很不方便，定植后 3～4 年还需深翻扩穴、特别是山地，为长远着想，还是全园深翻后再挖定植沟为好。

（五）搭架技术

栽植葡萄的架式主要有单干式、立架和棚架等。棚架又可分为大棚架、小棚架、棚立架和独龙架等，大棚架中又有倾斜式、水平式、漏斗式和屋脊式多种。

各种不同的架式有其各自的优缺点和适用范围。一般单干式和立架适于密植和机械化操作。单干式节省架材，架杆来源充足，搭架也较方便。立架的应用较为普遍，这种架式通风透光良好，便于管理，还可以利用行间种植绿肥或矮秆作物，埋土防寒也比较方便，利于早期丰产，浆果质量也好。棚架的架面较大，可充分利用纯石山坡、沟谷、河道和“四旁”隙地，对长势较旺的品种可缓和其长势，增加结果面积，提高浆果产量；但因架面较长，整形时间较长，结果较晚，早期不易丰产，更新也相对较难。

立架的架面与地面相垂直，其设置是在行内每隔 6～8 米立一支柱。行距 1.5 米时，架高 1.2～1.5 米；行距 2 米时，架高 1.5～1.8 米；行距 3 米时，架高 2 米左右。在每一栽植行的两头设立撑柱和坠石，以加固立架。在立柱上每隔 40 厘米左右拉一道铁丝，如果行距较大，还可在一行葡萄架上设 2～3 个架面，使其成为双立架或三立架。

倾斜式大棚架适用于山地葡萄园。倾斜式棚架架面宽约 10 米，最宽可达 20 米，长度则因树势和树龄的不同而有差异。架的后部也就是靠近主蔓的地方，高 70～80 厘米，前部高 2 米左右。山地可顺坡向上架设支柱，一般每隔 2～3 米设一支柱，架面上每隔 50 厘米拉一道铁丝。这种架式适于长势旺的品种，如“牛奶”和“龙眼”等。采用这种架式，除定植葡萄的地方需要深厚的土层外，枝蔓延伸的方向可为荒坡或石山，因而可以充分利用不能种植粮棉的荒山、荒坡。

水平式大棚架适用于庭院、公路旁或水渠旁种植葡萄，架面高 1.8 米以上，以利于作业。

漏斗式棚架是葡萄主蔓居中，支蔓在架面呈 35°的角度向四周延伸。这种架式可用于庭院，也可用于公园、广场的美化，大面积生产应用较少。

小棚架的架式与倾斜式、水平式的大棚架相同，只是架面较小，在 6 米以下，便于埋土防寒，利于更新复壮，应用范围较广。

棚立架是小棚架与立架相结合的一种架式，可充分利用空间，也可增加结果面积。为使植株长势均匀，立架和棚架的葡萄植株可分别进行栽植。这种架式通风透光条件较差，易滋生病虫，需合理修剪，经常予以调节。

小棚架的另一种形式是独龙架。这种架式结构简单，省工省料，操作方便，还可间作；但修剪量较重，树势较弱，产量较低。

葡萄的架式不同，所需的架材也不一样，主要架材是支柱和铁丝。葡萄支柱的种类因各地所取的原料不同，又可分为木柱、水泥柱、石柱、活木桩等。

（六）田间管理

1. 除萌、定梢和绑缚

（1）除萌：在葡萄生产中，春季抹除多余的幼芽叫除萌。其目的是减少树体营养消耗，使保留的幼芽能够获得营养物质的供应，有利于葡萄优质、高产。除萌可分 2～3 次进行。春季葡萄芽眼萌发的时间前后不很一致，除萌工作一次难以完成。

第一次除萌是从芽眼萌动至展叶后，用手将发育不好的基底芽、瘦小细弱芽、着生位置不当的芽以及双生芽和三生芽的副芽抹去，抹除的芽占总除芽量的60%～70%。第二次抹芽在能看出花序时进行，根据新梢负载量的多少和整形修剪的要求，确定新梢的去留。结果新梢留量，应根据树势、树龄、品种、肥水条件和管理技术水平等确定。第三次除萌可结合绑缚新梢进行，即在绑梢的同时，对前两次没有除去的以及后来萌发的幼芽再进行1次除芽。一般每平方米的棚架架面可保留15～20个芽，立架架面保留10～15个芽。因品种和树势不同，可适当增减。

（2）定梢和绑缚：葡萄新梢萌发后，如任其自然生长，则无一定顺序，不利于通风透光，也不能充分有效地利用空间。如果使新梢均匀分布于架面，则既便于管理，又能充分利用空间，增加结果面积，提高产量。因此，在新梢长到30厘米时，要把新梢绑缚在架面的铁丝上。在整个生长期间，随着新梢的不断伸长，应及时进行绑缚，一般需绑3～4次。绑缚时要使新梢均匀排列于架面，不可重叠交叉。绑缚新梢时，可根据整形修剪的要求，除少数需要直立绑缚外，一般均应倾斜绑缚，以便缓和营养生长。常用的绑扣为“∞”形或马蹄形。这两种绑扣，接触铁丝的一端很紧，刮风时新梢不易摆动；而接触新梢的一端很松，不会影响新梢生长。绑扣不能过紧，也不能过松。绑扣过紧时，不利于新梢的加粗生长，绑扣处易造成绞缢现象，大风时新梢容易折断；绑扣过松时，新梢不能靠在架面上，刮大风时易摆动摩擦而受伤。绑缚的方法是将绑绳（或草）紧靠在新梢上，再把绑绳两端折拢，并在铁丝上与铁丝成十字形交叉，左手扶着新梢，右手将绑绳的两端拉下，从铁丝右下方横着拉向左上方，然后将绑绳两头再搭在铁丝上，最后将绑绳从绳扣左边的洞里拉出，拉紧即可。一般是让新梢距铁丝1厘米左右，即可保持绑扣的松紧适度。绑缚材料要柔软、坚韧，以在一年内能经风雨侵蚀而不腐烂和折断者为好。常用的绑缚材料有麻绳、油草、马蔺草、玉米皮、布条或塑料条等。在使用麻绳或各种草时，最好先用低浓度食盐水或热水浸泡一下，使其柔软并增强牢固性。

2. 摘心和摘除副梢

（1）摘心：待葡萄的主蔓长到一定长度时就要进行摘心。摘心一般在开花以前进行，可有效提高坐果率。开花前3～5天摘去顶端2～3片幼叶，对落花较重、坐果不良的品种如玫瑰香、巨峰等，可明显提高坐果率。长势强弱不同的新梢，摘心的轻重程度也不一样。长势细弱的结果新梢伸长至9～10片叶时，就会自行封顶，这种新梢的营养生长不会过旺，因而不会与花序争夺营养，对这种新梢可不必摘心。长势中庸的结果新梢，可在花序以上留7～8片叶进行中度摘心。长势强旺的结果新梢，可在花序上留5～7片叶进行强度摘心。

（2）摘除副梢：葡萄的结果蔓摘心后，特别是强度摘心以后，会促进夏芽迅速萌发而抽生副梢，仍然会很快地消耗大量养分，所以结果新梢摘心必须结合抹除副梢进行，才能收到应有的效果。副梢萌发以后，应及时进行处理。一般情况下，花序以下不留副梢，花序以上的副梢可全部除去或留 1～2 片叶摘心。副梢摘心后，还会长出副梢，也就是 3 次梢。对 3 次梢仍留 1～2 片叶摘心，对以后萌发的 4～5 次梢也是留 1～2 片叶摘心。这种方法可使主梢芽眼饱满，有利于提高产量和品质，但较费工费时，处理不及时会引起枝蔓郁闭，恶化通风透光条件，引发病害。也可只留顶端的 2 个副梢，其余副梢全部抹去。这种方法节省用工，便于管理，通风透光也好，但果实成熟较晚，葡萄质量也较差。无论采用哪种方法，枝蔓顶端的 1～2 个副梢，都应留 4～5 片叶进行反复摘心。

3. 葡萄萌芽和新梢生长期的管理

追施速效肥料可以满足从葡萄发芽后花序继续分化和枝蔓迅速生长的需要。追肥以速效肥为好，如尿素、人粪尿等，施肥后立即浇水 1 次。

开花前喷硼和追肥。开花前 3～5 天，对落花严重的品种如玫瑰香、新玫瑰等喷施 0.2%～0.3%硼酸溶液或硼砂溶液 1 次，可有效提高坐果率；开花前 7 天左右，再追施氮肥并浇水 1 次，以利于开花、授粉受精和新梢生长；落花后幼果迅速膨大期，再追施氮肥、磷肥并浇水 1 次，以满足幼果迅速膨大的需要。

抹芽、摘心和摘除副梢，以减少树体营养的消耗，利于新梢生长、开花和坐果。

绑缚新梢。在这一时期内新梢生长迅速，应及时进行绑缚，以改善通风透光条件，减轻病虫为害。

4. 开花期的管理

在葡萄的年生长周期中，从开始开花至开花终了的这段时间，称为开花期。花期的温度要求较高，须在 20℃以上气温达 25～30℃时即大量开花。花期的最适温度为 27.5℃，相对湿度要求为 56%。气温低于 15℃时，则不能正常开花和授粉。在葡萄花期内，每天上午 6～11 时为开花盛期，而以 7～9 时为最盛。花后 3～5 天为第一次落果期。土壤湿度较大时，开花时间较早；土壤湿度小时，则开花较晚。柱头适宜的受精时间可保持 4～6 天，受精过程长达 24 小时。低温、多雨、干旱和大风等不良外界条件都会影响授粉受精，加重落花落果。

葡萄花期持续的时间为 7～12 天，盛花期一般在开花后 2～4 天。为缓和葡萄花期营养生长和生殖生长对营养的激烈争夺，满足开花坐果对养分的需求，花前和花后都必须追肥和浇水，开花前喷 0.2%～0.3%硼酸溶液或硼砂溶液，可以促进花粉管的伸长，有利于开花坐果。在此期间，还应及时绑蔓，抑制副梢的生长或及时摘除副梢，以改善通风透光条件和减少营养消耗。还可根据需要进行摘心、掐穗尖和除副穗等工作。有条件的可进行人工辅助授粉，以提高坐果率，获得葡萄优质、丰产。

5. 花序和卷须的管理

（1）花序管理：疏花序、掐穗尖等是辅助性的措施，能临时调节养分供应，提高坐果率，保证浆果质量和提高产量。在一般情况下或大面积的葡萄园里，多不采用此项技术措施。但如果土质瘠薄、肥水不足、葡萄枝蔓细弱、新梢负载量过大、落花落果严重或是小型葡萄园、庭院栽植葡萄、盆栽葡萄，则需适当疏除部分花序，开花前3～5天掐去1/5～1/4的花序尖或除去副穗。此项措施对改善植株的营养供应，提高坐果率、产量和品质，都有明显效果。

疏花序和掐穗尖，直径在1厘米以上的粗壮结果枝，每枝可留2个果穗；直径在0.7厘米左右的，每枝可留1个果穗，对弱枝应全疏不留。疏花序和掐穗尖的工作以早进行为好，一般在开花前进行，可提高坐果率，效果比开花后进行的明显。留穗的多少和疏穗的时间根据树龄、品种和开花期的气候条件而定。对坐果率低、果穗松散的品种如玫瑰香、新玫瑰、巨峰等，在开花前3～5天进行掐穗尖和剪副穗，一般用手指掐去花序末端的1/5或1/4，可促使果穗紧密、果粒整齐，提高坐果率；对坐果率高的品种如白莲子、“意大利”、黑罕等，可在花后10～20天用尖头镊子或疏果剪进行疏粒。这样可集中营养供应留下的果粒，使果粒增大、着色全面、成熟一致，提高浆果质量。如不疏穗、疏粒，坐果率高的品种因果粒彼此挤得太紧，容易引起破裂和内外果粒成熟不一致，果粒过密喷不上药还容易染病。

疏花穗、掐穗尖、疏果粒等措施只是管理工作的一部分，只有在土质肥沃、肥水供应充足、品种适宜、树体长势健壮、留枝适量的基础上才能发挥效果。在树体营养不充足时，就是疏穗再重、留粒再少，也根除不了落花落果和出现小粒、青粒的现象。

（2）卷须、老叶管理：自然条件下生长的葡萄植株，其卷须可缠绕其他物体而使枝蔓攀缘上升。人工栽培条件下卷须是无用的器官，不仅消耗营养和水分，还会缠绕果穗、枝蔓，造成枝梢紊乱，木质化以后很难除去，影响采收和修剪。因此，必须及时将卷须剪除。一般情况下，剪除卷须是随摘心、绑蔓、去副梢等工作一起进行的。葡萄的叶片老熟以后也逐渐失去功能，因此当果实着色后，就应及时摘除果穗周围的部分老化叶片，以改善通风透光条件，促进果实着色，提高商品质量。但摘叶时间不能过早，摘叶数量也不宜过多，否则会因减少叶面积而影响光合作用，减少营养积累，降低浆果质量。

6. 浆果生育期的管理

葡萄浆果的生长发育，是指从子房开始膨大发育成果实直至浆果成熟。这中间需经过较长的一段时间，因而还可细分为浆果迅速生长期、硬核期和浆果成熟期。

葡萄开花受精以后，子房开始膨大，当果实直径长到2～4毫米时，其中一部分果因粒受精不良，胚停止发育而落果，留下的幼果则继续膨大。当果实直径达

5～7 毫米时，生长减缓，种子开始硬核，一部分幼果因营养不足造成种子不能正常发育，也就是胚珠败育，致使这些果粒不能正常发育而成为小果。

浆果生长的同时新梢也继续生长，叶腋间的冬芽继续分化，夏芽抽生副梢。这一切生命活动都需要大量的营养，如果没有足够的营养物质供应，便会严重地落花落果，同时还影响新梢的花芽分化以及枝蔓的生长发育。这一时期持续时间的长短，因品种不同而不同，早熟品种 35～60 天，中熟品种 60～80 天，晚熟品种 80 天以上。在这一时期内，应采取以下技术措施。

（1）追肥：在幼果膨大前期，根部追施氮肥、磷肥，硫酸铵每亩施 50～100 千克，过磷酸钙每亩施 20～30 千克，施肥后灌水。生长后期追施磷肥、钾肥，叶面喷施 1％～3％过磷酸钙溶液和草木灰溶液，有利于糖分的积累和浆果的成熟，还可促进枝条成熟，提高抗寒和越冬能力。至浆果成熟期，还要再喷 1 次 1％过磷酸钙溶液和 2％草木灰溶液。全年喷施 2 次，增产幅度可达 10％以上，并能提高浆果含糖量，降低含酸量。后期施肥时，氮肥用量不宜过多，否则将引起枝条旺长，影响浆果的营养积累和枝条的正常成熟。

（2）田间管理：田间管理主要是中耕除草、摘心和去副梢，适当控制营养生长，以利于集中营养供应果实的生长发育；及时绑缚新梢，改善通风透光条件，改善田间小气候，以利于葡萄植株的正常生长发育和浆果的正常成熟。至浆果成熟时正值雨季，应注意及时排除积水，勤中耕除草，以降低田间湿度。若田间湿度过大，容易使病害蔓延而发生烂果现象；如果前期干旱，后期雨量骤增或进行灌溉，则易产生裂果。

7. 葡萄早果高产技术

由于葡萄的芽具有早熟性，因此也比较容易获得早期丰产。前几年在葡萄生产中推广应用的“一、二、三”栽培法，即第一年育成壮苗，第二年开始结果，第三年获得丰产，这是早期丰产经验的总结。

（1）壮苗密植：所选用的苗木根系要完整、发达，有粗壮根 2～3 条；1 年生枝蔓粗壮，芽眼饱满，没有病、虫。如为直接扦插定植，应选枝条充分成熟、芽眼饱满的 1 年生枝，进行催根处理。发出新根以后，待外界土温升高后及时定植，以延长生长时间，利于成活。为充分利用土地，定植时应适当密植，行距为 1～1.5 米，株距为 1 米左右，这是葡萄早期丰产的有效措施之一。

（2）肥水适时：葡萄定植前，先要选好表土疏松、土质肥沃、有机质含量丰富的园地，施足基肥，并适时灌水，以保持土壤湿润，利于发根和萌芽。定植后所抽生的新梢，在长度不到 20 厘米之前，主要靠苗（条）本身贮藏的营养，所以不必施肥。当新梢长度达 20 厘米以后，幼苗已长出新根，开始从土壤中吸收养分，需要适时追肥。此时追肥以速效尿素为好，每株施用量为 75～100 克，或施稀粪尿 1

千克左右。每次施肥量不宜过多，因为根系吸收能力尚弱，追肥用量过多时会烧伤幼根。为促进幼苗快长，可在 7 天后再追肥 1 次，每次追肥后都应及时浇水。

（3）中耕除草和防病治虫：新定植的葡萄园最易滋生杂草，如不及时除草，杂草不仅会与幼苗争夺养分，而且会恶化幼苗的通风透光条件，影响生长发育。还应及时防治短须螨以及黑痘病、霜霉病和锈病，幼苗一旦感病，就会造成早期落叶，新梢不能正常成熟，影响安全越冬以及第二年的生长，严重时还会造成幼苗死亡。

（4）及时支架、快速整形：葡萄喜光性强，又是攀缘植物，为了更充分地利用光照和空间以发挥其生长优势，应及时搭架，并对枝蔓进行引缚，避免枝蔓丛生，滋生病、虫。在定植的当年，可用支棍临时搭架或是埋上石柱（水泥柱），拉上 1～2 道铁丝。扦插条在定植当年，每株留 2～3 个新梢作为主蔓，对没有 2 个新梢的单株，可在第一个新梢长出 5～6 片叶时进行摘心，刺激副梢萌发，形成主蔓。在正常情况下，主蔓长到 1 米以上时进行摘心，主蔓上的副梢留 1～2 片叶摘心，使定植当年能够全苗、壮苗，为第二年的丰产打下良好基础。

冬季修剪时，主蔓留 80～100 厘米短截，粗壮副梢留 1～3 节短截，剪除细弱副梢；在冬季寒冷的地区，还要埋土防寒。

（七）整形和修剪

1. 冬季修剪技术

要对全园进行检查，做到心中有数。调查的内容主要有树体长势、品种、树形、树龄以及园相是否整齐等，初步确定枝蔓剪留量，以免修剪过轻或过重。

在修剪时，先将过密枝、病虫枝、细弱枝从基部剪去，包括拟疏除的 1 年生枝和多年生枝，以均衡树体长势，改善营养物质的分配以及通风透光条件。

对留下的枝条进行短截。在葡萄修剪中，习惯上把留 1～3 芽进行短截称为重截，也就是前面所说的短梢修剪；留 4～6 芽为中截，也就是中梢修剪；留 7～11 芽为轻截，也就是长梢修剪。剪留的长短，应根据品种特性、树势、架式、树形、树龄和 1 年生枝条的着生部位确定。

适当回缩。多年生的枝蔓往往因为顶端优势的关系造成结果部位外移，可用缩剪的办法回缩到下部的 1 年生枝上，以便把结果部位降下来，同时回缩还有更新复壮、调节树势和改善光照的作用。

修剪完一株或一行后，要回头检查一遍，看修剪量是否合适，有无错剪或漏剪，绑缚的绳或草是否已经全部剪除，以便为下一步的埋土防寒做好准备。

修剪过程中，应尽量选留充分成熟的、芽眼饱满的 1 年生枝，这种新梢一般粗而圆，髓部较小，一般不超过枝条直径的 1/3，节间较短，节部凸起，枝条的色泽为黄褐色或红褐色。对于节间长、髓部大、芽眼不充实的徒长枝或扁生枝，因“瞎眼”较多，应予疏除，不宜保留。

葡萄的枝蔓髓部较大，组织较为疏松，水分容易蒸发，所以在修剪时，应在距离芽眼3～5厘米处剪截，或在剪口芽上方一节的节部剪截，因为此处有一封闭髓部可抑制剪口失水，保护剪口芽不致干枯。疏剪或缩剪多年生蔓时，要留有1厘米左右的残桩，待第二年残桩干枯后，再从基部剪除。

剪口要尽量落在剪口芽的外面，以避免伤流通过芽眼，对芽的生长发育造成不良影响。充分成熟的副梢，其直径在0.5厘米以上时，也可剪留2～3芽做结果枝或预备枝用；长势细弱的副梢则须从基部剪除。

基部的萌蘖枝或徒长枝，一般是节间较长、芽眼瘦小、发育不良，如不用于更新，则从基部疏除。但是，如果是为了衰老主蔓和侧蔓的更新或弥补架面空缺，增加结果面积时，可在这些枝条长到需要的长度时进行摘心，促使其下部生长充实、健壮。更新主蔓和侧蔓或弥补架面、增加结果部位时，也可以利用副梢。

2. 夏季修剪技术

葡萄夏季修剪是在冬季修剪的基础上进一步调节生长与结果的关系，去掉无用枝、梢，以节省营养、改善通风透光条件、控制新梢旺长、提高产量和品质。夏季修剪包括除梢、摘心、疏剪花序、疏穗、疏粒、去卷须、摘老叶等。

（1）除梢：又称抹芽或掰芽，就是除去多余的幼芽，以便能有效地利用树体营养。除梢越早越好，在芽眼萌动后即可开始。由于芽的萌动有先有后，因此，除梢应分2～3次进行，按芽的不同着生部位分别进行处理。凡多年生主蔓、侧蔓及靠近地面所萌发的潜伏芽，多数没有花序，除用于更新修剪或补充空间以外，应一律及早摘除。结果母枝的留量应根据土质肥瘠、树势强弱及负载量确定。

第一次除梢，可在芽眼刚萌发时进行。首先处理双发枝和多发枝，也就是双芽和多芽。选留一个健壮的芽，其余的芽全部抹除。但如果负载量不足，花序较少时，也可适当保留少数双芽。畸形、遭受损伤、着生位置不当的新梢都应及早抹除。

第二次除梢，可在新梢长达10～15厘米，能辨别花序时进行。除继续摘除萌蘖外，主要是处理发育枝。在生长正常的情况下，凡不留做第二年结果母枝的，可全部抹除。

第三次除梢，可在新梢长达25厘米左右时进行。这次除梢是对前两次未除净的或后来萌发的幼芽进行处理。除继续疏除过密、过弱以及后发的无用新梢外，在结果枝能满足需要时，也可除去一些花序瘦小的结果枝，以提高葡萄质量。

除梢数量的多少与品种的萌芽力、树势强弱、修剪方法以及肥水条件等有关。萌芽力强的品种，除梢量可多些；萌芽力弱的品种，除梢量可少些。长势壮的植株，除梢宜少；弱树弱枝，除梢宜多。实行长梢修剪时，除梢可多些；短梢修剪的，除梢宜少。肥水充足时，除梢宜少；营养不足时，除梢宜多。总之，以定梢后新梢在架面上分布均匀、疏密适度为原则，以充分利用光能和热量。

摘心、疏剪花序、疏穗、疏粒、去卷须、摘老叶、绑蔓等，可参照前面的内容进行操作。

（2）套袋：是生产优质、大粒、鲜食葡萄所采用的有效技术措施。葡萄套袋可有效地防止白腐病、炭疽病、黑痘病、日烧病等多种病害的侵染，也能防止鸟、兽和金龟子等为害，还能减少农药的污染和残留，使葡萄外形美观，提高经济效益。葡萄套袋是在疏穗、疏粒后幼果长到黄豆粒大小确保能坐果时进行。袋的大小应根据果穗的大小确定。常用的果袋类型有伞状袋、三角袋、透明袋和半透明袋等。葡萄套袋前，应喷洒 1 次杀菌剂，杀灭果穗上的病菌，以防将病菌套入袋内引发后患。袋口一定要扎紧，防止雨水沿袋口流入袋内。套袋后，要注意防治叶部虫害。喷药时，也要尽量防止药液流入袋内。在葡萄成熟前 7 天左右，将纸袋的底部撕开，并去掉果穗周围的遮光叶片，以利于葡萄着色和成熟。

（八）病虫害防治

1. 白腐病

（1）症状：主要为害果穗，也为害叶片和新梢等。果穗感病，先发生在接近地面的穗尖，在小果梗或穗轴上出现褐色、不规则的水渍状斑点，然后向果粒蔓延。果粒发病，先是基部变为灰褐色、软腐，最后整个果粒变褐色、腐烂。果面密生灰白色小粒点，果梗干枯缢缩，严重时全穗腐烂，果粒受震动易脱落。有时果粒逐渐失水干缩为深褐色，成为有明显棱角的僵果悬挂在树上，经冬不落。新梢发病，一般出现在有损伤的地方，如摘心处和穗柄着生处。由基部萌发的徒长枝感病后病斑呈淡褐色水渍状，形状不规则，以后逐渐扩大，病斑上生出密集均匀的小黑点，严重时病部干枯并与木质部分离，后期纵裂成烂麻状。叶片发病多在叶尖和叶缘，初期病斑为水渍状、淡褐色、近圆形或不规则的大斑块，上面呈现颜色深浅不同的轮纹，病斑干枯后易破裂，有时上面产生灰白色小粒点。白腐病在潮湿情况下有特殊的霉烂味，这是白腐病区别于其他病害的主要标志。

（2）防治方法：①农业防治。主要是增施有机肥料，以增强树势、提高树体抗病力。提高第一道铁丝的高度，第一道铁丝应离地面 40～50 厘米，铁丝下不留果穗，以减少侵染。树体负载量要适宜，在充分利用架面的前提下不宜留蔓过多，而且要及时摘心、绑蔓、除副梢。雨后及时排水，以免因通风不良而诱发白腐病。及时剪除病穗、病枝，捡拾地上的病粒深埋或烧毁，以减少再次侵染的机会和第二年的侵染病源。冬季修剪时，彻底剪除病穗、病枝，彻底扫除病叶，病残体应深埋或烧毁。②药物防治。一是土壤消毒，一般选用 0.3％五氯酚钠溶液加 2 波美度石硫合剂或0.5%五氯酚钠溶液严密喷洒地面。二是在生长季节喷药保护，开花前后喷2～3次240倍半量式或等量式波尔多液，6月上中旬喷退菌特800～1 000倍稀释液，这两种药要交替使用；7～8月应每隔10天左右喷药1次，而且要连喷2～3次。另外，50%赛欧散800～1 000倍稀释液、75%百菌清500～800倍稀释液、50%多菌灵1 000倍稀释液，都有较好的防治效果。雨季喷药时，除波尔多液外，其他药剂可在配制好后再加入2 000倍皮胶稀释液或其他附着剂，可提高药液黏着力，增强药效。

2. 炭疽病

(1) 为害症状：主要为害果实。初发病时果面上发生水渍状、淡褐色斑点或雪花状病斑，以后病斑逐渐扩大呈圆形、深褐色，病部稍凹陷，病斑上产生许多黑色小粒点，并排列成同心轮纹状。在潮湿的情况下，小粒点上涌出粉红色黏性胶状物。该病在果实接近成熟时蔓延迅速，病果逐渐失水干枯，震动时易脱落。病菌侵染果梗或穗轴时，呈深褐色椭圆形或梭形凹陷病斑，影响果穗生长，严重时果粒干枯脱落。该病还为害嫩梢和叶柄，侵染后病斑呈梭形、深褐色，空气潮湿时也出现粉红色的分生孢子团，但不常见。

(2) 防治方法：①清扫果园，消灭越冬病源。结合冬季修剪，清除植株上和支架上的副梢、穗柄、僵果、卷须等，并把落在地上的枝、叶彻底清扫，集中烧毁或深埋，以减少越冬病源。②加强栽培管理。葡萄生长期间及时摘心、绑蔓、除副梢，以保持果园良好的通风透光条件，减轻发病。架上的枝蔓不郁闭，也可防止病害蔓延。雨季注意排水，降低园内湿度，合理施肥，氮、磷、钾、钙等适当配合施用，可增强树势，减少发病。在6月上旬幼果期进行果穗套袋，也可减少发病。③药物防治。发芽前喷退菌特500倍稀释液、福美砷200倍稀释液、3波美度石硫合剂加0.5%五氯酚钠溶液或800倍多菌灵和井冈霉素混合稀释液等强力杀菌剂，均可收到良好效果；5月中下旬，在分生孢子出现前喷50%退菌特800～1 000倍稀释液、多菌灵800～1 000倍稀释液、代森锌300～500倍稀释液或75%百菌清500～800倍稀释液。以后每隔10～15天喷1次，连喷3～5次即可控制病害发生。

3. 黑痘病

(1) 为害症状：主要为害葡萄的绿色幼嫩部分。叶片感病后，开始时先出现针头大小的红褐色至黑褐色斑点，周围有黄色晕圈，以后病斑扩大呈圆形或不规则形，中央灰白色、稍凹陷，边缘暗褐色或紫色，病斑直径1～4毫米。干燥时，病斑自中央破裂穿孔，但病斑周缘仍保持紫褐色晕圈。叶脉上的病斑呈梭形，凹陷，呈灰色或灰褐色，边缘呈暗褐色。穗轴感病后，部分小穗或全穗发育不良，甚至枯死。果梗感病，可使果粒干枯脱落或僵化。绿果粒感病，先出现圆形深褐色小斑点，以后扩大，病斑中央凹陷，呈灰白色，外部仍为深褐色，周缘紫褐色似鸟眼状，多个病斑可连接成大斑，后期病斑硬化或龟裂。病果小而酸，失去食用价值。感病较晚的果实仍能长大，病斑凹陷不明显，但果味较酸。病斑只限于果皮而不深入果肉。空气潮湿时，病斑上出现乳白色的黏质物，此为病菌的分生孢子团。新梢、枝蔓、叶柄或卷须发病时，初为圆形或不规则形褐色小斑点，以后呈灰褐色，边缘呈深褐色或紫色，中部凹陷开裂。新梢未木质化以前最易染病，发病严重时病梢生长停止，萎缩，甚至枯死。叶柄染病症状与新梢相似。

（2）防治方法：①结合夏季修剪，彻底剪除病梢、病果和摘除病叶。冬季修剪时，彻底剪除并清扫病枝、病叶，集中烧毁或深埋，以减少菌源，减轻病害。②加强田间管理，合理增施有机肥及磷肥、钾肥、钙肥，增强树势，提高抗病能力。不偏施氮肥，以防枝蔓徒长。枝蔓在架面上分布要均匀，以利于通风透光。③苗木消毒。新建葡萄园和苗圃的苗木、插条等，都必须消毒后方可栽植。常用的消毒剂有10%～15%硫酸铵溶液、10%硫酸亚铁加1%粗硫酸配制的硫酸亚铁硫酸液、3%～5%硫酸铜液或3～5波美度石硫合剂等。方法是将苗和插条放在药液中浸泡3～5分钟。④药物防治。春天葡萄出土发芽前，喷1次10%～15%硫酸铵溶液。生长期间，在花前、花后各喷1次200～240倍的波尔多液，以后每半个月喷1次160～200倍的等量式波尔多液，可控制该病的发生和蔓延。也可以喷50%退菌特800～1 000倍稀释液或50%多菌灵1 000倍稀释液，还能兼治其他病害。

4. 霜霉病

（1）为害症状：主要为害叶片，也为害新梢、花序、幼果和卷须。叶片受害后，首先呈现半透明、边缘不清晰的油渍状小病斑，以后逐渐扩展为黄色、黄褐色多角形病斑，并能相互连接形成大病斑。空气湿度大时，叶背面产生一层灰白色霉状物，也就是孢子囊梗和孢子囊，如病斑枯死，霉状物也停止蔓延。病斑最后变褐干枯，叶片早落。嫩梢、卷须、穗轴发病，初为油渍状半透明斑点，以后逐渐变为稍凹陷、黄色至褐色病斑，空气潮湿时，表面产生白色霉状物，但比叶片上的稀少。受害新梢生长停滞、扭曲，甚至枯死。花及幼果感病后呈深褐色，并生出白色霜状霉层，不久便干枯脱落。幼果长到豌豆粒大时易感病，最初呈现红褐色斑，后期僵化开裂，果实着色后一般不再感病。

（2）防治方法：①清扫果园，将病残体及时收集并烧毁，是减少病菌的重要措施。秋季清扫后结合园地深翻，也可减少部分病源。②加强田间管理，适时浇水和排水，合理修剪，尽量去掉接近地面的枝蔓，使树体通风透光良好，降低田间湿度，创造一个不利于病菌侵染的环境条件。③药物防治。波尔多液是防治葡萄霜霉病的良好药剂，一般用1∶0.5∶200倍稀释液，从发病前开始，每半个月喷1次，共喷4～5次，可有效地控制该病的发生和为害。25%瑞毒霉500倍稀释液、40%乙膦铝可湿性粉剂200～300倍稀释液是防治葡萄霜霉病的特效药剂，防治效果显著，能使已经长出的白色霉状物脱落，抑制病斑的扩展蔓延。生长期还可喷棕色合剂，即0.3波美度石硫合剂加200倍硫酸铜溶液，每半个月喷1次，连喷3～5次，不仅能防治霜霉病，还能兼治白粉病和红蜘蛛。另外，50%克菌丹可湿性粉剂500倍稀释液，对防治霜霉病也有一定效果。

5. 白粉病

(1) 为害症状：侵害葡萄所有的绿色部分，叶片、新梢、果穗等均能发病。叶片被害后，开始时在表面上长出灰白色病斑，以后长出面粉状白霉，就是分生孢子。病斑轮廓不整齐、大小不等，有时产生小粒黑点——闭囊壳，粉斑下叶表面呈褐色花斑，严重时叶片焦枯。幼果受害后，斑块上面出现黑色网状花纹，上层覆盖一层白粉，果实停止生长，有时变为畸形，粒小味酸。果实长大后，在多雨时感病，病部纵向裂开后易被腐生菌感染而腐烂。果梗、新梢及穗轴受害后，初期表面呈现灰白色粉斑，后期粉斑表面形成雪花状或不规则的褐色斑，使穗轴、果梗变脆，枝蔓也不能很好生长。

(2) 防治方法：①加强栽培管理，彻底清扫果园。主要是及时摘心、绑蔓、处理副梢，使枝蔓均匀分布于架面上，保持良好的通风透光环境。冬季修剪时，彻底剪除病梢，清扫落叶、病果，并集中烧毁。②药物防治。石硫合剂、托布津和甲基托布津，是防治白粉病比较理想的药物。春季，葡萄萌芽后至展叶前，喷2～3波美度石硫合剂，可杀死越冬病菌。发病初期喷25%粉锈宁可湿性粉剂1 500～2 000倍稀释液，可控制该病的发生。生长期喷2～3次0.3～0.5波美度石硫合剂、50%托布津可湿性粉剂500～800倍稀释液或喷70%甲基托布津1 000倍稀释液；也可喷3～5次40%硫黄胶悬剂300～500倍释液或喷1∶1∶180～200倍波尔多液，均可控制白粉病的发生和蔓延。

6. 褐斑病

(1) 为害症状：褐斑病只为害叶片。因为病斑的大小不同，又有大褐斑病和小褐斑病之分。大褐斑病的病斑定形后，直径为3～10毫米。其症状特点常因葡萄品种的不同而不同。在美洲种葡萄叶片上，呈圆形或不规则形病斑，边缘红褐色，中部黑色，有时病斑外围呈黄绿色，病斑背面呈淡黑褐色，后期可长出灰色至深褐色霉状物，一片叶片上可长出数个至数十个病斑，严重时病叶干枯破裂，以致早期脱落。小褐斑病的病斑直径为2～3毫米，大小比较一致。病斑在叶上呈深褐色小斑，中部颜色稍浅，后期病斑背面出现一层明显的黑色霉状物。

(2) 防治方法：①加强田间管理，彻底清除果园落叶，集中烧毁或深埋，以消灭越冬菌源。葡萄生长期间要注意排水，适当增施有机肥和磷肥、钾肥，以促进树体长势健壮，增强抗病力。②药物防治。在发病严重的地区，可以结合其他病害的防治，喷施1∶1或1∶0.5∶（160～200）的波尔多液或65%可湿性代森锌500～

800 倍稀释液，每隔 10～15 天喷 1 次，连续喷 2～3 次。喷药时注意喷洒下部叶片。

7. 叶蝉

（1）为害症状：葡萄二黄斑叶蝉在葡萄产区普遍发生，老园和管理粗放的葡萄园尤为严重。葡萄斑叶蝉在局部地区零星发生。两者均以成虫、若虫聚集在叶的背面吸食汁液，自 5 月中、下旬开始为害，直至 10 月。葡萄整个生长季节都会遭受其为害。叶片被害后，出现失绿小白点，严重时白斑连接形成白叶，全叶失绿变白，早期落叶，影响叶的生长发育。

（2）防治方法：①生长期加强副梢管理，及时摘除多余副梢，整理好葡萄枝蔓，防止郁闭过度，改善通风透光条件。②冬季清除落叶、杂草，减少越冬虫源。③5 月中、下旬若虫孵化期，是全年用药剂防治的有利时机。可喷施 40％久效磷 2 000倍稀释液或 25％亚胺硫磷 500～800 倍稀释液，防治效果显著。

8. 斑衣蜡蝉

（1）为害症状：以成虫和若虫在葡萄茎叶上吸食汁液。被害叶的下面先出现针尖大小的斑点，不久变成黑褐色、多角形坏死斑点，以后又穿孔，各孔连起来叶片便破裂。随着葡萄枝蔓的继续生长，被害叶片的叶肉逐渐变厚并向背面弯曲。斑衣蜡蝉的排泄物犹如蜜露，常招致蜂、蝇或霉菌寄生。霉菌寄生后，枝条变为黑色，造成树皮枯裂，严重时引起整株死亡。

（2）防治方法：①冬季检查枝蔓上有无卵块，发现后及时刮除。②在若虫或成虫期间，喷 40％乐果1 000倍稀释液。③利用若虫假死性的特点，进行人工捕捉。

9. 葡萄透翅蛾

（1）为害症状：只为害葡萄，以幼虫在葡萄枝蔓内蛀食为害。被害部位肿大、增粗、叶片变黄、果实脱落，妨碍树体营养输送，易造成枝蔓折断或枯死。被害枝蔓的旁边有红褐色碎蝇状虫粪。

（2）防治方法：①冬季修剪时，彻底剪除被害枝蔓，消灭越冬幼虫。②6～7 月经常检查嫩梢，发现虫口时用小刀将粪孔下部的枝蔓劈开，杀死幼虫，或用铁丝伸入孔内刺死幼虫。③在成虫期和幼虫初孵化期，喷 50％杀螟松1 000倍稀释液或 90％晶体敌百虫1 000倍稀释液。

10. 葡萄车天蛾

（1）为害症状：该虫在葡萄产区多有发生。幼虫取食叶片，食量很大，顶梢嫩叶常有整片被吃光的现象。

（2）防治方法：①人工捕杀。夏季发现叶片残缺并有虫粪时，及时进行人工捕捉；冬季挖除越冬虫蛹。②从田间取回自然死亡的幼虫，制成 200 倍稀释液喷洒，防治效果良好。③幼虫期喷洒乐果 800 倍稀释液。采果前半个月要停止喷药。

（九）葡萄采收、包装和贮运

1. 采收

（1）确定采收期：判断葡萄是否成熟、能否采收，一是根据外观标准，二是看内在质量。

①外观标准：主要是品种应有的色泽、硬度、果粉厚度等。白色品种，果皮由绿色变为黄色或绿黄色，略显透明状；红色和紫色品种，果皮色泽鲜艳，并富有弹性，果肉变软，有较厚的果粉。结果新梢表皮变为褐色，穗柄变为木质化并呈黄色。

②内在质量标准：主要是各品种应达到的含糖量、含酸量以及果香和风味等。如“龙眼”的含糖量达15%以上，含酸量在0.6%以下，口感甜酸，不具香味；新玫瑰含糖量达18%，含酸量在0.4%以下，味甜、爽口，具麝香味。

正常情况下，葡萄的成熟度可根据内在和外在指标来判断，但在特殊年份或生长结果不正常的情况下，就不一定能够表现出其固有的色泽和风味等性状。如天气干旱时，果粒普遍偏小，而色泽可能较好；降水量过多和偏施氮肥时，果粒普遍较大，但着色不良甚至不着色，果粉很少，硬度变小，含糖量较低。如天气特别干旱，又无浇水条件时，则浆果提前成熟，在这种情况下，即使达不到应有指标，也应及时采收。

采收葡萄的时间以早晨或傍晚气候凉爽时为好，雨后和露水未干的早晨不宜采收，否则葡萄的风味较淡，也不耐贮藏；高温时采收的葡萄，应迅速运到阴凉处，摊开散热，通风降温，否则呼吸增强，蒸发消耗量大，不利于贮藏运输，并降低浆果品质。

从生产实践中可见，同一品种、同一植株上的果穗，成熟度往往不一致，即使同一果穗成熟度也不完全一致，因此最好是分批采收，只要有80%的果粒达到成熟标准，即可采收。

（2）采收方法：在葡萄采收前要制定计划，做好各方面的工作，制定采收的具体措施，确定包装贮运的地点，以便于运输。

早晨露水干后或傍晚气候凉爽时，采收工人一手持果剪、一手握住果穗梗，于贴近果实处带果穗剪下，轻拿轻放于果筐中。采收时一定要轻采轻放，尽量避免葡萄受到碰伤、压坏、擦伤等机械损伤。采果筐一般最多装20千克葡萄。手工操作好也是保证葡萄质量的关键。

采果时应顺主蔓、侧蔓的次序由下而上、由外到内逐渐向上采，尽量保护树体以避免其受伤，更要注意保护冬芽。留在母枝上的果梗应尽量缩短。

2. 包装与贮运

葡萄采收后要进行分级和包装。分级时把大小一致的分为同一个等级，并且将同一等级的葡萄装一箱。包装是保证葡萄果实安全运输的措施，同时也利于葡萄酒厂的短期贮存。包装箱要轻，同时也要坚固，能承受一定的压力。葡萄采收箱（筐）宜小不宜大，装的量不宜超过 20 千克，并且要边采、边装、边运。

若用包装筐，筐内最好用衬垫物铺垫，以减少葡萄因机械摩擦而被损伤，也可以尽量减少水分损失，易于调节果实温度，保护果皮不致皱缩。装箱或装筐时，一定要紧凑排放，做到既不松动也不挤压，放入箱内的果实顶部要与包装箱的边缘相平，中间铺垫一层软纸，装好果后加盖封闭。然后在箱上注明品种、采收日期等标志。

葡萄采收后不能久放，应尽快运到葡萄酒厂进行加工或销售。运输过程中要做到轻拿、轻放，尽量做到快装、快运、快卸，创造良好的果实保鲜环境。

十四、沙糖橘高产栽培技术

（一）品种选择

选用品种纯正的无病虫壮苗，品系以早熟种品质好、产量高。用枳壳作砧木的苗木，矮化早结丰产；用酸橘作砧木的苗木，树形直立旺长，投产迟。苗木应高度超过40厘米、粗度0.5厘米以上，无检疫性病虫害（溃疡病、黄龙病）、须根发达、接穗和砧木亲和良好。

（二）选地和栽植

沙糖橘在一般的土质上种都可以正常生长和挂果，但要生长快、结果早、丰产稳产，则要求湿润肥沃的土壤环境，因此发展种植沙糖橘，要选择交通方便、水源充足、能灌能排、土质深松肥沃的水田、旱地、河边冲积地、冲槽地。为了达到前期丰产的目的，在肥沃的水田、旱地种植，采用矮化密植的方式，每亩种植200～300株，株行距2米×1.5米或2米×1米。在山地亩植100株左右，株行距3米×2米。生产实践证明，矮化密植是实现沙糖橘早结丰产的重要技术措施，密植园丰产多年后出现交叉阴蔽，再进行间伐。

（三）种植方法

沙糖橘一般在春季的2～3月种植，在土质肥沃、土层深厚的水田、河边冲积土上发展沙糖橘，可以挖浅坑种植，水田则要按株行排列起高畦。土质贫瘠的旱地、土坡地，要挖1米见方的深坑，备足基肥，每坑施放磷肥105千克、石灰2.5千克、垃圾泥或塘泥50千克、猪牛鸡粪15～25千克，填坑时，把肥料与土壤拌匀后再填回坑中，结起树盘高出地面20厘米左右。种植前，要剪去苗木部分枝叶，以减少水分蒸发，剪去主根，尽量保留须根。种植时，挖一浅坑，让须根自然舒展，然后回土，压实泥土，埋土的高度不能埋过嫁接口。定植后，在树盘上盖上稻草或其他杂草，淋足定根水。定植1个月内，要保持根系附近土壤湿润，气温高、久晴无雨、土壤干燥，要每天淋水，雨天、土壤润时，则无须淋水。

（四）幼龄树的管理

1. 肥水管理

幼树管理以肥水管理为中心，促进根系生长、枝条早生快发，早日形成树冠。定植 40 天后，新根开始生长，可用腐熟粪水稀释 2～3 倍淋施，每隔 10～15 天施 1 次，每株 2.5～5 千克，倍稀释液随着幼树成长，逐步加大粪水的浓度和用量，适当加入尿素溶于粪水后淋施。从种植第二年开始，可减少施肥次数，加大每次的粪水和化肥用量，每次施用粪水 15 千克、尿素 300 克左右。到 9 月停止施用氮肥和粪水，施 1 次钾肥，每株施入氯化钾 250 克以促进花芽分化。同时要注意土壤水分管理。

2. 整形修剪

整形的目的是使沙糖橘树有一个合理的骨架及枝条分布均匀的良好树形，以利通风透光，立体结果，减少病虫为害，为早结丰产打下基础。沙糖橘整形一般采用自然开心形，方法是定植后在主干 40 厘米处短截，让其萌芽后，选留 3 条方向各异的枝条作主技，主技与主干垂直线呈 45°，主枝过于直立，要用绳拉大分枝角度，主枝老熟后，保留 30 厘米短截，再在主枝上选留 3 条方向各异的副主枝，以后均可采用这种方法延长树体骨干枝。对主枝、副主枝等骨干枝上着生的直立枝要剪去，弱枝要适当保留，作辅助枝。沙糖橘萌芽力强，枝条较为密集，每次梢一般留为 3～4 条，多余的全部疏去。为使夏梢秋梢抽梢整齐，要抹芽控梢，即在全园只有零星枝条萌芽时，把嫩芽抹去，刺激侧芽萌发，到全园有 80％的枝条萌芽，才统一放梢，便于病虫害防治。

（五）结果幼龄树

1. 肥水管理

幼龄结果树施肥分 3 次，分别是稳果肥、壮果肥和采果肥。

（1）稳果肥：谢花后树体消耗了大量的养分，要及时补充，每株施粪水 25 千克，或复合肥、尿素各 250 克。

（2）壮果肥：7～8 月是果实迅速膨大期，又是秋梢抽梢前期，需氮、磷、钾配合施用，每株施复合肥 500 克，尿素、钾肥各 250 克。

（3）采果肥：补充树体营养，恢复树冠，每株施用腐熟粪水 25～50 千克。每年秋梢老熟后开始控水控肥，控制冬梢，促进花芽分化。

2. 合理控梢和修剪

沙糖橘开始挂果后，营养生长还比较旺，春梢、夏梢与花和幼果争夺养分，造成落花落果现象。秋梢是沙糖橘的结果母枝，因此，生产上采取疏春梢，控夏梢，促秋梢的措施。疏去部分春梢，减少营养损耗。当夏梢抽生时，采用人工方法全部抹去嫩芽，也可以用500倍稀释液1 000毫克/升的多效唑喷洒，控制夏梢抽生。8月上中旬，统一放1次秋梢，要注意病虫害防治工作，保证秋梢正常生长。幼树修剪分夏剪和冬剪。夏剪主要是剪去扰乱树形的直立枝、交叉枝、病虫枝。冬剪要对结果枝、落果枝进行回缩修剪，防止树冠过快增长和枝条早衰。同时剪去病虫枝、交叉枝、直立枝，对树冠顶部过密的枝条要适当剪去大枝，以开天窗，增加通风透光。

3. 保花保果和疏花疏果

如果落果数量过多甚至所剩无几，属异常落果，要采取综合保果措施。

（1）疏去部分春梢和全部夏梢。

（2）及时施稳果肥。

（3）第一次和第二次生理落果前10天各喷1次混合保果药，50倍稀释液“920”加0.3%磷酸二氢钾或“920”加有机叶面肥。

（4）谢花期在主干上环割一圈。

（5）防治病虫害。如果坐果过多，则降低单果重和风味，从而影响销售价格。要及时疏花疏果，疏花要在花蕾期进行。疏果则在第一次，第二次生理落果结束后进行。第一次疏果按留果量3倍数量留果，第二次则按比留果量多1/3的量留果。疏去病、虫害、畸形果、发育不好的幼果。沙糖橘的留果量主要根据树势及肥水条件而定。

（六）病虫害防治

1. 柑橘疮痂病、炭疽病

柑橘疮痂病、炭疽病都是真菌性病害，主要为害叶片、枝梢的果实，引起枯枝、落叶和落果，树势衰退。防治措施是加强肥水管理，增施钾肥和有机肥，提高果树抗性。发现病斑及时喷药防治。可用30%王铜600～800倍稀释液或75%百菌清可湿性粉剂500～700倍稀释液喷施。

2. 红蜘蛛、锈壁虱

柑橘螨类是为害柑橘最严重的虫害之一。

防治措施：一是实施果园留蓄良性杂草（如藿香蓟等）栽培，建立生态果园，减少螨类的发生为害；二是果园释放捕食螨的天敌昆虫实行生物防治；三是及时喷施农药进行化学防治，可选用50%溴螨酯乳油2 000～3 000倍稀释液或15%哒螨灵乳油1 500～2 000倍稀释液等，农药要轮换使用，避免螨类产生抗药性。

3. 潜叶蛾

防治措施：一是摘除零星新梢，统一放梢，降低虫源基数。二是放梢时及时喷施农药，可选用1.8%阿维菌素3 000～4 000倍稀释液或5%锐劲特悬乳剂3 000倍稀释液等，要新芽长0.5厘米时开始喷药防治，每5～7天1次，连喷2～3次。

4. 介壳虫

柑橘介壳虫主要有堆蜡粉蚧、褐圆蚧、吹绵蚧等。一是搞好冬季清园和果园修剪，改善果园通风透光性和生态环境；二是掌握每年第一、二代初发期及低龄幼虫期喷药防治，可选用40.7%乐斯本1 000～1 500倍稀释液或40%速蚧杀3 000倍稀释液等农药喷杀。

5. 柑橘蚜虫、木虱、凤蝶

可结合防治柑橘潜叶蛾喷药防治。可选用40%乐果乳油1 000～1 500倍稀释液、10%吡虫啉可湿性粉剂3 000～5 000倍稀释液或2.5%鱼藤酮乳油3 000倍稀释液等。

十五、沙田柚种植技术

（一）建园种植

1. 种植时期和密度

在每年2～3月或9～10月种植，每亩种20～31株，低丘、土壤肥沃的宜种疏些，丘陵、土质差、瘦瘠土可适当种密些。每亩应配置1～2株供授粉用的酸柚树。

2. 种植

种植坑直径应达1米，丘陵地深80厘米，低丘或平地则深60厘米，每坑施腐熟有机肥（含磷肥500克）20千克以上，与表土拌匀后回坑至高出地表20厘米。种时先修剪苗木，剪去过长根和多余枝条，然后用黄泥浆浆根。种后回土压实根际，淋足定根水，修整好直径1米的树盘，盖上干杂草保湿防旱。

（二）幼龄树管理

1. 整形

苗木种植成活新梢老熟后，将植株修剪成一定的树形，使植株高矮适度，构成树形的主枝、副主枝、侧枝的数量、分布、长短应相对合适，树势生长趋于平衡，以利于结果。

2. 修剪

幼龄树整成一定的树形后，每年的冬季和夏季均应进行修剪，采取短截、疏剪、抹芽、摘心、环剥、拉枝等方法。柚子结果母枝是春梢，在修剪时不要将叶少、分布于树冠内侧枝基部的春梢疏剪掉。对衰老的树应采取枝组、主枝更新措施，剪去部分结果枝，保留腋芽和营养枝，替换树冠内外弱的枝组和侧枝，恢复树势。

3. 施肥

每年的冬季和夏季结合扩坑改土，沿树冠滴水线开环沟，施入经堆沤腐熟的有机质肥、杂草和磷肥，每株施10～20千克；春梢、夏梢（幼树扩大树冠）、秋梢期各施2次肥（梢前、梢后），每次每株施氮肥、磷肥、钾肥各20～50克。

（三）结果树管理

1. 修剪

修剪的目的是有效地调节树体营养生长与生殖生长的营养分配。树冠的侧枝宜重剪，以促进抽生大量健壮新梢，增加结果母枝的数量；对树冠内膛衰老枝、丛生枝、交叉枝、重叠枝进行去密留稀的疏剪，以改善树冠的光照条件，控制树冠高度，使结果部位靠近骨干枝。

2. 施肥

根据叶片及土壤营养诊断结果进行施肥，每株产量为 50 千克的柚树，全年施有机肥和化肥折合纯氮为1 500克、纯磷（P_2O_5）600 克、纯钾（KO_2）760 克，随着结果量的增加，施肥量也要随之增加。各生育期的施肥量，开春萌芽肥占 30%，稳果肥占 20%，壮果肥占 35%，采果肥占 15%。

3. 人工授粉

人工授粉的具体操作方法是把酸柚的花摘下来，除去花瓣和雌蕊，留下雄蕊，将花粉轻轻收集在浅玻璃皿或纸袋中，然后用毛笔将酸柚花粉轻轻地点在沙田柚花的柱头上，注意不要损伤花朵。每朵酸柚花的花粉可授 25～30 朵沙田柚花。授粉工作最好选择在晴天的上午 8～10 时和下午 4～7 时进行。

（四）主要病虫害防治

1. 柚溃疡病

（1）症状：溃疡病发生严重时造成落叶、落果。

（2）防治方法：在新梢长至 2～3 厘米时，用波尔多液或农用链霉素 1 000 单位/毫升加 1%酒精喷洒防治。

2. 炭疽病

（1）症状：在高温多湿季节，排水不良、管理不善、树势衰弱的果园容易发生炭疽病，引起落叶、落果及枯枝。

（2）防治方法：冬季清园；加强栽培管理，改善果园排水条件及通风透光性，增强树势；在发病果园的嫩梢期和幼果期，可用 1∶1∶200 的波尔多液、50%退菌特 500～700 倍稀释液或 70%甲基托布津 800～1 000倍稀释液喷洒防治，每 20 天 1 次，连喷 2～3 次。

3. 柚黄龙病

（1）症状：黄龙病又叫黄梢病，是一种类细菌病毒病，通过柑橘木虱传播，引起枝梢变黄枯死。

（2）防治方法：采用无病苗，禁止从病区引入苗木或接穗，如发现有感染黄龙病的苗木应就地烧毁；防治木虱；隔离种植；果园发现病株应立即挖除烧掉。

4. 红蜘蛛

（1）症状：为害叶、果。受害的叶、果失去光泽，严重时植株提前落叶，影响树势及产量。

（2）防治方法：根据虫情观测，适时喷药防治，选用5%尼索朗乳剂1 000～2 000倍稀释液、25%单甲脒1 000～2 000倍稀释液或95%机油乳剂100～200倍稀释液喷杀。

5. 潜叶蛾

（1）症状：潜叶蛾又叫鬼画符，为害嫩叶和嫩梢表皮。

（2）防治方法：当新梢长至0.5厘米以上或抽梢达25%时，选用20%速灭杀丁乳剂5 000～7 000倍稀释液、2.5%敌杀死5 000倍稀释液或10%氯氰菊酯3 000～6 000倍稀释液喷洒防治，每10天喷1次，交替使用，连喷3次。

6. 花蕾蛆

（1）症状：花蕾蛆即蕾瘿蚊，以幼虫为害花蕾，影响结果。

（2）防治方法：采果后翻耕园土，可杀死部分幼虫和蛹；在花蕾露白前7天用5%西维因黏喷洒树盘，树冠用20%速灭杀丁2 500～3 000倍稀释液或90%晶体敌百虫800～1 000倍稀释液喷洒防治。

（五）果实采收及采后处理

柚子的采收以10月下旬至11月上旬为宜，过早采收，有些品种的果皮的颜色尚未转黄色，品质差，未表现出固有的色、香、味。琯溪蜜柚和文旦柚成熟较早些，在9月上旬就已达到采收标准，可适当提早采收。当沙田柚的果肉可溶性固形物含量达10%以上、全糖含量达9.2%、柠檬酸含量低于0.31%时，即可达到采收标准。在雨天、雨后或晨露未干时不宜采收。采时应采用“一果两剪”，即一手托住果，一手持果剪在果柄2～3厘米处剪下，然后将柚柄在齐果肩处剪平。果筐应用塑料薄膜衬垫，装果时不能高于筐口，避免堆码时压伤果。采果和装果时应将病虫果、次果、烂果分开堆放，另行处理和装运。

十六、猕猴桃种植技术

猕猴桃是落叶藤蔓果树，富含多种维生素及营养元素，被誉为“水果之王”，具有较高的经济价值和栽培价值。

（一）品　种

猕猴桃种植以红阳（红心果）、海沃特、布鲁诺、青城 1 号、秦美、米良 1 号、川猕 2 号、川猕 3 号、川猕 4 号等为主。

（二）育　苗

1. 砧木苗培育

（1）采种：在 9 月上旬至 10 月上中旬采集充分成熟的果实。经后熟变软后，将果子连同种子一起挤出，装入纱布袋内搓揉，使种子和果肉分离，然后用清水反复淘洗，把洗净的种子放在室内摊开阴干。

（2）种子沙藏处理：将种子用 40～50℃温水浸泡 2 小时，再用冷水浸 24 小时，然后沙藏 50～60 天播种。猕猴桃种子在沙藏过程中怕干怕湿，要勤检查、勤翻动，防止霉变。

（3）播种。

①播种时间。一般在海拔 800 米以上地区育苗较理想，3 月中旬至 4 月上旬播种。

②播种方法。一是苗圃地选择在土层深厚、肥沃和排灌及交通条件好的地方。二是整地筑厢，施足底肥，清除杂物，厢宽 1 米左右，将苗床稍加镇压，浇透水，把沙藏的种子带沙播下。播种后撒一层厚 2～3 毫米的细河沙，并覆盖稻草，草上喷水或搭塑料小棚。三是加强苗床管理，确保培育健壮砧木苗。

2. 嫁接苗培育

（1）嫁接时期：萌动前 20 天左右为宜即 2 月中旬至 3 月下旬。

（2）嫁接方法：主要采取单芽切接等方法，具体是选生长充实、髓部较小的接穗，剪取带一个芽的枝段，长 3～4 厘米。选平直的一面削去皮层，削面长 2～3 厘米为宜，深度以露出木质部或稍带木质部为宜，将削面的反面削 1 个 50°左右的短斜削面。在砧木距地面 10～15 厘米处剪砧，选平滑面向下削 1 刀，削面长度略长于接穗削面，深度同接穗一样，将砧木削皮 2/3；然后插入接穗，要求接穗大小与砧木基本相同，注意砧穗形成层对准，然后用塑料嫁接薄膜包扎，露出接穗芽眼即可。

(3) 嫁接苗的管理：一是嫁接后3～4个星期，接芽开始抽发，待新稍长出基本老化后即可除去捆绑薄膜。二是春、秋季腹接苗成活后要立即剪砧，剪口离接口约4厘米即可。夏季接芽成活后，可先折砧后剪砧。三是及时抹除砧木上的萌芽。四是苗圃地要经常中耕除草，注意在除草时不碰到刚发出的接芽。五是在接芽萌发抽梢后，需在接芽旁边设立支柱，并将新梢绑护在支柱上。六是幼苗高60厘米时应适当摘心。七是结合灌水，可施入人粪尿、猪粪等，或在水中加入1%尿素施入，7月施肥时可适量加施过磷酸钙，促幼苗枝条老化，芽眼饱满。八是在7～8月对猕猴桃苗采取遮阳措施，忌强太阳光直接照射。

（三）园地选择

1. 地理位置

猕猴桃生产基地时应选择在水源、交通较方便的地方建立。尤其是地形复杂的山区，必须考虑产品有道路运出。

2. 海拔高度与地形地势

猕猴桃园宜建立在海拔较高的山区，但不宜超过海拔1 000米。山地生态条件非常适宜，但要注意坡度、坡向与坡位的选择。一般尽量选择15°以下的缓坡地或较平坦地段。宜选择南向或东南向的向阳避风坡，忌选北向。不宜选择山顶或其他风口（特别是生长季节的风向）处建园。丘陵地土层深厚、排水良好，是猕猴桃较适宜的栽培区。但一定要有水源，以防夏秋高温干旱。

3. 土壤

宜选择土层深厚、疏松肥沃、排水性能良好，又有适当保水能力的微酸性土壤，避免在黏重土壤中栽植。

（四）防风林设置

猕猴桃抗风能力差，春季大风常折断新梢，损伤叶片和花蕾；夏季干热风会降低空气湿度，引起土壤水分大量蒸发而干旱，叶片焦枯，生长受阻；秋季大风会造成果实擦伤，影响商品价值。因此，建园前就要建造防风林。

防风林树种应选择女贞、杉木、湿地松、柳杉、水杉、杨树、樟树、枇杷、冬青、枳壳等，实行常绿乔木、落叶乔木与灌木相配合，并以常绿树种为主，以预防4～5月的风害。主林带应设置在迎风方向，山地则设置在山背分水岭及果园边沿地区。折风带建立在园内支道、排灌沟边沿。山背及果园外围林带至少要栽4行，园内折风带栽1～2行。林带中乔木行距2～3米，株距1～1.5米，灌木密度加倍。

主林带与最近的猕猴桃植株距离应在10米以上，折风带与猕猴桃距离4～5

米。林带与猕猴桃间挖1道隔离沟，以防林木根系深入果园，影响猕猴桃植株生长。面积较小的园地，在果园外围迎风面栽几行防风树即可。为提高防风效果，可在永久防风林带内侧或外侧栽2行意大利杨、毛白杨等干性强、生长速度快的速生树种，并用1～2米×2～3米的方式种植，以迅速形成临时防风林带。

（五）定　植

1. 授粉品种的选择与配置

猕猴桃属雌雄异株果树，定植时需配置相应的雄性授粉品种。雄性品种的花期应与雌性品种相同或稍早于雌性品种1天～3天，且两者授粉亲和性好。授粉品种本身花量要大、花粉量多、花粉萌芽率高、花期要长，至少能全部覆盖相配雌性品种的花期。一般雌雄株配置比例为8∶1，但近年研究结果表明，适当提高雄株比例，有利于提高单果重、品质和风味。故有许多种植区将雌雄比例提高至5∶1～6∶1。

2. 定植密度

定植密度一般依架式、土地条件及栽培管理水平而定。土壤瘠薄、肥力差的地方可密一些；“T”形小棚架比平顶大棚架密些。篱架多用3米×4米的株行距，“T”形架采用3～4米×4～5米的株行距，平顶大棚架多用4米×4～5米的株行距。

3. 定植时期与方法

猕猴桃从落叶后至早春萌芽前均可定植，以落叶后尽早定植为好，早春定植时间不宜迟于2月底。猕猴桃根系主要是肉质侧根，不耐践踏，故定植时宜用松散细碎的表土填入根际，用脚轻轻踏实，浇定根水。定植后适当重剪，留3～5个饱满芽即可。在苗木旁插1根长约1米的小竹竿将幼苗固定，以免风折。

4. 定植后的管理

猕猴桃定植后，要经常保持树盘湿润、土壤肥沃，防止受渍、受旱，提高成活率，加大生长量。结合抗旱灌水，多次适量追肥。一般以定植后的2个月开始，每次每株用尿素50～100克加水10～20千克浇施。夏秋干旱季节进行树盘覆盖保湿防旱。此外，注意多留侧枝养根，促进多次抽梢。生长期不宜采用过量抹芽、控冠等办法，尽量保留较多的中下部侧枝，增加总叶面积，促根促梢，提早结果。

（六）立　架

猕猴桃为藤本果树，若自然生长则易发生攀缘和严重相互缠绕的现象，既影响正常生长结果，又不便于田间管理。因此，必须设立适宜其藤蔓生长的架式并采用相应的整形修剪技术。架材是猕猴桃建园的主要构件，宜在栽植前尽早设立，否则影响植株的生长及整形。猕猴桃架式很多，一般以篱架、水平大棚架、“T”形小棚架及简易架较为普遍。

1. 单壁篱架

与葡萄篱架相似，沿行向每隔3～5米立一支柱，柱高2.6～2.8米，入土0.8米。柱上拉2～3道铁丝，第一道离地面60～80厘米，其上等距离拉，将猕猴桃枝蔓引缚在垂直架面上。拉丝可用6～8号镀锌铁丝。

2. 水平大棚架

棚高1.8～2米，支柱间距离3米×5米、4米×5米、5米×5米或3米×6米，用钢筋、三角铁（6厘米×6厘米）或2块10厘米×2.5厘米层状木板条连接支柱作为横梁。棚面上每隔60～90厘米拉一道6～8号铁丝成网格状或单向水平状，铁丝固定在横梁上。

3. “T”形小棚架

地上部分支柱高1.8米，单行立柱，每隔4～6米设一支柱，柱顶架设一个“T”形横梁，长度为1.5～2米。横梁上拉水平铁丝3道。为了克服该“T”形架不抗风的缺点，可将普通“T”形架改进为降式“T”形架或带翼“T”形架。

4. 简易架

山地果园可利用当地竹竿、杂木等作架材，采用一株一架方式搭设简易支架。目前应用最广的是乔化栽培的三脚架。该架式很像菜农种豇豆所搭的支架，每株树1架。选用1根长2.5～3米、直径4～5厘米的竹竿沿主干插入土中作中柱，主干直接缚于竹竿上。再选3根长2～2.5米、直径2.5～3厘米的竹竿作支柱，下端分别在离中柱80厘米左右处斜插入土中，形成一个正三角形，上端用铁丝与中柱扎紧。再用粗2厘米左右、长1.2米左右的竹竿3根，在3根支柱离地面80厘米处横扎一周，将3根竹竿连接起来，形成一个水平三角形，以托起第一结果层和加固架式。

上述架式中，从综合效果来看，以“T”形小棚架和水平大棚架较为理想。但具体采用哪种架式，则要根据果园的地形地势、架材来源及经济条件来综合考虑。在平地而且经济条件好的地方，多选择水平棚架或“T”形架。而在经济状况不宽裕地方，建园初期可用简易架，以后逐渐改为“T”形架或水平棚架。在丘陵山区建园，条件好的可用“T”形架，经济条件不允许的可采用简易架。美味猕猴桃品种一般生长势旺，多以中长果枝结果为主，故多用水平棚架和“T”形架。无论哪种架式，植株都应定植在柱子间的中央，这样可使枝梢均匀分布于架面，同时成年以后，主干也可起支撑作用。此外，各种架式的边柱均应采取加固措施，使立柱不致歪斜。

（七）施　肥

1. 幼年树施肥

定植后1～2年的幼树根系少而嫩，分布浅，施肥宜少量多次。一般在11月秋施基肥1次，每株施腐熟厩肥50千克或饼肥0.5～1千克，采用环状沟或条状沟施肥。前者以树干为中心，距树干60厘米左右挖1条环状沟，深40～50厘米，宽20～30厘米，施入拌匀的肥料后盖土。而条状沟施肥是在距树干60厘米左右两边各挖1条深40～50厘米、宽20～30厘米的施肥沟，施入拌匀的肥料后盖土。从猕猴桃萌芽后至高温干旱来临前的2～7月追施速效肥3～4次，头次于2月下旬萌芽前后施入，以后每隔25～30天施1次。追肥主要用尿素或复合肥，全年每株施尿素300克或复合肥0.5千克。采用穴施或树盘撒施。

2. 成年结果树的施肥

（1）基肥：以农家肥等有机肥为主，同时辅以一定量的速效氮肥和磷肥等。施肥时期一般在采果后至落叶前的秋末，提倡早施，宜采果后立即施入。基肥每株施厩肥50千克、复合肥0.5千克，加过磷酸钙1～1.5千克。

（2）萌芽肥：一般在伤流期开始之后至萌芽前施，以速效氮、磷、钾复合肥辅以稀粪尿为佳。可每株施复合肥0.5～1千克或腐熟人粪尿20～30千克。

（3）壮果肥：宜重施。一般在谢花后1个月内施入，同时结合多次叶面追肥。壮果肥宜施以磷、钾为主的复合肥，可每株施复合肥1～1.5千克或腐熟枯饼1千克加氯化钾肥0.5～1千克。叶面肥可喷施氨基酸复合微肥300倍稀释液、0.3%～0.4%的磷酸二氢钾、0.3%～0.5%尿素、0.3%～1%的过磷酸钙浸出液、0.05%～0.1%硫酸亚铁等。在结果多而树势不旺的情况下，除5月中下旬追施壮果肥外，宜于6月再追施1次壮果促梢肥，以进一步促进果实肥大及新梢充实，肥料施用量同前次。在施肥方法上，对于已封行的成年园，特别是水平棚架果园，由于根系已布满全园，因此宜结合中耕进行全园普施（撒施），在土壤潮润时施入或施后灌水。

（八）水分管理

猕猴桃怕旱、不耐渍，故水分管理尤为重要。梅雨期的排涝防渍和夏秋防旱是管理的关键。

广西春季雨水多，容易渍水成涝，但生产上渍水往往被忽视，尤其是暗渍，猕猴桃渍水数天即可引起落叶、死苗死树。因此，雨水多的季节必须搞好围沟清理，及时排水，做到有渍即排。

夏秋高温干旱对猕猴桃影响特别大，缺水使叶片焦枯、果实日灼、落叶落果、次年花量减少。旱季必须及时灌溉。一般情况下，如果气温持续35℃以上，叶片开始出现萎蔫迹象就要立即灌水。盛夏每5天左右需灌水1次。

土壤覆盖保水对其防旱的作用明显。地表覆盖不仅能有效地防旱保水，促进根系旺盛生长，而且覆盖物腐烂之后又是很好的肥料，供猕猴桃吸收利用。覆盖方式可采用树盘覆盖、行带覆盖和全园覆盖。生产上多以树盘覆盖为主，如条件允许采用全园覆盖，保水防旱效果更好。覆盖材料有秸秆、绿肥、山青杂草等。覆盖厚度一般为10～20厘米，以20厘米以上最佳。覆盖一般在梅雨季节将结束、夏季高温干旱来临前完成，一般在6月上中旬。覆盖时注意覆盖物应与猕猴桃树干有适当的距离，以防病虫为害树干。

（九）整形修剪

1. 整形

（1）单壁篱架整形：当幼树新梢达1～1.5米时，将其弯枝水平绑在第一层铁丝的一侧，作为一层一臂。弯枝后，处于极性位置的1～2个芽萌发抽生二次梢，等长到1米左右时，选其中之一弯枝并水平绑在第一层铁丝的另一侧作另一臂。

（2）"T"形架整形：采用单主干上架。苗木定植后，从饱满芽处短截。当所抽生新梢长至一定高度时，从中选一直立向上、生长最健壮的作主干培养，其他枝条留作辅养枝，不必引缚，任其自然生长。同时，在苗木旁插一竹竿作临时支柱，将所选主干绑缚其上。当主干长至中心铁丝时摘心，促发分枝，选其中最接近中心铁丝、生长健壮的枝条2条，沿中心铁丝顺行向两边延伸作为主枝培养。

2. 修剪

（1）冬季修剪：一般在落叶后至早春伤流前进行（12月中下旬至2月上旬）。主要是结果母枝的更新，每年更新量控制在1/3左右为宜。修剪方法为疏去枯枝、病虫枝、细弱枝、密生枝、交叉枝、重叠枝、无利用价值的根际萌蘖枝、生长不充实的营养枝及其副梢。结果母枝依生长势强弱适当短截。一般强旺母枝轻剪多留芽，留40～60厘米；中庸母枝则中度修剪或轻重结合，留20～30厘米；细弱母枝重剪少留芽，留15～20厘米。

（2）夏季修剪：主要在5～8月的旺盛生长期进行，其修剪量比冬季修剪小。一般每年进行2～3次，第一次在花后进行，第二次在6月中旬进行。主要工作为：①抹芽。在芽刚萌动时进行，抹除位置不当的萌芽或过密芽及主干、主蔓上萌发的无用潜伏芽，双生或三生芽一般只留1芽。②疏梢。在能辨认花序时进行，首先疏除来年不需要的营养枝及位置不当的徒长枝，其次疏过于细弱结果枝、病虫枝、密生枝等。③短截。对于需预留作更新用的徒长枝，在疏梢同时将其只留基部2～3芽短截，使所留芽在当年形成两个发育良好的枝。对于新梢开始卷曲和缠绕的部分及超过相应架面范围的部分剪截掉。在果实基本成形后（约 7 月上中旬），对长果枝在最后一个结果部位上面留 1～2 节短截。④摘心。在开花前 10 天至始花期，对旺盛果枝自花序以上 6～7 节处摘心；营养枝则从 10～12 节处摘心。摘心后在新梢顶端只留 1 个副梢，其余全部抹除。对所保留的副梢每次留 2～3 片叶反复摘心。若副梢位置超过其应在的空间，则需缩剪。

（3）雄株修剪：主要在谢花后进行开花母枝回缩与树冠清理。同时，选留近骨干枝的花枝短截，留 50～60 厘米，其上发的副梢连续短截，将整个花枝长控制在 75～80 厘米。除留作更新枝外的营养枝一律疏除。

（十）主要病虫害防治

1. 主要病害及其防治

猕猴桃主要病害有炭疽病、黑斑病（黑星病）等，可采取相应的防治方法适时防治。

2. 金龟子类

（1）症状：金龟子类害虫食性杂，幼虫称为蛴螬（俗称土蚕），在土中啃食猕猴桃幼苗根系。成虫在萌芽、开花期常群集蚕食嫩叶、花蕾和花朵，造成不规则缺刻或孔洞。被害果实表面稍隆起，呈褐色疮痂状，被害处果肉变成浓绿色的硬斑。

（2）防治方法：清除苗圃和果园周围杂草；在蛴螬或金龟子进入深土层越冬前或越冬后上升到表土时，适时中耕，在翻耕的同时拾虫；利用金龟子成虫的假死性和趋光性，敲打树枝震落捕杀或用蓝光灯诱杀；开花前在植株周围撒施 4%敌马粉剂或 2%杀螟松粉剂（0.25 千克/株），并翻耕土壤；花前 3 天或花蕾期树冠喷施 50%硫磷乳剂1 000倍稀释液或 80%马拉硫磷乳剂1 000倍稀释液，隔 10 天左右再喷 1 次为好。

3. 介壳虫类

（1）症状：以若虫刺吸枝叶汁液，常群集固着于枝干为害，严重时在枝条表面形成凹凸不平的蚧壳，削弱树势，甚至导致枝条或全树死亡。

（2）防治方法：加强检疫；用硬毛刷或细钢丝刷刷掉枝蔓上的虫体，剪除受害严重的枝条；结合冬剪，刮除树干基部的老皮，涂上黏虫胶；在萌芽前喷内吸磷1 000倍稀释液，若虫期（4 月中旬至 5 月中下旬）喷 50%马拉松乳剂1 000倍稀释液或 50%混灭威乳剂 800 倍稀释液。

4. 叶甲和叶蝉

（1）症状：叶甲类害虫主要以成虫取食猕猴桃叶片、叶柄及嫩梢的皮层；叶蝉则主要以若虫刺吸新梢嫩叶汁液。叶甲类害虫约 4 月下旬开始零星为害，叶蝉 3 月中下旬即开始上树，6～7 月为为害盛期。

（2）防治方法：结合清园，刮除卵块烧毁；人工捕杀叶甲成虫；4 月下旬至 6 月上旬树冠喷洒 2.5％溴氰菊酯1 000倍稀释液或 40％水胺硫磷乳油 800 倍稀释液。

（十一）采收和贮藏

1. 采收

一般猕猴桃果实固形物含量要求在 6.2％以上。中华猕猴桃早熟品种在 8 月下旬至 9 月上旬，迟熟品种在 9 月中下旬至 10 月上旬采收，美味猕猴桃在 10 月底至 11 月上中旬采收，最晚不迟于露霜。每天采收时间最好在早晨露水干后至中午以前采收，下午温度高，果实在筐内易发热。果实采收后一般按大小规格，进行分级包装，一级果单果重 100 克以上；中华猕猴桃二级果 80～100 克，美味猕猴桃二级果 70～100 克；三级果 50～80 克。

2. 催熟

猕猴桃果实采收后，有一个后熟过程。环境中乙烯浓度越高，后熟越快。因而可用1 000毫克/升乙烯利溶液浸果催熟，而提早两周上市。也可用厚度为 0.05 毫米的聚乙烯薄膜，把一箱一箱装好的猕猴桃，整堆包封起来，利用果实自身释放的乙烯催熟。

3. 贮藏保鲜

（1）预冷：可采取强制空气冷却、冷库冷却或水冷却等方法，将温度降至或略低于贮藏温度 0～2℃即可。用水冷却的必须及时干燥，消除果面水气。

（2）贮藏：利用常温贮藏、低温贮藏和气调贮藏等方法，可分别对猕猴桃进行短期贮藏（1～2 个月）、中长期贮藏（4～6 个月）和长期贮藏（6～8 个月），其中低温贮藏应用最广泛。

在商业化生产中，为了使果实软化，达到可食熟度，一般将果实放置在温度 15～20℃的条件下，用乙烯利 100～500 毫升/升的浓度处理 12～24 小时，再在温度 15～20℃的条件下放置一个星期，即可食用。

十七、罗汉果种植技术

（一）品　种

1. 青皮果

植株生长健壮；叶片卵状心形，先端急尖；子房近于圆形，果实呈圆球形，鲜果重 60～100 克，果实表面由基部至顶部具有脉纹，被有柔毛；种子近圆形。青皮果具有高产、早熟、品质较好、适应性强等优良性状，在平原、丘陵、山地均可栽培，是栽培面积最大的品种。

2. 拉江果

植株生长较壮；叶片心脏形，先端尖；果实呈椭圆形、长圆形或梨形，鲜果重 52～98 克，果实表面密被锈色柔毛；种子椭圆形。拉江果具有品质优、适应性强等优良性状，丘陵、山区均适宜栽培。

3. 冬瓜果

植株生长健壮；叶片三角状心脏形；果实长圆形，两端圆平，整个形状似冬瓜，果实表面密被柔毛，具六棱形，鲜果重 72～85 克，果形大；种子瓜子形。果大，整齐，高产，优质，适应丘陵和低山地区栽培。

4. 红毛果

植株生长健壮；嫩蔓、子房、幼果上均被红色疣状腺鳞；果实呈梨状短圆形，果形较小，鲜果重 50～65 克。红毛果具有结果多、产量高、适应性强等优点，可在平原、丘陵、山地栽培。一般只作生产中成药的原料药。

（二）栽培技术

1. 选地整地

（1）育苗地：宜选择半阴半阳、土壤肥沃、土质疏松湿润处作育苗地。在头年冬季要翻地，并多次犁耙，使土层疏松细碎，每亩施厩肥2 500千克作基肥。起畦高 20 厘米、宽 100 厘米。

（2）种植地：根据罗汉果生长发育对气候、土壤条件的要求，高海拔地区宜选择向阳的山坡地，低海拔地区则宜选择在背阳的北面山坡地。在头年冬季进行全垦，垦深 30 厘米，经冬季风化后，在种植前数天再翻耕 1 次。把土块打碎，并捡净杂草、木根和石块。起畦高 15～20 厘米、宽 130～170 厘米，每穴施腐熟厩肥 5 千克，把肥料与土拌匀，堆成直径 60 厘米、高 12～15 厘米的土堆，以待种植。

2. 繁殖方法

罗汉果的繁殖可采用种子育苗和压蔓 2 种方法。

（1）种子育苗：在果实收获后，选择无病虫害、充分成熟的果实晒干留作种用，翌年清明前后剥开果壳取种，放入水中把种子搓洗干净。晾干后，在畦上按行距 20 厘米、深 2 厘米左右开播种沟，把种子均匀撒在沟内。播种后覆土平畦面，并盖草淋水。播后一般 15～30 天发芽，种子发芽率 40%左右。苗期加强管理，及时中耕除草、追肥。第二年春，块茎长至直径 3 厘米、长 5 厘米时便可种植。这种繁殖法具有运输方便、能获得大量种苗和便于选育良种等优点，但植株结果慢，雄株较多，目前生产上较少使用。

（2）压蔓繁殖：是目前生产上常用的繁殖方法。在 7～10 月选择生长粗壮、节间长、垂吊在棚架下的藤蔓作压条，在其附近地面挖深、宽各 15～18 厘米的穴，把 3～5 条藤蔓的顶端弯压入穴内，压入土的顶苗长 12～14 厘米。穴距 3 厘米左右，覆土高出地面 8～10 厘米。采用这种方法所得的种薯（块茎），种后往往结果株数和每株的结果率不够稳定，影响单位面积产量。为了提高罗汉果产量，宜在植株结果盛期，从中选择高产的单株作为压蔓留种母株。这些单株不让其上棚结果，到 9 月选择生长粗壮、节间短而且有花蕾的藤蔓进行压蔓，取得的种薯可避免无花植株；也可以在高产植株中，于 7 月间在主蔓的基部留 2～3 条侧蔓，待其长至 9 月再进行压蔓。压后若遇天旱要经常淋水，保持穴内土壤湿润，约经 10 天压蔓便长出根，30 天膨大成小块茎。立冬后藤蔓枯死时，在有霜冻的地区，把块茎挖起，选择排水良好、疏松而稍湿润的沙壤土，挖深 30～50 厘米、长 100 厘米、宽 60 厘米的土坑，坑底铺一层 15 厘米厚的块茎，上盖一层土，接着按上法再放一层块茎，最后覆土厚 25 厘米，堆成馒头状。贮藏期间要经常检查，如发热则另选地挖坑贮藏；坑土过于干燥则适当淋水，使土壤湿润。无霜冻出现的地区可在原地过冬，不必挖起贮藏。

3. 种植

一般 3～4 月种植。挖起块茎时应注意把雌、雄株分别放置，种植时每 20 株雌株配 1 株雄株，以便进行人工授粉时有足够的花粉。按株距 1.3～1.7 米、行距 1.7 米开穴。块茎不能与肥料接触，应在穴内的肥料上先盖一层薄土，再把块茎放在土上，每穴放块茎 1～2 个，放 2 个时株距为 30 厘米左右，放时芽头向上，露出土面，朝向一致，以便管理，最后覆土厚 7～10 厘米。

（三）田间管理

1. 搭棚、扶藤和摘侧芽

罗汉果是藤本植物，需要有棚架攀缘，植株才能生长良好。种植后便开始搭棚，一般用竹木作支架，棚高 1.7 米左右，棚顶铺放小竹子或树枝，然后在株旁插 1 根小竹竿，以便茎蔓往上攀缘生长。

苗高 17～20 厘米时，将藤茎上长出的侧芽摘除，留下主蔓，以利于主蔓迅速生长。苗高 30 厘米时，用稻草或麻绳将主蔓轻绑在竹子上，帮助茎蔓上棚。上了棚的藤蔓如有掉下，必须及时扶上棚，以利于藤蔓生长。

2. 除草、追肥

罗汉果每年要进行多次除草、追肥。4～5 月苗高 30 厘米时，施稀薄人粪水 1 次；5 月主蔓上棚后施腐熟的厩肥和花生麸 1 次；6～9 月开花结果期，每 7～15 天施 1 次厩肥、花生麸、磷肥等混合肥，以促进果实生长。施肥方法是在山坡的上方离块茎 25 厘米处开半环状沟施肥，切勿把肥料施在块茎上。

3. 引蔓上棚和整枝

一般每株罗汉果只留主蔓 1 条，在主蔓长至 30 厘米时，于株旁插 1 根小竹条，将幼蔓逐段用绳轻缚在竹上，引主蔓上棚，主蔓上棚后将棚架下主蔓上所长出的侧蔓全部摘除，以培养粗壮主蔓。罗汉果的一至三级侧蔓是主要结果蔓。在主蔓上棚后留 10～15 节，顶端摘心，促进抽出 6～8 条一级侧蔓，一级侧蔓留 20～25 节摘心，促进每条再抽出 3～4 条二级侧蔓，留 25～30 节摘心，再抽出 2～4 条三级侧蔓，以形成单主蔓多侧蔓自然扇形结构，有利于稳产高产。

4. 促进雄花早开

罗汉果是雌雄异株，而且雌花开花比雄花早 10～16 天，生产上易出现花期不遇，给产量带来一定损失。促进雄花早开的措施是留蔓越冬，在入冬剪除老蔓时，选 2～4 年生的健壮雄株，将主蔓留 1～1.5 米长，剪口处涂蜡后，用稻草包扎主蔓越冬，翌年 3 月气温上升到 18℃以上时，除去稻草，加强肥水管理，则能使雄株早上棚、早开花，达到雌雄花期相遇的目的。

5. 点花（人工授粉）

罗汉果所有栽培品种必须进行人工授粉，这是生产上的重要技术措施。经过点花，能提高植株的结果率，增加产量。方法是在 6～7 月间植株开花时，在清晨6～7 时，先采摘发育良好且微开的雄花，盛于竹筒或饭盒内，置干燥处备用，待雌花开放时，用竹签从花药内刮取花粉，将花粉轻轻涂抹到柱头上，授粉时动作要轻，切勿伤雌花的子房和柱头，一般每朵雄花可授 10～12 朵雌花，授粉时间以早上 7～10 时较适宜。

6. 防冻、露蔸

每年在立冬前，给蔸培土厚 15 厘米左右，再盖一层草，防止块茎过冬时受冻。到了第二年清明前后，除去覆盖物并把土扒开，使块茎露出，在阳光下晒 3～4 天，同时将枯藤剪除，以利新芽长出。每年冬季苗枯前，在主蔓基部的一定高度处割断

（雌株高约留 20 厘米，雄株高留 45～60 厘米），然后培土，把块茎和主蔓留下的一部分埋入土中越冬（雄株留的主蔓，不能用土埋没，而要用稻草包扎好，使它固定在原支架上）。第二年 4 月间，主蔓便长出小芽，生成新的主蔓，而且长势旺，粗壮，能提早上棚，早开花结果，增产效果好。

（四）病虫害防治

1. 根结线虫病

（1）症状：由根结线虫引起的一种病害，是当前罗汉果的主要病害，在平原、低丘陵地区栽培的罗汉果发病尤为严重。植株受害后，须根上形成大小不等的瘤状物，常呈念珠状，块茎上则形成瘤状的疙瘩。发病轻的植株根部对水分和养分的吸收受到影响，严重时根、块茎部分全部腐烂。在沙质土上种植的罗汉果发病更为严重。

（2）防治方法：该病目前尚无较好的防治办法，只有选择新垦荒地种植，并经多次犁耙，使土壤充分风化让根结线虫失去生存条件，可减少该病发生。选择无病种薯，实行轮作。发病后露蔸，将瘤状物削除，再涂上桐油，有一定的防治效果。

2. 疱叶丛枝病

（1）症状：受害果园的空株率达 13％～40％，结果数减少 50％。受害植株叶片呈畸形，缺刻或线状，叶脉缩短不均，叶肉隆起呈疱状，叶缘反卷，叶肉肥厚粗硬，腋芽早发而成丛枝，叶片最后黄化。该病由人工嫁接、摩擦创伤、种子带病和媒介昆虫绵蚜虫进行传播。

（2）防治方法：①种植无病种苗，在远离生产区建立无病种苗地，或用茎尖脱毒的组织培养和实生苗作生产用种苗。②增施磷肥、钾肥，提高植株抗病能力。③定期用 40％乐果2 000倍稀释液或敌百虫1 000倍稀释液消灭传毒棉蚜虫，预防昆虫传播。④清除病株，勤检查，发现严重病株要及时拔除，集中烧毁，防止蔓延。

3. 白绢病

（1）症状：果园被害植株率达 10％～30％，被害初期植株上无明显症状，严重时被害部位产生绵毛状白色菌丝体，并向四周地表蔓延分布呈辐射状，后期呈茶褐色的小颗粒的菌核，受病植株枯萎，最后死亡。该病常因土壤、肥料、种薯等带菌而随流水传播。一般在 5～6 月发生，久雨高温高湿容易发病，久雨转晴，土壤多板结时发病严重。

（2）防治方法：①加强排水和中耕除草，防止土壤板结，雨后松土尤为重要。②春季晒薯。春天扒土晒薯，可促进块茎表皮老化，防止病菌侵入及延缓根部腐烂，避免死苗。③挖除病薯。发现块茎发病后，将其挖出，削去病部，用浓度为万分之一的高锰酸钾溶液洗净，涂上桐油或用 50％退菌特可湿性粉剂 500 倍稀释液浸病薯 20～30 分钟。④用石灰水加少量食盐浸薯 24 小时，也可达到杀菌目的。

4. 白粉病

（1）症状：发病初期受害的病叶上出现白色小点，严重时布满叶片及茎，呈白粉状，最后受害茎叶卷缩枯萎。以菌丝在枯枝落叶中越冬，第二年温湿度适宜，菌丝产生分生孢子，借风力传播。每年 9～11 月天气干旱时发病严重，罗汉果生长中后期受害较普遍。

（2）防治方法：①冬季清园。清除果园内枯枝落叶，并集中烧毁，减少越冬病原菌。②合理密植，使果园内透光通风良好，植株生长中后期增施磷肥、钾肥，少施氮肥，增强植株抗病力。③发病初期喷洒 50%甲基托布津可湿性粉剂 800～1 000 倍稀释液，每 7～10 天 1 次，连续 2～3 次。

5. 日灼病

（1）症状：由高温烈日暴晒、久旱无雨引起的生理性病害。日灼病常引起幼苗被灼伤而枯萎，幼嫩藤苗枯死，花蕾、幼果停止发育，植株生长不良。每年 7～8 月太阳光照强时发病严重。

（2）防治方法：①选择适宜种植地。在高温阳光强的地区选择坐西向东、日照时数短的山坡、山谷中的平地或林缘地作果园。②遮阴。幼苗期搭棚遮阴，防止强光直射。

6. 华南蟋蟀

（1）症状：4～5 月间常在夜间咬断新枝与嫩芽，严重者造成缺苗。

（2）防治方法：用敌百虫 800 倍稀释液灌满洞内，然后再用土封洞口，或用鲜菜叶包少量敌百虫粉塞洞口。

7. 罗汉果实蝇

（1）症状：是为害罗汉果果实的重要害虫，以幼虫为害果实。

（2）防治方法：①定期检查，摘除虫果和清除地面落果，集中烧毁。②成虫活动期间，在果园内悬挂引诱剂诱杀。③成虫发生期用 90%敌百虫 50 克、红糖 1.5 千克，加水 60 千克，喷洒果叶茂密处，每 7～12 天 1 次，连续 2～3 次。

8. 红蜘蛛

（1）症状：为害罗汉果叶、嫩蔓和果实，严重时会使叶片变黄、脆硬，呈卷缩状，植株生长发育不良，甚至造成落果落叶，影响产量和质量。

（2）防治方法：喷 80%敌敌畏 800 倍稀释液，或用 40%乐果 800 倍稀释液加 20%三氯杀螨砜 800 倍稀释液喷洒，以杀死成虫和若虫。

9. 黄守瓜

（1）症状：为罗汉果初期的毁灭性虫害。为害叶、幼芽及根。幼虫在土中为害根部，严重时使植株地上部分枯死。成虫将叶咬成圆弧缺口，影响植株生长，严重时可致全株枯死。

（2）防治方法：成虫为害期，可用 90%敌百虫或 80%敌敌畏 800～1 000倍稀释液喷杀，或灌根杀死幼虫。

（五）采收加工

1. 采收

罗汉果在种植后第二年便开花结果，8～9 月当果实由浅绿色变为老青色或具有微黄色的斑块，果柄枯黄，用手轻捏果实有坚硬感并具有一定弹性时，便可采收。采收时选择晴天或阴天进行，用剪刀剪下轻放，露水未干或下雨天不宜采收。把采回的果实摊放在室内阴凉通风处 7～15 天，待果实水分蒸发占鲜果重 10%～15%、表面有 50%呈黄色时便可以进行烘烤加工。

2. 加工

（1）烘箱的建造：在室内地上挖一个深 45 厘米、长宽各为 30 厘米的土坑，坑上安上炉条，在上面用砖砌一个长、宽、高各 30 厘米的炉膛，上面盖一块铁皮，构成火道直通烟囱，铁皮上铺 10 厘米厚的草木灰，然后在炉膛四周用砖砌一个如炉膛一样高、与烘箱底面大小相同的灶台。烘箱一般用木料制作，其底面积为 0.8～1 平方米、高 10 厘米，箱底钉上约 2 厘米宽的木条，条距 3 厘米。烘箱框上下宜凿有公母槽，以利于保温，两端有把手。

（2）烘烤：将经过摊晾的果实按大、中、小分级，装入烘箱内，放在烘烤炉上，每次烘烤 4～5 箱，最后一箱盖上麻袋，便于通风透气，然后在烘烤炉内生火加温。烘烤温度由低逐渐升高，以后又降低，即在开始烘烤的 20～24 小时内，温度保持 45～50℃，以后便逐渐使温度上升到 65～70℃，烘烤 48～62 小时，当果实明显减轻时，再将温度降到 55～60℃烘烤 48 小时。烘烤过程中每天早晚要换箱 1 次，将上下 2 个箱互相调换，并把中间与边缘果实位置互换，每个果上下翻动，使其受热均匀。烘烤过程中果实发出爆声，应立即降低温度，约烘 7 天，使占鲜果重 70%～75%的水分蒸发掉，用手指轻轻弹敲果实有响声即为干燥。将果实的毛去掉，即为成品。

商品质量以足干、棕褐色、摇之不响、无烂果、味甜者为好。按围径大小分为特大果（围径 20 厘米以上）、大果（围径 18 厘米以上）、中果（围径 16.5 厘米以上）、小果（围径 15 厘米以上）、等外果（围径 13.5 厘米以上）、外外果（围径 13.49 厘米以下）、响果（摇之有响声）按原级的下一级处理，破果则以重量计。

十八、李种植技术

（一）育苗技术

1. 苗圃的选择和规划

（1）苗圃地的选择：对苗圃地的选择应从具体情况出发，因地制宜，适当改良，建立苗圃。确定苗圃地点时，必须注意以下事项。

①地点。应设在需用苗木地区的中心，这样可以减少苗木运输费用和运输途中的损失，而且苗木对当地生长环境条件适应性强，栽培成活率高，生长发育良好。

②地势。应选择背风向阳、日照好、稍有坡度的倾斜地。坡度大的应先修梯田。平地地下水位宜在 1～1.5 米以下，并且一年中水位升降变化不大。

③土壤。一般以沙质壤土和轻粘壤土较适宜。因其理化性状好，适于土壤微生物的活动，对种子的发芽、幼苗的生长都有利，起苗省工，伤根少。土壤的碱度对苗木的生长有影响，李苗喜微酸性土壤。

④灌溉条件。选择苗圃地时要特别注重灌溉条件。种子萌芽或分株繁殖砧木，必须保持土壤湿润，而幼苗生长期间根系浅，耐旱力弱，对水分要求更突出，如果不能保证水分及时供应，会造成生长停止，甚至枯死。

（2）苗圃地的准备：规划后的苗圃地，要进行整地施肥和培垄作畦。李树幼苗对苗圃地耕作层要求比较严格，土地必须深耕 25～40 厘米，改土，以改善土壤结构。耕前每亩施用4 000千克农家肥料，耕后随即耙平，做到地平土碎、肥土混匀、上虚下实，以保水增温。深耕（秋耕较春耕好）应及早进行，以利于土壤熟化。苗地做成长 10 米，宽 1.5 米的长畦，便于操作。

2. 嫁接繁殖

（1）李嫁接砧木选择：毛桃适应性较广，是我国南方栽培李树的主要砧木，与李树嫁接亲和性强，接后生长迅速，根系发达，生长快，但耐涝性、耐寒力较弱。梅在我国南方李园亦有用作砧木嫁接育苗，耐旱和耐湿性均较强，与李树的亲和性一般，梅砧嫁接苗根群发达，须根多，结果性较好，丰产、较少流胶，但嫁接成活率较低。

（2）接穗的选择：选定适合当地栽植的优良品种，定向育苗。接穗应从优良品种的母株上采取。母株要经过严格挑选、鉴定，选定品种纯正、生长健壮、丰产稳产、无病虫害的成年李树。选取树冠外围中上部生长充实、芽体饱满的当年生或一年生发育枝，不能选择细弱枝、徒长枝作接穗。

（3）嫁接方法：芽接是李园常用的嫁接方法，操作简便，嫁接技术容易掌握，工作效率高，接口愈合快而牢固，嫁接成活率高，节省接穗，1次接不活便于补接。当砧木已达到芽接粗度时，一年四季都可以进行芽接。

①“T”形芽接法：一般用1～2年生的砧木或枝条做“T”形芽接。芽接时，手持接穗用刀从芽下方1.5厘米处削入木质部，纵切长约2.5厘米，再从芽上方约1厘米处横切一刀，用手指捏住削动的接芽左右一掰，即可取下芽片，但所取芽片内一定要带有维管束。随即在砧木距地面10厘米上下处，选光滑面，切一“T”形切口，用芽接刀柄端，轻轻把接口挑开，将芽片小心插入，接芽横切口与砧木“T”形的横切口对齐，用塑料薄膜条绑扎即可。

②嵌芽接法：手倒持接穗，用刀从芽上方向下削长约2厘米，并深入木质部，再从芽下方斜切入木质部约0.6厘米长，取下带木质部的芽片备用。先在砧木上切与接芽相似的、稍长的切口，将接芽片大切面向里插入砧木切口，让砧木切口的上端露出一线皮层，用塑料薄膜条绑缚即可。砧木选择接位与“T”形芽接法相同。

（二）果园建立

1. 园地选择与规划

（1）园地的选择。

①山地果园。山地建李园是选择生态最适宜的山坡栽李，因为海拔高而直射光及紫外线增加，使果实色泽鲜艳、营养物质含量高、品质佳、耐贮运、易丰产。一般以海拔高度在500米以下的山地为宜。

由于山地气候的垂直分布，其土壤的垂直分布也随之形成。同一山坡的不同坡位土壤条件有所差异，一般上坡土壤较瘠薄，空气流通，散热快，温度变化大。下坡地、谷地土壤深厚而较肥沃，只要光照充足，选择下坡位山地或谷地建园，有利于取得高效益。

②平地果园。平地果园要选择地势较平，土层深厚肥沃，水分充足，地下水位低的沙质壤土地块，能使李树生长发育良好，结实性能高，果实优质高产，树体寿命长。

（2）李园的规划：园址选定后，要做好果园的规划设计工作，包括小区划分，道路、排灌系统的配置，授粉树、品种的配备，建筑物的规划等项目。

①果园小区的划分。小区划分的目的是便于管理和有利于植株的生长发育。其原则是使每个小区的土壤、气候、光照和水湿条件大体一致。小区的划分应根据地形、地势而定。一般2～6公顷为一小区。若为地势起伏不平、变化复杂的丘陵山地，可0.6～2公顷为一小区。小区的形状通常采用近似带状的长方形，其边长宜与等高线平行，有利于农事操作和水土保持。

②道路和排灌系统。在山地果园上修筑道路常修成“之”字形状或螺旋状，环山而上。尽管李树较耐旱，但良好的排灌系统设置仍是获得李丰产优质的重要保证。合理的排灌系统要求做到旱能灌，涝能排，中小雨水不流失，大雨土不下山。山地果园的顶部应开辟拦洪沟。一般沿山等高挖筑，深1米、宽1米，并与果园的排水沟相连接，通向山下或河流，或引入蓄水池。有水源的山地果园，可引水自流灌溉。缺水源的也可引水上山，或设置蓄水池积存雨水山洪防旱。现代果园供水多安装滴灌或微孔喷头喷灌设备。

③修筑梯田。山地、丘陵地和沙地李园都会发生不同程度的水土流失问题。由于土壤的不断流失，土层变薄，根系外露，肥力降低，树体衰弱，因此，必须加强水土保持工程，沙地可用防护林防止土壤的风蚀，而在山区、丘陵、坡地则必须采用修筑梯田的方法来进行水土保持。

（3）李园的开园：目前用于李生产的山地，主要是一些瘠、旱、酸、有机质含量少、团粒结构差的丘陵荒坡地。为了给李树创造一个良好的生态环境条件，开园时，必须进行土地整理和土壤改良。

开园时，首先要进行土地的平整工作，把杂树杂草、石头树桩和树根从耕作区清理出去，平整好土地，为今后的建园工作打好基础。

根据不同的坡度进行不同的水土保持工程。目前丘陵山地李园大多以等高线进行等高开垦种植。等高栽植适于横向耕作和自流灌溉，同时减少冲刷，也有利于李树成园后的土壤耕作和进一步的机械化作业。

鱼鳞坑是山地李园应急时采用的一种有一定水土保持能力的、简易的开垦方法。在坡度很陡、地形很复杂又极不规则、坡面乱石裸露、不容易修筑梯田的陡坡上种李树可采用修筑鱼鳞坑的形式来开园。鱼鳞坑开垦的大小因树龄而异。幼树定植时，在等高线上开挖长宽各80厘米、深50厘米的坑，以后可结合施肥逐年扩大。开挖鱼鳞坑时，坑面要稍向内倾斜，沿坑的外面要修筑一条土埂。坑面土壤保持疏松，以利保蓄雨水。坑底应挖一条沟通向外面，栽培上称“破缸”，以防下雨时鱼鳞坑中积水变成水坑，影响李树生长。

2. 定植技术

（1）苗木的选择：新建园时，首先要选择品种纯正、须根较多、无根癌病、主干粗度0.8厘米左右、高80～120厘米（大苗）、枝干无病虫伤害、大小较一致的苗木。若苗木长势过旺，且须根少，则栽后缓苗期长，不易成活。若苗木细弱，则栽后生长势不强，树冠成形慢，结果迟。因此，应选择生长健壮，根系发达的甲级嫁接苗效果最好。

栽植的苗木最好是自己繁育或就近购买的苗。起苗时尽量少伤根，起苗后要立即栽植。如果从外地采运苗，一定要妥善包装，注意保湿，快装快运，苗到后及时定植或假植，以提高成活率。

（2）果苗定植：园地经过土地整理和土壤改良之后，接着就是进行果苗定植。果苗定植包括定植前的准备工作、高标准高质量定植和定植后的护理工作。

①果苗定植前的准备工作。果苗运来之前，需做好定植点的选定、定植坑的挖掘、回填定植坑的工作。首先，应确定好株行距，测好栽植点，挖好种植穴或种植沟。山地果园多为红壤土，具有机质含量低、肥力低、通透性差、酸性强等缺点。所以，必须先局部改良土壤，挖好定植穴（或沟），并进行土壤改良。一般种植穴应挖深 80 厘米、长宽各为 1 米。挖穴时应将心土和表土分开堆放。然后每穴分层埋入绿肥 25～40 千克，磷肥 1.5 千克，石灰 1～1.5 千克，若加入饼肥1～3 千克更佳。回填时应一层绿肥、磷肥和石灰等，一层表土。最后将挖出的全部心土填于种植穴的最上层，堆成一个墩，以便逐渐沉实，否则种植定植穴沉实，就成一个小坑，不利雨水的排除，引起穴内积水导致烂根致死。不宜在根际土壤中拌入碳铵或复合肥、尿素等，效果不佳，还常引起烧根造成死苗。

定植前应将苗木按大小进行分级，并按苗木的级别分别分片定植，以便管理。若苗木主根过长可进行适当修剪，以利种植。在春季定植的，定植前还可根据定干要求进行剪顶定干工作。外调的苗木，则宜成活后再定干。

②定植时期。李树定植的时期与气候条件有关。李树从落叶到发芽之前都可以定植，这时苗木正处于休眠状态，贮藏养分较多，蒸发和消耗较小，定植后易生根成活。休眠期定植一般多在秋末和早春，以 11～12 月落叶后尽早为宜，秋季李苗虽已落叶，但地温较高，定植后根系能较快愈合并生长新根，到春季萌芽前即能吸收水分和养分，因而可提高定植成活率。在秋季短而冬季寒冷、干旱、风大的地区，冬季苗木易枯死，以春季定植为好。春季定植应在土壤解冻后、苗木萌芽前进行，定植时一定要灌水。定植时间最好选择阴天或阴雨天，如遇毛毛雨天气也可定植，但大风大雨时不宜定植。

③定植密度。合理密植可以充分利用光照条件，提高光合效能；增强李树之间的相互保护作用，改善园内局部自然小气候；促进早结丰产，有利于提高前期产量，及早收回投资，提高经济效益。农谚说："不怕行里密，只怕密了行。"说明李树栽培的密度应合理，行内应适当密植，而行间应保持一定距离，栽植密度应根据气候、土质、地势、土壤肥力、砧木种类和栽培品种而定。一般适度密植的株距和行距湖区平原肥土为 3～4 米×4 米（亩栽 42～56 株）、中等肥沃的平地为 3～3.5 米×4 米（亩栽 48～56 株）、丘陵山区坡地为 2.5～3 米×3.5 米（亩栽 63～76 株）。

对于进入结果期早的品种，还可以密植，以获得单位面积的早期丰产；结果若干年树冠封行后，再进行有计划的间伐，留下永久的植株，保持合理的密度。

④定植方法。以东西行向为宜，优点是行距大于株距，通风透光良好。此外，还可采用带状栽植，两行为一带，带间距离大，带内较密，群体作用强，有利于抵抗不良的外界条件。

定植时先将苗木放于穴内，目测对直树行，将定板放于栽植穴上，把树苗置于定植板中间凹进处（栽植点），使根顺、舒展，随即填土，边埋土边踩实，并将树苗微微振动上提，稍稍摇动，以使根土紧密接触，再加土填平。苗木嫁接口应高出地面 15～20 厘米，以利于发根；在树的周围筑树盘，充分灌水，水渗下后，再于其上覆盖一层松土，撒些细干肥泥，最后用碎草或绿肥将整个树盘覆盖好，以保湿。

（三）幼树的栽培和管理

幼年李树护理的中心任务是通过进行土壤管理、肥水管理、整形修剪、病虫害防治等农业技术措施，给李树创造一个良好的生长条件，以使李幼树健壮生长，迅速增加李树的分枝级数，及早形成丰产稳产的骨架和圆头形树冠，促成其尽早结果，并达到丰产、稳产、优质的栽培目的。

1. 土壤管理

幼年李树的根系分布范围小，应利用这一有利时机，通过精耕（常年耕锄保持土壤疏松和无杂草）或精耕覆盖（精耕后覆盖）管理，通过扩坑压青、间作套种、树盘覆盖、梯田修整等一系列果园土壤管理和改良的农业技术措施来提高果园土壤肥力，改良果园土壤的理化性状，增强果园土壤调节水、肥、气、热的能力，改善李树根系的生态环境条件，促进李树根系的茂盛生长，从而促使李幼树尽早结果，并为今后丰产、稳产、优质打下良好的基础。

（1）深翻改土：李园深翻，结合施用有机肥料，是改良土壤的有效措施。深翻能够提高土壤孔隙度，降低容重，增强土壤保水、保肥能力及通气透水。深翻结合施用有机肥，可以增加土壤中腐殖质和其他营养物质，提高土壤肥力。深翻还可以使耕作层加深，有利于根的生长，同时也减少病虫害和杂草的为害。

深翻多在秋冬季进行，秋季尤其适宜。因为秋季地上植株生长缓慢，同化产物消耗少，并已开始回流积累以备越冬，此时深翻，根系伤口易愈合，且易发出新根，吸收合成营养物质，增加树体积累。深翻的方法有 3 种。

①扩坑深翻。在幼树定植后 2～3 年，可自定植坑边缘开始，逐年向外扩展，挖宽 60～80 厘米、深 40～50 厘米，埋入绿肥、杂草、稻秆等有机物，然后上面撒一些石灰，再盖一层园土，局部改良定植坑外土壤。这样逐年扩大，直至全园翻遍为止。

②隔行深翻。即首先在一行间深翻，留一行待翌年深翻。山地梯田果园在同一

梯台上可以每隔二株翻一个株间，第 2 年再深翻另一株间。这种深翻方法，每次仅伤半面根系，可免伤根过多，有利于生长。

③全园深翻。树冠下浅锄，以免伤及粗根，树冠处可适当深翻，深度以 20～30 厘米为宜。

深翻时，由于表土较肥沃，但心土尚未熟化，为了能使心土迅速熟化，可将心土翻至表面。红壤常呈强酸性，应撒施石灰，中和土壤酸性，并促进形成团粒结构。另外，深翻时尽可能少伤根，特别是直径 1 厘米以上的主、侧根，否则会影响李树生长。土壤黏重、排水不良的果园，扩坑时应注意防止积水引起烂根。

（2）间作套种：幼年李树园株行距宽，可充分利用这些空隙间作套种豆科作物和绿肥，如花生、蚕豆、紫花苜蓿、黄花苜蓿、苕子等；也可间作套种蔬菜、药材。

在幼年李树园中实行间作套种，可对园土起到覆盖的作用，可以防止园土被雨水冲刷、抑制杂草在园中滋生，减少园土水分蒸发和降低夏季园土温度；还可以增加园土有机质含量，有利于园土中微生物活动，增加园土团粒结构，改善园土理化性状，提高园土肥力；同时增加了果园收入，有利于以园养园，以短养长，促进果园发展。

在李园中实行间作套种时，不要把作物种得太靠近树盘。不要间作套种高秆作物、攀缘作物、缠绕作物以及与李树有共同病虫害的作物，以防止这些作物与李树争肥、争水、争光，影响李树的正常生长。

（3）树盘覆盖：在树盘上覆盖一些绿肥或秸秆可以防止杂草丛生、园土冲刷和水分蒸发，稳定果园土壤的温度，有利于李树根系的生长发育。每年进入 6 月以后，南方多暴雨，阳光强烈，杂草疯长，此时应结合果园中耕将树盘内杂草铲除干净，将铲下的杂草或割下的绿肥盖在距树干 5～10 厘米的树盘上。9 月以后，南方进入旱季，需给树盘再增加 1 次覆盖，以利抗旱越冬。开春后，应将树盘覆盖物除去，以利施肥等园上管理工作的进行。

2. 肥水管理

肥、水是李树生长的物质基础，及时给李树施足肥料，是促进生长、早日形成树冠、提早结果的重要农业技术措施。

李树苗定植后 1 个月便可以开始施第一次肥，这时，新植李树苗上的芽眼已胀大，准备抽芽，肥料施下后，新芽便抽生出来了。等新抽出的枝梢叶片转绿时，又需施 1 次水肥，以便催其加快老熟。以后，在新梢抽生前，芽眼胀大时，又施 1 次水肥；新梢叶片转绿时，再施 1 次水肥。1 次新梢施 2 次水肥。每次施水肥最好用沤制后的 30％的人、畜粪尿水，亦可用 0.5％的尿素液淋施，每株树淋施肥液 2.5 千克，除淋施肥水之外，还需进行叶面喷施，每次喷药时，可按 0.2％的浓度在药液中加入尿素一起喷施，或用 0.6%的氯化钾肥液代替 0.2%的尿素肥液喷施。

由于幼年李树的树冠和根系小，需肥需水量都不大，加上幼树根系对肥料较敏感，因此对幼年李树的施肥原则应是勤施薄施，即每次施肥的浓度不宜太高，但施肥的次数需多些，以保持其生长所需的肥料。

李幼树生长旺盛，即使在瘠薄地也能较好地生长。但如果氮肥过多，也极易引起徒长，甚至影响越冬和以后成年的树形和树势。因此必须合理施肥、科学施肥，以便促进幼树发育健壮，提早结果。

建园后 1～3 年，每年秋季每公顷施13 000千克有机肥和适量尿素，第四年秋季每公顷施30 000千克有机肥。李树在地温高达 26℃以上时新根停止生长，当地温稳定在 20℃左右时，根系再次旺盛生长。因此，幼树秋施肥可根据树龄大小，每株施厩肥（含氮约 0.5%）25～50 千克、三元复合肥 0.25～0.5 千克。李幼树期，应集中施用，即开沟施肥，进入盛果期后，根系遍布全园，可采取全园撒施的办法。

李幼树开始结果后每年开花期叶面喷布 0.2%磷酸二氢钾，幼果期每株追施 1 千克磷酸二氢钾或果树专用肥，采收后 1 个月叶面喷布 0.3%尿素。

（四）整形修剪

李幼树期修剪主要任务是培养丰产树体结构，调控生长势以提早形成花芽。采用撑、拉、吊等方法，固定主、侧枝位置，调整好腰角、梢角。疏除过密和竞争枝，明确从属关系，防止重叠、交叉；中、长枝适量短截，促使发育成结果枝；中、小枝多留缓放，促其成花结果，保证早期丰产。

定植当年，抹除主干 40 厘米以下的萌芽，在 40～120 厘米主干上，选择 4～5 个间隔 15～20 厘米、方向不同的强壮新梢，当新梢 70 厘米长时，留 50 厘米摘心，促其后部发枝，培养成基层主枝。其余新梢均拉平，并在基部环割 1～2 刀，促其结果。翌年在基部主枝上方 40～160 厘米主干上间隔 15 厘米左右选留 8～10 个错落着生的新梢 8～10 个，当新梢长到 50～60 厘米时，留 40 厘米摘心，培养成大中型结果枝组。每个基部主枝培养 3～5 个大中型结果枝组。树高长到 3 米时，将延长头拉平，控其延伸。夏剪主要是对直立旺梢和剪口下第二枝扭梢以及内膛强壮新梢进行拉平处理。冬剪仅短截骨干枝延长头和疏除部分弱枝和过密枝，其他枝条一律缓放。

（五）结果树的管理

1. 土壤管理

中耕和除草是两项土壤管理措施，但往往相辅进行。中耕可以松土，使土壤通气良好，促进微生物活动，加速土壤养分分解、释放，使可给态养分增加；可以清除杂草，减少对水分、养分的竞争；可以切断土壤毛细管，减少土壤水分蒸发。

为了使中耕以后能够形成疏松的土壤覆盖层，必须在土壤适宜时进行。用手抓土壤能成团，丢在地上散开时进行中耕最适宜；土壤过湿，中耕后土壤易结块，效果不佳，且会给田间管理带来困难。杂草多时要以除草目的为主。

除草是一项费工的操作，利用除草剂防除杂草，方法简单易行，效果良好。一般使用扑草净、西马津、阿特拉津、茅草枯等除草剂进行除草。

2. 结果树合理施肥技术

（1）李树合理施肥技术。

①基肥。基肥是能较长时期均衡地供应李树多种养分的基本肥料，一般是采用迟效性的有机肥。基肥施入土壤后，边分解边释放养分，根系能慢慢吸收放出的养分，不断供给树体生长发育的需要。有些肥料直接施入土壤中不易被根系吸收利用，如过磷酸钙、骨粉等，先与农家肥堆积腐熟后作基肥用，才能充分发挥其肥效。也可以在基肥中加入适量速效氮肥，以满足李树早春发芽、开花时所需要的大量氮素。一般认为施基肥时间以果实采后 1 个月内施入为最佳，此时，李树经过开花、结果耗去大量养分，正值恢复积累阶段。同时秋季根系又有 1 次生长高峰，伤根容易愈合，并能生长新根继续吸收营养，这样既能补充树体休眠期所需的营养，增加树体的养分积累，又有利于花芽发育充实，及时供给李树早春萌芽、开花、新梢生长所需的养料。春施基肥对李树早春萌芽、生长的作用很小。

②追肥。在施基肥的基础上，根据李树各物候期需肥的特点，生长季节再分期施一定量的速效肥。这样，既可保证当年树体生长健壮和丰产，又能使花芽分化良好，为来年生长结果打下基础。成年李树追肥时间，可掌握以下几个时期。

花前追肥：为满足李树萌芽、开花期需要大量营养，可在李树萌芽前 10 天左右，追施速效氮肥。

花后追肥：此时正值幼果、新梢同时进入生长高峰，为避免互相争肥，应及时追施速效氮、钾肥，以减少生理落果，提高坐果率，促进幼果、新梢同时生长。

果实膨大和花芽分化期追肥：在生理落果后至果实进入迅速膨大期前，追施速效氮、磷、钾肥，可大大提高光合效能，促进树体养分的积累，既利于果实膨大，又利于花芽分化。此时施过磷酸钙，必须与农家肥混合堆放 15 天，等腐熟后施入土壤，以利于根系吸收。

果实生长后期追肥：在果实开始着色至采收期间追肥。此次以磷、钾肥为主，速效氮肥结合喷药作叶面喷施为好，以免促使秋后生长而影响树体营养积累。这次追肥可补充树体因结果过多所消耗的营养，并为花芽分化完善积累更多的养分，也为果实增大、品质提高供给足够营养，对树体生长、高产稳产、果实品质、翌年产量都极为重要。

③施肥量。施肥量要根据树龄、树势、结果量、土壤肥力等综合考虑。一般幼龄旺树结果少，土壤肥力高的可少施肥；大树弱树，结果量多，肥力差的山地、荒滩要多施肥；沙地保水保肥力差，要掌握多次少施的原则，以免肥水流失过多。

基肥以有机肥为主，添加少量氮、磷肥，均于7月中下旬至8月上旬采果后施入。1～3年生的李树，每株施土杂肥30～40千克加1千克复合肥；4～7年生的李树，每株施土杂肥40～60千克加1～2千克复合肥。前期追肥以氮肥为主，后期追肥以磷、钾肥为主。盛果期的李树，花前每株追施尿素1千克，促花坐果；果实硬核前期每株施氯化钾1千克；花束状果枝停长期每株施尿素0.5～1千克、过磷酸钙1.5千克；果实第一次速长期每株施尿素1千克，过磷酸钙1.5千克，果实第2次速长期每株施复合肥1～2千克。此外，结合喷药进行根外追肥4次，前期喷0.5%尿素2次，后期喷0.3%磷酸二氢钾2次。也有施肥经验认为，秋肥要在7月上旬施完，施肥量占全年施肥量的50%～60%，以有机肥为主，株施饼肥1.5～2千克，复合肥1～1.5千克，氯化钾或硫酸钾0.5千克，钙镁磷肥和石灰各1～1.5千克，结合扩穴改土进行，氮肥适量少施。控施春肥。有些果农不施冬肥，在春季萌芽前施速效肥，致使春梢猛长，造成梢与花、果争营养的矛盾，落花落果严重，严重影响产量。凡需要施春肥的，施肥时间不宜过迟。如冬肥不足时，可在1月施肥，以钾肥为主，适当增加磷肥。

施用壮果肥时，壮果肥应占全年的20%，在4月下旬至5月上旬施下，株施复合肥1千克、氯化钾0.5千克、碳铵0.5千克、过磷酸钙1千克。同时叶面喷施0.2%～0.3%磷酸二氢钾和0.5%尿素混合液。休眠期施冬肥，在落叶前后施1次，占全年的30%左右，以钾肥为主，8～9年生树株施氯化钾或硫酸钾0.5千克、复合肥1～1.5千克、草木灰40千克、饼肥1.5千克、杂草等20～30千克、石灰1千克。

看树施肥，对产量大的树除注重施用壮果肥、冬肥外，还要重施秋梢肥。

一般认为，建园后1～3年，每年秋季每公顷施13 000千克有机肥和适量尿素，第四年秋季每公顷施30 000千克有机肥。李结果后每年开花期叶面喷布0.2%磷酸二氢钾，幼果期每株追施1千克磷酸二铵。采收后1个月叶面喷布0.3%尿素。

（2）施肥方法。

①土壤施肥。土壤施肥应尽可能把肥料施在根系集中的地方，以充分地发挥肥效。李树的吸收根系主要集中在树冠投影外围的土层中，因此在树冠投影外围追肥较好。但施基肥最好施在距根系分布稍深、稍远的地方，以利于根系向深广扩展。生产上常用的施肥法有环状施肥、条沟施肥、放射沟施肥和全园施肥。

环状施肥（又称轮状施肥）：在树冠外围挖宽50厘米、深50～60厘米的环沟逐年外移，此法能经济利用肥料，方法简便，但肥效只局限沟内，吸收面较小，适合幼树使用。

放射沟施肥：以树干为中心距主干 1 米向外挖沟，靠近主干的深度、宽度均为 30 厘米、树干外围的为 60 厘米，长短超出树冠外缘为止，施肥于沟中。隔年或隔次更换沟的位置，以增加李树根系的吸收面。

盘状施肥：以主干为中心，将土耙开，使其呈圆盘状。靠主干近的地方浅，离主干越远则越深；也有只作平底状的。耙出的土堆在盘外周围，形成土埂边缘。施肥后再覆土。

穴状施肥：在树冠范围内挖穴若干个，施肥后覆盖，每年开穴位置错开，以利根系生长。

②根外施肥。李树叶片的气孔、角质层、新梢表皮的皮孔以及果实均能够直接吸收养分，一般喷施后 15～20 分钟，叶面即可吸收肥分。因此，可以采用液肥喷施的方法进行根外追肥。根外追肥的优点是养分运转距离短，喷施后见效快，尤其是新生的生理机能旺盛的叶片，吸收能力更强；磷肥及一些微量元素采用根外施肥，还可减少被土壤固定。但是根外追肥只能作为一种辅助的施肥方法，不能代替土壤施肥。适于根外施肥的肥料有尿素（要求缩二脲含量在 0.25％以下，否则会引起肥害）、磷酸二氢钾、过磷酸钙、硫酸钾、氯化钾及其他微量元素。根外追肥的时期及肥料种类依施肥目的而异。春季花期喷布 0.02％硼砂，可促进授粉受精，提高坐果率；幼果期喷布 0.3％尿素加 0.2％磷酸二氢钾可减少落果，促进果实膨大；5 月喷布 0.5％硫酸钾可使果实增大；花芽分化期喷布 0.2％磷酸二氢钾溶液，可促进花芽分化。根外追肥最好选择在较湿润和无风的天气进行，以利于肥料的吸收和利用。夏季晴天，应在上午 10 时前或下午 4 时后进行，否则因高温干燥时水分蒸发太快，浓度很快增高，容易发生肥害。根外追肥也可以结合喷农药进行。

3. 李园灌溉

（1）灌水时期：李园灌溉的时期应该依李树一年中对水分的需求情况而定。从硬核期至果实成熟前 15～20 天，即果实迅速膨大和新梢生长期，迫切需要水分，此期是李树需水的临界期。若水分不足，不仅抑制新梢生长，而且影响果实发育，甚至落果。正确的灌水时期，不是等果树已从形态上显露出缺水状态（如叶片卷曲、果实皱缩等）时再灌溉，而是要在果树未受到缺水影响前进行。否则，李树的生长与结果都会受损失。

一般认为，当土壤含水量降低至最大持水量的 60％，接近萎蔫系数时，即应进行灌溉。土壤的含水量可凭经验掌握（如目测、手测），也可用土壤水分张力计测定，还可根据李树一年中各物候期对水分的要求、气候的特点、土壤水分及施肥状况综合考虑。

①萌芽开花前。早春水分充足是保证当年稳产高产的第一关，尤其是早春干旱

地区特别重要。因此，灌水充足与否，直接影响李树的萌芽、开花和新梢生长，也关系到坐果率的高低。

②新梢生长和果实膨大期。一般在谢花后至生理落果前进行灌水为好。此时李树生理机能最旺盛，如水分不足，不仅抑制新梢生长，而且能引起新梢与果实争夺水分而导致落果严重。

③果实迅速膨大期。此时正进入雨季，气温偏高，雨水多，可少灌水。如果天旱缺水，也应适当灌水，以免影响果实发育。

④果实采收后。此时李树已进入营养物质积累阶段，如天气干旱，可结合施基肥灌水，能促进根系吸收和叶片的光合效能，增加李树的营养积累，利于恢复树势，充实花芽。

（2）灌水量：果园灌溉必须掌握适当的灌水量，才能调节土壤中水分与空气的矛盾。一般应根据土质、土壤湿度和李树根群分布深度来决定。最适宜的灌水量，应在1次灌溉中使李树根系分布范围内的土壤湿度达到最有利于李树生长发育的程度。土壤含水量达田间持水量的60%～80%为宜。

（3）灌溉方法：山地果园灌溉水源多依赖修筑水库、水塘拦蓄山水，也有从江河引水上山灌溉。合理灌溉必须符合节约用水，充分发挥水的效能。常用的灌溉方法有沟灌、喷灌和滴灌。

①沟灌。在果园行间挖深20～25厘米的灌溉沟，与输水道垂直，稍有比降。灌溉水由沟底、沟壁渗入土中，灌水完毕，将土填平。山地梯田可以利用台后沟引水至株间灌溉。此法用水经济，全园土壤浸湿均匀。但应注意，李根忌水浸，灌水切勿过量。

②喷灌。喷灌是近年发展较快的一种灌溉方法，它利用机械将水喷射呈细小的水滴撒到地上。其优点是减少径流、省工省水，改善果园的小气候，减少对土壤结构的破坏，是一种较现代化的方法。

③滴灌。滴灌是机械化、自动化的先进灌溉技术。它是将有一定压力的水，通过一系列的管道与滴头，将水一滴一滴地渗入土中，使土壤经常保持最适生长发育的湿度。

（六）合理剪修

李树在幼树经过修剪成形之后，需要继续通过修剪保持丰产的树冠，调节营养枝和结果枝比例，控制树冠的大小、结果的多少、枝梢的疏密及长短，从而达到生长与结果的平衡，以保持年年丰产、缩小大小年结果的幅度和延长经济结果寿命。

1. 盛果期的修剪

成年树骨干枝基本稳定，个别主枝或副主枝因结果过多或其他原因，形成过分开张、生长势减弱，则可以对其延长枝适当重截或选后部 2～3 年生、位置适宜、角度较直立的枝梢为延长头，重截回缩至 2～3 年枝部分。

成年树进入大量结果时期力求保持一定树势，延长盛果期，协调生长和结果平衡。主要防止花束状短果枝及一般中短果枝过多，造成枝密花多树势较弱，开花过多而结实少，因此除了要疏除过多的中、短果枝外，对衰弱的基枝要及时更新回缩，并再选留占全树基枝的 20%～25%数量的新基枝，使其次年着生健壮的中短果枝。对于衰老的基枝根据附近是否选留新的基枝和其延伸及衰老程度，适当回缩和疏除其上的中、短果枝；除了对各级骨干枝的延长枝适当重剪，对一部分长、中果枝也要短截至叶芽处，以加强营养生长、延长盛果年限。

成年盛果期李树的修剪方法和基本原则：①对骨干枝（主枝、副主枝）的延长枝，选择着生角度好、生长势较强的枝继续进行短截。②对有发展空间的斜生枝应短截。③对直立向上枝、过密荫蔽枝、内膛徒长枝以及竞争枝，应从基部疏除。④对下垂枝、重叠枝、交叉枝应适当回缩或短截。⑤对主枝、副主枝上过多的中、长果枝，应适当疏剪，以免影响树势。⑥对年老的大型结果枝组，采取适当的回缩更新，保留一些健壮的结果枝组，以延长结果年龄。⑦对中、小型结果枝组，应随时更新复壮，剪去弱枝，留粗壮的中、短果枝。⑧在疏剪的同时，为了更新，可选留着生角度好的斜生枝上的芽 3～5 个进行重短截，为翌年培养结果基枝作准备。⑨对生长过旺、产量较低的成年树，应减轻修剪量，疏除过密枝，对斜生枝以缓放为主。要防止因疏剪过多而造成很多伤口，使伤口下部抽生大量徒长枝或伤口流胶。进入盛果期的树，以每年能使各延长枝的先端抽生 30～40 厘米左右的新梢为佳。这样就能实现稳产高产，延长经济结果年限。

2. 衰老树的更新修剪

盛果期后，树体开始出现局部衰老现象。短果枝和过密的花束状果枝出现枯死，结果部位外移。此时要及时回缩重剪或疏剪。对一些明显衰老的大侧枝也可以从基部锯掉。李树的隐芽萌发力较强，能够从伤口附近抽生一些新枝条，可培养成新的结果枝组。

衰老树的修剪方法：①骨干枝的缩剪要比盛果期间加重。依衰弱的程度，可缩剪到 3～5 年部位，而且要分年回缩，同时还应注意保持主枝、副主枝的从属关系。②衰弱的骨干枝可用位置适当的大枝组代替，利用徒长枝培养骨干枝。③加重枝组的缩剪更新，疏除细弱枝，多留预备枝。④采取露骨修剪，即分 2～3 年剪截所有骨干枝上的枝条，使它们重新发出许多壮梢。在国外，核果类果树一般在盛果期后 10 年就砍掉，重新种植幼树。因为核果类果树在盛果期末的老树丰产性差，所结果实的风味品质都不好，病虫害也多，再保留经济上不合算。

（七）保花保果技术

1. 授粉受精

李大多数品种都有自花不孕性，因此在栽植时需配植授粉树，即混栽一些不同的品种。在改善树体营养条件的基础上，促进花器发育正常，再创造适宜的授粉条件，使李树开花时授粉受精良好，这是李树保花保果的重要措施。

李园放蜂可明显地提高授粉率和增加坐果。园内设置蜂箱数量，因树龄、地形、栽培条件及蜂群大小、强弱而不同，一般0.33～0.4公顷（5～6亩）果园放一群即可。要注意花期气候条件，蜜蜂在11℃即开始活动，16～29℃最活跃。放蜂期为了使蜜蜂采粉专一，可用果蜜饲喂蜂群，在花期切忌喷农药，以防蜂群中毒。花期如遇大风、低温、降雨，蜜蜂不能活动，则要进行人工辅助授粉。

2. 生长调节剂的应用

李幼果果实内源激素不足常引起离层的产生，造成幼果脱落。因此，采用生长调节剂保果是提高产量的一项有效措施。常用的生长调节剂有以下几种。

（1）2，4—D：是一种植物生长剂，用于苹果、柑橘、核果类等，防止落花落果效果显著。李保花保果使用的浓度为1～1.5克2，4—D对水125千克，在第一次生理落果期间喷施，间隔20天再喷布1次，共喷2次。使用时与0.2%～0.3%的尿素混合喷施，增产效果更明显。

（2）赤霉素（GA）：可促进果树新梢生长、节间伸长，也可打破芽体和种子休眠状态，促进幼苗生长，用于李保花保果的浓度为2～3克赤霉素对水100千克，喷药时期在第一期生理落果后喷第一次，以后间隔20天再喷1次，共喷2次。

3. 疏花疏果技术

在花果数量过多时，应正确运用疏花疏果技术，调节养分的分配，缓和生长和结果矛盾，缩小大小年结果的幅度，提高单果重和大果率，实现高产、稳产、优质。

（1）疏果时期：疏果原则上越早越好，果实较小、成熟期早、生理落果少的品种，可在花后30天（第2次落果结束）一次完成疏果任务。如果强调疏果质量，可分2次进行。第一次在李果像黄豆粒大小时（花后20～30天）进行，第二次在花后50～60天期间完成。生理落果严重的品种，应该在确认已经坐稳果以后再行疏果。

（2）疏果标准：一般单果重为50克左右的可按每16片叶子留一果作为疏果标准，随单果重增加可适当增加叶子数量。除此之外，还可依据李果之间的距离指导疏果。小果品种，每个短果枝上留1～2个果，坐果间距4～5厘米；中型果品种，每个短果枝上留1个果，强壮果枝可留2个果，间隔6～8厘米；大果品种，每个短果枝留 1 个果，间隔 8～10 厘米。

疏果时应保留具有品种特征、发育正常的果实，疏去病虫果、伤果、畸形果。实践中多按果实形状来决定留果。经验证明，纵径长的果以后膨大得快，容易形成大果。

（八）生理障碍防治

（1）流胶的防治：流胶是李树常见的一种生理性病害（障碍）。在树上任何部位都可发生，但主要发生在李树的主干和伤口部位。李树发生流胶，树势日趋衰弱，引起落果，严重时造成全株死亡。发病初期病部稍膨肿，变褐色，后陆续分泌出透明的汁液，汁液与空气接触后逐渐变成淡黄褐色、柔软透明的胶状物，干燥后变为赤褐色的硬块。枝干病部树皮粗糙、龟裂，不易愈合。树干流胶会诱致腐生菌的侵染，也常成为天牛产卵的场所。

李树流胶的防治方法：①加强栽培管理，增强树势，可减轻流胶病的发生。栽培上应及时排灌，增施有机肥，改良土壤，积极防治蛀食树干的害虫，预防虫伤、碰伤，注意控制挂果负载量，保持树体营养平衡。②用药剂防治：早春 2 月～3 月，刮除变色的病树皮，然后涂抹消毒剂和保护剂。如用 40%福美砷可湿性粉剂 50 倍稀释液消毒，然后涂煤焦油加以保护，可以预防伤口难愈合而引起流胶。

（2）裂果的防治：李果实发育过程中会产生裂果现象。裂果不但使果实的商品性降低，减少经济收益，还常引起丰产不丰收。李裂果大多在果实即将成熟时发生。发生的部位通常有两种情况，一是从果实顶部裂开，二是在果梗洼处裂开。后者是在成熟后半期，以梗洼为中心，在果实上出现轮纹，然后沿着这些轮纹开裂。李裂果极易引起果实腐烂。

防止或减少裂果的方法：选用不裂果或裂果较轻的品种栽植建园；果实成熟期防止土壤水分变化过大，遇干旱天气及时浇水抗旱；采用保护地栽培，人为控制环境条件；在李果成熟初期，尚未裂果之前采收，采后待后熟着色再上市。

（九）病虫害防治

1. 穿孔病类

（1）发病症状：受细菌性穿孔病为害的叶，初呈半透明水渍状淡褐色小点，后变成紫褐色至黑褐色，病斑圆形或不规则形，大约 2 毫米。病斑周围有水渍状淡黄绿色晕环（圈），边缘有裂纹，最后脱落或穿孔，孔缘不整齐。空气潮湿时，病斑背面有黄色菌源，严重时叶片早脱落。

枝条受害后分为春季溃疡型和夏季溃疡型两种病斑。春季溃疡型发生在上一年抽生的枝条上，春季展叶时先出现褐色小肿瘤（小疱疹），约 2 毫米，后膨大破裂，皮层翘起，成为近梭形病斑，木质部坏死达髓部，横切枝条可见“V”形坏死部，当枝条翘皮脱落后，病斑不再扩大，伤口渐渐愈合，但李树生长势大为减弱，产量下降。夏季溃疡型发生在当年抽生的嫩梢上，先产生水渍状小点，扩大后变成不规则褐色病斑，后期病斑膨大裂开，形成溃疡症状。

果实受侵染后，在病果果皮上先以皮孔为中心产生水渍状小点，扩展到直径 2 毫米时，病斑中心变褐色，最终形成近圆形、暗紫色、边缘具水渍状晕环、中间稍凹陷、表面硬化粗糙、呈现不规则裂缝的病斑，直径达 3.5 毫米左右。湿度大时，病部可出现黄色溢脓，病果易早期脱落。

（2）防治方法：①加强李园管理，冬季清园结合冬季修剪，清除病叶、病枝、病果，对落叶、落枝、落果集中烧毁，减少越冬病源。加强肥水管理，避免偏施氮肥，增强树势，提高抗病能力。②注意苗木和接穗的检疫。避免与桃等核果类果树混栽，减少病菌相互传染。③春季展叶前，喷 3～5 波美度石硫合剂或 0.8%等量式波尔多液。展叶后发病初期可喷 65%代森锌 500 倍稀释液、0.02%农用链霉素或新植霉素 500 倍稀释液、50%福美双 500 倍稀释液、硫酸锌石灰液（硫酸锌：消石灰：水＝0.5：2：120），防治效果较好，上述药剂防治的时间和次数应视病害发生及降雨情况确定。

2. 李红点病

（1）发病症状：叶片感病初期在叶面产生橙黄色的近圆形突起斑点，稍隆起，边缘清晰。随病斑逐渐扩大，颜色变深，病部叶肉肥肿下陷，上部产生许多深红色的小斑点，即病菌的分生孢子器。到了秋末病叶变为红黑色，正面下陷，叶背凸起，使叶片卷曲，并出现黑色小粒点（即埋生于子座中的子囊壳）。严重时叶片布满病斑，叶色变黄而早期脱落。果实受害时，产生橙红色圆形病斑，稍隆起，边缘不清楚，最后呈红黑色，其上散生很多深红色小粘点。果实常畸形，容易脱落，品质变劣，不能食用。

（2）防治方法：①首先要加强李园管理。注意排水，避免李园湿度过大。落叶后，彻底扫清病叶、病果，集中烧毁或深埋，消灭越冬菌源。秋翻地春刨树盘，可减少侵染来源。②李树萌芽前喷 5 波美度石硫合剂 2～3 次，或石硫合剂悬浮液 500 倍稀释液；展叶后喷 0.3～0.5 波美度的石硫合剂。③6 月中旬至 7 月中旬，每隔 10 天喷 1 次 50%多菌灵 800～1 000倍稀释液，有一定的防治效果。

3. 褐腐病

（1）发病症状：为害花、叶、枝梢、果实等，以果实受害最严重。病果初期呈圆褐色病斑，随即迅速扩展全果，导致果肉变褐色、软腐。病斑表面产生同心轮纹状排列的灰褐色霉层，即病原菌的分生孢子梗及分生孢子。病果少数脱落，大部分腐烂，并具奇臭；最后病果干缩变成深褐色或黑色僵果，悬挂在果枝上不落。花部受害变褐，多雨季节呈软腐状，表面丛生灰霉，枯死后常残留于枝上，长久不落。嫩叶受害，自叶缘开始变褐，很快扩展至全叶。枝梢受害是通过花梗和叶柄向下蔓延，形成长圆形溃疡斑，中央稍凹陷，灰褐色，边缘紫褐色，常发生流胶，天气潮湿时，病斑上生出灰色霉丝。当病斑绕树枝一圈时，引起上端枝条枯死。

（2）防治方法。①加强李园管理，消灭越冬菌源。清除病果、病枝，并集中烧毁深埋。结合深翻，将地面的病枝、病果等残体翻入土中，减少越冬菌源。搞好李园排水，增施磷钾肥，增强树势。②要及时防治害虫，尤其是及时防治桃小食心虫，桃蛀螟等蛀果害虫，以减少果面伤口和传病机会。③药剂防治。早春萌芽前喷1次1∶2∶120的石灰倍量式波尔多液或5波美度石硫合剂。在初花期喷70％甲基托布津800～1 000倍稀释液。若没有花腐发生，则第一次喷药应在落花后10天左右，喷65％代森锌500倍稀释液或25％多菌灵300倍稀释液，以后每15～20天再喷1～2次，果实成熟前再喷1次。

4. 根瘤病

（1）发病症状：细菌性根瘤病主要发生在幼苗的根颈部、嫁接口附近，也发生在侧根和支根上。根部受害时出现大小不一的瘤状物，小如豆，大如拳。病瘤形状为球形或扁球形，也可连在一起呈不规则形。初生时为乳白色或略带红色，光滑、柔软，后变为深褐色，内部组织木质化，渐变坚硬，表面粗糙或凸凹不平。老熟病瘤表面组织破裂，或从表面向中心腐烂，有的从基部脱落，并在原生病瘤附近产生新的病瘤。根颈部发病，往往使植株死亡。

（2）防治方法：①繁育无病苗木、壮苗；加强植物检疫工作，严禁用发生过根瘤病的田块作苗圃，严禁从病园采集接穗和插条；砧木种子用农杆菌（K84）菌液浸泡1天；苗圃或新定植李园发现病苗应立即拔除，并拾净残根集中烧毁，用1％硫酸铜液消毒土壤。②加强栽培管理，多用芽接法嫁接，注意减少和保护伤口，对苗木消毒。起苗或定植前应认真检查，淘汰病苗。注意排水，合理安排病区和无病区排灌渠道，防止灌溉水传播病菌。碱性土壤施用适量的酸性肥料。③定植前将嫁接口以下部位，用1％的硫酸铜浸5分钟，再放入2％石灰水中浸1分钟，或用3％的次氯酸钠溶液浸3分钟，或用农杆菌（K84）菌液浸泡2小时，以杀死附着根部的细菌。④刮治病瘤，早期发现病瘤应及时切除，并用30％DT胶悬剂（琥珀酸铜）300倍稀释液消毒或涂波尔多液浆保护伤口，或用0.2％的升汞水消毒伤口，再涂石硫合剂残渣。刮下的病瘤要立即烧毁。

5. 炭疽病

（1）发病症状：幼果受害时，发育停滞，多呈僵果挂在枝上。较大果实发病时，果面出现淡褐色水渍状病斑，随后逐渐扩大，呈红褐色，圆形或椭圆形，病部明显凹陷；若天气潮湿，病部产生粉红色黏质小点，呈同心轮纹状排列，果实多腐烂脱落，或呈僵果挂在树上。叶片受害后，病斑呈灰白色或灰褐色，圆形，病部周围为暗紫褐色，常排列成同心轮纹。病部最后腐烂脱落。

（2）防治方法：①结合冬季清园，清除病僵果、病枝，集中烧毁。②注意李园排水，合理施肥，防止徒长。③开花前喷3波美度石硫合剂1次，花后喷65%福美锌、65%代森锌400～500倍稀释液或65%退菌特可湿性粉剂800～1 000倍稀释液。从幼果期至成熟期，每10天喷1次，连续喷3～4次。5月～6月雨季应特别注意。

6. 蚜虫类

蚜虫的种类较多，为害李树的主要有李粉蚜和李瘤蚜，李蚜也会为害。蚜虫常密集在嫩梢和叶片上吸食汁液，使树势减弱。蚜虫还会传播病害。

（1）为害症状：①李粉蚜。叶向叶背对合纵卷，呈勺形，叶上常有蚜虫分泌的白色蜡粉；其分泌蜜汁常引起煤污病（烟煤病）发生，严重时枝叶墨黑色。②李瘤蚜。叶从边缘向叶背纵卷，卷曲处组织肥厚，凹凸不平，初呈淡绿色，后变红色，严重时全叶卷曲。③李蚜。叶变黄，呈不规则卷曲（即缩叶），最后干枯脱落。

（2）防治方法。①李园附近不栽烟草和十字花科蔬菜等夏季寄主植物。②保护和利用天敌。在蚜虫为害没有达到经济为害时，可不喷药，以保护更多的天敌。亦可进行天敌的助迁引放，以消灭蚜虫。蚜虫的天敌有食蚜蝇、瓢虫（如七星瓢虫、多异瓢虫）、草蛉（如大草蛉、中华草蛉等）、蚜茧蜂、食蚜螨等。天敌对蚜虫有较强的控制作用。③及时喷药灭虫。冬季清园时喷布2～3波美度石硫合剂，以杀灭越冬卵，春季开花末期，当虫卵已全部孵化、新梢叶片刚展现而未受害卷缩前的始发期，喷吡虫啉1 500～2 000倍稀释液、50%马拉松乳剂和50%敌敌畏乳剂1 000～1 500倍的混合稀释液、40%乙烯甲铵磷400～600倍稀释液、亚铵硫磷1 000倍稀释液、20%杀灭菊酯2 500～3 000倍稀释液、2.5%溴氰菊酯3 000倍稀释液或40%氧化乐果1 500倍稀释液，以便消灭幼蚜，4月中下旬再喷1次。如治李粉蚜时，因其披有蜡粉，喷药时还应加入适量的中性皂液或洗衣粉液，增加黏着力，提高药效。秋季产越冬卵前喷敌杀死7 000～8 000倍稀释液，对防止蚜虫产卵效果好。

7. 天牛类

（1）为害症状：①桃红颈天牛。幼虫蛀食枝干，蛀道不规则，从排粪孔排出大量红褐色虫粪及碎屑。成虫直接产卵于主干、主枝的树皮中，无刻痕。②桑天牛。幼虫在枝干内蛀食，可见一排排粪孔，孔道直，内无虫粪。成虫产卵于10毫米左右粗的小枝上，在其基部或中部可见“U”形伤口，卵在中间伤口内。③苹枝天牛。幼虫蛀食新枝和细枝，被害枝中空，每隔一段距离有一圆形排粪孔，排出淡黄色粪便，成虫产卵于新梢。④梨眼天牛。幼虫蛀食枝干木质部和皮层，在孔道口可见烟丝状木屑纤维粪便。成虫产卵于粗15～25毫米的枝条上。

（2）防治方法：①捕杀成虫。于雨后晴天的中午，在树干和主枝部位捕捉交尾产卵的成虫。②成虫发生前，在树干和主枝上涂白涂剂（用生石灰 10 份、硫黄 10 份、食盐 20 份、动物油 20 份、水 40 份调制而成），防止成虫产卵。③药杀幼虫。当发现枝干上出现虫粪时，可用刀刮除初龄幼虫，亦可将粗皮刮去后，用煤油 1 千克、敌敌畏 50 克（或乐果、甲铵磷均可）兑水 20 倍，搅拌均匀后涂抹被害枝干；或用钢丝等掏出虫孔口虫粪后，用一小棉球蘸药液塞入蛀道内，外用湿牛粪和黄泥混拌成的牛粪泥团，堵塞孔口，毒杀幼虫。

8. 食心虫类

（1）为害症状：①李小食心虫。主要为害核果类果树，以李受害最重。蛀果前常在果面上吐丝结网，在网下啃咬果皮，蛀入果内，不久在虫口处流出泪球状果胶。幼虫无一定的入果部位，但入果后常到果柄附近咬坏输导组织，使果逐渐变为紫红色，导致提前落果。受害严重的李园，果实豆粒大时，即大量落果，未落的果实也因被蛀成“豆沙馅”而不能食用。②桃小食心虫。幼虫入果孔有胶滴，干后成白色蜡质膜。后期幼虫在果内穿食，造成果畸形（猴头果）。幼虫排粪于果内，形成“豆沙馅”，果不能食用。③梨小食心虫。幼虫从果蛀入，蛀入处有少量虫粪，蛀道直，直达果心。

（2）防治方法：①物理法灭虫。即春季萌芽前在树冠下的根颈附近培土 5～13 厘米，或在地面铺盖地膜，阻止越冬代成虫飞迁产卵。或在越冬代成虫羽化出土前，在树干周围培土踏实，使羽化成虫闷死在土里。剪除受害的枝条和虫果（包括落地虫果）深埋或集中烧毁。还可利用成虫的趋光性，在园中装黑光灯诱捕成虫。②利用成虫的趋化性。在越冬代成虫羽化产卵期，以糖醋诱杀成虫。③药剂防治。在幼虫出蛰期和入土前，在地面每亩果园撒施 1.5 千克 5%辛硫磷颗粒剂或喷 50%辛硫磷乳剂 200 倍稀释液，毒杀幼虫。幼虫孵化期，在树冠上喷 50%辛硫磷 1 000～1 500倍稀释液、50%杀螟松乳剂 800～1 500倍稀释液、90%晶体敌百虫 1 000倍稀释液、50%敌敌畏1 000倍稀释液、2.5%溴氰菊酯乳油2 000倍稀释液或 20%杀灭菊酯2 000倍稀释液。李小食心虫越冬代成虫羽化期持续 1 个月之久，故必须连续喷药 2～3 次。

9. 介壳虫类

（1）为害症状：各种介壳虫，都是以若虫或雌成虫聚集在枝干上吸食汁液。依虫口密度不同，在枝干上可明显看到密度不同的介壳。如是桑白蚧为害，虫口密度大时，整枝被虫体覆盖，枝条表面凹凸不平，枝干远望呈灰白色。枝干被害后，生长减弱甚至枯死。湖区发生较多。

（2）防治方法：①人工防治。用硬毛刷刷去枝干上的虫体，结合修剪，剪除被害严重的枝条；早春树液流动前，在枝干有虫部位涂 40 倍 20 号石油乳剂稀释液、5 波美度石硫合剂、煤油或洗衣粉液（柴油 0.15 千克、洗衣粉 0.5 千克、加水 50

千克）。若先将介壳刮一下再涂药，效果更好。也可在萌芽时喷 5 波美度石硫合剂于树冠上。②及时喷药杀若虫。关键是抓若虫孵化盛期、未分泌蜡质前的分散转移时喷含油量 0.2%～0.4%的黏土柴油乳剂（配制法：轻柴油 1 份、干细粘黄土粉 2 份、水 2 份，按比例将柴油倒入黏土粉中，完全湿润后搅成糊状，再将水慢慢倒入，边倒边搅，直到表层无乳油即成含油量 20 的原液。使用时加水稀释搅拌乳化成 0.2%～0.4%的药液，喷时亦宜随时搅动，防油水分离）混合 80%敌敌畏乳剂 1 000倍稀释液、50%磷胺乳剂 100 倍稀释液、25%亚胺硫磷1 000倍稀释液、90%敌百虫1 000倍稀释液、50%杀螟松1 000倍稀释液、20%双甲脒1 500倍稀释液、50%对硫磷1 000倍稀释液或 50%三硫磷1 000倍稀释液喷杀，或 50%半硫磷乳剂 200 倍稀释液进行涂抹（但要注意切勿涂上叶片），杀虫效果极佳。成虫羽化期喷 80%敌敌畏乳剂1 000倍稀释液杀成虫。③保护与利用天敌。桑白蚧的天敌有红点唇瓢虫、日本方头甲等。这些天敌对桑白蚧捕食能力强，要注意保护利用。④做好冬季清园工作。冬剪时剪除病虫枝，树干刷白，喷 2～3 波美度石硫合剂，消灭越冬的雌成虫。

10. 红蜘蛛

（1）为害症状：成螨、若螨和幼螨以刺吸式口器，刺吸叶部组织和初萌发芽的汁液，破坏叶绿素，使叶片呈现失绿斑点，而后扩大连片，严重时使叶片枯焦、早落叶。影响当年的花芽分化和翌年产量。

（2）防治方法：①消灭虫源。刮尽翘皮，将老皮及主干周围有虫的土壤深埋或烧毁。萌芽前喷 3～5 波美度石硫合剂，消灭越冬雌成虫。8 月下旬进行树干束草，诱集越冬雌虫，于翌年春取下烧毁灭虫。②生长期喷药灭虫。花落后，喷 0.3～0.4 波美度石硫合剂，或内吸磷（1059）2 000倍稀释液，如对内吸磷产生抗药性，可将内吸磷2 000倍稀释液与 0.3～0.4 波美度的石硫合剂混合使用（须随配随用）。7～9 月可用 0.1 波美度石硫合剂、40%乐果1 000～1 500倍稀释液、50%敌敌畏 1 000～1 500倍稀释液或 40%三氯杀螨醇1 000～1 500倍稀释液喷杀，都有良效。③保护和利用天敌，尽量少用对天敌杀伤力强的广谱杀虫剂。天敌常见的有小黑瓢、小花蝽、草蜻蛉、狸蝽和捕食螨。

（十）采收、贮藏与加工

1. 采收和贮藏

（1）采收：鲜食李果要分批采收，这样既可保证果实品质、产量，又能延长果实的市场供应期，同时也有利于保护树体。一般一个品种可分 3～4 次采收，每次间隔 3 天。

李果采收时间，以早晨露水干后至上午 10 时以前或下午 3 时以后为好。有露水的早晨或烈日的中午采果都对果实贮藏不利。阴雨天也不宜采果。

采摘李果时要轻拿轻放，鲜食用的李宜用手采摘，采收人员应剪去指甲、最好戴上手套，以免碰伤果实。采时连果柄摘下，尽量保护果面的蜡粉，避免机械损伤，这样既可保持较为新鲜美观的商品外观，又有利于减少病原菌侵入的机会，并有利于延长果品贮运期。采果顺序应先下后上、先外后内。采果时不要折断果枝，以免影响翌年产量。采时用手握住果实，用食指按着果柄与果枝连接处，稍用力扭动即可，然后将果实轻轻放入筐内。采下的李果不可放在阳光下暴晒。作干果用的李子，采收时可用竹竿 1 次全部击落。

（2）果实分级：按果实的成熟度、大小分级，一般分两级即可。剔除病虫、伤残果，做到按质论价。如果是外销果，一律按国家食品检验规定分级，要求果实纵横径在 3.5 厘米以上，果形美观，色泽艳丽。

（3）贮藏保鲜技术。

①贮前的预冷包装。在远销或贮藏前，果实需进行冷处理。预冷方式，以用 0.5～1℃的冷水降温的效果较好，在冷库中预冷也可，但效果不及水冷。李果容易受机械损伤，为防止机械伤和碰压伤，包装容器宜用小篓，每篓装 3 层，共 3 千克左右。小篓再装入果箱内，每箱装 4 篓左右。

②贮藏保鲜技术。

冰窖贮藏：冰窖内用碎冰铺平窖底，把经过预冷的李果连同贮藏用果箱搬入冰窖内并码垛。在同一垛内，层与层之间充垫碎冰，垛与垛之间也用碎冰填充，之后用碎冰覆盖果垛，再用塑料薄膜覆盖，以抑制冰因蒸发而消融。然后在塑料薄膜上堆 70～100 厘米厚的稻草、秸秆、木屑等，起隔热保温作用。出进冰窖要注意随手关门，严防外界热空气侵入。在外界气温下降到 0℃左右时，可逐渐将李果转移到通风窖中贮藏，腾出冰窖准备冰块入贮。在贮藏过程中，窖温一般应该保持在 −0.5～1℃之间。

冷库贮藏：冷库应预先用生石灰或其他方法进行消毒处理。果箱用 5%的氢氧化钠洗刷，并用清水冲净。选择完好果实装箱，于 4℃下贮藏 2 天左右，然后置温度为 0.5～1℃、相对湿度约 90%条件的冷库中贮藏。

（4）果实的运输：李果采收后，新陈代谢作用仍然非常旺盛，果实含水量和含糖量又高，因此在运输时要考虑以下一些问题。

①运前预冷。采收后及时进行预冷降温，散去田间热量，再用冷藏车船运输。预冷可以在冷库内进行，如冷库采用鼓风冷却系统更有利于果温降低。风速越高，降温效果越好。为加速降温，还可以使用水冷、冰冷和真空冷却等方法。若将未经预冷的李果装载在冷藏车船内，因果品温度与车船温度相差较大，果品蒸发旺盛，车船内湿度很大，李果上凝结大量水珠，极易引起果实发病腐烂。

②快装快运。李果采后，不断地进行呼吸，体内营养物质不断分解，因此一定要在可能范围内，缩短运输过程，快装快运，迅速到达目的地，以减少途中的消耗。

③轻装轻卸。李果属于鲜嫩易腐烂果品，在搬运装卸中稍有挤碰，就会发生损伤，导致腐烂。所以在装卸过程中应轻装轻卸，减少人为损伤。

④选用合适的运输工具。李果运输宜选用配有降温装置的现代化运输工具，如冷藏货车、冷藏轮船、火车冷藏车厢等，以最大限度地减少运输途中的损失。

十九、食用菌栽培技术

（一）食用菌栽培需要的设施条件

1. 食用菌栽培的设施条件

（1）场地选择：栽培食用菌的场地应选择通风、向阳、近水源的场所，能利用一些夏季极端温度不是很高的山区作为栽培场所就更好。场地的选择，要远离家畜禽养殖场、厕所、食品加工厂、酿造厂、化工厂、居民生活区、农贸市场、医院等场所，这些场所易产生垃圾、粪便、有害的粉尘、气味，其地下水和地表水也易受污染。

（2）栽培设施要求：食用菌栽培的设施要求不高，一般需要搭盖大棚，大棚外覆盖塑料薄膜，用于挡雨水，又能保温保湿。大棚需要有一定的遮阳设施，一般在塑料薄膜外加遮阳网，在实际操作中，夏天采用遮阳网的棚内温度变化太大，超过了高温食用菌所能承受的温度。因此，在塑料大棚的顶部及四周最好用茅草、甘蔗叶、稻草或其他禾秆类材料覆盖，既有一定的遮阳作用，冬季又可保温，夏天还可降温。大棚要求通气方便，要在棚的两头留有足够大的通气窗，棚的两头分别开门，由于广西春、秋季节气温比较暖和，害虫较多，因此门窗都要装上 30 目以上的防虫纱网，以防食用菌菌丝的香味吸引大量的昆虫来为害。也可选择一些旧住房、旧库房、旧校舍等现有设施作为食用菌的栽培场所，还可以利用人防、石山区的山洞来栽培食用菌。但在使用前要清除室内及周边的垃圾、杂草，撒石灰粉进行消毒，并用敌敌畏 600 倍稀释液和多菌灵 600 倍稀释液进行喷洒，杀灭菇房内的病虫害。曾经用来栽培食用菌的菇房，再次使用时，更要进行彻底消毒，并适当加大用药量和用药次数。近年来，人们利用香蕉植株下，龙眼、杧果等果树下较阴凉的环境，露天栽培平菇、金福菇、鸡腿菇等，既节省投资，又可直接把栽培食用菌用过的菌糠作果树的肥料，一举两得。

（3）菌种和菌包生产所需设备。

①粉碎设备。生产食用菌的原料需要加工，枝条、桑枝条、黄豆秆、木薯秆等原料需要粉碎或切削，因此需要配备一些必要的粉碎机或切削机。稻草、玉米秆、甘蔗叶用于生产食用菌品种有时要切碎，需使用切草机。但这些设备并不需每户菇农都配备齐全，以村屯配有就行了。

②拌料和装袋设备。对于生产食用菌规模较大的农户，为了提高劳动效率，可选用原料搅拌机和装袋机。

③灭菌设备。大部分食用菌采用熟料栽培方式，这就需要对培养料进行装袋灭菌。灭菌的方式有高压灭菌和常压灭菌，可根据经济能力和生产规模配备不同的设备。

④接种设备。如果农户需要自己生产食用菌菌种，就一定需要有接种箱或超净工作台，还需要有1～2间能灭菌的干净接种房间和培养室。如果自己不生产菌种，而从外面购买菌种，只接袋料生产食用菌，也需要有能灭菌的接种场所。

⑤环境灭菌设备及药品。大棚、接种室、培养室、接种箱都需要灭菌，可在房里安装紫外灯或者购买臭氧发生器，利用臭氧来灭菌。也可用化学药品进行杀菌，常用的方法是每立方米用高锰酸钾5克加甲醛10毫升混合后进行熏蒸杀菌，也可到市场购买食用菌专用熏蒸杀菌剂来杀菌。

（二）平菇栽培技术

平菇味道鲜美、营养保健价值高，其生长周期短、适应性强、栽培原料广泛、栽培方法简单易行、成本低、产量高、销路广、市场容量大、经济效益高，是农民增收的一项投资省、见效快的项目。

1. 栽培季节、栽培品种和栽培方式的选择

（1）栽培季节和栽培品种：按照平菇生长发育对温度的要求、市场消费习惯、栽培场地和栽培方式的不同，恰当地选择栽培时期，是栽培成败的关键。广西一年四季均可安排生产，但应根据各地的气候条件、栽培设施及栽培方式选择不同温型的品种，做好品种搭配。根据市场消费习惯及栽培设施条件确定种植规模，夏季适当减少，秋、冬、春季则可大力发展规模种植。秋、冬季栽培可选用广温或中温型品种如B15、黑平系列、科大2号、农科2号、江都302、春秋抗王等，春、夏季栽培则要选用高温型平菇品种如侧五、高平3号、基因1005、茶39、558等，可在每年的2～3月和8～9月作为更换品种的时间。

（2）栽培方式的选择：平菇适应性强，栽培方式主要有塑料袋熟料栽培、发酵料床栽、塑料袋栽培、生料床栽培等多种。广西多采用塑料袋熟料栽培方式。本书主要介绍平菇的塑料袋熟料栽培技术。

2. 培养料配方

栽培平菇的原料非常广泛，各地可根据当地资源条件因地制宜选用以下配方。

配方1：杂木屑或稻草（切碎）85%、麸皮（或米糠）7%、花生麸3%、磷肥或复合肥1%、石膏或碳酸钙1%、白糖1%、石灰2%。

配方2：蔗渣40%、杂木屑35%、米糠20%、过磷酸钙1%、石灰3%、石膏1%。

配方3：玉米芯65%、棉籽壳20%、米糠8%、花生麸3%、磷肥1%、石膏

1%、石灰 2%。

配方 4：稻草 38%、木屑 35%、麸皮 18%、玉米粉 4.6%、白糖 1%、石膏粉或碳酸钙 1%、石灰 2%、磷酸二氢钾 0.2%、硫酸镁 0.2%。

配方 5：甘蔗渣 74%、米糠（麸皮）20%、石灰 3%、过磷酸钙 1%、磷酸二氢钾 1%、石膏 1%。

配方 6：玉米芯 46%、木屑 25%、稻草 10%、玉米粉或麦麸 14.6%、白糖 1%、石膏粉或碳酸钙 1%、石灰 2%、磷酸二氢钾 0.2%、硫酸镁 0.2%。

以上配好的培养料要求 pH 值为 7.0～8.0，含水量 60%～65%。各配方要根据不同季节而有所区别。在夏季高温时，各配方的辅料如麸皮、米糠、花生麸等用量要适当减少，石灰的用量适当增加。培养料的含水量，冬季可调整到 60%～65%，夏季要调整到 55%～60%。

3. 塑料袋熟料栽培方法

塑料袋熟料栽培是将培养料装进聚乙烯或聚丙烯薄膜袋（筒料），经灭菌处理，并在无菌条件下进行接种和发菌的栽培方式。熟料栽培是平菇工厂化生产的最好方式，一年四季都可以生产，而且高产稳产，经济效益高。

（1）栽培原料、栽培场所及菌种的准备。

①栽培原料的处理。用于栽培平菇的培养料，如棉籽壳、杂木屑、甘蔗渣、稻草、玉米芯等要求新鲜、无霉变、无虫蛀、不含农药或其他有害化学成分。禁用抗虫基因水稻稻草、抗虫基因棉籽壳等转基因原料以及施过矮壮素的原料。规模种植之前应有计划因地制宜地提前收集储备、加工，培养料使用前应在太阳底下暴晒 1～2 天。

②栽培场所。平菇适应性强，适宜栽培的场地很多，可利用闲置的房屋、简易房、塑料大棚、林木行间、人防工事等场地进行栽培，但要求通风好、干净、阴凉、周围环境清洁，使用前要对场地进行彻底清理和消毒。

③菌种准备。菌种质量的优劣是平菇生产成败、产量高低、品质好坏的关键，种植前要结合当地环境气候条件及消费习惯，选择产量高、种性稳定、出菇早、转潮快、适应性和抗逆性强、商品性好、市场竞争力强、适宜该季节栽培的优良平菇品种，与此同时，做好充分的制种和订种准备，使栽培有计划地进行。

由于菌丝长满菌种后能存放的时间非常短，有设备和技术力量自己制种的生产者，根据栽培时间、规模及各级菌种生长的时间安排菌种生产。一般农户少量种植的，则需要购买菌种进行生产。购买菌种，最好提前与信誉高、技术力量雄厚、设施设备较为完善的科研单位或菌种厂按计划栽培的品种类型、数量、制种和取种日期进行预订（种植规模不大的，栽培种可提前 15～20 天、原种提前 25 天预订）。

（2）培养料配制：按照选定的配方要求及种植规模，准确称取配方中的各种原料。秸秆类要经粉碎机粉碎，木屑、甘蔗渣等要晒干过筛，以免刺破塑料袋。不易吸水的原材料如木屑、玉米芯、棉籽壳、稻草等，要提前1天用石灰水预湿，让其吸足水分再与甘蔗渣、麸皮（或米糠）、白糖、石膏（或碳酸钙）等充分混合拌匀，同时加水将含水量调至60%～65%、pH值（酸碱度）调至7.0～8.0即可装袋。一定要严格控制调节含水量和酸碱度，而且原料要充分搅拌均匀，不能有未湿透的干料团。

（3）装袋：培养袋可选用低压聚乙烯或聚丙烯塑料卷筒材料，宽20～25厘米、厚0.03～0.04毫米，使用时截成长45厘米一段，即可得一个袋。装袋前先用塑料绳或棉绳把袋筒的一头扎好，再将培养料装入筒袋内，边装边轻轻压实，使袋壁光滑而无空隙，装满袋后再把袋口合拢，紧贴料面扎紧。装袋要注意松紧合适，用力均匀，不能太松或太紧。搬运时轻拿轻放，不拖不磨，避免人为弄破袋子。装好筒袋后应及时检查，如发现筒袋有小破眼孔，可用透明胶贴封，然后进入灭菌工序。一批培养料最好在半天内完成，料袋要尽快放到灭菌锅内灭菌，以防培养料发酸变质。有条件的最好使用装袋机装料，既保证装袋质量，松紧适宜，又可提高工效。

（4）灭菌：料袋装锅后要立即用旺火灭菌，使灶内温度在3～5小时内迅速上升到100℃，并开始计时，然后稳火控温，保持锅内水沸腾，温度一直保持在100℃，持续10～12小时。停火后闷锅6～8小时后再出锅，这样才能彻底灭菌。夏季灭菌时间要长些，冬季可短些。

（5）接种：将已灭菌的料袋搬到事先消毒好的接种室散热，当温度降到28℃时就可接种。接种时要严格按照无菌操作规程进行，选择健壮、无杂菌及虫害的适龄栽培种，接进菌种后在料袋两头套上用包装带做成的直径4.5～5.5厘米的套环，并用胶圈将经过灭菌的牛皮纸或报纸的套口封住。接种后也可以用塑料绳或棉绳捆扎袋口，待菌丝长至2/3或长满后再套上套环和报纸。一般每瓶（袋）菌种按两头接种计算可接15～20袋料。

（6）发菌管理：培养室、简易房、塑料大棚或其他地方均可作培养场地，但要求干净、干燥、周围环境清洁卫生，放置料袋前要进行彻底消毒处理。接种后菌袋可放在室内层架上培养或地面墙式堆放培养。菌袋摆放的层数应根据气温而定，夏、秋季气温高时，堆放2～4层，堆成井字形，交叉排放，便于散热，排与排之间留出60～70厘米宽的人行道，便于操作和通风换气，还要留出一定的空地，便于翻堆；春季或冬季气温低时，可堆5～6层或更多。冬季可加塑料膜保温，但要注意在白天气温较高时多通风换气。发菌阶段，绝对不能往菌袋喷水，菇房空气相对湿度以不超过70%为宜，有条件的最好能在黑暗环境培养。接种后10天内要勤检查，发现被污染的菌袋要及时拣出处理，同时要预防鼠害和虫害。

如果温度适宜，菌丝生长正常，一般菌袋接种20～30天后，菌丝就能长满整个培养料。菌丝长满料袋后约 7 天，即可将菌袋移到已消毒过的出菇场地进行出菇管理。

（7）出菇期管理：菌袋可直接堆放在菇房地面上，每排可堆 5～8 层，排与排之间留 50～60 厘米空间，方便操作。也可将菌袋上架，充分利用空间，每架间隔 50～70 厘米，用竹竿或木头固定，防止喷水、采菇时菌袋倒塌。当料面见有小菇蕾形成时，打开塑料袋口，除去报纸或牛皮纸，暴露料面，以促使菇蕾迅速生长。从接种至子实体原基的形成一般需 35～50 天（接种至子实体形成的时间与品种、培养环境的温度、温差等因素密切相关）。

①拉大温差，刺激出菇。平菇是变温性结实菌类，变温刺激有利于平菇子实体的形成。菇房（棚）内温度除要控制在所种品种的出菇范围特别是最适宜的温度范围外，还要人为制造低温和较大的温差，刺激平菇原基分化。低温季节，白天注意增温保温，夜间加强通风降温；气温高时，应加强通风和喷水降温，以加大温差，刺激出菇。

②加强水分管理。适宜的空气相对湿度是子实体形成和正常发育的重要条件。不同时期、不同气候条件喷水方式和喷水量有所不同，子实体形成初期以空间喷雾加湿为主，以少量多次为宜，保持地面湿润，切忌向菇蕾上直接喷水，只有当菇蕾分化出菇盖、菇柄时才可少喷、细喷、勤喷雾状水。当平菇菌盖大多长至直径 3 厘米以上时，可直接喷在菇体上。晴天、吹干冷风时多喷，雨天、吹湿热风时少喷或不喷，出菇期间空气相对湿度最好不要低于 80%，以 85%～90%为最佳。空气湿度太低，子实体不能形成，已形成的也会因干燥而萎缩死亡；湿度过高则极易发生杂菌污染。采完一潮菇后，停止喷水 3 天左右，然后重新喷水，刺激新一潮菇的形成。采收两潮菇以后，菌袋内水分低于 60%时应采用注水或浸泡的方法补充水分。

③加强通风换气。子实体形成和生长发育阶段需要足够的氧气，出菇场地在保证温度适宜和空气相对湿度不过低的情况下可全敞开，人防工事或地下室栽培要人工送风换气。足够的通风不仅有利于子实体的形成和发育，同时可减少杂菌的污染。但要注意避免风直接吹到菇体上。

④控制光照。平菇子实体的形成必须有光线的刺激，散射光可以诱导早出菇、多出菇，因此，菌丝长满菌袋后，要给予适当的散射光，但不能让阳光直射以免把菇体晒死。黑暗的环境或光线太弱，子实体难以形成，即使形成了，子实体的生长也常常不正常（出菇少、柄长、盖小、色淡、畸形），严重影响产量和品质，通常达到能看到报纸的光线即可，生产上以“三分阳、七分阴，花花太阳照得进”为目测标准。在人防工事等场所应安装照明灯来增加光照，刺激子实体的形成。

（8）采收。

①采收时间。平菇适时采收，既可保证质量，也可保住产量。一般七成熟，即

菇体颜色由深变浅，菌盖边缘尚未完全展开，孢子未弹射时采收最好，此时菇体柔软，柔嫩味美可口，产量和营养价值都高。但也有采收幼菇的，由于平菇子实体是越嫩越好吃，幼菇口感良好，既滑又爽，随着人们口味的不断变化，一些菇农专采摘菌盖在3厘米以下的幼菇供应高档餐厅，价格较高。因此，也可根据市场需要灵活掌握。

②采收方法。采摘时一手按住培养料，一手抓住菌柄，将整丛菇旋转拧下，不要把基质带起。采后将菌柄基部的培养料去掉，注意轻拿轻放，防止损伤菇体。

（9）恢复期管理：一潮菇采完后，应及时清理料面，将死菇、残根清除干净，同时打扫环境卫生。将培养料含水量补充到60%～65%，然后停止喷水3天，让菌丝恢复生长并积累营养物质。此后按头潮菇的出菇管理方法，重新喷出菇水和创造温差刺激催蕾。每批袋料出2～3潮菇后，培养料的营养成分损耗较大，为促进多出菇，可以结合喷营养液来补充营养。营养液主要有1%的糖水、菇脚煮出液、0.2%～0.4%的尿素溶液、麸饼类煮液等，可根据农户的条件选用。

（三）香菇栽培技术

1. 香菇袋栽技术

（1）场地和品种的选择技术。

①栽培场地及设施。培养房、栽培房可利用闲置住房、仓库稍加整修和消毒即可使用。栽培房内可用角钢或竹、木等材料搭床架。床架最宽不超过1.5米，层数视菇房高矮而定，一般3～6层，每层相距0.8米左右，床架必须坚固、平整，床上铺以竹条或木片，再盖上塑料薄膜，床架最好略为倾斜以防积水。

②品种选择。香菇品种有低温型、中温型、高温型和广温型。代料栽培方式若在桂南、桂中应选择高温型品种，在桂北和山区选择中温型或高温型品种。如果是反季节生产可以选择高温型品种，在1～2月接种培菌，低温接种培菌污染率低，可以提高效益。

（2）原料与配方：一般阔叶树的木屑均可用于栽培香菇。新锯下的木屑需及时晒干、过筛贮存备用，要求无霉变、油污和化学物理污染。杉、柏、樟等含有芳香油脂树种的木屑要进行预处理，常用的方法是把这类木屑堆积在露天，让其风吹日晒雨淋一段时间，然后晒干、过筛。或在灭菌时多排放两次蒸气，使具杀菌的芳香性物质随蒸气排放挥发。

以下是根据广西食用菌栽培材料资源，筛选出几种常用的配方，供选用。

配方1：木屑78%、麸皮20%、蔗糖1%、石膏1%。

配方2：木屑77%、麸皮20%、红糖1%、碳酸钙1.3%、过磷酸钙0.5%、硫酸镁0.2%。

配方 3：木屑 50%、甘蔗渣 28%、麸皮 20%、石膏 1%、糖 1%（新鲜甘蔗渣不用加糖）。

配方 4：木屑 40%、木薯茎秆（或桑枝）38%、麸皮 20%、石膏 1%、糖 1%。

配方 5：木屑 50%、玉米芯（或秆）30%、麸皮 18%、石膏 1%、糖 1%。

（3）拌料与装袋：把木屑、麸皮、石膏等干料先拌匀，糖先溶于水中，然后将糖水逐渐加入干料中，边加边拌匀，培养料含水量 55%～60%。木屑干湿程度不一样加水量亦不同，以用手出力握培养料时指缝有水但不往下滴为宜。

采用高压蒸汽灭菌的应选用聚丙烯塑料袋，常压可选用聚乙烯塑料袋，袋的规格为 17 厘米×33 厘米、袋厚 0.04～0.05 毫米。装袋可用手工也可机装。若用手装袋应一手提袋，另一手放料，边装边把料压紧，装料到 2/3 高时，把袋口、袋壁清理干净，然后折叠袋口，用橡皮筋捆扎袋口。若用套环，环口塞上棉花或封纸亦可。

（4）灭菌：高压灭菌压力为 137 千帕（1.4 千克力/平方厘米），温度为 126℃，保压 2 小时后，让其自然降压，压力降到零后再出锅；常压灭菌，当锅内温度达到 100℃时，维持 10～12 小时，烧火时一般采用“攻头，控中间，保尾”，熄火后继续闷一段时间再开锅，以防“胀袋”。为防灭菌不彻底，锅内塑料袋堆叠不要过挤，要留有一定的空隙。

（5）接种：小规模生产可用接种箱接种，大规模生产可考虑设立接种室，在接种室接种。接种的操作步骤为：①接种前做好接种箱（室）灭菌工作，搞好清洁卫生。关好门窗后，按每立方米容积用福尔马林 17 毫升、高锰酸钾 14 克的比例，对接种箱（室）进行熏蒸约 12 小时（先在容器中倒入福尔马林，再往里面放入高锰酸钾，产生的气体对人体有毒，人要迅速离开，立刻关上门，不让气体溢出）。把接种器具放到接种室（箱）内，需灭菌的栽培袋料搬入室（箱）内，选好的菌种用 75%的消毒酒精对瓶口和瓶壁消毒后也一起放入里面，再用上述药品药量熏 1 次。②按无菌操作要求，将菌种表层的菌膜、老菌丝轻轻刮去，把折叠袋口打开，再把菌种接到已灭菌的栽培袋中，按原样把袋口折叠好。若是袋口套环的，只需拿开封口棉花或纸，往里接种后再封上即可。

（6）培养：培养房要求阴凉、干燥、通风，防止强光直射，室温控制在 24～27℃之间，空气相对湿度控制在 70%以下。若室内温度过高，晚上可打开门窗通风。房内有层架的，接种后的栽培袋可放在层架上，每层架放 1～2 层栽培袋。没有层架的，放在干净的地板上亦可。培养房使用前必须经过消毒才能使用。

（7）脱袋：脱袋时间应根据栽培地的气候、栽培品种及菌龄而定。菌丝长满菌袋后 20～30 天，菌丝表面出现零散原基时用小刀划破塑料袋便可脱袋。脱袋时的气温以 12～25℃为宜，气温高于 28℃易引起菌丝徒长，气温低于 12℃，菌丝难以恢复，菌膜难转色。雨天最好不脱袋。在床架上铺一层干净薄膜，把脱出的菌袋置薄膜上，袋与袋之间相距8～10厘米。边脱袋边盖上薄膜，以利于保温保湿。

（8）转色管理：脱袋后香菇的出菇快慢，与品种的特性和气候条件有关。若脱袋时机掌握得好，菌袋会边转色边分化出小菇蕾。如果脱袋后7～10天菌袋还未出菇，但表面已长满白色浓密的菌丝，气温又超过25℃，可在中午掀起薄膜并抖动，加大通风量，促使菌丝倒毛、转色，使菌袋结一层茶褐色的菌膜。菌膜已长好仍不见出菇的，就要创造适宜的出菇环境，给予菌袋一定的温差、湿差和光的刺激，迫使菌丝从营养阶段转入生殖阶段。做法是白天关好门窗，晚上12点后把门窗打开，使菇房的温差能达到8～10℃，菌丝便开始交织扭结形成原基，促使菇的发生。若以温差刺激仍不能出菇，可把菌袋浸水一个晚上（12小时），使菌丝处于短时间的缺氧环境，一般情况下，菌袋此时都会出菇。第一潮菇应尽量通过温差刺激出菇，浸水是迫不得已的。对初学者来说，要熟练掌握香菇的出菇技术有一定难度，但经多次栽培便可逐渐掌握。

（9）出菇期的管理及采收：经多次温差刺激后，一般都会形成小菇蕾。出现菇蕾后可把覆盖的薄膜架高，早晚掀开薄膜加大通风，第一潮菇基本上不用喷水。趁菇未开伞，尚呈铜锣边时，便可采收。采收时，一手按着菌袋，另一只手捏住菇根用力旋转，尽量不要损坏菌袋。采过菇的部位，经4～5天后，呈白色毛茸状，此时必须增加通气量，让该部位逐渐转为茶褐色菌膜，转色后按第一潮菇的办法催菇。通常第二潮菇在温差、湿差的刺激下，比第一潮菇容易出。代料栽培香菇的第一潮菇畸形菇比例较大，第二潮菇质量较好，菇形较正。

经过秋冬季后，菌袋含水量已大量减少，为促使其出菇，一般采用浸水的办法。浸水可适当补充有机酸或其他成分，有利于菌丝恢复生长。可在水中加入0.01％～0.02％的柠檬酸或0.1％～0.2％的磷酸二氢钾，然后将菇块浸入水沟或大水缸，一般浸水12小时，浸水时最好选择寒潮来临前几天，浸水后加上温差刺激效果更好。浸水后的菌袋沥干水后放回床架上，雨天不用盖薄膜，不下雨并有北风时应把薄膜盖上。一般过4～5天，小菇蕾便逐渐冒出来。代料栽培香菇，一般出3～4潮菇，生物转化率在65％～80％之间。

2. 香菇代料露地棒状斜置栽培

香菇代料露地棒栽主要是模仿段木栽培，把栽培的香菇块造成棒状，并把发好菌的筒袋在模拟自然生态环境的室外出菇，是在木屑香菇脱袋栽培的基础上发展起来的一种栽培方式，因此制原种、栽培种的工艺技术，种植的品种，培养基的配方等基本一致，但在制作筒袋、出菇场地及相应的管理技术上仍具有自身的特点。

（1）栽培场地的选择及设施：栽培场地可选择房前屋后的稻田、洼地、林地，最好靠小溪边。菇场内搭盖荫棚，坐西北向东南，有利于调节棚内温度和湿度，棚内最好“七阴三阳，花花细雨淋得进”。在棚内整地起畦，大小如菜地一样，并备好扦插在畦内的竹、木条。每亩可排筒袋8 000筒左右。

（2）装袋与填料：薄膜筒袋的规格为口径 15 厘米、长 55 厘米、厚 0.04～0.05 毫米，聚乙烯塑料。装袋前将薄膜袋一端用塑料绳扎紧。大规模生产应使用装袋机，小规模可用手工装袋，料要装得较紧实，每筒干料重 0.8～0.9 千克，湿重 1.9～2.0 千克，装满筒后长 40～42 厘米，装满后的袋料用塑料绳扎紧袋口。然后用专用铁锥在袋中间打一个洞，再用胶纸贴封该洞孔。

（3）消毒：装筒后应及时灭菌，以免培养料发酵变酸。因筒袋体积大，数量多，灭菌设备一般用自行制作的土蒸锅灭菌。筒袋在锅内摆成井字形，当温度上升至 100℃后，维持 10～12 小时。

（4）接种与培养：把已消毒的筒袋移到接种室，按无菌操作的要求，移接菌种。用无菌的专用铁锥在筒袋两侧共开 6 个孔（装料时已有 1 个），孔的规格口径约 1.5 厘米、深约 2 厘米，把菌种放入孔中，并高出筒面一些，然后用胶纸贴封。接种时一般采用 3 人流水作业。

若大规模生产，一般情况下，接种室亦是培养室。接种后筒袋按三角形或井字形堆叠，8～10 层均可，接种孔朝两侧排放。待菌丝长至 10 厘米左右，扎针孔10～15 个或把接种孔用封口胶纸掀起一个角，以增加氧气供给，菌丝长满袋后，用铁丝或铁钉在菌筒四周扎孔。扎孔时顺势把堆叠的筒袋翻堆，上下左右位置互换。受污染严重的袋料要及时搬出培养房。筒袋发菌期间，培养房的窗口应遮光。

（5）脱袋：把培养好的筒袋移到出菇棚，撕去塑料袋，把菌棒斜置在畦面的排棒架上，架高 30 厘米左右，排间距离 20 厘米，边排边盖薄膜保湿，以利于菌丝恢复。

（6）出菇管理：出菇管理与袋栽管理基本一致，通过控温控水使菌棒受温差、湿差和光的刺激，促使香菇原基形成，使出菇整齐、朵大、菇厚。

（四）黑木耳栽培技术

木耳袋栽适合不同地区、不同环境条件下生产，产量较高，现在已逐渐代替了段木栽培。代料栽培可以节省大量木材，变废为宝，同时也降低了生产成本，保护森林资源。采用代料栽培木耳扩大了原料的来源，除木屑外，棉籽壳、蔗渣、玉米芯、稻草、茅草、麦草、豆秆、桑枝条等都可以作为栽培基质。

1. 黑木耳栽培技术

（1）栽培季节安排：黑木耳为中温型菌类，菌丝生长及出菇的最适宜温度是 22℃左右。各地区应根据当地的气候条件来确定栽培季节。在广西，一般在 1～2 月接种，3 月中旬至 5 月中旬出耳。如能采取一些保护性措施，接种日期可提早些，此时气温较低，不利于杂菌生长，保温较好时，菌丝发生较快，可提早出耳。

（2）培养料的配制：可供木耳代料栽培的培养料有杂木屑、棉籽壳、蔗渣、玉米芯、稻草、桑枝等，各地可根据当地的资源情况，因地制宜选择配方。在有桑蚕饲养的地方，也可以用桑枝作代料，桑枝的主要成分为纤维素、半纤维素及木质素，约占桑枝干物质的95%。桑枝还含有氮、灰分、单糖、双糖、淀粉等其他成分，这些成分可为木耳生长提供丰富的营养物质，采用桑木屑栽培木耳等食用菌符合“绿色”“环保”的要求。

配方1：杂木屑78%、麦麸（或米糠）20%、蔗糖1%、碳酸钙1%。

配方2：杂木屑38%、桑枝（粉碎）40%、麦麸（或米糠）20%、蔗糖1%、碳酸钙1%。

配方3：棉籽壳44.5%、杂木屑44.5%、麦麸8%、蔗糖1%、碳酸钙2%。

配方4：杂木屑70%、玉米芯10%、稻草粉10%、黄豆粉6%、石膏3%、石灰1%。

配方5：杂木屑50%、玉米芯48%、蔗糖1%、石膏粉1%。

配方6：杂木屑26%、甘蔗渣45%、棉籽壳8%、麸皮18%、石膏粉2%、过磷酸钙0.5%、石灰0.5%。

作代料用的木屑必须是适合黑木耳生长的树种的杂木屑，不能掺有松、杉、樟、桉等含有烯萜类化合物的木屑。大规模生产的，应选用适合木耳生长的树种的枝丫，切片后用粉碎机粉碎备用，桑枝可用专用的桑枝粉碎机粉碎。原料装袋前应在烈日下暴晒以防霉烂并杀死培养料中的部分杂菌及虫卵。以杂木屑、棉籽壳为主的配方，应进行5～7天的发酵后再进行装袋。

按照配方称好各种原料，先进行干拌，充分混合均匀，然后加水拌料，含水量控制在60%～65%，料水比约为1∶1.5，可用人工或搅拌机进行拌料。

检查培养料含水量是否适宜最常用的方法是用感观测定，即用手抓紧一把料，指缝间有水渗出而不滴下即可。不同培养料因其物理性状不同，对水分的吸收能力及持水性也有一定的差异。

在调水分的同时，还要检查培养料的pH值，黑木耳菌丝不适宜在偏酸性的环境下生长，但在发酵及高压灭菌后培养料pH值会下降，菌丝体本身在生长过程中也会分泌出酸性物质，因此，培养料配制时应加入适量石灰粉将pH值调至7.5～8，以防接种后培养料偏酸。

（3）装袋灭菌：装袋使用的塑料袋规格为170毫米×330毫米×0.05毫米，采用常压灭菌的应选用聚乙烯塑料袋，采用高压灭菌的应选用聚丙烯塑料袋。每袋装干料350克左右，手工装袋要边装料边压实，要求松紧适度，装好后不能有明显空隙或局部向外突出的现象。料装至袋高2/3时，可用木棒在料中间打一直径为2厘米的接种口，再用绳子将袋口绑紧。也可不打中间孔，直接绑绳子或套上套环并用无棉塑料盖盖好，这种套环通气性好，菌丝生长快，但成本较高。批量生产，可以用机械装袋。机械装袋比人工装袋更快，更均匀，质量更好。

灭菌的好坏是菌包成品率高低的关键。装料后的栽培袋要立即装入灭菌锅进行灭菌。如采用高压灭菌，灭菌压力为118～147千帕（1.2～1.5千克力/平方厘米），保持2.5小时。高压灭菌，灭菌更彻底、更安全，灭菌时间短，但造价昂贵，容量小，成本高。在实际生产中，多采用常压灭菌，常压灭菌虽时间长，但经济实用，容量大，每次可灭几百至几千袋不等。常压灭菌时，升火要猛，让锅内温度在4～6个小时内升至100℃，达到100℃后再保持10～12小时。如果温度长时间达不到100℃，会使嗜热微生物大量繁殖，导致栽培料发生酸腐。灭菌结束后不能马上出锅，应让栽培袋在灶内闷一段时间，以提高灭菌效果。然后打开进料门，使温度自然降到60℃时出锅，将栽培袋搬入接种室。

（4）接种及培养：接种前先对接种室进行灭菌处理，通常采用甲醛和高锰酸钾反应熏蒸消毒，也可用“气雾消毒剂”等新型消毒药剂。接种时袋温要降至28℃以下，整个接种过程都要在无菌条件下进行，用75%酒精对菌种袋壁进行表面消毒，先铲除袋内老化的菌种，然后将菌种均匀撒在料面上，每袋栽培种大约接40袋培养袋，小规模生产可在超净工作台进行接种。

接种后的栽培袋可搬入培养室进行培养，如接种室较大，保温性较好，也可在接种室进行培养。从栽培袋搬进培养室培养，事先要对栽培室进行清洁卫生及消毒处理。为了充分利用空间，培养室可设置培养架排放栽培袋，也可以置于周转筐内进行培养。栽培袋搬动时要轻拿轻放，以免被杂菌污染。因黑木耳菌丝生长期间不需要光线，所以培养室要求黑暗，门窗要进行遮光处理。培菌期间，培养室温度控制在23℃左右，湿度在60%左右。第七至第十天内，尽量不要翻动栽培袋，以防空气流动，将杂菌孢子带入栽培袋。7～10天后，菌丝封完料面并向袋内延伸，此时要进行污染检查，发现被污染的袋料要及时清除。木耳在菌丝的生长过程中需要氧气，在培菌的中后期，培养室要延长通风时间，保持空气新鲜。经过45～50天的适温培养，菌丝就会长满全袋。

（5）开袋出耳及出耳管理：代料栽培木耳，可以在室内栽培也可以在室外栽培。室内栽培可在地上或利用床架立袋出耳或挂袋出耳，也可用墙式出耳栽培；室外可进行塑料大棚栽培、大田露地栽培，也可无棚地槽栽培，或林间、玉米地、蔗田、果园等套种黑木耳等。在广西南部地区因长年气温较高，一般选择在室内或大棚用床架直立或吊袋栽培。不同栽培方式其出耳管理方法有所区别，以下是室内立袋出耳及出耳管理方法。

黑木耳菌丝长满袋后，尚未达到生理成熟，不能直接开袋出耳，应继续培养

7～10天，在此期间应加强通风、增加光照，以刺激原基分化。待袋壁出现部分透明小耳芽，才可开袋转入出耳管理。开袋前先用0.2%高锰酸钾液或来苏儿液浸洗菌袋进行表面消毒处理，然后用经过75%酒精消毒的刀片，在菌袋四周开“V”形口或“1”形口。每袋划口长1.5～2厘米，可分2～3层，每层划3～4个，距离约6厘米，开8～9个口，上下层间错开成品字形。划口后的塑料袋可移入出耳棚堆叠或原地堆叠，盖薄膜保湿，同时给予散射光照。3～5周后划口的地方长出肉瘤状耳基。此时，可将菌袋直接立在地上或架子上，也可采用挂袋出耳，即用绳子扎袋口，并用小钩悬挂在架子上。

耳基生长期间，菌丝内部的生理变化处在整个生育期的最活跃时期，对水分很敏感，加上开口后培养料内水分容易散失，因此每天应喷水1～2次，每次喷水量要大，使地板稍有积水为宜，空气相对湿度应控制在85%以上。随着采耳次数的增加，应尽量避免耳片吸水过多，以防造成烂耳。喷水一般要求少量多次，轻喷勤喷，以保持一干一湿的状态。出耳阶段，棚内温度最好控制在18～23℃之间，以保证出耳整齐、健壮、开片好。温度过低耳基难以分化，温度过高耳片分化不正常，影响品质，降低商品价值，甚至影响产量。此外，耳场要有散射光照射，并保持空气流通清新，气温偏低时，通风宜在中午前后进行；温度高时则相反。在适宜的条件下，经过约15天的生长，耳片边缘变软呈波浪形，耳根收缩变细，说明黑木耳已经成熟，应及时采收。

（6）采收：成熟的黑木耳颜色呈深褐色至近黑色。采收前应停水，使耳片稍干燥、耳根尚湿时采收。可采大留小，保护耳基。采完一潮耳后，清理袋面，除去残根，然后停水养菌7天左右，使菌包较干燥，利于菌丝恢复生长。代料栽培木耳一般可收三潮菇。

（五）蘑菇栽培技术

蘑菇味道鲜美，营养丰富，属高蛋白低脂肪的健康食品。双孢蘑菇的栽培生产，在部分地区已形成新的产业，成为农民增加收入、迅速致富的主要途径。

1. 栽培方式和菇房要求

（1）栽培方式及时间的选择：蘑菇栽培方式有菇房栽培、大棚架式栽培和大棚畦栽（人字棚栽培）等。栽培方式、栽培时间可根据蘑菇生长发育对温度的要求及当地气候条件来确定。广西堆料时间常在9月底至10月底，此时平均气温在26～27℃，有利于高温发酵。播种期在10月中下旬或11月上中旬，平均气温降至23℃左右，菌丝容易萌发定植，生长浓密健壮。覆土期为播种后15～20天，平均气温在22℃左右，适宜覆土。出菇期在覆土后15～20天，在11月下旬或12月初，当气温降到18℃左右时出菇。

（2）菇房的要求：根据栽培方式的不同以及各地条件和习惯，标准的菇棚或闲置房屋或简易的人字棚，均可作为菇房，但要求保温、保湿性能好，干净卫生，远离污染源（禽畜舍、饲料间、仓库、化工厂等），水源充足、水质清洁，有通风孔道，空气流畅以及无直射光等条件，使用前应进行彻底消毒。

2. 培养料配方

按实际栽培面积 100 平方米计算，培养料配方要求：碳氮比 30∶1～33∶1，含氮量 1.4％～1.6％，每平方米的投料量为 25～35 千克。

配方 1：干稻草2 000千克，干牛粪1 300千克，过磷酸钙 30 千克，石膏粉 50 千克，菜籽饼粉 80 千克，碳酸钙 40 千克，尿素 30 千克，碳酸氢铵 30 千克，石灰粉 50 千克。

配方 2：干稻草2 000千克，干牛粪1 000千克，过磷酸钙 50 千克，石膏粉 50 千克，尿素 25 千克，石灰粉 50 千克，花生麸 50 千克。

配方 3：干稻草2 250千克，干牛粪 750 千克，石膏粉 45 千克，尿素 36 千克，石灰粉 60 千克，复合肥 30 千克。

3. 培养料的建堆发酵

（1）配养料前发酵。

①预湿。稻草、牛粪要求新鲜无霉变。在建堆前的 1～2 天，把牛粪干碾碎，均匀混入花生麸粉，加水预湿，堆成长方形，含水量掌握在手抓成团、落地松散即可。同时将稻草提前预湿，用浸水或淋水的方式使其充分吸足水分，含水量达 70％左右，感观测定以手紧捏滴水 3～5 滴为宜。

②建堆。堆宽 2.2 米，堆长度不限，建堆前在堆的周围挖好浅沟以防场地积水。堆料时底层铺 30 厘米厚的稻草，然后交替铺上牛粪（3～5 厘米）和稻草（20 厘米），每层高度 25 厘米左右，层数 6～10 层，一直堆到料堆高 1.5 米以上。发酵堆的走向一般以南北纵长为宜，以减少中午强烈光照，减少蒸发。铺放稻草时要求疏松，堆边应基本垂直；铺盖粪肥要求边上多、里面少、下层少、上层多；从第一层起开始均匀加水和尿素，用量逐层增加，特别是顶层应保持牛粪厚层覆盖。堆的顶部堆成龟背形，增加上层压力。堆料水分掌握在堆好后有少量水流出为准。

③第一次翻堆。根据天气情况，培养料经过 5～6 天均匀发酵，料温达 70～75℃后进行。翻堆时浇足水分，并分层加入所需的尿素（或铵肥）和过磷酸钙。翻堆时堆的基底宽可缩至 2.0 米，堆高不变，水分掌握在料堆四周有少量粪水流出为宜。

④第二次翻堆。在第一次翻堆 4～5 天后进行。翻堆时料堆宽可缩至 1.8 米，高度不变，并在料中设排气孔，翻堆时尽量抖松粪草，加入的石膏粉分层撒在粪草上。这次翻堆原则上不浇水，较干的地方补浇少量水，防止浇水过多造成培养料变

酸腐烂。

⑤第三次翻堆。可在第二次翻堆后3～4天进行。料堆宽、高不变，中间设排气孔，改善通气状况。要把粪草均匀混翻，将石灰粉和碳酸钙混合均匀后分层撒在粪草上。整个堆制过程料堆水分应掌握前湿、中干、后调整的原则。翻堆时应上下、里外、生料熟料相对调位，把稻草抖松，干湿料拌和均匀。

前发酵培养料进房时的标准为颜色呈咖啡色，生熟度适中，有韧性而又不易拉断，疏松，含水量为65%～68%，pH值为7.5～8.5。若料偏干，可用石灰水调至适宜含水量，一般用手握紧料有5～7滴水由指缝渗出即可。

（2）培养料二次发酵。

①菇棚消毒。按每100平方米栽培面积的菇棚用甲醛1.5千克、敌敌畏0.5千克熏蒸，密封24小时后，打开门窗通气排除毒气，无气味后即可进料。

②进棚。把经过发酵的培养料趁热迅速搬进菇房，要求当天完成，底层和顶层床架不要放培养料，厚度自上而下递增，堆放时要求料疏松，厚薄均匀。

③二次发酵。培养料进棚后，关闭门窗，让其自然升温2天，再进行蒸气外热巴氏消毒。每座菇棚可采用4个油桶改装成的蒸气发生炉灶进行加热，使菇房温度达到60～62℃，保持8～16小时。一般情况下，当天上午6时点火，中午11时左右温度可达60～62℃，保持到晚上即可达到要求，测温时应测料中心温度，中心温度达62℃，周围温度一般为60℃。达到要求的时间后即进行通风，使棚内温度自然下降并保持48～52℃，继续培养3～5天（视料的腐熟程度而定），期间每天小通风1～2次，每次通风10多分钟。

培养料发酵的好坏，会明显地影响蘑菇的产量。如发酵不够，播种后培养料会继续发酵而升温，升温过高会“烧死”菌丝；如培养料发酵过熟，料中的营养消耗过度，菌丝生长营养不良，蘑菇产量受到影响。培养料发酵是否合格可用以下办法鉴定。

①培养料颜色。发酵好的培养料颜色发生了变化，秸秆的颜色由原来的金黄色变成褐棕色。

②秸秆手握有弹性。发酵适度的秸秆仍具有弹性，用手轻轻拉时有一定的张力，用手握料感到有弹性，松开后仍能自然松散开，含水量为60%～65%。

③粪肥臭味消失并具有浓厚的料香味。发酵后粪肥臭味消失，无酸味、臭味，料内及床架上长满棉絮状的嗜热性微生物菌落。

④料堆体积、重量。发酵后的料堆体积比原体积减少40%，重量减轻30%左右。

（3）发酵过程中容易产生的问题及解决办法。

①粪多、草少，料堆压得太紧，造成透气不良，厌气发酵，堆温不高。发现这

种情况，应及时采取措施，提早翻堆并适当加些稻草，将粪草料抖松，料堆缩窄，增加通气性，以提高堆温。

②草多、粪少，堆得太松、太窄，经风吹日晒，料内水分蒸发，粪草过干，微生物活动困难，堆温不高。在这种情况下，也应提早翻堆，将料堆适当放宽，将草拍紧，加足水分，以利于升高堆温。

③翻堆时，发现部分培养料发黑、发黏、发臭或发酸。这主要由于培养料内水分过多，粪草过湿，造成了厌气发酵的缘故。应在翻堆时将中间黑、臭、黏的培养料翻到外面，将粪草料抖松，散发水分。在料堆内打洞，增加通气性。

④料堆内产生白色粉末状的物质。在高温、干燥的情况下，耐高温的放线菌容易大量繁殖、生长，并消耗培养料内的养分。发现堆料有白色粉末状物质时，必须浇足水分以免培养料过干。

⑤料堆内的草腐烂，粪结块，有霉气。产生这种情况的原因，主要是培养料前期堆温不高，又没有及时采取适当措施，使培养料不是腐熟而是腐烂。需及时翻堆，提高堆温。

⑥后发酵结束培养料过干。主要原因是进房时培养料含水量未适当提高，后发酵期间又未能采取保湿的措施。播种前虽可补充水分，但易引起杂菌的感染，此时可用多菌灵800倍稀释液调节水分，以防杂菌的发生。

⑦后发酵结束后，料内星芒状的有益微生物很少，转色差。这主要是后发酵期间料温过高、通气不良等因素所造成。应延长后发酵的时间，维持好温度（48～52℃），适当通风，培养好气嗜热的有益微生物。

4. 播种

（1）播种和覆土。

①优质菌种准备。菌种质量的优劣是蘑菇栽培成败、产量高低、品质好坏的关键。应在播种前30～40天与信誉好、技术力量雄厚、有品种选育及试验栽培基地的正规科研单位或菌种厂做好订购计划，选用优质、高产、抗逆性强、适应性广、商品性好、纯度高、无杂菌、无螨害、无菌索或有少量菌索、菌丝浓白而粗壮的优良的蘑菇菌种，以保证菌种的成活率高，并且发菌快、长势旺、出菇早。

②铺料播种。二次发酵结束后，打开门窗通风，待培养料温度降至30℃左右时，把培养料均摊于各层，上下翻透抖松。若培养料偏干，可适当喷洒用冷开水调制的石灰水，并再翻料1次，使之干湿均匀；如料偏湿，可将料抖松并加大通风量，降低料的含水量。铺料厚度为20～25厘米。当料温稳定在28℃以下、外界气温在30℃以下时就可以开始播种。播种前对菌种再进行严格挑选。每平方米栽培面积使用1瓶麦粒菌种，撒播并部分轻翻入料面内，压实打平，关闭门窗，保温、保湿，促进菌种萌发。

（2）菌丝管理：蘑菇菌丝生长适温为22～26℃。播种后2～3天内，适当关闭门窗，保持较高湿度，促进菌种萌发。若菇棚温度超过28℃时，应适当通风降温。3天后菌种萌发，且菌丝发白并向料内生长时，应适当增加通风量。播种后7～10天，菌丝基本封面后，逐渐加大通风量，促使菌丝整齐往下吃料，菇房相对湿度控制在70％～80％。一般播种后15～20天，菌丝长透培养料2/3或长到料底即可覆土。

（3）覆土。

①覆土前准备工作。

A. 彻底检查是否有潜伏的杂菌和害虫，尤其是绿霉菌和螨类，一旦发现要及时将其消灭在覆土前。

B. 保持料面干燥，若料面仍较潮湿，应打开门窗进行大量通风2～3天，以吹干料面。

C. 对料面采取1次全面的“搔菌”措施：用手将料面轻轻挠动，拉平，再用木板将培养料轻轻拍平。

②覆土。

A. 土粒准备。选择当年未施用蘑菇废料的田地，取耕作层以下的土壤，将土打碎至直径1～1.5厘米大小，每100平方米栽培面积取5立方米土，用20～25千克石灰粉与土粒混合，土粒pH值控制在7.5左右，然后用35千克5％甲醛溶液均匀喷洒后覆盖薄膜，消毒24小时备用。

B. 覆土。用处理好的土粒对料面进行覆盖，覆土按先粗后细的原则，覆盖土层厚度为3.0～4.0厘米。覆土后采取轻喷勤喷的办法将覆盖土层逐步调至所需的湿度，含水量控制在20％（手握成团，落地即散）。覆土后3天内菇棚相对湿度控制在90％左右，并适当加大通风量，以利于菌丝爬土。

5. 出菇管理

覆土20天后，待土缝中刚见到菌丝时，及时喷结菇水，促进菌丝扭结，喷水量为平时的2～3倍，以土层吸足水分不漏进料为准。在喷结菇水的同时，加大菇棚通风量。遇到气温高于22℃时，应适当减少喷水量，增加通风量，并推迟喷结菇水。当土缝中出现黄豆大小的菇蕾后，及时喷出菇水，促进子实体形成。蘑菇出菇期间，保持室内相对湿度为90％～95％。喷水量应根据菇量和气候具体掌握，一般床面喷水，以间歇喷水为主，以轻喷勤喷为辅；从多到少，菇多多喷，菇少少喷；晴天多喷，阴雨天少喷；忌打关门水，当室内高温时和采收前禁止喷水。每潮菇前期通风量适当加大，后期菇少可适当减少通风量，气温高于20℃，应于早晚或夜间通风喷水，气温低于15℃时则在中午通风和喷水。

6. 采收

（1）采收时间：当子实体长到标准规定的大小即菇盖直径达2～4厘米大又没有开伞之前及时采收，即八成熟时采收，这时鲜菇的商品性状好，产量高，效益好。采收过早，菇体尚未充分膨大，会影响产量；采收过迟，会出现开伞菇，菌褶裸露，商品性下降。因为蘑菇完全开伞后，菌肉纤维化，风味变差。蘑菇开伞后，孢子大量弹散，水分蒸发快，菇重减轻，产量下降。适时采收可提高经济效益。

（2）采收标准：蘑菇的采收标准应依据其商品用途而定，如以鲜销为目的，采收标准不是很严格，以鲜菇不开伞为好，将鲜菇按大小分装。如以盐渍或制罐头为目的，采收标准较严格，凡开伞菇、畸形菇、病菇均要剔除。按要求的标准可定为一级菇、二级菇。

（3）采收方法：蘑菇是分潮发生的，但成熟有先后，采收时应长成一批采一批，每潮菇从第一次采收到全部采收完要一个星期左右。采收时要采大留小，前期（即前两潮）用手捏着菌盖左右旋转，使基部同下面的菌索分离后再轻轻拔起，不要伤害菌索，以保护下一潮更快长出新的幼菇。

采收后的鲜菇要放入衬有纱布或塑料薄膜的木箱或篮子中，避免机械损伤而变色，并立即用刀将基部泥土切去，按分级标准分别包装，迅速运往市场鲜销或送加工厂。

（4）采后管理：每收完一潮菇后，需经7～15天的调整期才能继续出菇，在这段时间里要对菇床进行整理，挖除老根和老菌块，将采菇后留下的凹穴用土填平。小孔填细土，大孔填粗土，再用细土覆盖，使床面平整。补土后及时喷水调整湿度。

（六）食用菌主要病虫害防治

1. 蘑菇褐腐病

（1）症状：原基畸形发育成不规则的马勃状白色菌块，菌块表面初期覆盖一层白色绒毛状菌丝，后期菌丝变成暗褐色或黄褐色并在表面渗出褐色水珠（或汁液）而腐烂，有恶臭气味。子实体生长后期受害时，菌柄增粗，菌柄、菌盖区别变小，形成大脚菇，菌盖表面出现白色绒毛状菌丝，然后逐渐变为凹陷的褐色至黑褐色病斑，并在病斑表面长出灰白色霉状物，有时也会产生许多瘤状突起。受害较重时，病瘤会逐渐扩大，使菌盖呈粗糙状或缺损，最后变褐、渗水、腐烂，有恶臭气味。

（2）防治方法：①提高栽培管理技术，应用较抗病的蘑菇菌株。②改变覆土材料。在覆土中掺入沼气发酵残留物，通过改变覆土的导电性、酸碱度来防止该病的发生。利用沼气发酵残留物作覆土栽培蘑菇，发病可减少。③覆土消毒。做好取土（粗细要适度）和覆土消毒工作，将覆土用甲醛消毒或置于强烈的阳光下暴晒3～5

天，以土料中心发白为宜。④菇房消毒。先将地上表土铲除，填上不带病菌的新土，然后喷甲醛加敌敌畏（或用熏蒸法亦可）进行密闭消毒。有条件的菇房可通过蒸汽消毒，保温 70～75℃且维持 4 小时。⑤培养料消毒。培养料进行高温堆制和后发酵。培养料堆制时，堆料内部的温度要达 70℃左右。后发酵在菇房内进行处理时，受热程度要一致，保温 50～52℃且维持 3～4 天，病原完全被杀灭。⑥发菌期要调控高温、高湿环境，搞好环境卫生和消毒工作。管理期间要把住水质关，用清洁水，并控制好用水量和讲究喷水技巧。加强管理和合理调节菇房温度、湿度，适当推迟播种期。发病严重的地区不要随意提早覆土日期。做好害虫的防治工作，特别是防止线虫、菇蚊、菇蝇等害虫的发生。

2. 蘑菇软腐病

（1）症状：主要发生在菇床的覆土上，往往在秋菇、春菇期盛发。菌床发病时，最初在覆土上出现白色至灰白色绒毛状霉斑，以后菌丝迅速扩展蔓延，发病土块则呈暗绿色或暗蓝绿色。蘑菇在出土后不久被侵染，初染部位是菌柄基部，以后蔓延至菇盖。早期菇盖上出现有淡褐色不规则水浸状病斑，随后病菇连同其周围覆土均被蛛网状病原菌丝覆盖，菌丝后期变成红色、水红色或淡红色。

（2）防治方法：①菇房的相对湿度、覆土层的含水量都要严格控制在蘑菇生长的适宜范围内。产菇期菌床补水不要过急过猛，要经常喷洒 2％的石灰水，以调整覆土层的 pH 值在 6.5～7，使之适合蘑菇菌丝生长而不利于病菌生长。②在蘑菇发菌期，控制菇房内相对湿度在 68％～70％，以促进菌丝生长。③在子实体发育期，相对湿度保持在 80％～90％，要避免低温高湿环境，合理喷水。寒潮来临时，要做好菇房保温工作，通风宜在中午气温高时进行。④菇床感病后，要加强通风，减少床面喷水，宁干勿湿。及时摘除病菇，严重污染的土粒要更换。⑤覆土表面局部发生感染时，在感染区喷盐水或用食盐、石灰粉覆盖霉斑（0.2～0.4 厘米厚），防病菌扩展。⑥协调好菇房的喷水与通风，即要经常喷水，但喷水后需注意通风。⑦染病部位可喷洒 2％～5％甲醛溶液（注意不让药液浸透培养料，2％甲醛液会杀死蘑菇菌丝）、50％苯菌灵 500 倍稀释液、50％多菌灵 800～1 000倍稀释液、80％二氯异氰尿酸 800 倍稀释液或 70％甲基托布津 500～1 000倍稀释液。施保功对软腐病防效在 90％以上。⑧及时清除菇房和菇房周围的菇根和死菇，保持菇房环境卫生。

3. 蘑菇菌盖斑点病

（1）症状：菇体受害后，菌褶不呈片状，染病菌褶常黏合在一起或成团，表面附有白色病原菌丝，有杂色斑纹出现，为害轻时病菇形状仍正常。病菇的另一症状是菌盖上有时会产生浅褐色至暗褐色、近圆形或不规则、稍凹陷的斑点且变硬，但不易腐烂，斑点大小、数目不等，似轮枝霉褐斑病。有时可连成较大的病斑，病斑上有裂纹，后期病斑凹陷。高湿条件下，有的病斑表面可见灰白色霉状物，这些霉状物为分生孢子梗和分生孢子。

(2) 防治方法：①可参照蘑菇褐斑病的防治方法。②提高栽培管理技术，产菇期菇房要保持良好的通气和温湿条件，水分管理要讲究喷水技巧，用水不要过急、过猛、过量。③控制虫害的发生，菇体一旦成熟就应适时采收。④蘑菇发病后加强菇房通风换气，降低空气湿度，防止扩散蔓延。⑤菌床上一旦发生病害立即摘除病菇，并烧毁处理。待通风降湿后，可用1∶500的50％多菌灵稀释液、70％甲基托布津或65％代森锌液喷洒病区。

4. 香菇褐斑病

(1) 症状：香菇子实体生长中期，菌盖上出现褐色病斑，大小不均。后期病斑中央稍凹陷，呈灰白色，边缘呈褐色，菌肉组织溃烂。有时病斑上出现裂纹，在潮湿条件下，病斑表面长出灰白色霉状物，此物为病菌分生孢子梗和分生孢子。

(2) 防治方法：①可参照蘑菇褐斑病的防治方法。②菇房内要注意通风换气，防止较长时间的高温高湿。③防治害虫，避免病菌传播。④科学管理用水，讲究喷水技巧，用水不要过急、过猛、过量，喷雾状水。⑤一旦发现病菇，立即摘除，并停止喷水1～2天后用高效低毒农药喷洒病区，具体使用方法参照蘑菇褐斑病。

5. 香菇褐腐病

(1) 症状：在菌筒上栽培的香菇被染病后子实体停止生长，菌盖、菌柄组织和菌褶变褐色，感病严重的腐烂发臭，病菇完全不能食用。

(2) 防治方法：①搞好菇房的清洁卫生、消毒排水和通风工作。②科学用水，使用清洁的水以雾状喷子实体，每次喷水时应控制喷水量，以防子实体表面较长时间保持水膜或水湿状态。③清除病菇时，已接触病菇的手未经消毒（使用新洁尔灭溶液消毒）处理，不要再接触其他段木和菌筒，以防传染病菌。④做好害虫的防治工作。

6. 平菇毛霉软腐病

(1) 症状：染病子实体呈淡黄褐色或淡褐色的水渍状软腐，一般多从菌柄基部开始发病，逐渐向上发展，也有从菌盖开始发病，最后整个子实体呈水渍状软腐。软腐的子实体表面黏滑、湿润或水湿状，无恶臭气味。

(2) 防治方法：①防止菇房出现较长时间的高温高湿状态，预防床面积水。②要及时采收成熟的平菇子实体。③搞好菇房卫生，及时防治床面上发生的菇蚊、菇蝇等害虫，以免病菌传播为害平菇子实体。

7. 平菇青霉病

(1) 症状：病菌首先侵染生长瘦弱的幼菇或采菇后残留下来的菇根，然后再侵染附近的健菇，多从菇的柄基部侵入，并向上扩展，导致健菇腐烂，表面生绿霉。幼菇发病一般从顶部向下发展出现黄褐色枯萎，生长停止，病部表面长出绿色粉状霉层，霉层下面的菌肉腐烂。掀开病区的培养料，可发现霉变并发出霉味，肉眼可见大量的分生孢子呈烟雾状。

（2）防治方法：①搞好菇房环境卫生，保持培养室周围及栽培场地清洁消毒，及时处理废料。②把好菌种关，菌种在搬运过程中要注意轻拿、轻放，严防塑料袋破裂。发现菌种受污染即剔除，禁止播种带病菌种。③在菇床培养料上发生病菌，要及时通风、干燥，避免高温、高湿，以防菌落蔓延扩散。④控制培养料呈中性至弱碱性以利平菇菌丝正常生长而使病菌菌丝生长受抑制。采完第一潮（茬）菇后，可喷洒2%的石灰水澄清液1次，使培养料保持碱性状态。⑤及时清除床面上生长瘦弱的幼菇和采菇后残留的菇根，预防病菌侵害健菇。⑥局部发生病害时，一边挖除被污染部位，一边使用5%～10%的石灰水涂擦或在发病部位撒石灰粉，也可以喷3%～5%的硫酸铜溶液杀灭病菌。或直接在发病部位注射15%甲醛液或用38%甲醛溶液擦拭杀灭。菇床培养料发病，可直接在发病部位喷洒或注射25%多菌灵可湿性粉剂500倍稀释液、70%甲基托布津800倍稀释液、克霉灵或克霉增产灵200倍稀释液，连用3天。转潮时喷药1次，可预防菌袋袋头霉菌感染。

8. 平菇细菌腐烂病

（1）症状：病菌主要为害已分化的平菇子实体，菌盖或菌柄上产生淡黄色水渍状病斑，在中温高湿条件下，病斑迅速发展。感病轻的，受害菇体出现局部腐烂；发病严重的，子实体呈淡黄色水渍状腐烂，并散发出恶臭气味，病菇不能食用。

（2）防治方法：①搞好菇房的清洁卫生和控制好温度、湿度，对于栽培环境差的，如人防地道、矿山坑道或山洞等，要有通风设施。②做到科学用水。尽可能使用自来水或干净的井水、河水，最好使用经过漂白粉消毒的水，喷水要适度，空气相对湿度控制在95%以下。喷水后及时通风换气。③预防菇蝇、菇蚊等病虫害发生，发现虫害要及时喷药杀灭。④菇床一旦被感染，应及时摘除病菇，停止喷水1天后，喷洒每毫升含100～200单位（国际单位）的农用链霉素或150～250毫克/升的漂白粉水溶液防治，也可先用万消灵药液喷1～2次。待菇体恢复正常生长、第一潮菇采收后转潮时再用0.1%的疣克星喷出菇面1～2次，这样能有效防治该病的发生，同时还可防治各种霉菌感染。

9. 木耳流耳病

（1）症状：春、秋季出耳季节，在潮湿气候的条件下，当黏菌侵染子实体后，形成网状菌脉，耳片表面出现一层乳白色、柠檬色或粉红色胶样黏质物，最后耳片解体、腐烂，呈黏液状，胶化后的耳胶流到哪里，那里的耳片或耳基亦随之水解胶化。已发生过流耳或粘有耳胶的地方，再也不能长出耳基。

（2）防治方法。①适时早种，加强耳房管理，防止出耳期高温高湿。②要及时清理耳场周围枯枝落叶及垃圾，预防病害发生。③栽培管理期间，要防止耳筒菌块表面长期处于渍水状态，控制湿度，能有效控制病菌生长。④发病后应及时清除并将污染耳筒焚毁，以防病菌蔓延传播。发病区应在采完木耳后喷洒 0.1%的高锰酸钾溶液以杀死病菌。

10. 螨类

（1）症状：在菌种培养过程中，害螨可经棉塞等封口物缝隙侵入为害菌丝，菌丝被取食后，造成断裂并逐渐老化衰亡，或被侵害的菌种不萌发，或萌发后的菌丝稀疏暗淡，并逐渐萎缩死亡。害螨若随菌种或其他途径进入菌床，先集中在培养料表面吃食菌丝，严重时，料内菌丝也会被吃光，直至培养料发霉变臭。有些害螨（粉螨）在接种后，如出现杂菌污染，它们便迅速聚集在霉菌较多的地方活动。发生量大时，大量的蜕皮及排泄物遗留在培养料或菌丝体上，会发出霉臭气味。如在产菇期发生螨害，菇体常被咬出沟痕、凹坑或孔洞，使菇体特别是幼菇萎缩甚至死亡。

（2）防治措施：①严格检查菌种，发现带害螨菌种，立即淘汰处理。菌种生产前，先用三氯杀螨砚或三氯杀螨醇加敌敌畏制成混合液喷洒菌种房。堆放菌种瓶前，再喷 1 次三氯杀螨哕或三氯杀螨醇与敌敌畏的混合液，然后在地面及墙壁四周撒一层石灰加硫黄混合粉（石灰 5 份，硫黄粉 1 份）或石灰加多菌灵混合粉（石灰 10 份，多菌灵 1 份），以防螨害发生。菌种培养及存放过程若发现螨害，可喷洒 2 000倍稀释的 25%菊乐合酯或菊乐合酯与敌敌畏混合药液、800 倍稀释的 20%三氯杀螨醇与 80%敌敌畏混合药液，或每瓶棉花塞蘸 50%的敌敌畏药液熏蒸，可以杀死螨类，对食用菌菌丝无明显的影响。②施药杀灭害螨时，可使用菇净1 500倍（每袋 10 毫升对水 15 千克）稀释液喷洒料面；用 20%三氯杀螨砜1 000倍稀释液、50%敌敌畏 800～1 500倍稀释液或克螨特 500 倍稀释液喷洒菇房，连用2～3 次，以彻底杀灭。菌袋覆土前可用 50%敌敌畏1 000倍稀释液和 3%的石灰粉处理覆土土粒。③菜籽饼诱杀。在害螨发生的料面上铺若干块湿纱布，撒上一层刚炒好的菜籽饼粉，螨类聚集到纱布上取食，然后将湿纱布连同害螨一道放入沸水或浓石灰水杀灭，洗干净后再铺上，反复进行，可有效地降低菌床害螨数量。没有菜籽饼的，也可用豆饼、棉籽饼、花生麸代替。④糖醋液诱杀法。取糖 5 份、醋 5 份、水 90 份，配成糖醋液，用纱布浸取糖液后略拧干，铺在有害螨的料面上，纱布上撒少许（约 3 毫米厚）炒香并用糖水拌过的麸皮或米糠，害螨就会集中于其上取食。待麸皮变细时，取之放入沸水中烫杀，然后再重复进行。

11. 菇蚊

（1）症状：以幼虫为害食用菌，幼虫若较早地随培养料进入菌袋或菌床，取食培养料营养，影响菌种定植，严重的可导致菌丝死亡；发菌期侵害，则爬行于菌丝之间，取食菌丝，使培养料变松、下陷，菌丝由白色或浅黄色变成深褐色或黑褐色，造成出菇困难；出菇期侵害时，幼虫可从菇根、菇柄、菇盖与菇柄交接处及菌褶等处取食为害菇体，其中以原基和幼菇为害最重。幼虫喜食食用菌菌丝体、子实体原基，为害菇蕾、子实体时常潜入其内蛀孔洞，使菇蕾变色萎缩死亡。严重时，菌柄被吃成海绵状，菌盖只剩上面一层表皮，进而枯萎腐烂。幼虫在菇体上爬行取食时，不但排泄粪便污染菇体，还会携带病菌，致使菇体染病，菇的产量和品质大大降低，严重影响鲜销和加工。

（2）防治方法：①采取综合防治措施。搞好菇房内外的环境卫生，防止菇蚊就近滋生，可撒石灰粉保持菇房周围干燥，消毒灭菌减少虫源。此外，栽培过程中产生的废料、死菇、老或残根等废弃物，要及时清理出场，以防滋生和引诱害虫。②种菇前或进料前要认真搞好菇房内外环境卫生。菇房和覆土必须用药物熏蒸消毒杀虫，以防止菇蚊的卵、幼虫、蛹过早侵入菇房、菌床和菌袋。③在菇房的门、窗、通气孔（口）等处要安装纱网，以防成虫由室外飞入。④菇蚊有趋光性，注意检查窗子附近及灯光下，发现有害虫及时捕杀或喷药（可喷洒80%的敌敌畏500倍稀释液）杀灭。⑤菇房菌丝的香味常常诱引害虫飞来。新菇房种菇，收过一二潮菇后，害虫数量逐渐增加，常常造成灾害，所以阻止虫源进入菇房内是防治菇蚊的重要环节。⑥严禁新老培养块同放一个菇房，老培养块极易诱引菇蚊并为菇蚊提供良好的繁殖条件，会造成毁灭性的损失。⑦要注意菇房的适度浇水，浇水过多，会造成菌丝和菇蕾腐烂，菇蚊大量繁殖。应根据具体情况有计划地促进食用菌的健壮生长，控制害虫大量发生与传播。⑧发菌期和出菇期发生菇蚊幼虫为害时，可在料面上使用菇净1 500倍稀释液（每袋10毫升，对水15千克）喷洒料面，效果较好。若使用20%高效氯氰菊酯2 500～3 000倍稀释液、2.5%溴氰菊酯2 500～3 000倍稀释液或20%杀灭菊酯2 000～3 000倍稀释液喷洒料面的，应注意药害（将鲜菇摘完后再用药）。也可在采菇和喷水后用1∶1除虫菊粉和石灰粉撒施床面，10天1次，效果较好。

12. 菇蝇

（1）症状：菇蝇主要发生在高温季节的废菌袋上，以幼虫为害，菇蝇幼虫大量发生为害菌丝，能在短时间内使菌袋两端菌丝消失，形成所谓“退菌现象”。幼虫初期以取食菌丝和幼菇的幼嫩组织为主，后期则扩大到子实体内为害，将菇体变成海绵状，最后将菇体吃空，不能继续生长发育。为害严重时，可使食用菌菌丝萎缩、变色（由白或黄褐色最后变黑）、培养料被蛀成糠状，致使菌床、菌袋少出菇甚至不出菇。轻者减产，重者会造成失收。若在高温期发生，来势猛、为害重，1周左右便造成灾害，菇蕾被害率可达60%以上。

（2）防治方法：①采取综合防治措施，必须以预防为主，杀灭成虫是关键。菇房及菇床的湿度不能过高，避免直接向菇体猛喷水，以减少菇蝇大发生。②在菇蝇多发地区，菇房内可使用40%二嗪农乳油1 000～1 200倍稀释液或80%敌敌畏乳油500～1 000倍稀释液喷洒菌袋表面、空间、墙壁、地面、床架等。在发菌期和出菇期发生，菇蝇成虫及幼虫为害，则只能使用20%高效氯氰菊酯2 500～3 000倍稀释液或20%杀灭菊酯2 500～3 000倍稀释液，但要求在摘菇后喷洒，或用菇净1 500倍稀释液等高效低毒低残留药剂喷洒，发菌期和出菇期使用菇净防治害虫效果更好，且对菌丝及子实体无不良影响。杜绝使用敌敌畏及其他高磷剧毒的喷洒性农药喷洒菌床料面、菌袋料面、菇体等。

二十、柿子种植技术

（一）优良品种

适宜种植的柿子品种有富有、次郎、禅寺丸、扁柿、火柿、水柿等，前三个为甜柿品种，后为涩柿品种。甜柿品种要配植授粉树，以上三个品种可互为授粉树，授粉树配植比例大体为8∶1。

（二）建　园

1. 园地选择

选择交通便利，集中连片，土层深厚肥沃，排水良好，黏质或砂质壤土，背风向阳的缓坡地建园为宜。

2. 苗木定植

（1）定植时间：在落叶后至萌芽前，宜早不宜迟。广西定植时间以11月至次年2月为宜。

（2）定植密度：株行距常规种植3～4米×4米，计划密植2米×3米，优先推广计划密植。

（3）定植方法：平地用正方形，密植用长方形，山地用三角形或沿等高线栽植。定植穴大小应视土质不同而有所差异，一般定植穴以0.8米见方为宜，定植前10天左右每亩施农家肥1 000千克，并与表土充分拌匀后填入定植穴。选择生长健壮、直径在0.6厘米以上的嫁接苗于冬季11～12月间定植，春植于2月间定植。定植时边填土边振动树苗，使土充分流入根的缝隙中，并轻轻提苗沿行株向标齐，定植深度以苗圃土印与定植坑地面平行为佳，并边填土边踩实，填满土后在穴周围修成土埂，再浇透定根水，树盘用地膜或稻草覆盖保湿。苗木定植后离地面60厘米定干。

（三）园地管理

1. 合理施肥

（1）幼树施肥：第一次施肥于落叶休眠前施用完毕，，株施农家肥15～20千克、复合肥0.3千克、普钙0.5千克，开环状沟施入。第二次施肥于5月上旬进行，株施农家肥10～20千克、尿素0.2千克、硫酸钾0.35千克。

（2）结果树施肥：第一次施肥于落叶休眠前施用完毕，株施农家肥20～30千克、复合肥1千克、普钙1千克，开环状沟施入。第二次施肥于生理落果后施用，促进果实肥大，株施人粪尿30～40千克、尿素0.6千克、硫酸钾0.6千克，于树盘内开数个小穴浇施。第三次施肥于果实采收后进行，以施氮肥、磷肥为主，补充树体养分消耗，株施农家肥20～30千克、尿素0.1千克、硫酸钾0.2千克，于树盘开沟施入。

（3）施肥方法：柿子的吸收根群集中分布在树冠中外部，土层40厘米以内，施肥应稍深施于树冠外围。平地施肥应将树冠中外部表土扒开，浅翻6～10厘米，浇施并回土；干施以树干为中心，开数条内浅外深的放射状施肥沟。山地施肥主要采用穴施，亦可沟施，在树冠外围梯田内侧或株间挖穴或开沟施肥，然后覆土。

2. 土壤管理

理想的柿子栽培土壤条件是土层深厚、保水保肥力强、排水良好，但柿子一般多种在山坡地上，土壤物理性较差，常见缺点为石砾多、黏土硬度大、保水力弱、冲蚀严重等，针对上述缺点，可以直接用不易分解的有机质材料改良土壤（如泥炭、树皮堆肥等）最有效。亦可采用草生栽培或套种绿肥配合，使土壤逐渐达到优良物理性状；采用表土覆盖或滴灌，达到保水保土之效果。改良土壤可用碱性石灰质中和酸性，每年采果后或休眠期施用1次，pH值小于4.2时，可每年施2次，施用石灰质材采用渐进式，不能1次施过量，配合经堆化处理的有机质肥进行，可增加土壤有机质含量和提高土壤保肥力。

（四）果树管理

1. 疏蕾疏花疏果

柿子放任结果，易造成隔年结果、果实变小、商品价值低，应对其施行适当的疏蕾、疏花与疏果。一般结果枝中段所结的果实较大，成熟期早且着色好，糖度也高。因此，在疏蕾、疏花时，结果枝先端部及晚花需全部疏除，并列的花蕾除去1个，只留结果枝基部到中部1～2个花蕾，其余疏去。疏蕾时期掌握在花蕾能被手指捻下为适期。疏果在生理落果结束时即可进行，把发育差、萼片受伤的、畸形果、病虫害果及向上着生易受日灼的果实全部疏除。疏果程度需与枝条叶片数配合，叶果比例一般掌握在15叶对1果。

2. 整形修剪

（1）幼树修剪：幼树应适当轻剪，冬剪以短截为主，疏枝为辅，目的是增加分枝，促进转化，为早期丰产打好基础。

（2）盛果树修剪：冬剪以疏为主，主枝延长头加以短截，扩大树冠，夏季以诱枝为主，徒长枝摘心，对富有品种，结果母枝不能短截，多疏背主技，3～4年生结果母枝需疏剪更新，促发粗壮结果母枝。弹寺丸品种则采用留短枝，低冠整形修剪技术，其余的常规修剪。

（3）衰老树修剪：回缩大枝，促发新枝，回缩程度可在5～7年生部位留桩，对抽生徒长枝摘心，并配合其他修剪措施，恢复结果能力。

柿子树一般按自然开心形进行整形修剪，其树体结构为干高30～60厘米，主枝树以3个为宜，第一主枝与第二主枝的间距在30厘米左右，第二主枝与第三主枝的间距在20厘米以上。在果树生长期主要做好除萌、扭梢和摘心工作。除萌即自结果母枝发生多数结果枝时，留中部所生结果枝2个，其他早行除萌。对生长在适当位置须保留的徒长性枝条，在其长至30厘米左右、基部尚未硬化时，将其基部扭曲，抑制其徒长，并在6月中旬对其进行摘心，使其抽生结果枝条。在果树休眠期主要疏除密生枝、剪去病虫枝、交叉枝和重叠枝，短截和回缩下垂枝衰弱枝条等。

3. 落果防治

柿树易发生落果现象，其除生理落果外尚有后期落果，防治方法包括：①提供授粉源。②环状剥皮。开花期前后进行主干或主枝环状剥皮，可显著改善落果现象，是目前常用的方法，但其实施后根部生长停顿，树势衰弱，对果实着色及品质影响大，应减少使用。③加强栽培管理。避免强剪造成枝梢徒长，采取控制氮肥施用及水分调整，疏蕾及疏花防止开花过多等措施，对防止落果有一定的效果。

（五）病虫害防治

1. 柿疯病

（1）症状：病树春季发芽晚，生长迟缓，叶脉黑色，枝干木质部变为黑褐色，严重的扩及韧皮组织，致枝条丛生或直立徒长、枝枯、梢焦，结果少，且果实提早变软后脱落，严重的不结果或整株枯死。

（2）防治方法：①选用抗病品种或利用抗病砧木育种。②加强栽培管理，提高抗病力。③选用健树作砧木，嫁接无病接穗。④必要时可向树体注入四环素类抗生素。

2. 柿角斑病

（1）症状：主要为害叶片和果蒂，初发病时，叶子正面出现黄绿色至浅褐色不规则形病斑，以后病斑逐渐扩展颜色加深，边缘由不明显至明显，后形成深褐色边缘黑色的多角形病斑，大小2～8毫米，上具小黑粒点。柿蒂染病多发生在蒂周围，褐色至深褐色，边缘明显或不明显，由蒂尖向内扩展，发病重的导致落叶和落果。

（2）防治方法：①落叶后至翌年新叶抽生前，彻底摘除树上残存的病蒂，清除病源。②6～7月喷1∶5∶400～600倍波尔多液2次，也可选用70％代森锰锌干悬剂500倍稀释液或64％杀毒矾可湿性粉剂500倍稀释液。③增施有机肥，提高抗病力。

3. 柿炭疽病

（1）症状：主要为害新梢和果实，有时也侵染叶片。新梢染病，多发生在5月下旬至6月上旬，最初于表面产生黑色圆形小斑点，后变暗褐色，病斑扩大呈长椭圆形，中部稍凹陷并现褐色纵裂，其上产生黑色小粒点，即病菌分生孢子盘。天气潮湿时黑色病斑上涌出红色粘状物，即孢子团。病斑长10～20毫米，其下部木质部腐朽，病梢极易折断。当枝条上病斑变大时，病斑以上枝条易枯死。果实染病多发生在6月下旬至7月上旬，也可延续到采收期。果实染病，初在果面产生针头大小深褐色至黑色小斑点，后扩大为圆形或椭圆形，稍凹陷，外围呈黄褐色，直径5～25毫米。中央密生灰色至黑色轮纹状排列的小粒点，遇雨或高湿时，溢出粉红色粘状物质。病斑常深入皮层以下，果内形成黑色硬块，一个病果上一般生1～2个病斑，多者数十个，常早期脱落。叶片染病多发生于叶柄和叶脉，初黄褐色，后变为黑褐色至黑色，长条状或不规则形。

（2）防治方法：①加强栽培管理，尤其是肥、水管理，防止徒长枝产生。②清除初侵染源。结合冬剪剪除病枝，柿树生长期认真剪除病枝、病果，清除地下落果，集中烧毁或深埋。③选栽无病苗木。引进苗木时，认真检查，发现病苗及时汰除，并用1∶3∶80倍波尔多液或20%石灰乳浸苗10分钟，然后定植。④发芽前喷洒5波美度石硫合剂或45%晶体石硫合剂30倍稀释液，6月上、中旬各喷1次1∶5∶400倍波尔多液，7月中旬及8月上中旬各喷1次1∶3∶300倍波尔多液、70%代森锰锌可湿性粉剂400～500倍稀释液、50%苯菌灵可湿性粉剂1 500倍稀释液或70%甲基硫菌灵可湿性粉剂1 000倍稀释液。

4. 柿圆斑病

（1）症状：为常发病，造成早期落叶，柿果提早变红，主要为害叶片，也能为害柿蒂。叶片染病，初生圆形小斑点，叶面浅褐色，边缘不明显，后病斑转为深褐色，中部稍浅，外围边缘黑色，病叶在变红的过程中，病斑周围现出黄绿色晕环，病斑直径1～7毫米，一般2～3毫米，后期病斑上长出黑色小粒点，严重者仅7～8天病叶即变红脱落，留下柿果。后柿果亦逐渐转红、变软，大量脱落。柿蒂染病，病斑圆形褐色，病斑小，发病时间较叶片晚。

（2）防治方法：①清洁柿园，秋末冬初及清除柿园的大量落叶，集中深埋或烧毁，以减少初侵染源。②加强栽培管理。增施基肥，干旱柿园及时灌水。③及时喷药预防。一般在6月上中旬柿树落花后，子囊孢子大量飞散前喷洒1∶5∶500波尔多液、70%代森锰锌可湿性粉剂500倍稀释液、64%杀毒矾可湿性粉剂500倍稀释液、36%甲基硫菌灵悬浮剂400倍稀释液、65%代森锌可湿性粉剂500倍或50%多菌灵可湿性粉剂600～800倍稀释液。如果能够掌握子囊孢子的飞散时期集中喷1

次药即可，但在重病区第一次药后隔半个月再喷 1 次，则效果更好。

5. 柿黑星病

（1）症状：主要为害叶、果和枝梢。叶片染病，初在叶脉上生黑色小点，后沿脉蔓延，扩大为多角形或不规则形，病斑漆黑色，周围色暗，中部灰色，湿度大时背面现出黑色霉层，即病菌分生孢子盘。枝梢染病，初生淡褐色斑，后扩大成纺锤形或椭圆形，略凹陷，严重的自此开裂呈溃疡状或折断。果实染病，病斑圆形或不规则形，稍硬化呈疮痂状，也可在病斑处裂开，病果易脱落。

②防治方法：①清洁柿园，秋末冬初及时清除柿园的大量落叶，集中深埋或烧毁，以减少初侵染源。②加强栽培管理。增施基肥，干旱柿园及时灌水。③及时喷药预防。一般在 6 月上中旬柿树落花后，子囊孢子大量飞散前喷洒 1∶5∶500 波尔多液、70％代森锰锌可湿性粉剂 500 倍稀释液、64％杀毒矾可湿性粉剂 500 倍稀释液、36％甲基硫菌灵悬浮剂 400 倍稀释液、65％代森锌可湿性粉剂 500 倍或 50％多菌灵可湿性粉剂 600～800 倍稀释液。

6. 柿白粉病

（1）症状：主要为害叶子，引起早期落叶，偶尔也为害新梢和果实。发病初期（5～6 月），在叶面上出现密集的针尖大小的小黑点，病斑直径 1～2 厘米，以后扩展至全叶。

（2）防治方法：①及早清扫落叶，集中烧毁。②冬季深翻果园，将子囊壳埋入土中。③4 月下旬至 5 月上旬喷 0.2 波美度石流合剂，杀死发芽的孢子，预防侵染。④6 月中旬在叶背喷 62.25％仙生可湿性粉剂 600 倍稀释液或 1∶3～5∶600 倍波尔多液，抑制菌丝蔓延。

7. 广翅蜡蝉

（1）症状：成虫、若虫刺吸枝条、叶的汁液，产卵于当年生枝条内，致产卵部以上枝条枯死。

（2）防治方法：①冬春结合修剪剪除有卵块的枝条，集中深埋或烧毁，以减少虫源。②为害期喷 20％杀灭菊酯乳油1 000倍稀释液、40％氰戊菊酯乳油1 000倍稀释液或 21％灭杀毙（增效、氰马乳油）1 000～5 000倍稀释液，因该虫被蜡粉，在上述药剂中加 0.3～0.5％柴油乳剂，可提高防效。

8. 柿长绵粉蚧

（1）症状：雌成虫、若虫吸食叶片、枝梢的汁液，排泄蜜露诱发煤污病。

（2）防治方法：①越冬期结合防治其他害虫刮树皮，用硬毛刷刷除越冬若虫。②落叶后或发芽前喷洒 3～5 波美度石硫合剂、45％晶体石硫合剂 20～30 倍稀释液或 5％柴油乳剂。③若虫出蛰活动后和卵孵化盛期喷 50％三硫磷、80％敌敌畏、40％乐果乳油1 000倍稀释液，特别是对初孵转移的若虫效果很好。如能混用含油量1%的柴油乳剂有明显增效作用。

9. 柿绒蚧

（1）症状：枝条被害后，轻者生长细弱，重则枯死。果实被害处由绿变黄，最后变黑，甚至龟裂，使果实提前软化，不便加工和贮运，是柿树的主要虫害之一。

（2）防治方法：①早春柿树发芽前喷1次5波美度石硫合剂或5波美度柴油乳剂，消灭越冬若虫。②在展叶至开花前，用40%速扑杀乳油1 000～1 500倍稀释液喷杀或在6月上旬第一代若虫发生时喷0.3～0.5波美度石硫合剂，可基本上控制为害。③注意保护天敌，在天敌发生期尽量少用或不用广谱性杀虫剂。

10. 血斑小叶蝉

（1）症状：若虫和成虫栖息在叶背的叶脉两侧，吸食汁液。被害叶的正面出现白色小点，严重时全叶呈苍白色，使果实变小，味淡，产量降低。

（2）防治方法：在5月中下旬柿树开花后，第一代若虫大量出现时，用2.5%功夫乳油1 500倍稀释液或50%杀螟松乳油1 000倍稀释液喷杀均可。

11. 柿蒂虫

（1）症状：虫蛀果为主，亦蛀嫩梢，蛀果多从果梗或果蒂基部蛀入，幼果干枯，大果提前变黄早落俗称“红脸柿”“旦柿”。

（2）防治方法：①越冬幼虫脱果前于树干束草诱集，发芽前刮除老翘皮，连同束草一并处理消灭越冬幼虫。②及时摘除虫果。③各代成虫盛发期用90%敌百虫、乐果1 000倍稀释液，25%灭幼脲悬浮剂1 500倍稀释液＋2.5%功夫乳油1 500倍稀释液喷杀。

12. 黄刺蛾

（1）症状：幼虫幼龄时啃食叶肉，残留叶脉呈箩网状，后期幼虫食叶片成缺刻，严重时可将树叶全部吃光。

（2）防治方法：①结合冬剪剪除树上的越冬茧集中烧毁或深埋。②当小幼虫群集叶背为害，叶片出现白色网眼时人工摘除或局部喷药。③幼虫为害初期用90%敌百虫1 500倍稀释液、50%杀螟硫磷1 000倍稀释液或2.5%功夫1 500倍稀释液喷杀。

13. 柿星尺蠖

（1）症状：幼虫食叶成缺刻和孔洞，严重时食光全叶。

（2）防治方法：①秋末或初春结合翻树盘挖蛹。②幼虫发生期震落捕杀。③低龄幼虫期喷药防治，用2.5%功夫乳油1 500倍稀释液喷杀效果良好。

（六）果实采收

1. 采收时期

柿子采收时期因品种、地区、气候等不同而有所差异，一般掌握以下原则：需要脱涩或准备贮藏的七八成熟就可采收，可以鲜食（鲜销）的甜柿八九成熟方可采收；离市场远的适当早采，近的可以按时采收；市场缺货时早采，市场压货时略迟采。

2. 采收方法

柿子属于浆果，果柄很硬，容易在采收和贮运过程中戳伤他果而引起腐烂造成不必要的损失，因此采后必须剪去果柄，并注意轻拿轻放。

二十一、板栗种植技术

（一）育　苗

苗木的优劣直接影响栽植成活率，幼树的生长及结果，因此发展板栗生产时一定要注意苗木的质量。

1. 实生苗培育

实生繁育时要选择健壮、高产、抗逆性强、品质好的母树上的种子，完全成熟后采收，经沙藏处理完成休眠；在土温15～20℃时进行播种。春播一般在3月下旬和4月上旬，当沙藏种子发芽率达30%左右时进行。秋播多在10月下旬至11月上旬。育苗地多选择平坦、灌水方便的地块，土质肥沃、疏松的砂质壤土，忌低洼和盐碱地，先进行细致整地。施足基肥然后作床，按20～30厘米行距开沟，按10～15厘米株距将种横放在沟内，然后覆土，压紧，春播覆土3～4厘米，秋播覆土5～6厘米，每亩播种量按75～125千克。

2. 嫁接苗木的培育

（1）砧木：板栗砧木以本砧最为普遍，即实生苗木地径达到1.5～2.0厘米时可进行嫁接。

（2）接穗的选择：要选择优良母树上树冠外围1年生充实健壮的枝条，接穗的采集期为落叶后到萌芽前的整个休眠期，接穗的保存可采取沙埋或冷藏经蜡封处理的接穗，有利于提高嫁接成活率。

（3）嫁接的方法：一般在萌芽前30天至萌芽期，嫁接的方法可采用劈接皮下接、插皮舌接等。也可在春季4日中、下旬利用未萌动芽嫁接或秋季8月下旬至9月上旬利用发育充实的芽嫁接。嫁接后新稍长至30～40厘米时要摘心，根据生长情况可摘1～3次。嫁接要选晴朗无风天进行。

（二）建　园

1. 园地选择

板栗园一般建在背风向阳，土层深厚，土壤肥沃，土壤pH值5.5～6.5，土壤湿润，排水良好的地方。切忌土壤黏重，低湿易涝、风大地方栽植。

2. 栽植密度

栽植的密度应根据立地条件、品种特性和技术措施而定。管理水平高且土地肥沃的栗园每亩可栽33株左右，山地、瘠薄地栗园每亩可栽60～110株。

3. 授粉树的选配

板栗的自交结实率很低，因此需配置授粉树。授粉树的花期要与主栽品种一致，授粉树株间距不宜大于 20m 以保证有效的花粉传播，授粉树的配置有 2 种方式，一是确定一个主栽品种，配置 1～2 个授粉品种，两者的比例为 8～10∶1；二是2～3个品种隔行或隔双行等量栽植，互为授粉树。

4. 定植时期与方法

板栗可在春、秋两季定植。春季一般在萌芽前 20 天前后，秋季多在落叶后至封冻前 20 天。

定植的方法依立地条件和密度而定。土质深厚肥沃的栗园，密度小时挖定植穴，密度高时，挖定植沟（深度均为 80 厘米）定植。土质差、土层浅、底土坚硬透水性差的地块，要挖 1 米见方大穴定植。挖穴时底表土分开，穴内每株施有机肥 30 千克，加少量磷肥，与熟土充分拌匀填入穴内，灌水沉实。板栗苗根系恢复能力差，起苗时防止伤根过多。

（三）土、肥、水管理

1. 土壤管理

山地栗园土层薄，定植穴小，应随树龄的增长，树盘的扩大，定期扩穴和深翻改土，以促进根系的生长，有利于栗树的生长、开花坐果和果实的发育。具体做法是在树冠覆盖范围内，挖深 15～20 厘米的环形沟，春夏宜浅挖，秋宜深挖。同时施入杂草落叶或压施绿肥，以增加土壤有机质，熟化土壤提高土壤肥力。

2. 合理施肥

施肥分基肥和追肥。基肥一般在秋末结合深翻施入，以有机肥为主，幼树每株施有机肥 20～30 千克或人粪尿 10～20 千克，结果树施有机肥 50 千克，并结合加入适量磷肥。追肥以化肥为主，幼树萌动前后每亩施尿素和复合肥各 10 千克，春稍生长期每亩施氮肥 20 千克，采前 20～30 天每亩施复合肥 20～30 千克。

3. 灌水

板栗虽较耐旱，但也必须适时、适量灌水才能高产、稳产。板栗的主要需水期在萌动期、新稍生长期、果实膨大期和采后至封冻前。

4. 提高板栗产量的其他技术措施

（1）种植绿肥和栗粮间作：间作要种植不影响板栗生长的矮秆豆类、花生、草莓、小麦等，禁止种高秆和爬藤作物。压青或制绿肥可选择紫花苜宿、苕子、三叶草等。

（2）叶面喷硼：缺硼影响坐果率；叶面喷施 0.2%～0.3%硼砂溶液，可减少空苞，提高产量。

（四）整形修剪

整形修剪是培育良好的树体骨架、调节养分的分配、促进结实、防治病虫害的重要措施。

1. 幼树整形

板栗的树形通常采用自然开心形和主干疏层形 2 种。这两种树形比其他树形均可能提高产量 20%。

（1）自然开心形：种植地土层较薄或干性较弱的品种可采用此树形。其整形方法为干高 60～100 厘米，选留在主干周围分布均匀的 3 个主枝，在主枝上间距 60～70 厘米选留 2～3 个强壮分枝作侧枝，使树冠稀疏开张，通风透光，结果面大。

（2）主干疏层形：有明显的主枝，树冠高大成层形，充分利用空间结果。定干高度 60～100 厘米，主枝 5～6 个，第一层 2～3 个、第二层 1～2 个、第三层 1 个，每主枝上保留 2～3 个侧枝，为适应栗树喜光和幼树抽枝旺盛的特点，层间距 1～1.5 米，层内主枝间距 50 厘米左右，第一侧枝距离主干 60 厘米，侧枝上下交错，避免对生。

板栗树形应根据立地条件、品种特性等灵活采用。幼树顶端延长梢生长旺盛，为避免发生过多的骨干枝，保留一枝作延长枝，选留骨干枝以下的分枝作侧枝。过强的头枝轻度修剪，不需保留的从基部剪掉。整形时，要注意开张角度，剪去内生枝、纤细枝和徒长枝，保留斜伸的外生枝，使树形舒展。

利用大砧嫁接的幼树，大多生长偏旺且能多次发枝，为使其提早成形和结果，可于夏季进行多次摘心或适当多留纤弱枝和下垂枝，以缓和生长势，促进枝条的加粗长和提早开花结果。

2. 成年树的修剪

一般在栗子采收后，将树膛内的雄花枝、纤细枝、发育枝以及徒长枝全部疏去，只留树冠外围的结果枝。

“实膛修剪”是在充分掌握板栗生长发育的内在因素和周围环境条件之间关系的基础上，正确处理生长与结果、衰老与更新的矛盾，以达到增产的目的，其修剪法如下。

（1）对清膛修剪和未修剪的树，先确定需要保留的主枝然后除去重叠枝、交叉枝以及多余的主枝。对枝端离主干太远、枝干上光秃的主枝或侧枝在有发育枝或徒长枝的先端回缩，以缩小树冠。在树膛空隙处适当留下一部分枝壮芽大的徒长枝作为内膛结果的预备枝。

（2）利用娃枝（徒长枝）培养结果枝组是实膛修剪的一个特点。选择娃枝必须注意枝条的强弱、着生的位置和方向。选留离主枝基部较远生长不太旺盛容易形成花芽的娃枝（称果娃枝），以及背下斜生和斜生的娃枝，生长势比较缓和容易培育结果母枝。剪去从主干或主枝基部萌发的生长特旺、不易培养成结果母枝的水娃枝和背上斜生及背上生长的娃枝。在处理娃枝时，以不影响其先端结果枝的正常发育和树冠的通风透光为原则，采用有空就留、没空就疏、生长正常就放、生长过强就压的方法。

（3）内膛枝中的纤弱枝、交叉枝、重叠枝、病虫枝及弱娃枝必须疏去。

（4）树冠外围的1年生枝，在树势较强，结果母枝发育粗壮，而且下部有较壮的雄花枝或发育枝时可适当保留1～2个，结果母枝全部保留。如树势较势，结果母枝细弱，保留顶端1～2个，结果母枝全部保留。如树势较弱，结果母枝细弱，除保留顶端1个外，其余全部剪去。

（5）结果枝组已经衰老，通过回缩修剪，对局部枝条进行更新与复壮；树冠内部结果枝组较多，膛内比较郁闭，需将两个着生在同一主枝上的结果枝组回缩一个，以改善通风透光条件。回缩时必须选择枝组基部生长的娃枝的先端截断，促进抽枝，培养成预备枝。

3. 老树更新

栗树的更新能力很强。更新的方法和程序，应根据具体情况而定，一般采用逐年逐步间换主、侧枝，分批更新。此外，在修剪的同时进行刮树皮，也可起到老树更新的作用。

4. 低劣树改造

采用“高接换头、多头多位嫁接”改劣换优。

（五）病虫害防治

板栗病害较少，虫害较多。有时会造成死树或大幅度的减产。

1. 胴枯病

（1）症状：胴枯病也称干枯病或腐烂病，主要为害枝干，引起腐烂，严重时全树死亡。

（2）防治方法：首先要加强栗园管理，增强树势，防止病菌的侵入和蔓延。对发病轻的植株，在5～6月削除病部，用401抗菌剂400～500倍稀释液进行伤口消毒，并涂抹波尔多液浆保护。生长期间对枝干喷洒波尔多液也可减少侵染。初冬或春季发芽前刮除病部后，对枝干涂抹或喷洒40%福美砷50～100倍稀释液，则可杀死钱留病菌。

2. 白粉病

（1）症状：在栗区普遍发生，主要为害梢、叶和幼芽，苗木和幼树受害较重。

（2）防治方法：可在发病初期及时喷洒0.2～0.3波美度石硫合剂、50%可湿性退菌特1 000倍稀释液或20%粉锈宁乳油1 000倍稀释液，10～15天后再喷1次。同时注意冬季清园，减少越冬病源。

3. 栗瘿蜂

（1）症状：栗瘿蜂又称栗瘤蜂，幼虫在先端栗芽内越冬、为害，使栗芽膨大成瘤状虫瘿，枝叶不能生长，影响结果。

（2）防治方法：在成虫羽化前后喷洒50%敌敌畏乳油1 000倍稀释液或50%杀螟松乳油1 000倍稀释液，每隔7天视为害严重情况连续喷药2～3次。被害较轻的幼龄栗园在成虫羽化前可及时剪除虫瘿烧毁。如将剪下的虫瘿干燥保存，次年春季放还栗园内，则可提高天敌的寄生率。

4. 栗红蜘蛛

（1）症状：在干旱年份为害严重，常使叶片早落。以卵在枝上越冬，夏季为害最盛。

（2）防治方法：可用药剂涂干法防治。春季越冬卵孵化后，在树干上刮15～20厘米宽的环带至露出绿色，然后涂抹40%氧化乐果乳油10倍稀释液或50%久效磷乳油20倍稀释液，用塑料布包扎好，10天后再涂1次。也可在板栗生长前期喷洒0.2～0.3波美度的石流合剂、800～1 000倍的三氯杀螨醇、20%螨死净1 000～5 000倍稀释液等药剂进行防治。

（六）采收和贮藏

适宜的采收时期为栗苞由绿变黄、部分栗苞顶端已有微裂。采收过早，栗果含水量高，采后容易腐烂，不耐贮藏；采收过晚，栗苞多数开裂，栗果容易损失。板栗树体一般高大，目前产区都选晴天用竹竿打落栗苞或用钩杆钩落栗苞，然后集中在阴凉、干燥和通风处进行堆积。堆高不宜超过0.5米，堆后用草覆盖，如果天气干燥，还需适当洒水使栗苞湿润。3～5天后，栗苞自行开裂，再捶打栗苞，即可拾取栗子。

贮藏板栗应选择耐藏的中、晚熟品种，在栗果充分成熟时采收。先薄摊晾开2～3天，使栗果充分散热除去表面水汽，同时拣出病虫果及裂口果。准备大量贮运的栗果，如虫果多，需用二硫化碳药剂熏蒸杀虫，每立方米用药20毫升，温度在20°以上时，密闭处理20小时，即可杀死全部害虫。二硫化碳易燃，使用时注意忌火。为防霉烂变质，可用50%甲基托布津200倍稀释液充分喷湿板栗，再行沙藏。2种方法对栗子的发芽率和食用品质均无损害。

贮藏方法：南方一般在室内沙藏。栗子在贮藏中怕热、怕干、怕冻。宜选不受冻的阴凉房间，地面先铺一层稻草，再铺5厘米厚的微湿沙，以手捏能成团，松手能散开为合适。按1份栗果、3份微湿沙的比例混合堆放，再覆沙3～5厘米，上盖稻草。堆高0.7～1米。每隔一周翻动1次，结合拾出腐果与调湿。第二个月以后，翻动次数可以减少。

二十二、肉桂种植技术

（一）林地选择与整地

1. 育苗地

肉桂育苗地适宜设在造林地附近有水源处，可减少淋灌水和运苗时所花费的劳力及费用。选择东南向林缘或疏林内的山谷平地、缓坡，土质深厚、土层疏松、湿润肥沃、排水良好的沙壤土作育苗地。在头年冬深翻土 25～30 厘米，使翻出的土壤在冬季风化。播种前再犁耙 2～3 次，除净地内杂草、树根，拣去石块，将地耙平，使土层疏松细碎，每亩施腐熟厩肥、堆肥、草皮灰等混合肥料2 000～2 500千克。然后起畦宽 100 厘米、高 15～20 厘米，并将畦面整平，开好育苗地四周的排水沟，以待播种育苗。

2. 造林地

大面积肉桂造林地，应选择向阳的东坡和东南坡、无寒风和台风侵袭、坡度 15°～40°、土层深厚、肥沃疏松、排水良好、水土流失较轻的山腹和缓坡中部以下的地带，以呈酸性的沙质壤土为宜。丘陵地的山村也可以充分利用零星地块和村庄附近的小山冲进行小面积造林。土壤瘠薄、干旱的山脊地带和排水不良的低洼积水处不宜作肉桂造林地。林地选定后，秋、冬季进行整地，坡度在 25°以上的山坡宜开垦成 1.5～2 米宽的水平梯状环山种植带，25°以下的山坡可进行全垦，垦出的林地经冬季风化，第二年种植前 1～2 个月，按预定的行株距挖好长、宽、深各 45～50 厘米的种植坑。行距按造林地的土壤条件和生产肉桂种类的要求而定。以生产桂通和用桂叶蒸油为目的的矮肉桂林区，土壤肥力低的林地，行株距采用 1 米×1 米或 1.5 米×1 米；林地肥沃的林地，行距可采用 2 米×1.5 米或 2 米×2 米。以生产企边桂、板桂、油桂为目的的大肉桂树林区，土壤肥沃的林地，行株距为 5 米×4 米或 4 米×4 米；肥力中等的林地，行株距为 4 米×3 米或 3 米×3 米。有条件的地区或造林户，挖好种植坑后 1 个月，每个种植坑施入农家肥 5～6 千克。

（二）繁　殖

肉桂大面积造林以种子繁殖为主，还可采用萌蘖、压条、扦插和嫁接等方法进行繁殖。

1. 种子繁殖

为了获得大量的苗木进行大面积造林，肉桂通常采用种子育苗繁殖。在老林地内，选择12～15生、树形端正、生长茂盛、主干高且笔直、树皮厚且含油分高、香气浓郁、无病虫害的白芽肉桂、红芽肉桂、南肉桂的优良母株留种。

（1）采种和种子处理：肉桂在每年5～6月开花，翌年2～3月果实陆续成熟。由于果实成熟时间不一致，前后相差20～30天，因此采种应选择进入成熟中期、果实由青绿色变为黑色、果肉变软时进行。采回作种的成熟果实，应立即除去果皮和果肉取出种子。方法是将果实放竹篓内（少量可放入簸箕内）置流水处或装有清水的大木盆内，将果皮、果肉搓烂，除去果皮、果肉、黄色嫩籽及空粒，把沉入底层的饱满种子取出，摊放在室内通风处晾干表面水分，即可播种。种子千粒重为370～380克。

肉桂种子经晾干表面水分后，不宜久存，更不可晒干，否则会很快失去发芽能力。除去果皮、果肉的肉桂种子立即播种，其发芽率可高达99.3%，晾2天后播种其发芽率仍可达86%，而晒干或晾干时间在2天以上的种子几乎失去发芽能力。肉桂种子内含油分较高，经晾干和晒干后的种子容易泛油，便失去其发芽能力。因此，肉桂种子不能干燥贮藏。

（2）种子贮藏：肉桂种子寿命短，不宜暴晒和久存。种子成熟后，如遇到气候不适宜马上播种、育苗地尚未整理好或运往外地，可用湿沙贮藏。方法是将1份肉桂种子与2～3份湿润细河沙混合均匀，在室内避风阴凉处的地面上摊铺20厘米厚，可以延长种子的寿命。用湿沙贮藏的肉桂种子在40天以内仍有95%的发芽率，存放50天发芽率只有11.5%，存放60天种子便完全失去发芽能力。肉桂种子即使用湿沙贮藏，时间也不宜超过40天，否则发芽率会大大降低。如外运，则不宜去掉果肉、果皮，应以1份果实与3份湿沙混合均匀后放入纸箱或木箱内，到达目的地后立即搓去果皮、果肉，取出种子播种或进行贮藏。

（3）种子催芽：为了加速肉桂种子发芽，并使幼苗出土整齐和便于管理，可以进行种子催芽后再播种。催芽方法是先用70%的甲基托布津800～1 000倍稀释液浸种2～4小时，随后用清水洗净，再浸水12小时即可催芽。用种子1份、湿沙3～4份（河沙的湿度以手能抓成团但不滴水为宜）混合均匀，选择适当场所，在地面上铺一层3厘米厚的湿沙，上面均匀撒一层拌有种子的混合沙，再覆盖2～3厘米厚的湿沙，最后用稻草覆盖。如数量不多，可用木箱、纸箱或瓦缸等容器盛放，置于室内。如种子数量多，可在室外选择地势较高、干燥、向阳、排水良好处挖坑催芽。坑的大小视种子数量而定，经7～8天种子便陆续发芽。当有60%的种子露出白色芽点时可以取出筛去湿沙进行播种。芽不宜长得太长，以免过筛和播种时芽被损伤，降低出苗率。

（4）播种方法：肉桂播种一般在3～4月进行，多采用条播。播种时，先在整好的育苗地的畦上，按行距20～25厘米开播种沟深约2厘米、宽3～5厘米，按株距 5～7 厘米，播种 1～2 粒，覆土厚 1.5 厘米。播后盖草，每亩用种量 12～16 千克。

（5）苗地管理：肉桂幼苗抗高温、抗干旱的能力很弱，当气温超过 32℃时，幼苗生长便受抑制；在露天、干旱的地方，嫩叶易受灼伤，甚至黄化枯死。因此，要搭棚遮阳。播种后要立即搭棚遮阳，棚的大小、长短视地块而定，高约 50 厘米，荫蔽度 60%～70%，保持到翌年春季。播种后如遇天气干旱，每天早晚应淋水 1 次，保持土壤经常处于湿润状态，以加速种子破土出苗。苗出齐后，经常注意除草和松土，防止土壤板结和杂草生长，以利苗木生长。当 70%的幼苗第一对真叶老化后可以进行第一次追肥，每亩施稀薄人粪尿1 000千克。幼苗长出 3～5 片真叶时，种子内贮存的营养物质已耗尽，要及时追施适量的氮肥，每亩施尿素 7.5～10 千克，以后每次新梢抽出前 7 天都追施 1 次肥。施肥由淡到浓，有机肥与无机肥相结合，每次每亩施厩肥、堆肥、草皮灰混合肥1 000～1 500千克、尿素 5 千克、过磷酸钙 10 千克，选择雨后或苗地湿润时于傍晚进行。每年最后 1 次施用氮肥，最迟要在 10 月下旬结束，否则幼苗新梢嫩枝过多，对霜、寒、旱害的抵抗力会降低。

秋、冬季节肉桂林区降雨量相对减少，如遇干旱时间较长，要淋水保苗；或入秋后施 1 次磷钾肥，如过磷酸钙肥、磷酸二氢钾；有条件的可喷保水剂，以增强苗木的抗旱能力。

在冬季，霜冻地区需要做苗木的防冻工作。在霜冻来临前应加厚荫蔽棚上的盖草，或用稻草薄盖在苗木上，入冬前喷 0.2%磷酸二氢钾溶液 1～2 次或 0.2%乙烯利溶液，可以提高苗木的木质化程度和嫩梢老熟度，增强苗木的抗旱力。

每年霜期过后，气温回升时，便逐渐除去荫蔽物，使苗木接受较强的光照，使其组织坚实，以提高造林成活率。经 1～2 年的培育，苗高 30 厘米以上、地径粗 0.5 厘米以上时，便可移植，上山造林。

（6）容器育苗：容器育苗具有苗木占地时间短、占地面积小、育苗时间短、苗木质量好、造林成活率高等优点。现将其育苗方法叙述如下。

①培育小苗：按常规方法建成小苗床，处理种子，小苗床内每平方米播种 1.5～2 千克，搭拱形棚盖薄膜培育小苗。

②容器：肉桂育苗容器用塑料膜或纸制成直径 5 厘米、高 10 厘米的袋或杯，营养土用水田表土或林地表土 80%、草皮灰 17%、磷肥 3%。先将草皮灰与磷肥加适量水拌匀堆沤，用草或农用薄膜盖好，让其发酵。水田表土或林地表土打碎过筛（筛孔 1 厘米），与堆沤过的草皮灰拌匀，移苗前装袋摆放在选好的培养处，并用水淋湿。

③移植：当小苗床的肉桂苗叶子如黄豆般大小、侧根长约 0.5 厘米时，可移入容器培育。移植前先配好黄泥水（黄泥心土与水拌匀成稀泥浆，加适量 3 号 ABT

生根粉)。起苗时，剪去主根的 1/3，放入盛有黄泥浆的水盆中（泥浆水深 1～1.5 厘米)。移植时，在营养杯中央挖个小洞，放入小苗，扶正、压实，淋透定根水即可。

④容器苗木管理：幼苗移入容器后，要搭棚遮阳，透光度为 30%～40%，并经常淋水保持土壤湿润。当幼苗长出 4～5 片真叶时，用 500 倍复合肥稀释液喷施，喷施后立即用清水洗苗。苗木进入正常生长期时，每隔 15～20 天追肥 1 次，以沤制充分的腐熟农家水肥加少量复合肥效果较佳。10 月下旬施 1 次磷肥、钾肥，促进苗木壮实。注意病虫害防治，经常喷施 0.5%～1%波尔多液。翌年春天，苗高 15 厘米以上、地径 0.3 厘米以上可出圃造林。

2. 萌蘖繁殖

萌蘖繁殖又称分株繁殖、剥根繁殖。萌蘖是用来培育大肉桂专用的造林苗木。4 月上旬，在肉桂林中选择 1～2 年生高 1.5～2 米、直径 2～2.5 厘米的萌蘖，在近地面处剥除茎部一圈 3～4 厘米宽的树皮，用疏松肥沃的表土将剥皮部位覆盖，稍压实后淋透水。1 年后剥皮处可长出 30～40 条新根时可把土扒开，用刀将萌蘖与母树之间的连接处砍断或用锯锯断，使萌蘖成为独立苗木，便可挖出移至林地造林。采用这种繁殖方法培养的苗木，因其长有发达的根群，定植后成活率高达 95%以上。缺点是难以获得大量的苗木。

3. 压条繁殖

通常采用高空压条法，在 3～4 月进行。在肉桂林中选择直径 1 厘米以上的 1～2 年生枝条，距离主干 3～5 厘米处环状剥皮 2～3 厘米宽。剥皮时要求切口整齐干净，勿伤到木质部，皮部切口不破裂或松脱，以免影响长根，切口处若残留皮部应用割刀轻轻刮除。在剥皮处以青苔作为包扎敷料，敷上贴紧，再用塑料薄膜包扎，两头用绳扎牢。12～18 天后，切口处便开始长出新根，半年后生根率可达 80%以上。待切口处长出较多的新根后，在紧贴主干处将枝条平齐锯下，解开塑料薄膜，栽于苗圃或盛有营养土的小竹篓内，压实周围土，浇水，放置荫蔽处。以后经常淋水、松土、除草、追肥，待根长粗后，可移到林地内造林。此法繁殖造林成活率高，但要获得大量的种苗也较困难。

4. 扦插繁殖

一般在 3～4 月进行。在长势旺盛的肉桂林中选择无病虫害、组织充实、直径 0.3～1 厘米的枝条，将枝条梢部幼嫩部分剪去，然后剪成 13～15 厘米、具 3 个节的插条（又称插穗)。在插条上端靠节的 1～2 厘米处剪平口，下端在节下剪（削）成楔形斜口，两头的剪口要平滑，皮部与木质部要紧贴，不可松动脱离。剪好的插条放在阴凉处，浸泡在水中或用湿稻草覆盖，防止切口受风吹或日晒干燥而影响扦插后生根。若当天不能马上扦插需留到第二天，应埋入湿沙中，扦插时再取出。扦插用的沙床要用清洁的细河沙在地面上摊铺 30 厘米厚，四周用砖围好，防止苗床崩塌。按株距 15～16 厘米把插条斜插入沙床内 2/3，使插条上的剪口与沙床面平贴，拨平畦面沙，淋水至湿透，加盖塑料薄膜，并搭棚遮阳，保持经常湿润，忌受干旱。扦插后 40～50 天，插条斜面剪口的皮层愈合处便长出新根。当长出较多新根时，即移到苗圃或营养杯内继续培育。苗床的管理可参见种子育苗。

除用上述方法进行扦插外，还可采用短枝带叶扦插。选择 1～2 年生的健壮枝条，剪成单节单叶或双节双叶（3～4 厘米长）插条，平卧浅埋在预先备好的沙床内，叶及部分叶柄露出沙面，埋沙厚度以 1 厘米为宜。为了促使插条早生根，可用 0.15％萘乙酸溶液浸泡插条 10 分钟。短枝扦插成活率高低的关键是荫蔽和保湿。因此，沙床上要搭棚遮阳，荫蔽度要在 80％以上。扦插后 60 天内，每天要淋水 2 次，并在沙床上罩盖塑料薄膜，减少水分蒸发，保持苗床内经常湿润。经过 40～50 天，插条下端便开始长出新根，一般生根率可达 60％以上。待插条下端剪口的皮部长出较多根后，便将其移到苗圃或营养杯内继续培育。

长出根的插条移植到苗圃和营养杯培育后，应加强管理，注意除草、追肥，待插条长至 30 厘米高时，可以移植上山造林。该育苗方法适宜于已有小面积林地，但又缺乏种子，需要扩大造林面积的地区。

5. 嫁接繁殖

一般采用芽接法。用“T”形芽接，在 4～5 月或 7 月进行。砧木采用优良品种的实生苗。接穗采用从生长健壮、无病虫害、品质优的肉桂枝条上采集的芽片。采集时应剪取树冠外围发育充实、芽苞饱满的 1～2 年生枝条。嫁接方法是在接穗芽上方约 0.5 厘米处横切一刀，深入木质部，然后在芽的下方约 1 厘米处向上削芽（稍带木质部）。在砧木的嫁接部位选择光滑面（最好在北面）横切一刀，切口处往下纵切一刀使整个切口呈“T”形，深至木质部。轻轻剥开树皮，将芽皮插入“T”形切口内，用塑料薄膜带自下而上包扎，露出芽眼，打活结，等到萌芽时即解除薄膜。嫁接宜选择气温在 22～24℃时进行，成活率较高。若气温过高，嫁接后切口不容易愈合，成活率低。嫁接成活后，按种子育苗方法加强对嫁接苗的管理。待嫁接苗长至 30 厘米高时，可以上山造林。采用嫁接法繁殖主要是为了培育优良品种，保持肉桂的优良性状。缺点是较难获得大量的苗木供大面积造林。

（三）造　林

1. 起苗

起苗前，宜将苗木的大部分叶片剪除，只留下顶芽以下 1～2 片叶子，以减少水分蒸发，提高苗木的成活率。起苗宜在阴雨天进行，如晴天起苗，苗床土壤干燥，应提前 2 天淋水使土壤湿透，以利起苗。1 年生的苗木，可用铁锹插入根的下方，左手抓住苗木的基部，右手撬起苗木根下的铁锹，将苗木轻轻提起。过长的主根和侧根（超过种植坑的深度）应适当修剪，以利于种植。2～3 年生的苗木，不宜用铁锹起苗，可以采用挖沟起苗，方法是在苗圃的畦头横向挖深沟，深度略超过苗木根部，待大部分根暴露时，便轻轻将苗木拔出，注意尽量不伤根。苗木高已达 2.5 米以上、根粗为 2 厘米以上，应带土起苗。用锄头慢慢挖掘，并注意保持根系完整，起苗后剪去全部枝叶，截去苗木高度的 1/5。苗高 2 米以上则截去上部 0.4 米，留主干下部 1.6 米，用草绳捆扎好带土团的根部和主干部分，只留上端 15～20 厘米不捆扎，以利植株长新芽。

挖起的苗木经修根后，不带土团的苗木应用黄泥浆浆根，并按苗木的大小和高矮分成大、中、小三级，分别包扎成捆，大的苗木每 5～10 株扎成 1 捆，中等苗木每 30～50 株扎成 1 捆。每捆重量不宜超过 20 千克，以便运输。苗木起运前，最好用黄泥浆再浆根 1 次，有利于提高造林成活率。肉桂苗木如长途运输，需用湿稻草包裹根部，草绳绑扎牢固才能起运，运输过程中还要给根部淋水，保持湿润。到达目的地后要及时定植，以免影响苗木成活。

2. 造林

肉桂造林在 3 月中旬至 4 月上旬（春分至清明）较为适宜。此时苗木根系开始生长，而新芽尚未萌动，定植成活率较高。应选择阴雨天气进行。定植时，先将一些肥沃的表土与肥料拌匀填入坑内，放入苗木，每坑 1 株，苗木放在坑的中央，直立，根部自然伸展开，填入细土，即将填满坑时，用手把树苗轻轻往上提，使根部在土中充分展开。将苗木四周的土踩实，使苗木固定，淋足定根水，再培一层松土。苗木定植坑的深度要比苗木根系长度略深 3 厘米，过浅则苗木容易受旱而干枯死亡，过深则土温低根系发育不良。

3. 间作

肉桂上山定植的头几年尚未长成林，树冠覆盖面积小，株与株之间尚有空地，而幼龄肉桂需要一定的荫蔽湿润条件才能正常生长，在没有荫蔽物（树）的林地内，可在行间种一些高秆的作物和绿肥，如木薯、玉米、高粱、木豆、猪尿豆等。肉桂长成林后，也可以充分利用林间下的荫蔽条件，种一些喜阴的药材如千年健、苦草、益智、砂仁等。可以在护理间种作物及药材时结合抚育肉桂林，有利于促进肉桂树的生长，长短结合，一举两得。

（四）林地抚育

1. 淋水保苗

肉桂苗木移至林地定植后 2～3 个月内，根系的吸收功能还不能恢复到原来的状态，很容易受干旱的影响而枯苗，影响成活率。因此，在定植后要淋水，保持树坑内的土壤湿润，如遇干旱时间较长则在坑面上松土、铺草，减少水分蒸发，保证苗木成活。定植3个月后，苗木已长出部分新根，根系的吸收功能已逐渐恢复，淋水次数可视天气情况而定，干旱时多淋，降雨多时少淋或不淋。定植后的第二年春天，要在林地内进行1次检查，发现枯苗、缺苗应在造林季节及时补苗，以保证全苗。

2. 中耕除草

肉桂幼林期林地空间大，如林地内未间种作物，很容易滋生杂草。因此，每年应进行中耕除草3～4次，并将每次铲除的杂草覆盖在树干周围的地面上，以减少水分的蒸发，保持土壤疏松湿润。杂草腐烂后可作肥料，有利于促进苗木的生长。中耕时应小心，不要伤害到近地面的茎皮，以减少萌蘖和营养的消耗，加速茎干长高、长粗、长直，提高肉桂树皮的产量和质量。成林后林地郁闭，1年只进行1次中耕除草。

3. 追肥

肉桂生长期较长，需要充足的养分才能生长繁茂。因此，要适当施肥，一般每年施2～3次。第一次在2～3月植株抽芽现蕾时，以施氮肥为主，用稀人畜粪水或尿素兑水，每株施5～10千克，以促进抽芽；第二次在7～8月进行，以施氮肥、磷肥为主，通常用人畜粪尿和过磷酸钙混合施下，每株施10千克，或每株施复合肥0.5千克；入冬以后进行第三次追肥，以施磷肥、钾肥为主，用厩肥100千克、过磷酸钙3～5千克、草皮灰200千克混合均匀经沤制后，在树冠外缘开环沟或开穴施下，每株施5～10千克。以采收肉桂树皮加工企边桂、油桂为目的的林地，在肉桂长至10年以后，夏、冬两季的两次追肥应增加有机肥和磷肥的用量，以促进树干韧皮部油层的形成。施肥次数和施肥量要根据土壤肥力的高低而定。肥力中等的林地，每年施肥次数可多些，一般3～4次，施肥量也适当增加。肥沃的林地，土壤肥力高，每年只在夏、秋季各施1次，宜少施氮肥，重施磷肥、钾肥。

4. 修剪和间伐

修剪枝条可以使肉桂树长得粗壮，是提高桂皮产量的重要措施。以加工桂通或利用枝叶蒸油为目的的肉桂林地，一般在种植后第二年开始，每年在秋季修枝1次，紧靠主干削去枝条，削口平滑，保证主干有2～2.5米光滑通直，生产更多的桂皮产品。以利用枝叶蒸油为主的肉桂林地，则应在定植后的第三年摘顶，以促进分枝萌蘖，增加枝叶产量。以生产高价值的药用桂皮为主的肉桂林地，修枝要求以“一早、二光滑”为原则。修枝应在定植后第三年开始，每年进行1～2次，每次修剪从地面到树冠的1/3以内的枝条。小枝条用利刀紧靠主干削平，但不能伤其主干的树皮，较大的枝条可用锯子锯掉，保证切口平滑以利愈合。枝条伤口越少越易愈合，故修枝应在秋、冬季进行，宜早不宜迟。对成林肉桂树，在修枝的同时，还要把病虫枝条、弱枝和过密的枝条剪去，以利植株内通风透光，增强光合作用，促进树干生长和桂皮内油层的形成。

以培育大肉桂树林为目的的林地，凡是生长郁闭的林冠，都会影响油分的形成和开花结果。因此，要进行适当间伐，保持行株距为10米×8米较适宜，使树冠之间的枝条不互相遮盖。

5. 萌芽更新

肉桂的萌芽更新是肉桂生产中1次种植、多次收获的重要举措，也是少投工、多收益的有效方法。肉桂具有很强的萌芽能力，成林的肉桂被砍伐后1～2月，留下的树蔸近根部处便可以萌发出3～5个新芽。因此，每年5～6月砍伐肉桂树剥皮后，应将砍伐过的林地进行1次深翻，除草松土，适当施肥，促进萌芽抽出并使其生长粗壮。待新长的苗木高达60厘米时，选择1～2株长势旺盛、粗壮、无病虫害的留下，继续培育成林。以后林地的抚育同第一次造林。以加工桂通为目的的林地，每隔5～6年砍伐1次剥皮，其萌蘖再生可连续使用10代以上。若以剥皮加工企边桂、板桂、油桂为目的的林地，则每隔10～20年砍伐1次，萌芽再生可以连续利用5～7代，最后树蔸衰老，再不能萌发新芽时，重新造林。

（五）病虫害防治

1. 根腐病

（1）症状：根腐病是肉桂苗期发生的一种病害。发病初期被害根有水渍状的病斑，随着病情的发展，病斑变为褐色，逐渐向健康根蔓延，严重时整个根部腐烂，最后苗木干枯死亡。该病多发生在每年5～7月的雨季，低洼积水的苗圃发病严重。

（2）防治方法：①选择排水良好的地块作苗圃，雨季加强排水。②发现病株及时拔除烧毁，病株处撒石灰粉消毒，同时每亩用石灰粉均匀地撒在行间，以抑制病菌的蔓延。③发病季节可用1∶1∶100波尔多液灌苗，每隔20～30天灌苗1次。

2. 桂叶褐斑病

（1）症状：常发生在苗木长出的新叶上。发病初期叶面病部出现椭圆形黄褐色的病斑，病斑扩大后，其上分布有许多黑色小点，叶片背面的病斑多呈紫色，最后全叶黄化，凋萎脱落。该病一般在每年4～5月发生。

（2）防治方法：发病期间勤检查，发现病叶即摘除烧毁，并用1∶1∶100波尔多液喷洒，每7～10天1次，连续3次，可以防止蔓延。

3. 炭疽病

（1）症状：发病初期在叶缘或叶尖处出现褐色的小病斑，病情发展后，病斑扩大呈不规则的灰白斑，表面密布小黑色颗粒。发病严重时整枝苗木叶片脱落，苗木大量死亡。该病全年均可发生，连续阴雨天气、阳光不足、土壤黏重积水和管理粗放等容易发病，每年 2～4 月发病严重。

（2）防治方法：①加强苗圃管理，增施磷肥、钾肥，提高苗木抗病能力。②发现病叶立即摘除烧毁，并用 50％退菌特1 000倍稀释液或 65％可湿性代森锌 500 倍稀释液喷洒，每隔 7～10 天 1 次，连续 2～3 次。

4. 肉桂粉实病

（1）症状：发病初期果实外表出现黄色小点，逐渐扩大，突起呈瘤状，表面粗糙呈褐色，剥开瘤状物外皮，皮下有一层白色粉状物，翌年春季全果肿大，果肉全部呈褐色粉状物，果实干缩脱落或悬挂于树干上。该病的病菌主要来源于上年残留树上或地上的病果。每年夏季果实开始形成即感染该病，以后逐渐发展。一般林缘及空旷地发病率高于林内。

（2）防治方法：①彻底清除病果，最好在病果未产生褐色粉状物之前进行，或结合收果作种将全部果实采回，选出病果集中烧毁，减少初次侵染来源。②在 5 月份果实形成期喷施硫黄粉或 0.3～0.5 波美度石硫合剂防治。

5. 透翅蛾

（1）症状：以幼虫蛀入肉桂的韧皮部和木质部之间为害，钻成不规则的隧道，使韧皮部遭破坏，影响营养物质的运输，苗木生长不良。

（2）防治方法：①根据每年 3～4 月透翅蛾在化蛹时常把树干咬成一圆洞的习性，加强检查，发现洞孔即用铁丝沿虫孔钩杀其蛹或老龄幼虫，或用药棉蘸 80％敌百虫 100 倍稀释液塞入洞内杀灭。②在幼虫盛发期喷洒 25％杀虫脒 300 倍稀释液，每隔 7 天 1 次，连喷 2～3 次。

6. 潜叶蝇

（1）症状：以幼虫为害肉桂叶片。幼虫钻入叶内蛀食叶肉，形成虫道，使叶片生长不良，影响叶片光合作用。在幼树无荫蔽的条件下潜叶为害严重。

（2）防治方法：在成虫产卵期用 40％乐果1 500～2 000倍稀释液喷洒，在发生期用 25％亚胺硫磷1 000倍稀释液喷洒，每隔 7～10 天 1 次，连喷 2～3 次。

7. 钻心虫

（1）症状：以幼虫为害幼树新梢。成虫产卵时把卵粒产在嫩梢叶片上，孵化出的幼虫咬破枝梢外皮钻入枝内，向上蛀食形成虫道。被害新梢 2～3 天便萎蔫干枯，之后幼虫爬出转移为害，严重时使成片幼林被毁。

（2）防治方法：①人工剪除被害新梢并烧毁。②当幼树长出新梢 2～3 厘米时，用 40％乐果乳剂1 000倍稀释液或 90％敌百虫1 000倍稀释液喷杀低龄幼虫，每隔 7～10 天 1 次，连喷 2～3 次。

8. 卷叶虫

（1）症状：以幼虫为害肉桂叶片。夏、秋季幼虫将数张叶蜷缩成巢，潜伏在其中为害叶片，严重时影响植株生长。

（2）防治方法：在虫害发生期用马拉松1 000倍稀释液、90%敌百虫1 000倍稀释液或80%敌敌畏1 500倍稀释液喷杀。

9. 桂实象鼻虫

（1）症状：以幼虫为害肉桂果实。成虫产卵期刺破肉桂幼果果壳，将卵产在果内，卵孵化出幼虫后在果实内为害，并刺激果实变形。一般1年发生1代，成虫在6月出现，幼虫在果实内越冬。

（2）防治方法：①发现被象鼻虫为害的肉桂幼果，应全部摘除。②成虫羽化时用90%敌百虫800倍稀释液喷杀。

10. 肉桂褐天牛

（1）症状：以幼虫蛀入肉桂木质部为害。幼虫常在木质部内钻成隧道，隧道内充满木屑，致使植株水分运输受阻，苗木枯死，遇到强风易被刮断。

（2）防治方：①成虫产卵期在树干上涂抹白涂剂（生石灰10份、硫黄1份、水40份，均匀混合而成），防止成虫产卵于树干上。②幼虫刚孵化时，喷洒25%杀虫脒300倍稀释液或50%速灭松1 000倍稀释液毒杀。③经常检查树干，发现有新木屑排出，即用铁丝钩杀幼虫，或用药棉蘸80%敌敌畏乳油填入洞孔内，外用黄泥封严，杀灭幼虫。

11. 泡盾盲蝽

（1）症状：若虫和成虫为害肉桂皮层。该虫1年发生1代，成虫产卵于枝条的皮层上，孵化后若虫和成虫以刺吸式口器吸食肉桂枝条皮层的液汁，使被害部位组织坏死，输导受阻，轻者产生愈伤肿瘤，重者上部枝干枯死。

（2）防治方法：①进行人工捕杀，剪除带卵枝条。②在越冬代若虫发生末期或在发生期，用45%马拉硫磷乳油800～1 000倍稀释液、90%敌百虫晶体800～1 500倍稀释液、80%敌敌畏乳油1 000～2 500倍稀释液、21%灭虫毙乳油2 500～4 000倍稀释液交替喷杀。

养殖致富技术

一、养蚕技术

（一）桑园、蚕室、蚕具准备

1. 桑园

1 亩桑园盛产期可育 8～10 张小蚕，要选择比较肥沃的半旱水田或坡地种桑，施肥以生物有机肥为主。

2. 蚕室、蚕具

小蚕共育室要求能保温保湿，上有天花板，下有水泥地面，墙面批灰，有南北对流窗。共育 10 张小蚕需蚕室 10～15 平方米，蚕簸或木制蚕筐 80 只和相应的蚕架、蚕网等工具，还要消特灵 4 包、氯霉素 1 盒、石灰 25 千克、“防病一号”一包等蚕药。

（二）小蚕共育技术

1. 做好消毒工作

养蚕前 5 天把蚕屋及周围环境彻底清理干净，然后用消特灵 2 包加水 50 千克消毒蚕室和所有蚕具及周围环境，过 1 个小时后进行清洗，等蚕室及蚕具晾干后再按上述方法重复消毒 1 次。

2. 收蚁技术

蚕出壳喂叶叫收蚁，方法是蚕出壳当天早上 4～5 时感光，8～9 时把切细的桑叶直接撒在蚕上，让其吃叶 20 分钟后，把蚕和桑叶一起翻倒在蚕座纸上，整好蚕座。

3. 各龄用叶标准

1 龄：黄中带绿，最大叶上的第二或第三张。

2 龄：绿叶带黄，最大叶上的第三、第四张。

3 龄：成熟的绿叶。

4. 温度标准

1～2 龄温度 27～28℃，干湿差 1.5～2℃。

3 龄温度 26～27℃，干湿差 2～2.5℃。

5. 做好眠起处理

（1）适时加眠网：在适温下各龄加眠网时间，1 龄约为收蚁后 2 足天，蚕呈炒米色；2 龄为饷食后 30～36 小时；3 龄约为饷食后 2 足天。

（2）提青分批，饱食就眠：如果蚕眠不齐一，要加网分批提青，网上的蚕继续喂叶，直至就眠。

（3）适时饷食：当有98%蚕已脱皮就可饷食喂叶。

6. 做好防病工作

（1）坚持“洗手换鞋”制度。即入蚕室前、采叶前、喂蚕前、除沙后要洗手，入蚕室、叶室要换鞋。

（2）坚持蚕体蚕座消毒制度。收蚁时和各龄饷食时撒“防病一号”1次，眠定后撒石灰1次。

（3）坚持药物添食制度。各龄饷食时添食氯霉素1次。

（4）及时淘汰迟眠蚕和病弱蚕。

（5）蚕室、叶室及其周围环境在各龄眠定后要进行地面消毒。

（三）大蚕饲养技术

1. 养蚕前准备

（1）报蚕数：新种桑户在桑高0.6米左右即可报数，老户春、秋节第一批蚕在桑高0.5米左右报数，其他批在领蚕时报下批数。养一张蚕需桑叶450～500千克，报数到接蚕约有25天，估叶时要把25天生长的叶一起算上。

（2）蚕室、蚕具准备。

①蚕室准备。蚕室要求地面平整、洁净、前后有对流窗，最好开地脚窗，堵好洞穴，防止老鼠进入，门窗要装好纱窗防苍蝇，地脚窗装好铁丝网防老鼠。瓦房和水泥房均可（天冷最好用水泥房，天热最好用瓦房），一层的水泥房天热时在楼面搭1米高的隔热层（禾草、蔗叶等均可），养1张蚕约需30平方米的养蚕面积和10平方米的专用叶室。如果没有房屋，可搭简易大棚养蚕。

②蚕具及药品准备。养一张蚕要准备如下蚕具和药品。

A. 80厘米宽蚕簸15～20只，主要是用于接蚕及4龄饲养。

B. 采叶箩4只（高1米、宽0.67米的疏跟竹箩），薄膜约20平方米，用于垫叶和盖叶。

C. 拖鞋2～3双，分别放在蚕室和叶室。

D. 红砖若干块，主要是地面养蚕时方便喂蚕，一般一间屋放2行砖，以人能方便行走为宜。

E. 蚕室消毒专用桶2只，喷雾器1只，装过农药的桶和喷雾器一定不能用于蚕室消毒。

F. 方格蔟250只。

G. 石灰500千克左右，于领蚕前三天洒少量水发好。

（3）清洗、消毒：消毒是防治蚕病发生，保证养蚕高产优质的前提，一定要认真抓好。

第一批消毒应在领蚕前一个星期完成。先把蚕室、叶室及周围环境彻底清扫干净，蚕具可放在阳光下暴晒，然后对蚕室蚕具进行消毒，目前最好的药品是消特灵。消特灵配制方法：先将主剂搞碎用少量水搅成糊状再倒入 25 千克水，后加入辅剂稍搅拌澄清 15 分钟即可使用。用专用喷雾器对蚕室和所有蚕具进行消毒，消毒要全面、彻底，室内墙面、天花、地面都要喷匀、喷湿透，喷后关闭门窗保持湿润 1 个小时。再晾干，然后再重复消毒 1 次。薄膜、鞋、蚕具等用药液浸泡消毒效果更好。消毒 2 次后，打开门窗，晾干蚕室和蚕具，等待养蚕，注意消毒好的蚕室不能放入未消毒的东西。

2. 大蚕饲养技术

（1）领蚕：在接到领蚕通知后，及时采好桑叶，自带蚕簸按时到指定地点按原报数量领取蚕，一张蚕需带 8～10 只蚕簸，接蚕回家途中要防日晒、雨淋。领回蚕后，及时分簸摊匀，喂叶。在领蚕时报下一批饲养量。

（2）采叶。

①用桑量估计。1 张种从领蚕到熟蚕需要 450～500 千克叶，其中 4 龄用叶 75 千克左右，5 龄用叶 375～425 千克，5 龄各日用叶大约为：第一日 25 千克，第二日 60 千克，第三日 80 千克，第四、第五日各 100 千克，第六日 100 千克，第七日 25 千克。

②采叶及贮叶。正常天气，一般在早上和傍晚采叶，中午太阳大、温度高，不采叶，早上要等露水干后才采叶，傍晚 5 时后采叶，雨天停雨叶干后可随时采，4 龄从顶芽下第五张往下采，五龄第二天后采适熟叶，注意不采露水叶、泥叶和黄叶。采回后放回叶室（下垫薄膜），及时抖松摊开散热 10 分钟后用薄膜盖好。刚采回的叶不能马上喂蚕，要抖松散热后才能喂。每次喂叶前要把薄膜掀开，抖松桑叶散热后再喂蚕，喂完蚕后再盖回薄膜。

（3）喂蚕：每天喂 4 次，分别为上午 7 时、12 时，下午 5 时、10 时，各次喂叶量以上一次吃剩叶为依据，喂蚕时剩叶多则少喂些，吃得定则多喂些，晚上一次因间隔时间长，喂量要增加一半。

（4）扩座、除沙、眠起处理。

①扩座。为了保证蚕吃饱，蚕座要疏密适当。一般 1 头蚕要有 2 头蚕的位置，地面育的每张蚕大约需要 30 平方米，随着蚕不断长大而不断扩座。

②除沙（换蚕粪）。为了保证蚕座清洁干净，蚕不发病，必须按期换蚕粪，领回第二天换 1 次，眠前换 1 次，5 龄饷食后换 1 次，以后隔天换 1 次。要求用网换除，手除易伤蚕体，而且工效低。除沙后先洗手后喂蚕，换出的蚕粪及时搬离蚕

室，经堆沤后可作果园、水稻用肥，严禁施用于桑园，否则蚕容易染病。

③眠起处理。领回蚕后，一般喂 3～3.5 日，蚕即将睡眠，特征是蚕淡黄白色发亮，此时喂叶量逐步减少，切三角叶喂。当大部分蚕（约 90%）已停食入眠后，仍有少数未眠时，要进行提青，方法是先撒一层石灰粉，有蚕网的加蚕网后，疏喂一层叶，无蚕网的，则洒石灰粉疏喂一层叶，等未睡蚕爬上吃叶后，把蚕和网、叶一起提出单独喂叶直至睡眠，最后仍有少数不睡的，用手捡出淘汰掉，因为迟眠容易发病。眠蚕特征，体色腊白发亮，身体缩短，头部有灰白色小三角，嘴变小变尖，头抬起静止不动。眠定后撒一层石灰。

④适时饷食。蚕睡醒后第一次喂叶称饷食，饷食时间不要太早，以免损伤蚕口器，也不能太迟，以免蚕受饿。一般掌握有 98%以上的蚕脱皮爬动觅食时即可饷食，饷食这餐要喂氯霉素水叶，方法是每支氯霉素加清洁水 250 克，拌 2.5 千克叶，一般一张蚕饷食需 3～4 天，饷食前先撒一层石灰粉，后喂氯霉素水叶，饷食不要喂太多叶，以 7～8 成为宜，喂 2 餐叶后蚕即可落地（地面先撒一层石灰粉）。

（5）预防蚕病。

①坚持“三洗手”“三换鞋”制度。即入蚕室先洗手，采叶、切叶、喂蚕前洗手，除沙后要洗手，进入蚕室、叶室要换鞋。

②5 龄每天撒石灰粉 1 次，潮湿天或发现病蚕则每天撒 2 次，注意撒石灰粉后马上喂叶，防止蚕吐水。

③5 龄喂 2～3 次氯霉素或脓病清。

④5 龄喂 2 天后仔细捡 1 次弱小蚕，以后发现弱小蚕或病蚕及时捡出集中于石灰碗后深埋，千万不要喂家禽。

3. 各蚕期气候特点和养蚕技术措施

（1）3～4 月低温多湿，重点是做好加温排湿工作，注意大蚕朝气温低也不能关门关窗，就是加温时也要适当开启前后窗，保证蚕室空气良好，防止闷坏蚕；多用石灰、防僵粉等吸湿材料。

（2）5～6 月高温多湿，是一年中养蚕最恶劣的季节，容易发病，重点是做好降温排湿工作，主要措施：打开南北对流窗，白天打开门，加强通风透气；蚕室周围和楼底搭荫棚；每天早晚撒石灰粉或用强氮精加石灰粉配成的消毒粉各 1 次；隔天换蚕粪 1 次，尽量不喂湿叶和嫩叶。该季节易发蚕病，一定要加强消毒防病。

（3）8～9 月高温干燥，重点是做好降温防闷热工作，天气太热可适当开风扇，多搭荫棚，尽量使蚕室凉爽些，白天高温蚕吃叶少，晚上可适当多喂些，如果叶水分少，喂叶前可适当用清水喷润桑叶后喂蚕（注意贮桑时不能加水，要在喂叶前再加水）。

（4）10～11 月低温干燥，重点是做好加温补湿工作，保证叶新鲜。

（四）大蚕饲养形式

1. 蚕簇育

将大蚕放在蚕簸内饲养，优点是房屋利用率高，通气好，缺点是投资较大，花工多。

2. 蚕台育

常用的是绳吊活动蚕台，制作方法是用木或竹制成 3～5 层蚕架，然后铺上竹茛或竹帘即成蚕台，上面几层用绳吊挂。这种办法的优点是蚕层利用率高，喂叶快、成本低，缺点是不利于消毒防病。

3. 地面片叶育

把大蚕放在蚕室地面上饲养，最好是 5 龄饷食第二口叶后才落地（气温高时，接蚕回来后即可落地）。要提前做好消毒工作，地面一定要充分干燥，蚕落地前先撒一层新鲜石灰粉，然后把蚕均匀地移到地面，蚕室中放两排红砖，利于喂蚕，随着蚕不断长大要不断扩大蚕座面积。该办法优点是省工省力，缺点是蚕室利用率低，通气较差。

4. 地面条桑育

把蚕放在地面上饲养，把桑枝和桑叶一起剪成条状喂蚕。适用于种桑 5 亩以上者，剪 1 次枝要隔 45 天左右才能再剪，优点是省力省时，蚕座通气好，缺点是由于 5 龄期不换蚕粪，蚕座容易湿度大。养蚕关键是加强通风换气，多用吸湿材料，熟蚕前一天改喂片叶，有利于上蔟，用桑前 7 天摘去嫩桑头以促进桑叶成熟。

5. 斜面立体枝条育

这是一种最新的养蚕办法。在蚕室离地面 50 厘米处，宽度以方便操作为宜，固定竹竿或木杆。5 龄饷食第二次喂蚕，将桑枝条平排在蚕座上，待蚕全部爬上吃叶后轻轻把桑枝和蚕一起提起均匀斜放在准备好的竹竿上，成 45°角，第一次喂蚕一律新梢向上，以后喂蚕时枝条排成“川”字。

（五）上蔟和采茧

1. 熟蚕特征

5 龄饷食后经 6～8 天便开始吐丝结茧，这时的蚕叫熟蚕，把熟蚕捉到蔟上结茧叫上蔟。将熟的蚕吃桑渐减，由青白色转为蜡黄色，排软粪，胸部透明，头部左右摆动，这是上蔟适期。

2. 上蔟方法

事先用竹片把方格蔟两片两片托在一起，竹片长出 7～10 厘米。刚开始熟蚕不多，要逐条捉出放上蔟，大熟时可先把蚕捡出，再把方格蔟摆在蚕体上方，熟蚕会自动爬上蔟，基本爬满后把蚕和方格蔟一起提起，挂到预先准备好的铁丝或竹竿上。未熟蚕集中继续喂叶。为了使蚕快入孔结茧，上蔟后可先挂到室外荫凉处，等蚕入孔后再挂回室内。

3. 上蔟后管理

上蔟后 8 小时内要加强簇中管理，把未入孔和掉在地面的蚕捡起放到另一簇上。上完簇后马上清除蚕粪，打开门窗，加强通风换气，地面撒石灰等吸湿材料，上蔟当天要翻蔟 2～3 次，使蚕结茧均匀，晚上禁止开灯时间过长。

4. 采茧

熟蚕结茧后 6～7 天为采茧适时，先将蔟中死蚕、烂茧清除集中石灰碗中，然后边采茧边洗茧，按上茧、双宫茧、次茧（黄斑、柴印、蝇蛆、尖头茧等）、下烂茧分开放，要轻采轻放，不伤蛹体，否则茧价低。采下茧后应薄摊（2～3 粒厚），放在蚕簸中，不能放在地上。卖茧时应用竹箩等通气好的用具装运，禁止用塑料薄膜袋装运，途中防止日晒雨淋、发热和剧烈震动，卖茧后要及时清洗、消毒蚕室蚕具，一般卖茧后 2～3 天领下一批蚕。

（六）常见的蚕病与防治

栽桑养蚕的目的是为了获得优质、高产的蚕茧，但在养蚕过程中，难免会发生蚕病，轻者蚕茧低产、质差，严重者颗粒无收，造成巨大的损失。因此，掌握蚕病的发生和传染规律，应用科学知识进行蚕病的诊断和预防，控制蚕病为害，夺取蚕茧丰收，增加经济效益，发展蚕桑生产，有着重要的作用。

1. 蚕病的种类与传染途径

（1）蚕病：可分为传染性和非传染性两种，传染性蚕病是蚕染病或死亡之后，可传染给其他健康蚕，引起发病的蚕病，包括脓病、软化病、细菌病、僵病及微粒子病等，非传染性蚕病即蚕染病或死亡不会引起其他健康蚕发病的蚕病，包括蝇蛆病、创伤病、农药中毒及废气中毒等。

（2）病源的来源：蚕病病原体的来源很广，主要有病蚕尸体、病蚕排泄物，如蚕粪、胃液、蛾尿等以及病体的脱离物如蜕皮的旧壳、卵壳、鳞毛、茧皮等，还有昆虫。

（3）病原体的传播：病蚕及带病的昆虫是蚕病的主要传染源，病原体传播和入侵健康蚕体大体上由 3 个相连接的阶段组成，即病原体从患病蚕体中脱出→停留在外界环境中→侵入健康蚕体。

（4）病原体的传染途径：①经口传染。蚕经口食下病原体，引起蚕病发生，这是最主要的传染途径。②创伤传染。蚕体表皮受破损，被病菌侵入体内，引起发病。③接触传染。有些病原体能直接穿过皮肤进入蚕体内寄生致病，如僵病孢子及多化性蝇蛆产卵于蚕体皮肤上。④胚种传染。通过卵传染给下一代。

2. 血液型脓病

（1）传染途径：病原体经食下传染、创伤传染及昆虫的互相传染而引起蚕发病。从感染病菌到发病经过 5～7 天时间，小蚕期发病较快，大蚕期发病较慢，主要发生在 3～4 眠前后及大蚕将熟时。

（2）症状：蚕体体色乳白，行动狂躁，常在蚕座四周爬行，皮肤易破，爬行过的地方留有乳白色脓液的痕迹，死亡后蚕体腐烂发黑。由于发病时期不同，表现的症状可不同。不眠蚕，各龄眠前发病的蚕皮肤张紧发亮，不吃蚕叶，在蚕座中狂躁爬行不能入眠，最后皮肤破裂流脓而死；高节蚕，在 4～5 龄盛食期前后发病的蚕环节间膜高起，形状竹节；起缩蚕，5 龄饷食后不久发病的蚕，皮肤松弛，起节间膜后叠折成环状，体躯缩小，逐渐停食，多成环缩蚕；脓蚕，5 龄盛食期到催熟期发病，全身肿胀，体色乳白。

3. 中肠型脓病与空头性软化病

中肠型脓病与空头性软化病均由病毒引起，各批造蚕均可发生，但发生较严重的是第 3～6 批蚕，此时是高温季节。

（1）中肠型脓病症状：蚕参差不齐，大小不一，眠起不齐，发育缓慢，蚕体瘦小，食桑减少或不食桑，各龄起蚕发病呈缩蚕；4～5 龄二三天后发病，病蚕胸部略透明。病重时完全不食叶，腹部较肿胀，尾部萎缩；病蚕呆滞不动而后以出大量胃液而死亡。

（2）空头性软化病症状：各龄饷食 1～2 天出现起缩蚕，特别是 5 龄起蚕发生较多，病蚕少食桑或不食桑；存各龄盛食期特别是 5 龄期多发生空头蚕，病蚕头胸昂起，胸部膨大，上半身透明或全身透明，少食桑或不食桑。

4. 细菌病

主要是细菌通过食下传染和创伤传染的途径而传染给蚕引起发病。

（1）细菌性肠胃病：主要症状是饷食后不食桑，蚕体皱缩瘦小，蚕体前半部消化管有桑叶，充满着消化液，外观呈半透明状，病蚕排稀粪，也叫起缩、空头、痢痢等。

（2）黑胸和灵菌败血病：属急性病，一般感染 24 小时死亡，死后尸体胸部膨大变黑的为黑胸败血病，死后尸体有褐色小斑点，全身软化变红褐色，皮均破，流出红色臭水等症状的为灵菌败血病。

（3）猝倒病：主要是通过食下传染引起发病，分急性和慢性两种。蚕食下大量病菌时急性发作，感染后半小时停止食叶，前半身僵直，胸部、尾部萎缩空虚，轻度感染时发病较慢，经 2～3 天陆续死亡。

5. 僵病

僵病是由真菌寄生于蚕体引起的蚕病，由于病蚕死后不腐烂，尸体变硬，故又称硬化病。发病环境主要是多湿环境，如遇高温多湿则发病快，低温多湿则发病稍慢。

6. 多化性蝇蛆病

大蝇产卵于蚕体皮肤后，经36～48小时卵孵化为幼蛆钻入蚕体，蚕体表皮留下白色卵壳，卵壳脱落后出现明显的黑斑点。随着蛆体成长，黑斑点扩大成漏斗状，4～5天后蚕死亡，如5龄蚕被寄生则有早熟倾向，熟蚕能结茧，但结茧2～3天后蝇蛆穿茧而出而成为穿头茧，此茧即为下茧。

7. 中毒症

（1）触杀型农药中毒：蚕中毒后胸部昂起，吐水，呈“S”状颤抖。

（2）内吸型农药中毒症状：蚕中毒后不吐水不颤抖，胸部膨大，死后呈一字形，尸体软绵。

（3）废气中毒症状：主要因环境中含有的硫、二氧化硫积累于桑叶中，蚕食后引起感染，废气中毒的蚕体节肿胀，易破皮受伤死亡。

（4）肥料中毒：主要是桑园施肥后未间隔够一定的时间就采叶喂蚕而引起中毒，蚕中毒时出现吐水、颤抖现象。

8. 蚕病的防治

（1）彻底消毒、消灭病源，切断传染途径：在养蚕前后，用1%漂白粉澄清液对蚕室蚕具及环境进行两消一洗，即打扫蚕室、环境、蚕具→配药→消毒→用干净水清洗→消毒。在消毒过程中，要求做到蚕室要打扫清洁，蚕具要洗刷干净，药剂要配得准确，药液要喷得均匀，消毒工作要全面，消毒后要保管好。

（2）蚕体、蚕座消毒：新鲜石灰粉，在饷食前或每次加网给桑前撒放进行蚕体消毒，对脓病、软化病的病原体有很强的杀灭作用，要求4龄撒2次，5龄每天撒1次，发病时每天撒2次。防病一号强氮精石灰粉消毒剂，对僵病、猝倒病病原体有杀灭作用，（强氮精石灰粉消毒剂配制及使用：50克强氮精加1.5千克石灰粉充分拌匀，每天早上喂叶前薄撒一层于蚕座蚕体上，马上喂叶）。

（3）隔离和消除病源：做好提青分批处理，严格淘汰弱小蚕。

（4）建立严格的防病卫生制度：进入蚕室、贮叶室要换鞋，喂蚕前后要洗手，采叶箩、给桑管、蚕沙箩要严格分开使用，除沙后蚕用具消毒、暴晒；病弱蚕不能用手捡（用竹筷夹），不能乱丢，不得喂鸡，要放入石灰缸中集中处理后埋掉或烧掉，蚕粪要放在远离蚕室的地方堆沤，堆沤后不要施于桑园中。

二、养蛇技术

（一）蛇场的建设

蛇场的规模大小应考虑2方面的因素，一是自己的财力，二是市场的需求量。在有了稳定的市场需求量的前提下，确保蛇场安全可靠性后，以最低的造价，先简后繁、逐年完备。

蛇场的场地应选择在地势高、干燥、土质细密、向阳但又便于引水的地方。蛇场的规模大小可根据养蛇的数量多少而定。一般平均每平方米养大型蛇1～2条、中型蛇5～10条。不过，即使所养的蛇不多，为了让蛇有适当的活动场所，一个单元不小于20平方米。

蛇的栖息场所主要有3种：一是露天的蛇园；二是室内蛇园，又叫房舍式蛇园；三是蛇类用于过冬的地下蛇窖。

露天的蛇园可为圆形、正方形或长方形。周围要先砌2米高的围墙，围墙的地基深入地面0.5～0.8米。地基用砖、水泥修砌，防止老鼠打洞，造成蛇逃失。

墙的内侧应抹光滑，四角筑成弧形，不可砌成直角，墙角的上部用木条钉上一块塑料布，用来阻挡蛇向上爬行。围墙可设门或不设门。不设门可以借助梯子进出，如果设门，门应该向内开启。在进出门时一定要注意安全和防止蛇趁机逃出。蛇园的南端要修建一个面积8平方米左右、水深0.5米，供蛇类饮水、游泳以及饲养人员投放食物用的小水池。

也可以在蛇场的中间挖一个大水池，池中可以种上莲菜、浮萍等水生作物，放养一些青蛙、牛蛙、泥鳅等动物。这样的水池，蛇既能在这里饮水降温，也可以使池子成为蛇的活饲料的天然生殖场，减少人工喂养蛇的辛苦。

蛇园里要种一些小树和草。小树要选低矮树种，与围墙要保持一定的距离。草的种类以株矮、耐踏为好。也可以种上一些时令季节的蔬菜或花生、白薯类地表作物，既可为蛇遮阳，又可引来小昆虫等作为蛇饲料，同时也是蛇自然繁殖的场所。

蛇窝要建成立体式。这种蛇窝的优点是在有限的面积内让蛇能够自行挑选栖息地，温度和湿度有多个层次，方便观察管理。

立体式蛇窝一般要修建在蛇园的东、西两侧，这是考虑北面不易采光，南面容易使蛇受到暴晒的原因。

蛇窝可以用普通的红砖按门字型摆成深1米左右、高2层、长2～5米不等的格子。为了节省地方，也可以修到4～8层高。这种蛇窝的上下层之间、左右窝之间不连通。修建蛇窝时，用土和成泥浆堆砌就可以，不要用水泥砂浆修砌，防止对蛇造成刺激，使蛇不愿入窝。

蛇窝修好后，要用土在蛇窝的顶部堆高 20～50 厘米，用来增加蛇窝的保湿保温作用。

如果在室内修建蛇窝，沿墙按两砖的深度把砖摆放牢固，高度不超过 1.5 米。

在蛇场附近，应考虑修建蛇的饲料养殖场。面积的大小以养殖蛇的数量多少而定。平时放养一些蛙类、泥鳅、鼠类等动物，作为蛇饲料的基本来源。

（二）越冬室修建和蛇的繁育

1. 越冬室修建

蛇的越冬室可以建在室内，也可以建在室外。室内的越冬室在利用原来的室内蛇窝的基础上增加红外线灯或白炽灯泡来加温。但不要用木炭、木柴升火加温。那样会污染空气，损害蛇的发育，重则还会造成蛇死亡。现代养殖技术的发展，已经可以做到蛇无冬眠恒温技术，如采取无人工值守电地暖的方式。

室外的越冬室有简易和永久型 2 种。

（1）简易的越冬室可以在蛇园的地下就近修建。在地下水位低、土质较密、适合建地窖的地区选择地势高、干燥的地方，挖一个面积不小于 8 平方米的地窖。地窖的顶部距地面不小于 1.5 米。在地窖壁上挖一些让蛇栖身的洞穴，洞穴的间距根据土质的密度情况而定。洞穴的大小以高 20 厘米、深 80 厘米左右、宽 30 厘米为好。地窖的入口处要加盖。在下窖的竖井上，挖一些凹槽，方便上下进出蛇窖。

（2）永久型蛇窖的修建方法：在地面上挖一条深 2.5 米左右、长 15 米、宽 2 米的深沟。用水泥、沙土、碎石子的混凝土筑底，并设防水层。四周用砖砌好墙壁，用水泥抹光。顶部用预制板做盖，进出蛇窖的口可以修在蛇窖的中间部位。两头各留 1 个通风口。再在蛇窖的上面覆盖上厚 1.5 米左右的土，然后把土砸实。

蛇窖的进出口和通风口加网加盖，用来保温和防止蛇逃失。

2. 蛇的交配与产卵

雌蛇和雄蛇在外形上的区别不太明显。通常雄蛇靠近肛门的那段尾巴较为膨大，尾巴也长些，并且自前往后渐渐变细。雌蛇的尾巴自肛门后一下子就变细。

从外形上辨别蛇的性别不一定准确，最可靠的是检查蛇有无雄性交配器。办法是将蛇尾巴的腹面向上，用手指按在肛门后数厘米处，自后向前挤压。若为雄性，从蛇生殖孔内会伸出 2 条带肉刺的交配器；雌蛇则没有。这种方法也适用于幼蛇。

蛇一般在春末夏初交配。交配前大多是雄蛇主动寻觅雌蛇。雄蛇跟踪雌蛇皮肤和尾部性腺释放出的激素气味寻到雌蛇后缠绕雌蛇。而雌蛇常伏地不动。每次交配时，雄蛇仅使用其两侧半阴茎中的一个。

蛇的交配持续时间长短不等。短的仅数十分钟或数小时，长的可达到 24 小时左右。交配时，蛇比平日更有攻击性，若受到外来惊扰，会猛烈攻击。雌蛇交配后，并不一定立即发生受精的作用。精子在雌蛇的输卵管内可以存活 4～5 年。人工饲养的雌蛇交配 1 次后可以连续 3～4 年产出受精卵。

在交配季节，雌蛇只与雄蛇交配 1 次；而雄蛇可以和多条雌蛇交配。所以，蛇园内蛇的雌雄搭配以 6∶1 左右为好。蛇类是卵生或卵胎生。有些蛇产卵，有些蛇可以直接产出小蛇。交配后，经过 1～2 个月，雌蛇开始产卵。有的蛇产卵一次完成，有的蛇则是分几次产完。在蛇产卵期间，要经常检查蛇窝。发现有卵后，应及时取出，移放在地表植物如花生、白菜、萝卜等的叶下，用于遮阳。然后每隔 10 天检查一次卵的情况，同时翻一下蛇卵。

（三）蛇卵的孵化

人工孵化可以用陶缸、木桶或纸箱等作为孵化工具。容器的大小根据孵化卵数的多少而定。容器的底部先用洁净的新土或沙均匀地铺上 80 厘米厚，掺入少量清洁的水，然后把土压实。土的湿度为 70％左右，一般掌握在用手捏时可以成团，撒开即散为好。土要每周更换 1 次。蛇卵要一排排横放在容器内，不能竖放。卵的上面可以放一些干净、新鲜的青草。每两天检查 1 次。如果发现青草变质，一定要及时更换。湿稻草容易霉变，最好不使用。容器上最好加盖子，盖子不要盖得太严，做到既可透气，又可防止敌害，如果用纸箱孵化，可以放一块大小合适的毛毯或棉絮。

为了让卵的四周接受的温度和湿度较均衡，每隔 7～10 天翻 1 次卵。同时检查有无未受精卵和死胎。一旦发现，要立即取出。

未受精的卵或死胎放置较久就会变质破裂，从而污染其他正常的卵。一般来说，孵化一段时间后，可以明显看到未受精卵呈混圆形，壳体发硬；死胎卵内则可以看到未成形蛇不动，并且蛇卵的下凹处小且少。正常的蛇卵孵化一段时间后，蛇卵有明显的下凹处，孵化 25 天左右，用手触摸蛇卵，可以感到有心脉跳动。

如果发现有蚂蚁爬入蛇的孵化箱，一定要立即把蚂蚁清除。同时，还应特别注意防止黄鼠狼偷吃蛇卵。所以，要特别注意门窗密闭。

卵最适宜的孵化温度为 20～30℃。要在孵化容器内放入一个温度计，以便掌握温度，如果温度过低，可以在蛇箱或其他孵化蛇卵的容器中放 1 根适当长度的木棍，根据容器的大小，悬挂一个功率合适的灯泡，以增加容器内的温度。

卵最适宜的孵化湿度为 50％～90％。湿度过高，卵容易感染霉菌。在孵化蛇卵的容器内还要放 1 个湿度计。湿度过高时，可以打开盖子，并悬挂灯泡，促使潮气散发；湿度过低，可以每两天更换 1 次覆盖蛇卵的青草来逐渐增加孵化处的湿度。

需要提醒的是，孵化的温度在20～30℃时，孵化出来的蛇有雄有雌。如果温度低于20℃，湿度高于90%，孵化期将延长，孵化出来的蛇全是雌蛇，而雄蛇将变为死胎。

如果发现蛇卵的表面有霉菌，可以用绒布擦去，然后用毛笔沾上灰黄霉素，轻轻地涂抹在擦去霉菌的部位，晾干后放回原处。或用1∶100的高锰酸钾溶液洗去霉菌，晾干后放回原处。不能使用软膏类的抗菌药，软膏会堵塞蛇卵表面的气孔，导致胎胚窒息死亡。

蛇卵在孵化期间，黄鼠狼、老鼠、蚂蚁等均会侵袭蛇卵。为保证蛇卵的顺利孵化，要注意检查孵化地点的密封情况。防止蚂蚁类的敌害入侵，可以在孵化容器的周围撒一些生石灰、碎鸡蛋壳。如果是在缸内孵化，可以在缸的四周撒一些农药，或是在缸的四周挖1条小沟，放入水，这些措施都可以起到预防蚂蚁的作用。

幼蛇出壳前，吻尖的骨头上有临时性的“卵齿”，它能起到像刀划破皮革的作用，经它在卵壳上划后，卵壳就会出现一道裂口。这时蛇卵内仍有不少蛋白质的液体，能够起到润滑的作用，经蛇头拱几下，幼蛇就可以顺利地钻出蛇卵。

饲养幼蛇的初期，可以用木箱、水缸或在室内单独修建幼蛇饲养池进行饲养。容器的大小根据饲养蛇的数量而定，一般控制在每平方米15～20条。

修建幼蛇池，高度不低于1米。拐角的地方要有一厘米厚洁净的土，然后把土扫平，洒少量水，以土壤表层微湿即可。

在容器内可以放一些瓦片、砖块等，使幼蛇能够自行选择栖息的地方。放养幼蛇前，应先将室内、池内用高锰酸钾溶液按1∶1 000的稀释度，给室内、池内消毒。消毒后10多分种就可以放入幼蛇。

放养幼蛇1个月后，要取出幼蛇，再按原来的方法把池子消毒1次。

2个月后，幼蛇就可以放入蛇园自行捕食。但一定不要和成蛇混养，否则会被成蛇吃掉。

（四）蛇的四季管理

1. 春季管理

蛇出窖前，要把蛇场打扫干净，做好消毒工作。消毒可以把来苏水按1∶1 000的比例稀释后，用喷雾器或扫把对蛇窝进行均匀喷洒。在消毒前，要把消毒工具清洗干净。

捕蛇、装蛇用的各种工具，如有破损，一定要更换。

3月，一般蛇就可以出窖了。这时仍有未尽的春寒，当把新捕来的蛇或养殖中冬眠的蛇放入蛇场时，蛇窝的防寒保温仍要特别注意。修整好蛇窝后，在蛇窝上部盖1层塑料薄膜，白天可以把薄膜卷起来，使蛇能够得到阳光的温暖；晚上把薄膜放下，起到保温作用。

春季蛇的食量最小，但也要及时投食喂养，一般每三天投食 1 次。每隔 15 天左右，还需要用人工填食的方法喂蛇 1 次，以利于体质恢复。

人工填食时，如果喂养的是泥鳅、幼鼠类动物饲料，这时蛇的食道较窄，必须选择较小的动物。人工填食只适合无毒蛇的喂养，不适合毒蛇和种蛇的喂养。进入 4 月下旬，气候逐渐转暖，蛇开始频繁活动，就不用人工喂养。

2. 夏季管理

夏季是蛇的主要生长期。除了三伏天的酷暑时节外，与春季相比，蛇的摄食量明显增加。所以蛇的饲料供应一定要充足。

怀孕的母蛇和公蛇分开喂养。如果公蛇和母蛇在一个蛇园里，公蛇的活动不但会影响孕蛇的静卧，而且一旦饲料供应不足，还可能发生公蛇吞食母蛇的情况。

对怀孕的母蛇应尽量少搬动或干扰。同时还应适当地增加孕蛇的营养。孕蛇的饲料要以鸡蛋、奶粉、钙片混合配制。

检查母蛇的怀孕卵数和距产期时间时，可以轻轻触摸蛇的腹面，在凹凸不平的地方，凸处就是卵粒。根据卵粒到肛门的距离可以判断蛇的产卵时间，如果在距肛门 3～4 厘米就可以摸到卵粒，蛇将在一周内产卵。

出壳的幼蛇仍是吸收体内的营养储备，并不取食。一周后才开始进食。

在幼蛇期，如果食物充足，蛇便能迅速生长。这个时期适合幼蛇的食物有刚出生的小泥鳅、蚂蚱等小动物，如果不能充分供应，可以采用人工辅助喂食的方法。

人工喂食的食物应以流汁为主。

流汁的配制方法是取新鲜去壳的生鸡蛋 1 个，放在碗内打匀，加入少许 35℃左右的温水。为了增加幼蛇的营养和抵抗力，也可再加入 1 滴鱼肝油、2 毫升复合水溶维生素、1 片研碎的钙片，做成混合溶液。

取自行车气门芯胶管 7～8 厘米，塞人幼蛇的口中。然后用注射器吸取配制好的饲料，连接好注射器与软管，慢慢推进注射器的手柄进行喂养。

幼蛇出生后 1 周喂第一次食，每条蛇每次 5 毫升。以后逐渐增加喂量。每隔 6～7 天喂食 1 次。到 2 个月放入蛇池前，增加到每次 10 毫升。

根据池内放养幼蛇的多少，应在池内放入适量的幼蛇饲料。可以用人工喂养时调制好的饲料，再加 1 倍的水即可。

如果喂食的是幼鼠、小泥鳅一类的活物，每次的投食量要以幼蛇在一天内吃完为准。到第二天要检查食物的消耗情况，并将未被吃掉和被幼蛇咬死的动物饲料全部清除，特别是鼠类动物，如不清除，可能会蔓延至周围环境，造成鼠害。

蛇自出壳后 7～10 天即开始蜕皮。蛇蜕皮与湿度有密切的关系。若环境过分干燥，蜕皮就比较困难。有时可以看到蛇自行游入水中湿润皮肤再蜕皮。因此，蛇的蜕皮期环境的相对湿度要保持在50%～70%。

夏季梅雨季节一定要尽量保持蛇窝干燥，做好蛇窝的清洁工作。

炎夏气温过高时还要在蛇园内洒水，以降低蛇园的温度。

夏季多暴雨，如蛇园内出现积水要及时排除，防止蛇园出现腐物造成污染。

喂蛇用的饲料应根据蛇的摄食量按期投食，定量供给。

场内种植的用来给蛇遮阴的小树要及时修整，防止蛇经此逃出。

3. 秋季管理

秋季天气逐渐转凉，这时蛇的摄食量最大，蛇大量吸收营养物质，供应充足的饲料有利于蛇增膘，这对蛇的安全越冬十分重要。

蛇的摄食高峰期在9～10月。在此前一定要备足蛇饲料。

有时蛇的食欲骤然减少或不吃食，这样会引起蛇体掉膘，并造成蛇体质变差、产生疾病。造成蛇类不食或少食的原因有场地范围过小或不合理、湿度和温度不适宜等，应辩明原因，予以解决。

对食欲不好的蛇还可以采用强制性填食的方法。填食的食物可以是小动物如鱼、泥鳅等，也可以用流质饲料，流质饲料内最好加入5%的维生素B水溶液，这对促进蛇的食欲和新陈代谢十分有益。

在进行填食前，要准备好1个空蛇箱或可以装蛇的袋子。对蛇依次填食，然后将填食后的蛇放入准备好的空箱子内，以确保所有的蛇都被填食过。

获取蛇的饲料，主要有以下方法。

（1）招鼠入场：把瘪谷、玉米或其他粮食类在火上炒至有香气后，撒在蛇园内，当谷香飘出墙外，贪食的老鼠会翻墙跳入蛇园。外墙粗糙老鼠容易攀爬而上，但内墙光滑，老鼠无法爬出，从而被蛇吞食。

（2）装黑光灯诱捕昆虫：可以在蛇园的中部装置1盏黑光灯，来诱聚昆虫供蛙类或蛇类捕食。

（3）人工养殖蛇的动物类饲料：喂养黄鳝、泥鳅、蛙类、小白鼠、蚯蚓等蛇类喜食的动物类饲料，小白鼠直接用谷子、麦子、青菜喂养即可。对黄鳝、泥鳅、蛙类，可以先用腐草培养出蚯蚓，然后再用蚯蚓喂养。总之，可以用各种方法，构成蛇类的饲料循环，以较低的成本获取蛇的动物饲料。

入冬前，要提前准备好蛇的越冬室或越冬窝；做好蛇越冬地方的清洁和消毒工作。要提前10天左右打开蛇窖的盖子，以便蛇窖内积存的污浊气体充分散发。还可以用吹风机对蛇窖进行人工强行排污。确保蛇窖内空气新鲜后才能放蛇入窖。

4. 冬季管理

蛇类安全越冬是关系养蛇成败的最重要的一个环节。当气温降到10℃左右时，要及时把蛇移入恒温蛇舍。可以用编织袋把蛇分类装好，分别放入恒温蛇舍。捕捉蛇时要注意安全，防止被蛇咬伤。

采用蛇不冬眠技术养殖的，可对蛇继续喂食，缩短养殖周期，促进冬季蛇也能正常生长和发育，增加体重，对蛇窖检查的重点是蛇舍内的温度和湿度。

冬季要特别注意恒温蛇舍的保温工作。如果外界的气温降到－5℃时，采用恒温蛇舍是最佳的防寒措施。

传统的人工防寒措施就是在每一格蛇室中垫干草、旧麻袋、破棉絮等保温材料。采取这些措施仍不理想时，可以在蛇窝的通道上安放电炉、电灯但要涂成黑色，以提高蛇窖的温度。

蛇在越冬期间多发的病症是急性肺炎。一旦发现病蛇，要及时隔离治疗或处理掉。如稍有疏忽，这时蛇的体质较弱，并且在高度密集的情况下，病情会很快蔓延。

在蛇的冬眠期内，除了监测温、湿度外，还要定期检查蛇窖内的敌害状况。要注意及时消灭蛇窝内的老鼠、蚂蚁。同时要注意，尽量不干扰蛇冬眠。

（五）蛇病防治

1. 蛇病一般预防措施

（1）清洁：养蛇场要经常打扫，保持清洁。蛇窝里铺垫的干草和沙土要定期更换，保持干燥。

（2）供水：蛇饮水要洁净，最好是山溪水或自来水。炎夏酷暑蛇活动频繁，必须保证供水。

（3）查病：经常检查蛇的健康情况，发现蛇爬行困难，鳞片干枯松散，颜色失去光泽，喜欢孤独，不愿归窝，这种蛇可能已经感染疾病，应立即隔离、治疗，以免传染给健康蛇。

（4）隔离：刚购进的蛇或刚从野外捕捉回来的蛇应单独饲养，以便观察健康情况，如果发现有伤病现象，应治好后才能放进蛇场与其他蛇一起饲养。

（5）消毒：每1～2个月使用来苏水、新洁尔灭或生石灰等消毒剂对蛇场进行消毒1次。

2. 蛇口腔炎

（1）病因：吞食投喂的饲料损伤口腔或饲料缺乏维生素。

（2）症状：口腔内有大量黏液和脓性分泌物，口腔黏膜出现黄豆或豌豆大小的黄白色溃烂，黏膜潮红甚至溃疡坏死，牙龈红肿，昂头，口微张而不能闭气。病初食欲下降以致废绝，体温可升至32℃。有的病例在疾病中后期出现腹泻，粪便带血。

（3）治疗：以抗菌消炎为主。

处方1：桂林西瓜霜喷患处，每天2次，连用2天。效果很好。

处方2：依沙吖啶溶液、甲紫溶液。用前者清洗蛇的口腔，再用后者搽蛇的两颊，每天1次，连用1～2天。

处方3：冰硼酸1～2克、硫酸丁胺卡那霉素1毫升、甲硝唑注射液1毫升混合涂患处。

处方3：头孢拉定0.5克，肌内注射，每天1次。

处方4：补充维生素C粉1克；百克宁2片/1 000克，环丙沙星1克/1 000克，复方新诺明。

处方5：用2%氯化钠溶液冲洗蛇的口腔，将碘甘油50毫升和维生素C粉1克混合涂于患部，每天1次；30%林可霉素一次性肌内注射，每天2次。

处方6：复方硼酸溶液（硼酸15克、碳酸氢钠15克、液化苯酚3毫升、甘油35毫升，蒸馏水加至1 000毫升混匀）冲洗口腔。

3. 眼镜蛇皮肤病（霉斑病）

蛇霉斑病是发生在蛇皮肤上的一种霉菌性传染病，多发于梅雨季节，是蛇常患的季节性皮肤病。人工养殖毒蛇中平常不爱活动的眼镜蛇、蝮蛇、尖吻蝮、金环蛇等易患该病，来势凶猛，会导致大批幼蛇死亡。

（1）病因：病原菌是霉菌。蛇场内温度高、湿度大，阴雨连绵及蛇窝内空气混浊，环境卫生差和蛇吞食了霉菌孢子等易引发该病。

（2）症状：蛇的腹鳞下可见点状或片状的黑色霉斑块，继而向蛇的背部和全身延伸扩大。严重时鳞片脱落，腹肌外露，呈橘红色，露出污浊、溃烂的皮肤。如不及时治疗，当溃烂波及全身时中毒死亡。

（3）治疗宜抗菌消炎。

处方1：1%硫酸铜溶液。擦洗患处，清除附着物和坏死组织。

处方2：制霉菌素软膏涂抹患处。

处方3：制霉菌素片0.5～1片（25万单位/片）拌料500克内服，每天2次，连服3～4天。

处方4：维生素AD1～2片（每片含维生素D2500单位、磷酸氢钙150毫克），复合维生素B 2～4片（每片含维生素B_1 3毫克、维生素瑰1.5毫克、维生素B 0.2千克）拌料500克内服，每天或隔天1次。

4. 滑鼠蛇肺炎

该病是蛇常见的呼吸道传染疾病。主要症状是呼吸困难，3天内可引发大批蛇类死亡。该病多发于盛夏季节，常见于产卵后未能尽快恢复元气的雌蛇，具有传播快、治愈慢的特点，是蛇病最难以治愈的病症之一。

（1）病因：通风不良、管理不当等导致温差太大、湿度过大、空气混浊都可导致该病。另外，天气炎热、气温过高也可导致该病的发生。

（2）症状：出现张口呼吸，呼吸困难，喘息有沉闷的“呼啦”声，食欲不振，口内有黏痰但不红肿，不饮不食，行动缓慢异常，不愿归窝，或蜕皮不畅和大量饮水等现象，最后因呼吸衰竭而死亡。

（3）治疗宜抗菌消炎。

处方1：阿米卡星（或丁胺卡那霉素）注射液0.5～1毫升，复方磺胺甲噁唑（或复方新诺明）注射液1～2毫升，分别肌内注射，每天2次，连用3～5天。

处方2：硫酸阿托品0.1毫克/千克，头孢唑啉钠0.02～0.04毫克/千克，肌内注射，每天1次，连用3～5天。

5. 蛇胃肠炎

蛇胃肠炎是胃或肠道的黏膜和黏膜下层的炎症，以腹泻脱水为特征。

（1）病因：由于蛇园环境不卫生或采食变质污染的饲料，或气温降至22℃以下时引起。

（2）症状：发病初期表现为食量下降、厌食、拉稀，蛇表面上看生猛，但不吃东西，蛇不容易死亡。如不及时施治，发展为食欲减少或废绝，神态呆滞，外观消瘦，蛇身呈“三角形”，不爱活动，尾部干枯有褶皱，排稀便或绿色粪便，恶臭呈稀糊状，发病严重时导致病蛇死亡。

（3）治疗：宜抗菌消炎，提高环境温度。

处方1：硫酸庆大霉素注射液8万单位/千克，肌内注射，每天2次，连用3～5天。

处方2：诺氟沙星胶囊0.25～1.0克，内服或拌料喂服，每天2次，连用3～5天。

处方3：多酶片2～6片（每片含胰酶300毫克、胰蛋白酶13毫克），培菲康1～2粒（210毫克/粒），一次内服或拌料喂服，每天2次，连用3天。

6. 坏死性肠炎（俗称大屁股病）

（1）病因：主要由肠炎、细菌感染以及平时用抗生素防病过多造成肠道内菌群失调而引发。难治疗。

（2）症状：在肛门上前2～8寸的地方出现肿大，肿块坚硬，如硬化的蛋，堵塞肠道。解剖可见肠壁增厚肥大，组织坏死，肠道液体发出腥臭味。

（3）治疗：发现肠炎及时治疗，用庆大霉素（或卡那霉素）注射，小蛇0.1～0.2毫升，中蛇0.3～0.4毫升，大蛇0.6～1毫升。

7. 蛇急性胆囊炎

该病是蛇的一种细菌传播疾病，以传播速度快、全身皮肤发黄为特征。多发生于夏秋的暑热季节。

（1）病因：病原菌是大肠杆菌。

（2）症状：病蛇不吃不喝，体温升高，最明显的特征是全身皮肤发黄，如不及时治疗，死亡率很高，常在发病后的2～3天内死亡。

（3）治疗：抗菌消炎。

处方1：庆大霉素注射液8万单位，肌肉注射，每天2次，连用3天。

处方2：注射用青霉素钠8万单位，注射用硫酸链霉素8万单位、注射用水2毫升，肌内注射，每天注射2～3次，连用3～5天。

8. 蛇寄生虫病

（1）病因：大多数寄生虫是从所喂食的动物身上传染来的。

（2）症状：生长缓慢、消瘦，体质下降，活动力降低，腹泻，有的粪中排出可见虫体。重者可导致死亡。

（3）治疗：杀虫消炎。

处方1：盐酸左旋咪唑30毫克/千克，一次拌料内服，每天1次，连用3天。每年在春、秋季驱虫2次。也可用美曲膦酯（敌百虫）和丙硫苯咪唑。

处方2：1%阿维菌素、0.1毫克/千克与适量水混合，浸泡病蛇，隔1周再用1次。

处方3：1%伊维菌素、0.25毫克/千克，肌内注射，隔1周再用1次。每年春、秋季驱虫2次。

（六）蛇的选种、运输、捕捉方法

1. 种蛇选育与蛇的运输

新的养殖户，解决种蛇的方法有2种途径：一是就近捕捉野生的蛇类进行养殖；二是从养殖场采购。以养殖场选购较好。从养殖场选购，既可以确定品种，又能够挑选到经过驯化的良种，能够较快地获得经济效益。

在选择种蛇时，从经济效益的方面来看，购买半大的育成蛇较好，因为蛇从幼蛇长成成蛇，需要1年半左右的时间。育成蛇若养殖方法得当，在4～5个月的时间内，体重就可以增加一半甚至1倍以上。幼蛇的养殖，可以在饲养育成蛇的过程中，取得一定的经验后再进行，或者在养殖的过程中同时试养幼蛇。

在养殖的过程中选留种蛇，在成蛇、育成蛇、幼蛇、蛇卵中都可以挑选。

留作种蛇的成蛇，要选择体形大、体格健壮、交配正常的雌雄蛇。对于雌蛇，还要注意挑选产卵多、卵孵化率高的作为种蛇。挑选育成蛇作为种蛇，主要是挑选生命力强、体质健壮的蛇。

在幼蛇时期，要注意挑选食性好、生命力强、生长迅速、花纹正常、色泽鲜艳的幼蛇留作种蛇进行培育。

在蛇卵孵化出幼蛇前，选择卵形大、壳色正、无破损的新鲜蛇卵留作种蛇的蛇卵。

在养殖过程中，要逐年挑选符合要求的种蛇，才能逐步培育出生长良好的良种蛇来。

一般来讲，一年四季都可以引进种蛇，但一定要避免在大气炎热的情况下进行引种的工作，引进种蛇的最好时间是在立秋至霜降之间。

蛇在运输时，可用竹篓、木箱、铁丝笼作为运输工具。装运之前，要先把从蛇场取出的蛇进行分类。装袋装箱的工作应在光线明亮的地方进行，在这样的环境下可以准确地对各种蛇分类，而蛇却因为自身的畏光特性，活动迟缓，攻击性减弱。

装蛇时，应先将蛇的尾部放入容器中，然后放入蛇身，最后将蛇的头部迅速放入袋中，用绳子将袋口扎好。装蛇时，大小蛇一定要分箱盛放。每件容器内的蛇大小要基本相同，容器内的蛇不要过多过密，无论大小蛇，每件容器内盛装的数量不能超过 15 千克。容器要保持良好的通风。

在运输的过程中，要注意：①途中应尽量缩短运输时间，最好能日夜兼程。②在运输过程中，蛇所处的环境温度要尽量保持在 20～30℃。最好用带篷的车来运输。③经常检查装蛇的容器有无破损。一旦发现破损要及时修补或更换。④运输时一定要避开汽油、煤油、农药等化学品。否则一旦这类化学物品散溢，将会引起蛇大批死亡。⑤运输蛇类的人员，要有两人轮流看守。在途中要高度警惕，防止蛇逃逸，造成伤及他人的事件。

2. 蛇的捕捉方法

蛇的栖息处大多是利用原有的孔穴，如鼠洞、兽穴、树根及石块旁的裂缝。在有蛇居住的洞穴 4～5 米、常常可以看到蛇粪和蛇蜕。在蛇的交尾季节，蛇在草地上栖息的时间较长，还可以看到蛇盘卧时的痕迹。

蛇洞由于蛇经常出入，洞口因蛇体的摩擦变得非常光滑。还可以找到一些蜕落的蛇皮鳞片。如果一个洞口有蛛网，这样的洞内不会有蛇。有蛇经常出入的洞口，蜘蛛是不会涉足的。

捕捉蛇的方法多种，但总的来说分为 2 种形式：一种是利用捕蛇工具捕捉蛇；另一种形式是徒手捉蛇。

（1）竿压法：这种方法适用于在较平坦的土地或草地上捕捉蛇。用一支长约 2 米的竹竿向蛇压去，最好是压在蛇的颈部。如果压到了蛇的颈部以下，可以稍微用力，慢慢将竹竿滑移到蛇的颈部再捕捉。

（2）叉捕法：工具是一根长约 2 米、粗细适当、一头分叉的木棍，见到蛇后，用叉口处将蛇的颈部叉住，然后再下手捕捉。这种方法运用于捕捉较大的蛇类。

（3）钩挪法：用直径 8～10 毫米的钢筋，把一端弯成凹形，使蛇正好可以嵌入其中，难以逃脱而又不至于损伤。这种方法运用于捕捉草丛中、乱石上和高低不平处的各种蛇。在捕捉时，可以先用钩子把蛇钩到平地上再进行捕捉。

（4）网兜法：用粗铁丝和柔软透风的尼龙布，缝制一个直径约 80 厘米的网兜，安上一根 1.5 米左右的木柄。在捉蛇时，先用网兜把蛇罩住，然后再进行捕捉。这种方法一般用来捕捉体形较小的蛇。

（5）蒙罩法：用草帽、衣服、麻袋等物品突然蒙住蛇头，然后再用手压、脚踩抓蛇。

（6）索套法：用一根长约 2 米的竹竿，一头装上一个用尼龙绳做的活套，在捕蛇时，用活套套在蛇的头部，然后拉紧。这种方法运用于捕捉盘绕在树上的蛇。

（7）徒手捕捉法：徒手捕捉蛇的方法也较多，这里介绍几种好学并且比较安全的捕蛇方法。

①快速滑捏法：用左手抓住蛇的尾部，立即站起来，右手松握蛇身快速向蛇的颈部滑去，当右手滑到蛇的颈部时，用力握紧蛇颈，然后将蛇投入蛇袋。太大或太小的蛇不能用这种方法捕捉。

②手抓脚踩法：先用右手抓住蛇的后半部站起来，使蛇的颈部刚好在地面上，然后用脚踩住蛇颈。如果一下子没有踩住蛇颈，只要右手适当的摆动一下，蛇头就会落到地面上，然后可以继续踩。用手抓住蛇的头颈部，放入容器中就可以。

无毒蛇和有毒蛇的捕捉方法是基本相同的，但捕捉无毒蛇时，使用捕蛇工具或用徒手的方法进行捕捉都可以。而捕捉毒蛇，一定要使用捕蛇工具进行捕捉。所以，在捕蛇前，一定要正确辩明是无毒蛇还是有毒蛇。捕捉有毒蛇时，还要准备急救药品、治伤的器械，同时对衣服、手套等都有特殊的要求。所以，在捕捉蛇时，一定要谨慎小心。

三、竹鼠养殖技术

（一）人工养殖技术

1. 笼舍修建

竹鼠笼舍只需修建一间外室吃食物和一间内室供睡觉繁殖即可。竹鼠是一种生活在地底下的哺乳动物，地下温度一年四季相对恒温，所以内室修建应是冬暖夏凉，具体建造因地制宜，内室以长40厘米、宽35厘米、高40厘米，外室以长60厘米、宽50厘米、高80厘米为宜。具体根据地方的大小调整构造。一般是用硬度较好的砖砌墙，内室外围填泥土起保温作用，墙面用水泥抹平，防止竹鼠咬穿墙壁逃跑。内外室的通道不宜过大，竹鼠能顺利通过即可，洞口太大容易散失内室温度，内室用0.5厘米厚的玻璃盖顶，方便查看和保温，玻璃上用直径为0.6毫米的铁丝做网防竹鼠破坏玻璃逃跑。外室需做一块纱窗，在夏秋季节盖上，防蚊虫叮咬。幼鼠混养的，鼠舍建造较简单，同样也是内外两室，但尽量建在比较清凉的地方。

2. 引种配种

初次喂养，宜选驯化好的竹鼠作种源。优良种鼠的基本要求：母鼠中等肥瘦，乳头显露，性情温顺，采食力强，个体重1.5千克左右；公鼠要求身体强健，睾丸显露，不打斗，体重应比母鼠稍大。公、母鼠按1∶1配对。也可收购野生竹鼠，但应注意，宜收购成窝成对的，不能让陌生的竹鼠混养。种鼠应体壮无病，无外伤。

3. 喂养管理

收购竹鼠后，必须单个放入鼠舍喂养，防止相互撕咬。开始仅喂少许主料，并以芒的根茎为主，3～5天后逐渐以米糠拌饭代替，适当放入一些青料。刚开始几天吃食物较少属正常现象，每天下午4～6时是喂食的最佳时间。喂前先把竹鼠的粪粒与垃圾清扫干净，然后每只成年鼠投喂1小平碗饲料即可（配法，先用水提前几小时把米饭浸泡，待其松软后和米糠一起拌匀，比例是1∶1.5或1∶2，拌好后的料不能太干，也不能太湿，以手抓可以成团为好），芒草根茎等青料可随意投放。第二天喂食时看各鼠吃食的情况添减饲料以免浪费。如果某一个窝的食物未吃完，可打开玻璃盖检查竹鼠是否生病（生育期间禁止打开），出现问题及时处理。冬春季节，因鼠窝内比较潮湿，应注意勤换稻草，防止着凉生病，特别是生育期间，应保证鼠窝有足够的饲料，第二天及时清扫干净，以免其误吃变质饲料而生病。竹鼠没有饮水习惯，平时添喂草（竹）时，不必加水，而且饲料的含水量也不宜过高。注意关好笼舍门以防逃跑，饲养场内不得养狗以免惊扰竹鼠。

（二）各时期的饲喂技术

1. 种公鼠

种公鼠的精液数量和质量与营养有关，不能喂得过肥。青粗饲料为竹叶、竹竿、竹笋、玉米秆、芦苇秆、甘蔗、胡萝卜等。配合日粮：玉米粉55%、麸皮20%、花生麸15%、骨粉3%、鱼粉7%。春秋两季气温适宜，公鼠性欲旺盛，精液品质好。公、母配种比例为1∶(2～3)，最好为1∶1。

2. 种母鼠

(1) 孕哺期的饲养及管理：母鼠怀孕后应单独饲养，并记录交配时间，以备推算临产期。竹鼠的孕期自交配日起45～60天分娩。交配后25天腹部开始膨大，稍下垂。妊娠期应加强营养，一般不要捕捉，每天在食物中添加3～5克蛋白质含量高的猪饲料（含鱼骨粉多的)，适当投入芒的根茎等青饲料，此期的饲养要保证其一定的蛋白质、钙、磷等多种矿物质元素需要。投喂的饲料要干净、新鲜、多元化并保持相对稳定。经常保持舍内清洁、安静、有干燥细软的垫草。临产前6～7天，母鼠乳头露出，活动减少，行动迟缓。临产前不时发出“咕、咕”声，分娩时，仔鼠连同胎衣一并产出，母鼠边产边把胎衣吃掉，吃到最后咬断脐带，并舔净仔鼠身上的羊水，此时可听到仔鼠“叽、叽”的叫声；分娩过程需2～4小时，最快也需1～2小时才能完成。母鼠产仔12小时后，开始给仔鼠哺乳。

(2) 哺乳期的饲养及管理：哺乳期应适当加量投喂配合饲料，同时每天喂点豆浆以增加母鼠的泌乳量。母鼠每天需泌乳100克以上才能满足仔鼠所需。成年母鼠需养育幼仔，故幼鼠和成年母鼠日粮配方调整为，①玉米55%、麸皮20%、花生麸15%、骨粉3%、鱼粉7%，另按总量加0.5%的食盐和微量元素添加剂；②竹粉20%、面粉35%、玉米粉10%、豆饼粉13%、麦麸17%、鱼粉2%、骨粉2%、食盐0.2%、食糖0.8%，复合多种维生素适量。将上述饲料混合加水揉成馒头状或颗粒状，然后晒干或烘干进行饲喂。在哺乳期，除蛋白质饲料适当增加外，还需保持安静，不要惊动母鼠，以防其弃仔、咬仔或食仔。

(3) 仔鼠的饲养及管理：仔鼠满月后会慢慢爬到外面，除吃奶外，还可进食鲜嫩易消化的竹枝、草茎、全价颗粒饲料。仔鼠的哺乳期为1.5～2个月，在30天前可通过玻璃盖查看室内状况，但禁止打开玻璃盖观看。房舍温度为8～28℃，夏季气温超过30℃，特别闷热时，要用电风扇吹风和向池内淋水降温。冬季舍温不能低于5℃，最好保持在17℃左右。特别是季节变换时要防止冷风侵袭窝室。待仔鼠50～60天即可母幼分开饲养，母鼠的饲料标准和量要适当降低，以免因断奶而出现乳腺炎。仔鼠留在原舍饲养，避免因环境改变而影响其生长或成活率。母幼分开后要有记录，以备识别，查找其原始关系。母鼠哺育先单独饲喂，不可立即混养，对个别体质欠佳、体形消瘦的母鼠，在配种前可采取短期优饲以恢复体况，为配种做准备。

3. 幼鼠的饲养及管理

幼鼠是指离乳后4个月龄内的竹鼠。这一阶段的幼鼠新陈代谢旺盛、生长速度快，但消化机能较弱，对粗纤维的消化率低。因此，投喂的饲料要新鲜、易消化、富含营养，以胡萝卜、甘薯、竹笋及玉米、麦麸等为宜，同时在日粮中添加少量鱼粉、骨粉和微量元素等添加剂以提高饲料消化率。不要投喂含水量过高的水、蔬菜和坚硬、粗纤维含量较高的竹类及植物根茎饲料，以免出现消化不良而引起拉稀和患口腔炎。食物种类必须保持相对稳定，若有变更，应有过渡期。幼鼠日喂精料14～17克，另补喂150克草或竹叶、竹枝。根据幼鼠体重、体质分池饲养，3～5只放一窝，体弱的单独饲养以促进体质恢复。常观察它们的吃食、生长等情况，喂养期间最好经常投放一些青料。保持舍内卫生，每天把粪便和残食清除干净。待幼鼠长到0.5千克左右时，适时更换大一些的鼠舍，当长到0.75～1千克重时，将公母鼠按3～5只为一群分开饲养。公鼠性成熟后留作种用的单独饲养，少数也可以2～3只混养；母鼠性成熟后也需单独分窝，让其适应环境，并增强营养，以备交配繁育。

4. 育成鼠的饲养及管理

4～6月龄的竹鼠称为育成鼠。育成鼠的抗病力强、生长发育快，且对环境非常敏感，要求安静，避免噪声干扰，尽量减少外来人员参观，饲养员操作要谨慎，不要使其受惊。要定时、定量投喂日粮，使其适应特定的生活环境，每只日喂秸秆粗料150～200克、精饲料15～20克，不要随便更换基础日粮，若要更换饲料，应逐渐增加新饲料数量，减少原有饲料比例，使其有一个适应过程。不喂农药污染的秸秆，下雨天采回的饲料及早晨带露水的草茎应晾干后再喂。育成鼠牙齿长得快，必须在舍内放置少量干竹或坚硬的木条，任其啃咬磨牙。每天检查竹鼠的粪便表面是否光滑（呈颗粒状，似药用胶囊），注意其毛色是否光亮，活动是否活泼，如有意外应及时处理。搞好夏季防暑降温工作，如果舍内温度达到35℃以上，通风不良，饲料中水分不足则肥壮鼠易中暑死亡。为了避免这一现象，可采取增喂甘薯、西瓜皮等多汁饲料的方法解决，喂量约为日粮的50%。此外，还要减少饲养密度，一般每平方米饲养3～4只，还可采取搭棚遮阳和浇水降温等方法。待每只竹鼠体重2.0～2.5千克时即可出栏。

（三）疾病防治

饲养环境应定期用百毒杀、新洁尔灭消毒。饲料应新鲜多样化，不喂带水或霉烂食物。常见疾病如下。

1. 便秘

发病初期轻度减食、排粪减少，粪球干硬细小，常伴有高烧，病期较长时，食欲锐减、拒食，精神不振，逐渐消瘦。可灌服 5～10 毫升植物油防治（菜油、花生油、豆油等）。

2. 食毛症

症状为自咬其毛或互咬，治疗可肌注复合维生素。对外伤涂消炎膏防止发炎。

3. 外伤

常由于互相抢吃、混群、争窝而致的互相咬伤，或是运输时铁笼铁丝划伤，若不及时治疗会因脓毒引起败血症而死亡。轻微创伤涂碘酒防感染，创口较大、较深、出血较多时，要撒敷云南白药止血消炎；伤重者排出脓汁后，用消毒药水洗净伤口，涂碘酒后撒上消炎粉单独饲养，以防再次受伤，必要时肌肉注射 10 万～20 万单位青霉素。

4. 口腔炎

由咬伤、啃伤或咬笼网、锐物引起。症状是不愿吃食、流涎、黏膜潮红发炎。重者精神萎靡，体温升高。治疗用 0.1%高锰酸钾水液冲洗口腔，并口服消炎片 2 片，也可用碘甘油涂擦口腔；重症者可肌肉注射青霉素或链霉素 20 万单位，每天 2 次，3 天为 1 疗程。

5. 肠胃炎

多由于饲料不洁，过量摄食含水量高的果蔬饲料或某些传染病菌所致。表现为食欲减退、精神不振、拉稀、腹部和尾部被毛潮湿。该病一般通过观察粪便可诊断，患肠胃炎病鼠粪便通常粘在一起。正常粪便的质地疏松，遇力即散，该病及早发现可治愈，中、后期死亡率较高。早期治疗可内服磺胺类药，或用土霉素 1 片捣碎拌米饭或配合饲料饲喂，每天 2 次，2～3 天可愈，或肌肉注射土霉素注射液，每次 0.4～0.5 毫升，每天 1 次，连续用药 3 天，另添喂一些 2～3 年生竹子即可。

6. 感冒

由于天气突变，竹鼠被风吹雨淋受寒引起，表现呼吸加快，畏寒，流清鼻涕，减食或不食。治疗可肌肉注射安乃近、复方氨基比林或柴胡注射液 0.2～0.5 毫升，每天 2 次。

7. 中暑

因高温引起，表现为骚动不安，呼吸急促，走动不稳，如醉酒状。治疗可将病鼠捉出埋入湿沙中，露出头部，约 15 分钟可苏醒；如找不到湿沙，可将竹鼠放到冷水中浸泡，让其露出头部，防止大量饮水；另外也可在竹鼠鼻孔涂擦清凉油。

8. 消化不良

幼鼠表现精神不振，毛色无光，行动迟缓，吃食减少或不食。原因是幼鼠进食过多难消化的粗饲料。调整幼鼠的粗饲料和混合饲料比例，并饲喂碳酸氢钠片（把碳酸氢钠片放入水中，用手指压碎，在水中搅拌均匀，将药水倒入混合饲料中给病鼠饲喂），还可在病鼠的饲料里加入少量的盐酸林可霉素、硫酸大观霉素预混剂治疗。

9. 气胀病

竹鼠胃部膨胀，精神不振，畏缩在笼舍内。此类疾病常见于断奶后的仔鼠。治疗可内服磺胺类药物，或使病鼠跑动自己恢复。

10. 大肠杆菌病

多发生于春夏季。病鼠腹大，触摸有波动感，母鼠常被误认为怀孕，剖检可见腹中有大量凉粉状（透明胶状）浸出物。治疗：大鼠注射0.5毫升（幼鼠减半）新霉素和先锋霉素治疗。管理是否得当直接影响竹鼠的成活率，成年鼠死亡率均较低。幼鼠自断奶分窝后，由于先天不足、生病、打架、乱喂食物等原因造成的死亡率一般为3%～4%；冬季严寒、夏季酷热、管理失误造成的死亡率为1%～2%。

四、鸡、鸭、鹅养殖技术

（一）养鸡技术

1. 鸡常用饲料

养鸡常用的饲料种类很多，通常根据饲料中主要营养物质的含量，将鸡的饲料分为能量饲料、蛋白质饲料、矿物质饲料、维生素饲料和饲料添加剂五大类。

（1）能量饲料：在饲料中主要提供能量，包括谷实类及其加工的副产品。它是养鸡的主要饲料，常占饲料的70%以上。

①谷实类。常用的有玉米、稻谷、大米、高粱等，在鸡的饲料中一般占45%～70%。

②糠麸类。常用的有麦麸和米糠。在鸡的饲料中一般占10%～30%。

（2）蛋白质饲料：这类饲料粗蛋白质含量在20%以上，以能量饲料为主的饲料必须搭配蛋白质饲料，一般占饲料的15%～30%。蛋白质饲料包括大豆饼、花生麸、菜籽饼等豆类及油料籽实加工的副产品和鱼粉等动物性蛋白质饲料。

（3）矿物质饲料：家禽需要的矿物质较多，常用的有贝壳粉、蛋壳粉、石粉、骨粉、食盐等。

（4）维生素饲料：这类饲料一般是指青绿多汁饲料和干草粉、干叶粉等。农村还未使用饲料添加剂的养鸡户，必须饲喂青绿多汁饲料，一般用量相当于精料的20%～100%，但肉用小鸡饲喂青绿多汁饲料量不超过精料的30%。

（5）饲料添加剂：配合饲料中加入各种微量物质，常用的有氨基酸、维生素、微量元素、抗生素、促生长剂等。在配合饲料时一般添加量为0.5%～1%。

2. 小鸡的饲养

小鸡是指从出壳到42天的鸡。饲养的肉鸡、产蛋鸡、种鸡都要经过小鸡阶段，小鸡难养、适应性差、抗病力弱，因此在养小鸡的过程中必须做到认真细致。

（1）小鸡入栏前的准备。

①鸡栏及用具的准备。应提前1～2周将鸡栏彻底检修1次，准备好保温设施及分群用的挡板、簸箕或薄膜、料盘、饲槽、饮水器、水槽等用具。

②清扫消毒。养过鸡的旧鸡舍必须将粘在墙壁、地面、网架上的粪便和门窗、屋梁上的灰尘冲洗干净，鸡笼、设备及用具也应冲洗干净并消毒好，备用。消毒方法有如下几种。

A. 地面和墙壁可选用10%生石灰水、2%热烧碱水、1∶300的菌毒敌喷洒。

消毒时地面、墙壁要喷湿，不留死角。使用两种以上消毒药的要相隔 3～4 天。

B. 食槽、水槽或其他用具用 3%来苏水或 0.1%新洁尔灭溶液浸泡 2 小时，然后冲洗干净晾干备用。

C. 鸡舍空间则用福尔马林（甲醛）、高锰酸钾熏蒸消毒。每立方米空间用福尔马林（甲醛）30 毫升、高锰酸钾 15 克，温度控制在 22～32℃，消毒时将门窗紧闭，熏蒸 24 小时。进鸡前 2～3 天打开门窗，排除药味。

③垫料。地面平养需要在地面上铺上 5～10 厘米厚的垫料（每平方米约 5 千克）。垫料最迟应在进鸡前 24 小时铺好，一般要在鸡栏第二次消毒前铺好。垫料要求干燥、无发霉、无毒、吸水性强，如刨花、稻草等都是很好的垫料，使用前要切短晒干。

④用具提前布置。养小鸡用的加温、照明、饮水、喂料等用具以及护栏要在进鸡前摆放好。

⑤鸡舍加温预热。气温较低时，需提前半天给鸡舍预热升温，温度达到 32～35℃时才能进鸡。

以上工作必须在进鸡前一天做好，同时根据小鸡的数量准备好足够的饲料（每只小鸡出壳到 21 天需饲料 1 千克左右）、常用药物和疫苗（如多维、氟哌酸、恩诺沙星、新城疫苗、禽流感疫苗、法氏囊疫苗等），小鸡进栏前 2～3 小时把饮水器装满清洁温水。

（2）小鸡的选择：刚出壳的小鸡按大小分群饲养，淘汰病、弱小鸡，可提高成活率和饲料利用率，因此无论是自己孵化还是购买的小鸡都要进行选择。选择的方法是“一看，二摸，三听”。

一看：看小鸡精神状态。一般活泼好动、眼大有神、羽毛整洁光亮、腹部柔软、蛋黄吸收良好的是健壮小鸡。缩头闭眼、羽毛蓬乱不洁、腹大松弛、肚脐有黑痂（俗称“钉”，这是肚脐收缩不好的表现）的是弱鸡。

二摸：摸小鸡的膘情、体温等。手握小鸡，感觉温暖、有膘、体态匀称、有弹性、挣扎有力的是健壮小鸡。手感身凉、瘦小、无膘、挣扎无力的是弱鸡。

三听：健壮小鸡叫声响亮、清脆。弱鸡叫声微弱、嘶哑或鸣叫不停，有气无力。

此外，还可结合种鸡群的健康状况、出壳时间的迟早和孵化率的高低来综合考虑。一般来源于高产健康种鸡群、正常时间出壳、孵化率较高的小鸡质量好，来源于有病鸡群、出壳时间过早或过晚、孵化率低的小鸡质量差。

（3）小鸡的公母鉴别。

①翻肛鉴别法。

A. 握鸡方法。左手握小鸡，小鸡背紧靠掌心，肛门向上，用小指和无名指轻夹小鸡颈部，再用左拇指轻压腹部左侧髋骨下缘，借助小鸡的呼吸，让其排便。

B. 翻肛方法。以左手拇指靠近腹侧，用右手拇指和食指放在泄殖腔两旁，三指凑拢一挤，即可翻开露出的生殖器突起。泄殖腔翻开后，移到强光源（60 瓦的乳白色灯泡）下，根据小鸡生殖器突起的大小、形状及生殖器突起旁边的八字形皱襞是否发达来区别公母。

②快慢羽鉴别法。初生小鸡若主翼羽长于副主翼羽为母小鸡，若主翼羽短于或等于副主翼羽则为公小鸡。

③羽色鉴别法。金黄色羽的公鸡与银白色羽的母鸡杂交，其后代凡绒毛呈金黄色的为母小鸡，银白色的为公小鸡。

（4）小鸡的饲养技术

①小鸡喂水。饮水是育雏的关键，小鸡在开始喂水之前不要喂料。新孵出的小鸡进入鸡舍后，应及时喂水，特别是从外地购回的小鸡。炎热季节尽可能给小鸡提供凉水，而寒冷冬季应提供温开水。对于长途运输喂料较晚的小鸡，头 1～2 天的饮水里按每千克水加入 50 克葡萄糖或白糖，再加入 1 克维生素 C。以后可在饮水里加入一些预防鸡白痢的药物，如环丙沙星、恩诺沙星等，连用 5 天。对于不会喝水的小鸡，应将其嘴浸入水中一下，让其学会。

②小鸡开食与正常喂料。初次给小鸡喂料叫开食。喂料过早，小鸡无食欲；过迟则小鸡体力消耗过大，影响以后生长发育和成活。一般待小鸡在全部喝到水后才开始喂料，或者小鸡出壳后 12～24 小时开始喂料，最迟不得超过 48 小时。开食料要新鲜，颗粒大小适中，营养丰富，易采食和易消化。常用的开食料有玉米、小米、碎米等，用开水烫软直接撒在报纸、牛皮纸上或消毒过的塑料布上，让小鸡自由啄食。3～4 天后逐步换成料槽或料桶喂给配合饲料。最好用颗粒配合饲料直接饲喂，料槽或料桶放置的高度应与鸡背平。

喂料的方法有干料自由采食和湿拌料分次饲喂 2 种。干料自由采食省工省时，每只鸡都能吃饱，生长发育整齐，适用于所有的养鸡企业或养鸡户。湿拌料分次饲喂虽然适口性好，采食量大，但费工费时，饲料容易变质，尤其是夏天，造成饲料浪费。饲料要少喂勤添，一般第一天喂 5～6 次，以后白天每 3 小时左右加料 1 次，夜间加料 1～2 次，每次加料量以占到料槽的 2/3 为宜。

喂料的时候要注意观察小鸡的吃料情况，一般小鸡连续吃料至吃饱，约需 20 分钟，说明小鸡健康，外界条件合适，饲料适口性好。

③保持适宜的温度、湿度。鸡舍保持适宜的温度是养好小鸡的关键，否则小鸡吃不好，睡不好，还可能发病。保温的方法很多，有煤炉、电热保温伞、红外线灯泡和电热板等加热。无论采用哪种保温方式，都要求能达到小鸡所需的温度。

随着小鸡的生长，体温调节能力加强，可以逐步停止人工加温，这就是脱温。

脱温要选择适当的时机，并遵循逐步过渡的原则。夏天气温高，保温时间可以适当缩短，一般 15～20 天就可以脱温。夏天保温较容易，有电的地方只需用红外线灯泡保温，既省电，使用又方便。在头几天需 24 小时保温，以后只需早晚保温，白天基本不用保温。冬天气温低，保温时间可以适当延长，加上广西白天与晚上的温差较大，要特别注意下半夜的温度。温度是否合适，除可借助温度计测量外，主要是以鸡群的活动状态为依据：温度适宜时小鸡精神活泼，疏散好动，睡眠安稳，伸颈舒腿；若小鸡远离热源，张口喘气，频频喝水，则是温度过高；小鸡拥挤打堆紧靠热源则是温度过低。发现温度过高或过低时应立即采取措施进行调整。

在不同温度条件下，小鸡的动态、生长发育与湿度和温度有很大关系，而湿度是最容易忽视的因素。湿度过高或过低对小鸡的生长发育都产生不良的影响。广西常见的是潮湿天气。

A. 高温高湿天气。常见于夏季高温多雨时节。小鸡体热不容易散发，采食量减少，闷热，致使小鸡生长缓慢，抵抗力下降，这时小鸡容易感染球虫病。要注意打开门窗，加强通风降温。

B. 低温高湿天气。常见于冬末春初，阴雨连绵，又冷又潮湿，小鸡容易发生感冒或下痢，应通过加温提高温度，勤换垫料，保持垫料干燥，防止水槽漏水、溢水，更不要往地面洒水。

④保持鸡栏内清洁并通风。鸡喜清洁、干燥、凉爽的环境。水和饲料也要求洁净、新鲜、不受污染，如果饲料和水不卫生，鸡就会不吃不喝或少吃少喝；如果垫料又脏又湿，鸡就不安静；鸡舍内粪便堆积过多，空气不好，或灰尘多、有难闻气味，鸡很容易感染各种疾病。因此要保持鸡舍清洁，尽可能打开门窗加强通风，通常以进入鸡舍内不刺眼、不流泪、不呛鼻、无过分臭味为宜。但通风换气也要讲究方法，冬季选在中午较暖和时，其他季节白天适当打开门窗通风换气。注意处理保温和通风的关系，避免贼风、穿堂风，有条件的可采用排风扇强制通风。

⑤保持合理的饲养密度。饲养密度是指每平方米地面或笼底面积饲养鸡的数量。适当的饲养密度可以明显地提高经济效益和小鸡的成活率。密度过大，鸡的活动受到限制，采食不均匀，生长速度参差不齐，空气不好，容易发生啄羽毛、啄肛门等现象；密度过小，鸡舍及设备利用率低，生产成本高。饲养密度因鸡的品种、鸡栏类别、通风条件、饲养方法和季节等因素的不同而不同，一般随着日龄和体重的增加，饲养密度减小。

⑥给予适当的光照。光照包括太阳光和灯光 2 种。对小鸡给予适当的光照可以促进采食和运动，有利于生长。光照时间：1～3 日龄每天 24 小时，肉鸡 4 日龄至上市每天 23 小时，中间停 1 小时；前 2 周每 20 平方米可用 60 瓦的灯泡照射，高强度光照有利于吃料和饮水；到 3 周后每 20 平方米可用 15 瓦的灯泡照射；蛋鸡 4 日

龄后到产蛋前给予自然光照即可。光照太强、时间过长会造成啄羽毛、啄肛门等现象。

⑦做好防疫工作。给小鸡注射疫苗和预防性喂药，是预防鸡病最重要的手段。小鸡容易发生的疾病主要有新城疫、禽流感、鸡球虫病、鸡白痢以及呼吸道疾病等，因此要保持环境清洁卫生，定期消毒，定期注射疫苗和预防性喂药。

⑧日常检查。每天都要注意观察鸡群，掌握小鸡动态，及时采取相应措施，保证小鸡健康生长。

A. 观察鸡群精神状态。健康小鸡合群，活泼好动；病鸡离群呆立，羽毛松乱，两翅下垂。

B. 观察吃料喝水情况。检查嗉囊大小，喂前应无积食，喂后饱满适中，喝水后是否立即离开饮水器。病鸡一般吃料少，喝水也少，或不吃不喝。

C. 夜静时听鸡的呼吸声音，检查是否有呼吸道疾病。同时观察鸡的睡卧，正常睡卧头颈伸直，翅脚舒展，伏卧，均匀散开，安静。如果打堆，不安静，可能温度过低；如果远离保温器，张口呼吸，喝水多，不安静，可能温度过高。

D. 观察粪便。健康小鸡的粪便成形，呈灰黑色或棕黄色，拉便后肛门周围绒毛不脏。粪便呈固态螺旋状，可能是饮水不足；粪便呈稀薄水样，可能是饮水过多；粪便稀黄有泡沫，可能患肠炎；粪便稀白粘肛门，可能患白痢；粪便有血，可能患球虫病；黄绿色稀粪便有恶臭，可能患新城疫、鸡霍乱。

3. 肉鸡的饲养

肉鸡一般有 2 种：一种是快大型肉鸡，从出壳到出栏上市只需 45～56 天，活重达 2 千克以上；另一种是有色羽肉鸡，一般需 90～120 天，活重为 1.3～1.7 千克。

由于肉鸡基本上是小鸡，所以养殖技术与前面讲述的小鸡养殖技术基本相同，但是肉鸡有其特点，因此在养殖技术上还有一些特殊的地方。

（1）快大型肉鸡的养殖技术：目前饲养的快大型肉鸡多为白羽，如艾维因、AA 鸡等，这些肉鸡具有早期生长快、成活率高、生产周期短的特点，具有较高的经济效益和一定的市场竞争力。

①饲养方式。快大型肉鸡的饲养方式一般有 3 种。

A. 地面平养。即在地面铺上一层短的稻草或木屑等柔软的垫料，把鸡散放在垫料上面，任其自由采食饲养。这种方法简单易行，设备投资少，鸡活动性大，胸囊肿及软脚病较少，但占地面积大，鸡群直接与粪便接触，易患球虫病。

B. 笼养。即把肉鸡关在铁笼或竹笼、木笼内饲养，这种方法增加了饲养量，管理方便，鸡不接触粪便，易于控制白痢和球虫病，但投资大，胸囊肿、软脚病、龙骨弯曲等疾病发生较多，商品鸡合格率低。

C. 笼养与平养相结合。前21天采用笼养，21天后改为地面平养。这种方法不易发生胸囊肿，有利于防病，饲养效果较好，但需要转群，增加工作量，对小鸡生长速度有一定的影响。

②采用自由采食方式。根据快大型肉鸡生长快的特点，要采用高蛋白质、高能量、高维生素的全价饲料，最好是颗粒料，以满足肉鸡的营养需要。饲喂采用自由采食的方式，任其吃，让鸡餐餐饱，但喂料时需少给勤添。

③公母分群饲养。公鸡和母鸡对营养的需要和生长速度有很大的差异，公的抢吃能力强，吃得多，长得更快一些；母的生长慢，但沉积脂肪能力强。因此，公母应分开饲养，这样母鸡就不会因抢吃不到或吃得少而影响生长的速度。

④全进全出制饲养。就是一批鸡同时进栏、同时出栏。鸡售完后，马上清掉所有鸡粪，空置7～10天。空置期间对鸡舍内外及所有用具彻底清洗，分别使用2～3种不同类型的消毒药进行2～3次不同方法的消毒，然后再进行下一批鸡的饲养，这样可以有效杜绝传染病的感染。

（2）有色羽肉鸡的养殖技术：有色羽肉鸡包括黄鸡、麻鸡、土鸡。这些有色羽肉鸡由于生长速度、饲养周期、出栏体重等不同，肉质也有很大的差别。目前广西市场以三黄鸡、麻鸡占有比例较大，这类鸡肉质细嫩鲜美、蛋白质含量高、脂肪含量少，饲养60～100天，体重1.4～1.7千克，适宜加工制作烧鸡、白切鸡、水蒸鸡。

有色羽肉鸡的饲养和快大型肉鸡的饲养有许多共同之处，但有色羽肉鸡饲养管理中也有一些特殊的技术要求。

①饲养方式。根据饲养条件，可以采用放养、舍内地面平养。有色羽肉鸡一般不宜采用笼养。

A. 放养。就是利用山坡、果园、林地等设置围栏或搭设简易鸡舍用于临时饲养肉鸡的一种方法。放养日龄需与环境温度结合起来，一般在6周龄前可采用室内地面平养，6周龄后则采用放养为好。这样，鸡既可采食到自然界的小虫、嫩草、脱落的籽实或粮食，节省一些饲料，又可加强运动，增强体质，使肌肉结实，味道更好。但利用这种方法一定要注意，在放养前要用信号耐心地进行训练调教，以便于拢群、补料。

B. 关养。就是利用带运动场的鸡舍地面铺设垫料平养的一种方法。当鸡长到10日龄后，可在温暖、无风的天气让鸡到运动场活动，并把青绿饲料放在运动场上让鸡自由采食。随着日龄的增大，鸡群到运动场活动的时间逐渐延长。运动场要定期清理消毒，保持良好的卫生状态。

②合理供给营养。根据饲养的品种和生长期，合理供给营养，一般7～10周龄为生长期，主要长骨架和内脏器官，这个时期可以适当降低饲料中的能量和蛋白质

的水平。从 11 周龄到出栏为育肥期，这一时期鸡生长快，容易肥，可以在饲料中加 2%～4%的食用油拌匀喂鸡。采用这种方法喂出来的鸡肥，羽毛光亮，肉质香甜、口感好，上市价格高。有色羽肉鸡喂料原则是自由采食。要求有足够采食位置，使所有鸡能同时吃到饲料，从而提高均匀度，以做到“全进全出”。

③断喙（剪嘴）。有色羽肉鸡有时需要断喙，尤其是生长速度较慢的肉鸡，断喙的目的是防止啄羽、啄肛门等恶癖和减少饲料浪费。断喙的时间一般在 6～10 日龄，用断喙器或剪刀进行。

断喙时，上喙切除鼻孔至喙尖的 1/2，下喙切除 1/3。断喙时应注意：

A. 断喙前两三天在饮水中加入多种维生素和抗生素。

B. 断喙后鸡喙应上短下长。

C. 断喙时注意不要把舌头剪去。

D. 平养的种公鸡不可断喙，以免影响配种。

E. 断喙后要供给充足的清洁饮水，饲料槽中的饲料要加多些，以免鸡取食时啄中食槽，造成喙出血，伤口不易愈合。

④喂细沙。对放养的鸡，应在运动场内放些细沙，由鸡自由采食，地面平养鸡或笼养鸡每星期每 100 只鸡供给 500 克干净的细沙，以增强鸡的消化机能，刺激食欲。注意沙粒要清洁卫生，以免成为疾病的传播源。

⑤合理分群。小鸡养到 30～40 天要进行强弱分群和公母分群饲养。公鸡个体壮，竞食能力强，增重快，而且性成熟早，好斗，影响公鸡的肥度和肉质。公母分群饲养，有利于提高增重，鸡只生长均匀，以便公鸡先出栏。小公鸡养到 50～60 天，体重 1 千克左右最好进行阉割，广西在很多地方都有这个习惯。阉割后的小公鸡不好斗、不爱活动、温驯、容易育肥，还能使鸡肉细嫩，味道鲜美，售价较高。注意：阉割前需停料半天，阉割后要求每只鸡肌肉注射青链霉素 7 万～8 万单位，以防感染。

⑥加强卫生防疫。鸡舍和运动场要经常清扫，定期消毒，每批鸡的鸡群最好能驱蛔虫 1～2 次，还要做好鸡病的预防接种和药物预防工作。鸡场要远离村庄，不要靠近交通干道，并建围墙，防止其他家禽进入，以免传播疾病。

⑦适时出栏。根据生长速度、饲料报酬及市场价格等因素掌握出栏时间，一般公鸡饲养 80～90 天、体重达 1.7～1.8 千克则可出栏；经阉割后的公鸡可饲养 130～140 天，体重达 1.9～2.5 千克时出栏最好；母鸡饲养 80～110 天，体重达 1.3～1.6 千克时出栏最好。饲养时间过长，生长速度降低，饲料消耗多，增加成本，不合算。

4. 产蛋鸡的养殖

产蛋鸡包括种鸡和商品蛋鸡。产下的蛋专门留作孵小鸡用的鸡，叫种鸡；专门产蛋供食用的鸡，叫商品蛋鸡。产蛋鸡饲养的目的基本相同，都是让鸡多产蛋，产好蛋，而种鸡还要求种蛋有较高的受精率和孵化率。产蛋鸡按其特点不同，一般分为 3 个时期：育雏期（0～6 周龄）、育成期（7～20 周龄）、产蛋期（20 周龄以后）。不同时期的鸡需采用不同的养殖技术，才能让鸡多产蛋，产好蛋。

（1）产蛋鸡育雏期的养殖方法：可参照本书“小鸡的饲养技术”进行。

（2）产蛋鸡育成期的养殖技术：产蛋鸡产蛋前的 7～20 周龄叫育成期。育成期的鸡叫育成鸡或后备鸡。

育成期是鸡一生中生长发育的重要阶段，这一阶段的养殖技术与鸡的开产日龄、开产体重以及成年后的产蛋量有很大的关系。育成鸡的营养需要与小鸡有很大的不同，主要区别是育成鸡消化器官发育快，采食量大，常因为采食过量营养而造成鸡过肥，从而影响产蛋。因此这一阶段必须做好以下工作。

①调整饲料配方，适当降低营养水平。与小鸡相比，育成鸡的饲料营养水平可以低一些，也就是不用吃那么好。所以要适当减少鱼粉、豆饼等蛋白质饲料以及玉米、大米等能量饲料，增加营养成分含量较低、体积较大的麦麸、米糠等饲料和青绿饲料。让鸡长骨架，使鸡体质健壮，不肥不瘦，符合品种的标准体重，让其开始产蛋时间不早不迟。育成鸡太肥或太瘦，到产蛋期产蛋较少，或造成提前产蛋或推迟产蛋时间，均影响产蛋量的提高。

农村饲养，产蛋鸡可用占日粮 20%～30%的青绿饲料代替维生素添加剂。有条件的地区可放牧饲养，使育成鸡啄食昆虫、青草等营养丰富的饲料，而且能充分运动和获得充足的阳光，增强体质，提高成活率和节省饲料。放牧饲养时，每天早晚各补喂 1 次饲料。要充足饮水，专人看护，搭建防晒、防雨棚舍，防止兽害。

②改变喂料方法，适当控制饲料喂量。育雏期的小鸡采用自由采食的方式。育成期的鸡则采用限制饲料喂养法，并适当控制饲料喂量。一般采用每天控量法，即把每天每只鸡的喂料减少到正常采食量的 80%左右。或采用隔日控量法，即把 2 天定量（正常量的 80%～85%）饲料在 1 天内喂完，第二天不喂料，只供给饮水。通过控制饲料喂量，可防止育成鸡体重增长过快，保证鸡群发育健壮和整齐，适时开始产蛋，还可节省饲料。

在控制饲料喂量期间，要经常注意观察鸡群情况和定期称重。一般要求肉用种鸡开产前体重为 2 千克左右（快大型），蛋用鸡开产前体重在 1.6 千克左右，具体要求要按照各品种的体重标准而定。

③分群饲养。

A. 按大、小、强、弱分群饲养。育成鸡饲养密度不宜过大，过密饲养易造成大小发育不均匀。平养条件下以每平方米 5～8 只为宜。在正常饲养条件下，应及时将弱小个体挑出来单独饲养，并予以特殊照顾。

B. 公母分开饲养。由于公鸡性成熟比较早，地面平养的鸡群则可能会造成过早配种并踩伤母鸡，从而影响母鸡的均匀生长。商品蛋鸡群则不需要配公鸡。自然交配的种鸡群的公母比例为 1∶10～1∶16，人工授精的种鸡群的公母比例为 1∶30～1∶40，多余的公鸡可进行阉割育肥后作肉鸡出售。地面平养公鸡一般在母鸡产蛋前进行合群，如果采用人工授精，则要提前进行调教训练。

④控制光照。用人为的方法控制鸡群的光照时间和光照强度可防止育成鸡早熟或产蛋过早，保证鸡以后产蛋大、产蛋多。育成鸡的光照控制原则是每天光照时间必须控制在 8～10 小时。育成鸡的光照强度为每平方米 1 瓦。

⑤严格选择淘汰。选择淘汰，目的是为了保证育成鸡进入产蛋期后全群高产、稳产，减少饲养劣质鸡造成饲料、鸡舍和人工的浪费。淘汰对象是一些不符合本品种鸡的特征要求的、过肥或过瘦的、得过各种疾病的鸡。

⑥注意补钙。产蛋前的小母鸡体重会继续增加，从 16 周龄开始，小母鸡逐渐性成熟，由于蛋壳形成需要大量的钙，所以在开始产蛋前 10 天或当鸡群产第一个蛋时，饲料一定要增加钙量，由 1%提高到 2%，其中至少有一半的钙以颗粒状石粉或贝壳粉供给，可另放一些矿物质于料槽中任由开产母鸡采食，直到鸡群产蛋率达 5%时，再将饲料改换为产蛋鸡料。要注意的是，不能过早补钙，早补反而不利于钙质在鸡骨骼中的沉积。

（3）产蛋鸡产蛋期的养殖技术

20 周龄以后的鸡进入产蛋期，成为产蛋鸡。蛋用型鸡开始产蛋的时间一般是 21～22 周龄，肉用种鸡则在 23～24 周龄才开始产蛋。

①做好开产前的准备工作。

A. 转群。育成鸡由育成鸡舍转入产蛋鸡舍称转群或转栏。适宜的转群时间决定于鸡的周龄和体重，一般鸡群 20 周龄前要转入其他鸡栏或鸡笼，使鸡群在开始产蛋前有充分的时间熟悉和适应新的环境，有利于今后的产蛋。转群对鸡的精神、采食量都有一定的影响，常常需要 2～3 天或更长的时间才能恢复，因此应尽量设法将因转栏造成的影响减小到最低的程度，如晚上转栏，抓鸡动作要轻稳，提前 4～5 天先将公鸡转栏，转栏前后饲料、喂料时间、光照时间等尽量不要改变。

B. 准备好产蛋箱。在开产前的第 3～4 周，有些鸡就寻找适合产蛋的地方，因此应提前放置产蛋箱，一般按 4 只母鸡配 1 个。产蛋箱的大小视鸡种而定，肉用型母鸡的产蛋箱要大一些。箱底要舒适，可用稻草或木屑垫底，安置在光线较暗的一侧。对于不入窝产蛋的新母鸡，可在产蛋窝内放“引蛋”，目的是引诱母鸡入窝下蛋，待母鸡认窝后再捡去。采用笼养的则不必准备产蛋箱。

②调整饲料配方和饲喂方式。当鸡群产蛋率达 5%时，应逐步由育成鸡料过渡到开产蛋鸡料，由限制饲喂改为分餐定量饲喂，并一直维持到产蛋高峰及高峰后 2

周，以后随着产蛋量的变化相应调整饲料配方。

③公母混群分饲。由于产蛋期公鸡和母鸡在营养需要和采食量上有较大差别，因此，公鸡和母鸡要分别喂给不同的饲料。方法是在母鸡料槽或料桶安装栅格，以防公鸡采食母鸡料；公鸡料桶吊高一些，使母鸡吃不到公鸡料。

④增加光照时间。从开始产蛋起，按每星期每天增加半小时人工光照延续，直到每天光照时间达 14～16 小时。笼养的鸡可全部采用人工光照，放养的鸡晚上还要人工光照补充不足，但光照时间也不宜过长、过强，否则会使种鸡过于疲劳，导致体质下降、产蛋量减少。补充人工光照的方法：一般每平方米鸡舍平均为 2.5～3 瓦的电灯。例如，鸡舍为 15 平方米，可采用 40 瓦灯泡一个，悬挂在离地面高 1.8～2 米的地方。

⑤创造良好的环境。上午 9 时至下午 1 时是鸡产蛋最集中的时间，要保持鸡舍及周围环境的安静。打扫卫生、喂料等干扰大的工作都不要在这时进行。鸡舍的运动场应每天清扫 1 次，水槽和料槽每隔 2～3 天清洗 1 次。广西夏季气候炎热，时间长，鸡活动减少，采食饲料也随之减少，会造成营养不足，因而产蛋少，应想办法加快通风降温。冬天寒冷，应注意保温。要勤捡蛋，一般每天捡蛋 2～3 次。如果捡蛋不及时，产蛋箱内的蛋太多，容易被母鸡踩破，导致母鸡恋窝，促使抱窝性增强。捡蛋时，还应注意观察鸡群的动态，发现问题，及时处理。

⑥做好卫生预防工作。鸡群健康才能多产蛋，产好蛋。因此要做好鸡舍的清洁卫生、鸡群的防疫、驱虫和药物预防工作。消毒鸡舍和运动场，每星期用 2%～3% 的烧碱溶液或 20%石灰乳来喷洒。定期进行预防接种，每年在春、秋两季做好鸡新城疫Ⅰ系疫苗和禽出败菌苗的免疫接种工作。

产蛋鸡较易感染寄生虫病，地面平养的要求每 2 个月驱虫 1 次，驱虫宜安排在晚上进行，可用粉剂混料服用。如早晨发现鸡群粪中有虫体，则在当晚再服 1 次，投药后次日早上要清扫鸡粪，以免让鸡啄食虫体，再次感染。可用左旋咪唑按每千克体重用 20～30 毫克喂给，此法效果好。

⑦选留高产母鸡。对产蛋母鸡进行选择，留下高产母鸡，淘汰低产母鸡。时间最好选在秋季或低产期。

⑧催醒抱窝鸡。抱窝又称就巢、赖抱，这是鸡的一种天性，也是鸡繁殖后代的一种方法。优良品种的蛋鸡或肉用鸡的抱窝性已基本消失，但地方品种的鸡抱窝性还很强。鸡抱窝时不仅不产蛋，还占鸡窝，影响其他鸡下蛋。地方品种的鸡一般产 12～14 个蛋就抱窝。抱窝时间少的十几天，多则 30 多天。这时可采用以下方法促其醒抱。

A. 将抱窝鸡关在光亮、通风的笼内饲喂，几天后即醒抱。

B. 用笼罩住抱窝鸡，放入水中，水深 7～10 厘米，使鸡只能站，不能蹲下，

2～3 天就能醒抱。

C. 口服去痛片，每天 1 片，连服 3 天。

（4）种公鸡养殖技术：公鸡好斗，体重也容易过大。所以在育成期严格控制体重生长的基础上，在种用期也要注意体重的控制，因为体重超过标准容易发生腿病，而胸肉过多在交配时难以保持优良的体质和旺盛的精力。应根据公鸡的特点，喂给不同营养水平的饲料。

①公母分群饲养。自然交配鸡群公母分开饲养要至 6 周龄。公母小鸡分开饲养，有利于各自的生长发育和公鸡的挑选。6 周龄后经再次选择，挑选发育良好、体重达标的公鸡和母鸡混合饲养。

对于笼养，计划进行人工授精的公鸡和母鸡始终分开饲养，避免彼此干扰，有利于公鸡和母鸡的正常发育。公鸡单独饲养时要注意以下几点。

A. 公鸡和母鸡应按同样的光照程序，以便同步性成熟。

B. 控制光照强度和光照颜色，防止公鸡啄斗。

C. 控制饲料喂量，公鸡育成期比母鸡多 10％。

D. 地面平养的，公鸡和母鸡混群时最好在晚上关好灯后进行。

②公鸡的选择和公母比例。

A. 6～7 周龄的选留。出壳时初选。6～7 周龄时进行第一次选留，选留体格健壮、冠大且直立的公鸡，淘汰体型较小的公鸡和光毛鸡以及毛色、脚色不符合品种特点或饲养要求的公鸡。淘汰断喙未达到要求的及腿畸形等一些不符合要求的公鸡。

B. 18～20 周龄的选留。在转入产蛋鸡舍之前进行第二次选留。要求公鸡身体各部分匀称，发育良好，未患过传染病；体重、体型应大于母鸡，胸部宽、深，向前突出，背宽而不过长，骨骼结实，姿势雄壮，羽毛丰满；早熟性好，雄性强，具有本品种特征。不符合上述条件的公鸡应予淘汰。平时管理中要仔细观察所有公鸡在鸡群中的行为，对于不能抢食，常呆立于鸡舍内墙边、屋角的“胆小”鸡应尽早淘汰。

公鸡的选留数量根据种鸡的饲养方式留足公鸡，自然交配的公母比例为 1∶8～1∶10，人工授精比例为 1∶15～1∶20。饲养公鸡在 20 周龄至采精阶段因死亡淘汰率较高，所以此时留种公鸡较多，实际人工授精时公母比例为 1∶25～1∶30 就可满足需要。

C. 公鸡的淘汰和补充。经过一段时间的配种或采精，有些公鸡因病、受伤而丧失繁殖能力，要及时淘汰。自然交配的公鸡，有些公鸡在啄斗时处于劣势，不敢配种；个别在啄斗时处于优势，占有较多的母鸡，自身配种过量，又不允许其他公鸡交配，影响受精率，这些公鸡要及时淘汰。为了保持较高的受精率，要及时补充新公鸡，补充新公鸡可在晚上进行，以减少争斗，并注意观察鸡群的情况。

③饲养密度。种公鸡要求比母鸡有较大的活动空间，饲养密度一般为每平方米3～5只，饲槽长度每只公鸡20厘米，饮水长度每只3～4厘米。人工授精的种公鸡必须单笼饲养。

④正确断喙、断趾。公鸡断喙时间要比母鸡稍迟2～3天，9～12日龄较适宜，断喙的合适长度是母鸡的一半，防止断得太多影响以后的配种。公鸡轻度断喙应在交配期到达之前完成。自然交配公鸡不断或轻度断喙，但要断趾，目的是为了避免以后配种时损伤母鸡，断趾在1日龄进行，此项工作应由孵化厂来完成。

⑤科学饲喂。一般在第1～10周龄自由采食，保证种公鸡体格得到充分的发育和生长。第11周龄以后开始限饲，但限饲不要太严，保证每周增重控制在100克左右。在第18～21周龄时增重要稳步上升，每周增重保证在100～150克的水平，这时每周加料5～7克/只，同时加喂维生素E与硒拌料促进性器官发育，保证性成熟与体成熟一致。第24～25周龄时公鸡料量要达到高峰料，体况达最佳，防止因种用而体重下降。

⑥提供良好的环境。成年公鸡在20～25℃、12～14小时光照的环境下，可产生良好的配种效果。温度高于30℃或低于5℃，光照少于9小时，公鸡的繁殖性能均会下降，影响种蛋的受精率。

5. 鸡的人工授精技术

现在笼养种鸡，大多采用人工授精的方法。鸭、鹅也可采用人工授精，但使用还不普遍。鸡的人工授精方法包括采精、精液品质检查、精液稀释和输精四个步骤。目前多用原精液输精，所以在此主要介绍采精技术和输精技术。

（1）采精技术。

①公鸡训练。采精前要对公鸡进行训练，训练可以在下午进行，用右手握住公鸡双腿，使公鸡头朝左下方，用左手轻轻而迅速地由腹部向尾部耻骨方向按摩，使公鸡产生反射，尾部翘起，然后用左手翻至公鸡的泄殖腔（肛门）部稍加挤压，公鸡便会射精。

训练公鸡隔天进行，训练3～5次即可。训练的同时要将公鸡肛门四周和尾部附近下垂的羽毛剪掉，以免影响采精。

②采精方法。采精有单人采精法和双人采精法，目前生产上常用双人采精法。操作方法是保定员左右手分别握住公鸡双腿，自然分开，放在保定员的一侧，使鸡头部向后，尾部朝向前。采精员先用右手中指和无名指夹集精杯，杯口向下，然后用左手把公鸡背腰部向尾部按摩几次，公鸡尾部翘起，此时左手顺势按压尾羽，将集精杯对准肛门，将精液收集起来。为避免公鸡排粪，采精前2小时对公鸡进行停水停料。

③采精间隔时间。人工授精以每星期采精3～5次较合适，公鸡经过48小时休息能恢复。如果每星期采精次数增多或采精次数很少，都会导致畸形精子数量的增加；采精过度也会导致公鸡早衰，利用期缩短。

（2）输精技术。

①输精操作。输精一般2～3人一组，如果3人一组，则2人给母鸡翻肛，1人输精；如果2人一组，则1人翻肛，1人输精。给笼养母鸡输精，不必把鸡从笼中取出。翻肛员用左手握住两腿上提，把鸡的腹部和尾部拉出门外，右手拇指与其他四指分开，横跨于肛门两侧的柔软部分向下按压，泄殖腔张开露出输卵管口（泄殖腔内左上方开口）。

②输精部位。输精员将吸有精液的输精管插入阴道口1～2厘米，将精液输入。

③输精时间。一般在下午3时以后，大部分鸡都产完蛋之后进行。为提高受精率，第一次输精后，应在第二天再重复输精1次。

④输精间隔和输精量。一般以4～5天重复输精1次。具体要根据公鸡和母鸡年龄、营养状况以及季节而定。对老公鸡和老母鸡、营养状况差的鸡或在炎热季节，输精间隔时间应缩短。用原精液输精1次可输0.025毫升，注意第一次要加倍，母鸡产蛋后期应适当增加输精量。

（二）养鸭技术

1. 鸭常用饲料

鸭是杂食性禽类，饲料种类繁多，来源广泛，各种饲料的营养成分又相差很大。常用饲料包括能量饲料、蛋白质饲料、青绿多汁饲料、矿物质饲料和饲料添加剂等。

①能量饲料。能量饲料主要有玉米、稻谷、糙米、碎米、小麦、高粱、麦麸、米糠、红薯、马铃薯、木薯、南瓜等。

②蛋白质饲料。蛋白质饲料主要有黄豆、蚕豆、豆饼、菜籽饼、花生仁饼、鱼粉、肉骨粉、蚕蛹粉等。

③青绿多汁饲料。青绿多汁类饲料是目前养鸭的主要饲料，常用的青绿多汁饲料很多，除栽培的牧草和饲料作物外，还有天然的野草、野菜，水草、浮萍。常用的有苦荬菜、甘蓝（包心菜）、牛皮菜、空心菜、大白菜、胡萝卜、南瓜、红薯藤、紫云英等。

④矿物质饲料。常用的矿物质饲料有食盐、石粉、贝壳粉、骨粉、碳酸氢钙等。

⑤饲料添加剂。常用的饲料添加剂有促进生长与保健类添加剂、抗氧化剂、防霉剂等。

2. 小鸭的饲养

1～25 日龄的鸭属小鸭，小鸭养得好不好，直接关系鸭的成活率、育成率和出栏率，也关系蛋鸭和种鸭今后的产蛋，因此培育管理好小鸭是十分重要的工作。

（1）培育小鸭的基本条件。

①准备饲料。小鸭生长速度快，需要的营养多，因此要备足饲料。可将原料买回来自行配制。为了保证肉鸭充足的采食量，减少饲料的浪费，最好把饲料加工成颗粒料。有条件的可以从饲料厂直接购买。

②准备鸭舍和放牧棚舍。小鸭对外界条件适应性差，需要保温。为了使小鸭能很好地生活、生长，要准备小鸭舍。一般每平方米鸭舍可养小鸭 15～20 只，每群 150～200 只为好。小鸭喜欢干燥，鸭舍地面应保持清洁和干燥，舍内地面要铺水泥，地面放干净垫料。另外，小鸭舍的运动场内要设浅水池，水的深度一般为 5～15 厘米，有斜坡最好。鸭是水禽，鸭舍最好靠近池塘，夏天可以降温，下水可加强运动，增加食欲，有利于小鸭生长，提高成活率。

③安装保温设备。小鸭怕冷、怕热又怕潮湿，因此进栏前应准备好保温设备。如红外线、保温器或管道式保温等设备。

④备好疫苗及药物。小鸭期的重要工作是防病。小鸭易患病毒性肝炎、副伤寒病和霍乱病等，要特别注意预防。除做好预防接种外，还可在饲料中添加药物防病，因此，常用药及疫苗应提早准备好。

（2）小鸭的饲养。

①选择健壮鸭苗。初生鸭苗的质量好坏直接影响养鸭的成败。质量好的鸭苗 21 天成活率可达 95%～100%，而质量差的鸭苗死亡率达 10%以上。要选择健壮的鸭苗，标准要求是按时出壳、大小一致、脐带收缩好、腹部软、肛门洁净、行动灵活等。健康的鸭苗食欲旺盛，生命力强，觅食力强，生长发育快。

②饮水。出壳后的小鸭要尽早饮水，及时补充水分，以确保小鸭健康。方法是将毛干后的小鸭分批赶入水深为 0.5～1.0 厘米的浅水盆中，让鸭饮水戏水 2～3 分钟。供小鸭的饮水要求是清洁卫生，第一次饮水可加 3%的白糖和 0.1%的维生素 C，这对促进小鸭活力和增加抵抗力有较好的效果。

③开食与喂养。第一次喂食称开食。小鸭消化能力差，第一天开食要进行调教。开食方法：将饲料或米饭（蒸煮后用清水漂洗，沥干，以不黏为好）撒在簸箕、席子或塑料薄膜上诱引小鸭采食。对不会吃的小鸭特别要注意给予人工辅助，方法是将饲料或米饭填入鸭口中，让其咀嚼。如采用粉料，最好是拌湿再喂。

小鸭采食量少，应少喂勤添，前 7 天每天喂 6～7 次，尽可能让小鸭吃饱。14 天以后每天喂 4～5 次，除喂配合饲料外，还可加喂青绿多汁饲料，青绿多汁饲料要切细再喂。此外，必须经常观察小鸭的采食、饮水、休息、叫声、粪便等情况。

每次喂料后要赶小鸭下水约30分钟，然后上岸让其理干羽毛后再入棚舍休息。

④提供适宜的环境温度。小鸭对外界环境条件有一个逐渐适应的过程，保持适当的温度是养好小鸭成败的关键，尤其是21天内的小鸭更需要注意。小鸭出壳后头3天内适宜的温度为29～30℃，以后每周降低2～3℃。小鸭栏内温度是否适宜，主要看鸭群情况可以判断，一般小鸭均匀分散不打堆，鸭感到舒适，伸腿伸腰，三五成群静睡无声，或者会有规律的吃饲料与饮水，表明温度适宜。小鸭重叠打堆，说明温度过低；小鸭远离热源并张口呼吸，饮水也增加，表明温度太高。温度不要骤升骤降。

⑤合理分群。分群管理有利于提高成活率。出壳后1～14天必须实行小群管理，在鸭棚舍内用竹圈把鸭群隔开，每群以80～100只为宜。这样可防止小鸭抢吃，挤压，更换垫料也容易。15天后可合并，每群为200～250只。地面平养25天内的小鸭密度以每平方米养20～35只为宜。

⑥放牧下水。小鸭出壳4天后可下水塘或水池。小鸭下水时，要特别注意选择天气温暖无风时进行，水的深度慢慢加深，每次下水时间也要注意慢慢增加，如第一个星期下水5分钟，第二个星期后，每次下水10分钟。对于农村养殖户，在小鸭出壳10天后，只要天气晴朗，温度适宜，就可以开始放牧。一般开始放牧时不得太远，时间也不要太长，要逐步增加。20天后，如天气较好，便可全天放牧。

⑦搞好清洁卫生及防疫保健工作。要保持鸭舍内外清洁卫生，经常洗食具、饮水器具等，定期消毒，不喂腐烂变质饲料，能认真按照免疫程序进行必要的免疫接种，并注意及时在饲料或饮水中加入适当的防病保健的药物。

3. 肉鸭的饲养

肉鸭是指饲养70天即达到上市要求、专门产肉的商品鸭。肉鸭有2种类型：一种是大型肉用品种，一般出壳后只需饲养45～56天，活重可达3千克以上；另一种是地方小型肉用品种，从出壳到出栏要养65～70天，活重为2～2.3千克。

（1）大型肉鸭的饲养：大型肉鸭是指北京鸭和樱桃谷鸭等品种。大型肉鸭的特点是体型大，不爱运动，自己寻找饲料能力较差，但生长速度很快。

①饲养密度。当小鸭脱温后，即可放入半陆地、半水面的鸭圈内饲养，鸭圈的大小可根据肉鸭的饲养数量而定，一般每平方米养7～8只，肉鸭群以150～200只为宜。

②饲养条件。鸭圈内要有鸭舍防雨，有树防暑，也要有一定的空地供鸭群晒太阳。从陆地到水面应有一定的缓坡，以便鸭子上下水。大型肉鸭不适宜放牧。在饲养中，应防止受惊吓。肉鸭胆小，喜欢安静，要注意保持鸭舍内外环境的安静。

③饲料的配比。肉鸭需要的营养较高，应喂给配合饲料，饲喂量为每天100～180克，青绿多汁饲料可占饲料总量的40％～50％。配合饲料可撒放在水泥地板上

由鸭群自由采食，每天喂料 4～5 次，直到肉鸭出栏为止。

④降温防中暑。大型肉鸭羽毛多，肉厚不易散热，5～9 月天气较热，应尽量让鸭群到池塘游泳，以防鸭受热中暑。

⑤出栏上市。大型肉鸭一般饲养 45～52 天，体重平均达 2.5 千克以上即可上市。饲养时间过长，鸭生长速度下降，增加饲养成本，经济效益低。

（2）本地小型肉鸭的饲养：本地肉鸭体型小，行动活泼，寻找饲料能力强，合群性好，肉质优，但生长速度较慢。

①饲养条件和饲养密度。本地小型肉鸭的特点，适用于水面和稻田放牧饲养，稻田中的水草、昆虫、鱼、虾、蟹、螺等都是天然饲料，收割后的稻谷遗粒人们难用手工捡拾，放鸭捡食，最为合适，脱温后的鸭子可以进行放牧。为了有效地管理鸭群，每群以 600～800 只为宜。

②放牧。放牧前应选路线，上田、下河时赶鸭要缓慢，上下堤岸必须选择坡度小、宽阔的地方，以免发生拥挤和践踏。平时要训练好口令，以便于管理。放牧不宜太远，防止鸭群疲劳而发生死亡现象。

③人工放料。放牧的鸭群要注意人工补料，早晚各补喂 1 次，早上喂 1/3 的料，晚上喂 2/3 的料，补料量应根据鸭群放牧环境中寻找饲料的情况来定。

④疫病的预防。放牧的鸭群要做好疾病防治。重点抓好中暑、中毒及传染病的防治，不要在刚喷过农药或施过化肥的稻田中放鸭，不要让鸭误食被农药污染的水、菜叶、杂草以及其他饲料。在适当的时间对鸭群进行鸭瘟及鸭出败等病的预防接种。夏日放牧应将鸭赶到阴凉通风的树荫下休息，或把鸭赶到深水塘中。

4. 产蛋鸭的养殖

产蛋鸭包括商品蛋鸭和种鸭。饲养的目的就是让鸭子多产蛋。种鸭还要求种蛋有较高的受精率和孵化率。产蛋鸭按其特点不同，一般分为 3 个时期，即育雏期（0～4 周龄）、育成期（5～25 周龄）、产蛋期（26 周龄以后）。不同时期的鸭需采用不同的养殖方法，这样才能让鸭子多产蛋、产好蛋。

产蛋鸭育雏期的养殖可参照前面介绍的“小鸭的饲养”。

（1）育成期蛋鸭的养殖：鸭子 5～25 周龄为育成期，这个阶段的鸭子叫育成鸭，也称后备鸭。

①养殖方式。后备鸭采用放牧饲养和圈舍饲养两种饲养方式。

A. 放牧饲养。放牧可充分利用稻田、池塘及河流等牧地、草地，节省饲料，降低饲养成本。放牧前要进行采食训练和信号调教，采食训练要根据当地饲料资源情况，进行吃稻谷、螺蛳的训练，可先将谷子、螺蛳洗干净撒在地上，然后将饥饿的鸭群赶来任其采食。从小鸭开始就要用固定的信号和动作进行训练，以便在放牧中收拢鸭群。

放牧群以500～1 000只为宜，小群以200只最好。要按大小、公母分群放牧饲养。每天补喂饲料3～4次。夏秋季节放牧要注意防热、防晒，下雨时赶回鸭舍或避雨处休息。放牧时要注意收拢鸭群，防止走丢或混群。不能在刚施过农药、化肥、除草剂的稻田里放牧，以防中毒。有鸭瘟、禽霍乱等传染病的地区和寄生虫污染的地区，有死鱼虾及腐败动物尸体的地区，都不能放牧。

B. 圈舍饲养。圈舍饲养是以鸭舍内饲养为主的方法。这种方法可以人为地控制环境条件，受自然界制约因素少，有利于科学养鸭，可减少传染病及中毒、意外事故的发生。圈舍饲养的鸭必须供给充足完善的各种营养物质，特别是骨骼、羽毛生长所需的营养物质必须满足。

育成鸭的饲料配合应根据生长发育规律酌情制订，并根据不同品种和饲养目的，采取适当的限制饲养，增大青、粗饲料比例，适量加入动物性饲料，如螺蛳、小鱼、小虾，促进饲料消化吸收。每天饲喂3～4次，每次喂料的间隔时间尽可能相等，避免采食时饥饱不匀。

圈舍饲养时，在管理上应注意根据季节和育成鸭个体大小掌握好合理密度，一般以育成期末保证每平方米1只即可。另外，应注意适当加强运动，以促进骨骼、肌肉生长，防止过肥，增强体质。方法是每天定时在圈舍内驱赶做转圈运动，每次20～30分钟，每天运动4次，也可在圈舍运动场或附近地方驱赶运动。育成期光照每天要保证有3小时，夜间应始终保持弱光，以每平方米3瓦的强度为宜，如遇停电，应及时补充烛光。

在育成期每只鸭约需配合饲料3千克，每昼夜喂6次，每次饲喂间隔时间尽量相等。精料多采用粉料拌湿喂给，并保证不断的清洁饮水。

②加强管理。公母分群，防止因体强公鸭抢吃而影响母鸭的生长发育；保持鸭舍垫料干燥；运动场设遮阳棚；每只鸭占槽位15厘米以上，采用自然光照，避免长时间光照和强光照；定期称重，防止体重超标。

（2）产蛋期产蛋鸭的养殖。

①产蛋鸭的产蛋规律。蛋鸭开始产蛋时间一般在21周龄左右，28周龄时产蛋达到高峰。产蛋持续时间长，到60周龄时才有所下降，72周龄淘汰时仍可达75%左右。专用蛋鸭每年产蛋220～300个。鸭群产蛋时间一般集中在凌晨2～5时，白天产蛋很少。

②商品蛋鸭的养殖。

A. 不同季节的养殖措施。商品蛋鸭是小型鸭种，体型小，寻找食物能力强，合群性好，一般饲养方法主要采用放牧饲养，特别是在农村，可充分利用天然资源，放牧于草坡草地、河流、水库、池塘、稻田之中。蛋鸭在放牧过程中可以吃到鱼、虾、田螺、河蚌以及各种昆虫，既可以提高产蛋量，又可以降低饲料成本。但放牧饲养受自然条件的制约，因此要根据一年四季的条件和鸭本身的产蛋情况来制订养殖计划和实施方案。

春季。春季气候温和，阳光充足，又是鸭产蛋的第一个高峰季节。蛋鸭一年中60%的蛋是在春季产的。因此，在这个季节里，应保证营养物质的供应。农村养殖户如果没有配合饲料，可增加稻谷、玉米、米糠、鱼粉、豆饼等饲料和维生素、矿物质的含量，每天喂4次；注意鸭舍的卫生、通风和保持干燥；延长放牧时间和下水的次数。

夏季。天气炎热，多雨潮湿，鸭采食量减少，产蛋逐渐减少，饲料喂量也应适当减少。为了防止产蛋量下降，重点抓好防暑降温工作。因此，放牧应早放迟归，增加下水次数和时间，上午每次1小时，下午每次1～2小时。鸭舍及运动场要勤清扫，水盘、料盘用1次洗1次，保持清洁干燥，并搞好通风降温。

秋季。是鸭产蛋的第二个高峰季节。为了让鸭多产蛋和延长产蛋期，也应延长放牧时间。广西秋季是收稻谷的时候，赶鸭群下田可节省部分饲料，另外，要补喂一些鱼、虾、田螺、河蚌或鱼粉。对鸭群进行1次挑选，把已经停产的鸭分开或提前淘汰。

冬季。鸭产蛋率下降甚至全部停止产蛋。由于天气寒冷，食物少，所以应加强防寒保温，加强光照；提高饲料养分和饲养密度。舍内厚垫干草，保持干燥；放牧迟放早收，时间不超过4小时，上午、下午气温升高后各下水1次，每次不要超过15分钟。放牧前应在舍内赶鸭活动一下，以防鸭出舍因温度低而感冒。

B. 加强日常检查。对进入产蛋期的鸭子，为了保持高产稳产，在日常管理上应加强检查鸭群的精神状态、蛋形、蛋重、产蛋时间、采食、下水等情况，发现问题及时处理。如鸭子下软壳蛋或蛋壳表面有砂眼，比较粗糙，说明饲料中缺乏钙或维生素D，应及时补喂贝壳粉、蛋壳粉、石粉或维生素D等添加剂。如果产蛋时间不规律，甚至白天产蛋，就要及时补喂精饲料，如稻谷、玉米、豆饼、鱼粉及鱼虾等。

C. 选留高产蛋鸭。蛋鸭产量的高低，除受品种、饲料、管理技术及年龄等因素的影响外，个体间的差异也很大。

（3）种鸭的养殖技术：下蛋留作种用的鸭称种鸭。要使鸭群多产蛋、蛋的受精率和孵化率高、鸭苗健壮，主要做好如下几方面的工作。

①种鸭的选择。

A. 小鸭的选择。选择出壳早、大小均匀、体重符合品种要求、腹部柔软而有弹性、脐带收缩良好、眼大有神、健壮活泼的小鸭。在选择小鸭时，最好能将公鸭和母鸭分开，初选后公鸭和母鸭的配种比例为1∶4。

B. 后备种鸭的选留。小鸭60日龄时进行选留，选留的主要标准为健康状况良好，绒毛生长整齐洁净；眼亮有神；眼睛、肛门附近没有分泌物污染；颈项伸缩自如；腿脚干净；行动灵活，步态稳健。种公鸭要求头颈粗短，身躯呈长方形，腰背平而宽，脚掌有力，体重 2.5 千克左右；种母鸭躯体比种公鸭稍短而宽，头颈稍小，体重 2.2 千克左右，按 1 只公鸭配 8 只母鸭的比例选留。

C. 开产前选留。这是最重要的 1 次选留。要求是开产前的体重不能低于或高于本品种标准的要求，体型外貌要符合品种特征。体质健壮，病、残鸭均不留作种。这时按 1 只公鸭选留 15 只左右母鸭，公鸭过多，会引起抢配造成母鸭受伤，而且浪费饲料。种鸭每群以 100～150 只为宜。

②保证营养供给。种鸭应喂给营养丰富的饲料，还要注意补充钙、磷和维生素 E 等营养物质，农村养殖户可以多喂青绿多汁饲料，若营养过低，则产蛋少，蛋小。饲料喂量逐步增至每只种鸭每天 140～180 克，分 2 次喂给。喂料应定时。要保证有充足的饮水，夜间也不可缺少，否则鸭群睡眠不安，产蛋量下降。

③保证有足够的光照。合理的光照可提高产蛋率 20％左右。种鸭主要是利用自然光照，每天 14～16 小时。如不足，补充人工光照。补充人工光照的方法：一般按每平方米鸭舍面积平均有 2.5 瓦的灯光，例如 100 平方米的鸭舍需吊挂 6 个 40 瓦的灯泡。

④放牧饮水。小体型的种鸭可采用上述商品蛋鸭的饲养方法进行放牧饲养，技术措施相同。体型大的种鸭一般较少放牧，可采用开放式圈养法。鸭舍由鸭棚、鸭滩、水塘组成。面积比例一般是 1∶1∶1.5～1∶1∶2，每只鸭最好有 1 平方米的水域，鸭舍周围要用竹木圈起来，以控制鸭群在圈内活动。开放式的鸭舍，鸭群可自由下水洗浴。

⑤及时捡蛋。母鸭的产蛋时间集中在凌晨 1～5 时。随着母鸭产蛋日龄的延长，产蛋时间稍稍推迟。种蛋收集越及时，种蛋越干净，破损率就越低。初产母鸭产蛋时间比较早，可在凌晨 4 时左右开灯捡第一次蛋，捡完蛋后即将照明灯关闭。如果养殖措施正确，几乎在早上 7 时以前产完蛋。产蛋后期，母鸭的产蛋时间可能集中在 6～8 时大量产蛋。夏季气温高，冬季气温低，及时捡蛋，可避免种蛋受热或受冻，提高种蛋的品质。收集好的种蛋应及时进行消毒入孵。

⑥减少窝外蛋。窝外蛋就是产在产蛋箱以外的蛋，即产于舍内地面和运动场内的蛋。由于窝外蛋比较脏，破损率较高，孵化率较低，并且又是疾病的传染源，因此，除个别特别干净的窝外蛋能作种蛋用外，一般都不将窝外蛋作种蛋。在管理上应对窝外蛋引起足够的重视。

A. 开产前尽早在舍内安放好产蛋箱，最迟不得晚于 24 周龄，每 4～5 只母鸭配备一个产蛋箱。

B. 随时保持产蛋箱内垫料新鲜、干燥、松软。

C. 放好的产蛋箱要固定，不能随意搬动。

D. 初产时，可在产蛋箱内设置一个“引蛋”。

E. 及时把舍内和运动场的窝外蛋捡走。

F. 严格按照作息规定的时间开灯、关灯。

产蛋箱的底部不用配垫料，避免母鸭在产蛋以后把蛋埋入垫料中。产蛋箱的高度一般为 30 厘米，深度为 30 厘米，产蛋箱之间的距离为 45 厘米。

⑦人工强制换羽。鸭有自然换羽的天性，时间一般在 9～11 月，换羽期间鸭子停止下蛋。鸭子自然换羽的时间长达 3～4 个月，为了使全群停产换羽一致，缩短换羽时间，应实行强制换羽，使鸭子早产蛋，提高全年产蛋量。对于优良的鸭种或有生产潜力的鸭群，实行人工强制换羽，一般可以养 2～3 年。

A. 人工强制换羽的方法。先把全群鸭子关在棚内不放牧，不下水，晚上只给微弱的灯光，同时减少喂料量，开始 2 天内仅白天喂 2 次，每只鸭子喂饲料 50 克，晚上不喂；第三天只喂 1 次；第 4～5 天不喂料，只喂些青菜和水；以后每个星期内只喂青菜和米糠、麦麸等饲料，不断水。采用这种方法，鸭群全部停止下蛋，全身羽毛松动。此时可试拔主翼羽，如果羽根不带血，即可开始人工拔羽。先拔主翼羽，后拔副翼羽，再拔主尾羽。如果试拔羽根带血，说明拔的时间太早，要过 3～5 天后再试拔。拔羽当天不得下水。拔羽结束，开始慢慢加料，20～25 天过渡到产蛋期的喂料量。拔羽后的第 2 天即可放牧或下水。正常情况下，拔羽后 30～40 天即恢复下蛋。

B. 人工强制换羽注意事项。实行人工强制换羽必须在鸭子自然换羽的时间，即 9～11 月，鸭群下蛋明显减少时；人工强制换羽前，应淘汰低产病弱鸭；换羽期内将公鸭和母鸭分开饲养，注意鸭舍内的卫生和干燥，饲料应均匀撒开，以免鸭群采食不均匀。

5. 种公鸭的饲养管理

种公鸭养到 6 月龄，有“嗞嗞”叫声的，表明将到性成熟期，这时应立即上笼，分别饲养，以防相互打架，造成伤害。

公鸭夏季特别怕热，夏季应每天下水洗澡 1～2 次，冬季应每隔 2～3 天洗澡 1 次，以保持羽毛整洁。农村养殖户配种的公鸭可补喂少量枸杞以提高受精率，补喂红糖、猪油拌米糠饭可以保持旺盛的配种能力。配种期间还要控制适当的配种次数，在正常情况下，以每天早晚各配 1 次为宜。

（三）养鹅技术

1. 鹅饲料的配制

鹅是较大的草食水禽，喜欢吃青草而且食量大，适合放牧饲养。鹅饲料的配制与鸭饲料的配制基本相同，但应注意饲料原料的多样化，多考虑动物性饲料与植物性饲料的搭配，同时也要注意到适口性，力求达到鹅爱吃、无毒、易消化、营养全面、喂养效果好的目的。

2. 小鹅的饲养

出壳至28天的鹅称为小鹅，这个阶段的养殖称育雏期。育雏期小鹅生长发育快，但绒毛稀少，体温自我调节能力差，对外界温度的变化适应力弱，特别是对低温、高温和剧变温度的抵抗力很差，抗病力也较差。所以，小鹅阶段的饲养特别重要，它直接影响到小鹅的生长发育和成活率，继而影响到中鹅的生长发育和种鹅阶段的生产性能。

（1）饲养前的准备：小鹅舍要求光线充足，保温通风良好，并要求干燥，便于消毒清洗。进栏前2～3天，栏舍要进行清扫后用消毒药水消毒，墙壁用20%石灰乳涂刷，地面用5%漂白粉喷洒消毒，密封条件好的最好进行熏蒸消毒。饲料盆（槽）、饮水器等用5%热烧碱或消毒威，或1∶200百毒杀等喷洒或洗涤后，再用清水冲洗干净才能使用。垫料（草）等要求清洁、干燥、无霉变，使用前应在阳光下暴晒1～2天。

育雏前还要做好保温设备、育雏饲料、常用药物等准备工作。小鹅进栏前小鹅舍要进行预温，一般预温至26～30℃。

小鹅运输一般以每筐（箱）20～25只为宜，运输温度保持在25～30℃，运输中要经常检查小鹅动态，防止打堆或过热引起“出汗”（绒毛发潮）。

（2）小鹅的饲养方式：小鹅的饲养方式有地面垫料、地下烟道、网上平养和笼养等多种，生产上宜根据实际条件选择不同的方式，力求方便、实效，主要是要考虑保温效果、防潮湿及栏舍内清洁卫生工作是否方便进行。

（3）饲养季节的选择：鹅的饲养季节与气候条件、青绿多汁饲料供应、鹅产品季节差价等因素有关。广西各地在11月份饲养条件最好，鹅生长也快，效益高。但养鹅最佳季节的选择随着市场行情的变化、养殖水平的提高、种草养鹅或集约化圈养方式的采用，可作适当调整，以缩小季节差异。

（4）小鹅饲养的技术措施。

①小鹅的选择。可在小鹅出壳毛干后进行选择。应选择毛色正常、体型匀称、大小均匀、脐带愈合好、腹部大小适中而柔软、精神好、反应灵敏、挣扎有力的小鹅，不要杂色、过早出壳、过迟出壳、毛色无光泽、脐带愈合不好、闭眼睛、发呆、反应差的小鹅。

②尽早“开水”。“开水”也称“潮口”，即小鹅第一次喝水。小鹅进栏舍后，尽快给水喝，最好先用5%～8%葡萄糖水，喝完后再给清洁的温水。“开水”方法：轻轻将小鹅头在水中一按，引导其喝水。饮水用具内水深3厘米就可以了。

③尽早“开食”。“开水”后就可以“开食”了，首次喂料称“开食”。开食料用小鹅配合饲料或颗粒饲料加上切细的少数青绿多汁饲料，比例一般开始为1∶1，以后为1∶2。农村养殖户可用蒸熟的硬米饭加少许细米糠替代配合饲料或颗粒饲料。“开食”方法：将配制好的配合饲料撒在塑料布上，引诱小鹅自由吃食，也可自制成长30～40厘米、宽15～20厘米、高3～5厘米的小木槽喂食，周边要插一些高15～20厘米、间距为2～3厘米的竹签，以防小鹅采食时跳入槽内将饲料勾出槽外造成浪费。刚开始给小鹅喂料时不要喂得太饱，7天内白天喂5～6次，晚上喂1～2次，每次喂20～30分钟。晚上喂料是养好小鹅的重要环节。7天后，白天喂3～4次，晚上喂1次，饲料中青菜应占60%～70%。

④小鹅的保温防湿。一般小鹅的保温期为20～30天，小鹅有打堆的习惯，因此，小鹅养殖最好分小栏进行，同时要注意经常赶堆，并根据小鹅不同日龄控制好保温要求的温度。除了做好小鹅的保温工作外，防止鹅舍内湿度过大也是非常重要的。因此，要注意适当通风，勤换垫料，保持栏舍地面的清洁干燥。

⑤分栏。随着小鹅的长大，要及时进行分栏（分群）。分栏应根据小鹅的大小、强弱进行，每栏（群）以25～30只为宜。最好是进行小鹅的雌雄鉴别，公母分开饲养。为提高整齐度，要加强弱群、小群的养殖。

⑥放牧。有放牧条件的，一般20日龄左右的小鹅可以放牧。放牧鹅群应健康活泼，放牧要求先近后远，放牧场地应选在平坦、嫩草丰富、环境安静的地方。放牧时应做到迟放早归，放牧时间由短到长，刚开始时为半小时左右。放牧群体以300～600只为宜。一般放牧7天后，可让小鹅下水运动，初次下水应在浅水塘中，自由下水几分钟后即赶上岸，特别是寒冷天气，要防止放牧引起受冻。放牧后，白天饲料饲喂的次数和数量可逐渐减少，至1个月后只需晚上补饲。

⑦加强管理。要搞好小鹅舍的清洁卫生和定期消毒，同时，还要防止鼠害。保持安静，以防小鹅受到惊吓。

3. 肉用小鹅的育肥

肉用小鹅放牧饲料是最经济的饲养方式，如果放养场所条件好，能让鹅吃足，并作适当的补料，70～80日龄时即可以上市。但如果条件差，肉鹅养到70～80日龄个体较瘦时，有必要采用高能量饲料短期育肥。

（1）育肥前的准备工作。

①肥育鹅的选择与分群。选择精神好、羽毛光亮、眼睛有神、叫声响亮、肛门清洁、换气有力、健康无病的中鹅育肥。育肥前须将鹅大小分群喂养。

②做好育肥前的驱虫工作。因鹅体内外的寄生虫较多，育肥前要进行1次彻底的驱虫。

（2）育肥方法：肉鹅育肥方法主要有放养时补料和舍内育肥两种。补料时用全价配合饲料，最好能用颗粒饲料，同时必须保证足够的饮水，尤其是夜间不能停水。

在使用舍内育肥时，还可以采用填饲（强制给肉鹅喂食）和自由采食两种育肥方法。采用填饲时，刚开始 3 天内，每天填喂 3～4 次，不要喂得过饱。以后要填饱，每天填喂 5 次，同时注意充足的饮水。

采用自由采食育肥时，一般是实行“先青料后精料”的办法。开始时可先喂青料 50%，后喂精料 50%，也可以精料、青料混合喂养。在育肥过程中要根据鹅粪便的变化，适当调整精料、青料的比例。当粪便变黑，条状变细而结实时，应调整为先喂精料 80%，后喂青料 20%，慢慢减少青料喂量，加速肉鹅长膘。

4. 种鹅的养殖

饲养种鹅的目的是获得量多质优的种蛋用于孵化。让种鹅多下蛋、下好蛋，是养好种鹅的关键。

种鹅开始下蛋的年龄比较迟，如狮头鹅养 210～240 天才开始下蛋。鹅每年产蛋期为 8～9 个月，其余时间不下蛋，称休产期。种鹅的养殖分为 3 个阶段，即准备产蛋期、产蛋期和休产期。

种鹅育雏期的养殖技术措施与前面介绍的“小鹅的饲养”相同。

（1）准备产蛋期的养殖技术：从小鹅中选留优良个体作为种鹅。留种的后备种鹅生长发育较快，容易导致体重过大过肥，因此应以放牧为主、补饲为辅，即喂给大量的青绿饲料，并注意适当限制营养。开始产蛋前的一个月减少青绿饲料的喂给量。这个阶段公鹅和母鹅应分开饲养，公鹅提早补料，种鹅补料以配合饲料为主，也可用谷子或米糠、麦麸。补料量：大型鹅每天每只 120～180 克，小型鹅 90～130 克，注意定时定量，保证有充足饮水，放牧早出晚归，中午休息。

（2）产蛋期的养殖

①产蛋期种鹅的特点。种鹅的行动迟缓，放牧时应选择路面平坦的草地，不宜强赶或急赶。鹅的自然交配在水上进行，种鹅应每天定时有规律的下水 3～4 次，以保证种蛋的受精率。

②种鹅的产蛋规律。鹅产蛋日龄一般在 6～8 月龄。母鹅一般可利用 4～5 年。母鹅产蛋时间多数在凌晨 4 时至上午 9 时。

③产蛋期的养殖技术。

A. 种鹅饲养。产蛋前期实行“定时不定料、不定量”的给喂方法，减少米糠、麦麸等饲料，增加碎米、玉米等饲料或改用配合饲料，每天喂量：大型鹅为 150～180 克，中型鹅为 120～150 克，小型鹅为 100～120 克，分 3～4 次喂给，同时每天保证青绿饲料的供应，饲料中注意加适量贝壳粉。青绿多汁饲料可不定量，任其自由采食。

B. 配种。鹅的自然交配在水上进行，要求种鹅每天有规律地下水 3～4 次，第一次下水交配在早上，在放牧前放鹅下水交配后再放牧；第二次下水时间在放牧后 2～3 小时，可把鹅群赶到水边，让鹅自由交配，不要强赶全群下水；第三次在下午放牧前；第四次可在放牧地选择近水处让鹅自由下水，不要强求。

种鹅的公母配比，大型鹅为 1∶3～1∶5，中型鹅为 1∶5～1∶6，小型鹅为 1∶7～1∶8。注意防止公鹅相互争斗和母鹅不让配种等现象发生。

C. 放牧。产蛋期的母鹅以舍内喂养为主，放牧为辅，逐渐减少放牧时间，实行晚出早归。放牧前检查鹅群，观察产蛋情况，有蛋的母鹅应留在舍内产蛋。放牧地要平坦，慢赶，防止拥挤和跌伤。阴雨天不应放牧。

D. 产蛋管理。母鹅产蛋时间不一，多数在凌晨 4 时至上午 9 时，所以上午放牧不要太早，更不要太远，在放牧中发现鹅有产蛋表现时，应及时赶回或抱回鹅棚，让鹅下蛋。母鹅下蛋有选择产蛋窝的习惯，因此，在产蛋鹅舍内应设置产蛋箱或产蛋窝，以便让母鹅在固定的地方下蛋。

E. 抱窝母鹅的管理。发现母鹅抱窝要及时隔离，将它关在光线充足及通风凉爽的地方。停止喂料，给足饮水，经 2～3 天后，只喂给粃谷、米糠等粗料，促使母鹅醒抱。

④休产期的养殖技术。种鹅每年产蛋时间只有 5～6 个月，一般是当年的 10 月到次年的 3～4 月，以后就自行停产，这个阶段为种鹅的休产期。停产种鹅的饲料应由精到粗，转入放牧为主并逐步停止补充饲料。

在停产时间内对鹅进行 1 次淘汰选择，对病、残、产蛋极少的鹅应及时选出淘汰，并按比例补充新的后备种鹅。

5. 鹅肥肝生产技术

鹅肥肝是一种水禽产品。用 3 月龄左右、生长发育良好的肉用鹅，在育肥后期用高能量饲料经过短期人工强制催肥后所生产的脂肪肝称鹅肥肝。一般鹅肥肝重可达 300～900 克，最高达1 800克。

（1）鹅肥肝生产鹅种的选择：选择大中型品种、体质健壮、日龄稍大、颈部粗长的公鹅进行填食最好，狮头鹅和朗德鹅是最好的鹅肝生产鹅种，平均肥肝重 700 克左右；小型鹅种不宜作生产肥肝用。填肥时间以饲养 80 天的公鹅为最好，此时生产的肥肝最大。

（2）肥肝鹅的饲养：肥肝鹅填食料以优质黄玉米和碎米为最好，在开水煮约 10 分钟后捞出加 1%～2%猪油和 0.3%～1%食盐，并添加维生素。每天填食量：一般以干玉米计算，大中型鹅 1～1.5 千克，小型鹅 500～800 克。每天填食次数 3～5 次，一般填食 21～28 天，填食期要注意保持环境安静，保证充足饮水。当填食鹅在填食期间的体重迅速增加到开始时活重的 80%～90%时，即可屠宰取肝。

6. 活拔羽绒技术

对鸭、鹅羽绒的收集，有一次性宰杀取羽绒法以及多次性活拔羽绒集取法两种。

多次性活拔鸭、鹅羽绒，是指利用人工技术多次性拔取成年活体鸭和鹅的羽绒。

采用一次性宰杀湿拔取毛方法，由于羽绒经热水烫褪和干燥过程中，会使羽绒内含脂减少，弹性和蓬松度降低，易混入异色羽绒、泥沙等杂质，致使品质下降。而采用活拔鸭、鹅体羽绒方法，能大幅度地提高羽绒的产量和质量。活拔鸭、鹅体羽绒在我国各地均有推广应用。生产实践证明，活拔鸭、鹅获得的羽绒，具有纯净柔软、蓬松度高、色泽同一、不含杂质的优点，最适合加工成高级羽绒制品。

（1）活拔羽绒方法。

①拔毛前的准备。

A. 鸭、鹅体准备。在开始拔毛的3～5天，对鸭、鹅群进行抽样检查，如果绝大部分的羽毛毛根已经干枯，用手试拔羽绒容易脱落，正是拔毛时期。拔毛前一天晚上要停止喂料和喂水，清洁鸭、鹅体。

B. 场地和设备准备。选择天气晴朗、温度适中的天气拔毛。选择避风向阳的场地，地面打扫干净后，可铺上一层干净的塑料薄膜或旧报纸，以免羽绒污染。准备好围栏、放鸭毛和鹅毛的容器、消毒用的红药水、药棉等。

②活拔羽绒的部位与操作方法。

A. 活拔羽绒的部位。主要是在脖颈以下及胸、腹部，两肋、腿部、肩部、背部等处。

B. 活拔羽绒操作方法。

操作者坐在凳子上，用绳捆住鸭、鹅的双脚，将鸭、鹅头朝操作者，背放在操作者腿上，用双脚夹住，然后开始拔羽。

拔时先从颈的下部、胸的上部开始拔起，从左到右，从胸至腹，一排排紧挨着用拇指、食指和中指捏住羽绒的根部往下拔。拔绒朵时，手指再紧贴皮肤，捏住绒朵基部，以免拔断而成为飞丝，降低羽绒的质量。胸、腹部的羽绒拔完后，再拔体侧、腿侧和尾根旁的羽绒，拔光后把鸭、鹅从人的两腿下拉到腿上面，左手抓住鸭、鹅颈下部，右手再拔颈下部的羽绒，接下来拔翅膀下的羽绒。拔下的羽绒要轻轻放入身旁的容器中，放满后再及时装入布袋中，装满装实后用细绳子将袋口扎紧贮存。

（2）活拔羽绒的注意事项。

A. 在操作过程中，拔羽方向以顺拔为主。

B. 拔毛后鸭、鹅体裸露，3天内不在强烈阳光下放养，7天内不要让鸭、鹅下水和淋雨，舍内最好铺以柔软干净的垫草。

C. 饲料中应增加蛋白质的饲料，补充微量元素，适当补充精料。7 天以后，皮肤毛孔已经闭合，就可以让鸭、鹅下水游泳，多放牧，多食青草。

D. 种鸭或鹅拔毛以后，应该分开饲养，停止交配。一般种鹅 90 日龄进行第一次拔毛，以后每隔 35～40 天拔 1 次。

E. 鸭或鹅在第一、第二次拔毛后，有一部分出现暂不食或少食，走路提腿，或者摇摇晃晃，或爱站不伏，也不睡不食等现象，这些均属正常，一般过 2～3 天后会自然消失。如果发现活拔毛后的鸭、鹅有病态，要及时诊治。

F. 拔毛时，如遇到大片的血管毛应尽可能避开不拔取，以免出血影响生长。如果不能避开，应将其剪短。如误拔血管毛引起出血或小范围破皮，可擦些红药水，或用消毒棉蘸 0.2%高锰酸钾溶液涂擦。如破皮范围太大，要用消毒过的针线缝好，并撒上消炎类药物。伤口未愈合前禁止下水，防止雨淋，也不宜养在潮湿的地方，以免伤口感染。

（四）种蛋的孵化

1. 种蛋的选择

（1）种蛋的收集：种蛋应保持清洁，尽量避免粪便和微生物的污染，并减少破损。

A. 及时收集。鸡每天收集 3～4 次，鸭、鹅每天收集 2 次（水中蛋不要用来孵化）。

B. 采用适合鸡蛋、鸭蛋、鹅蛋规格的塑料蛋盘盛放，轻拿、轻放。

（2）种蛋的选择。

①种蛋来源。种蛋应来源于生产性能高、正确制种、经过系统免疫、无经蛋传播的疾病、受精率高、饲喂全价饲料和管理良好的鸡、鸭、鹅群。患有严重传染病或患病初愈和患慢性病的种禽所产的蛋均不宜作种蛋。如需外购，应先调查种蛋来源和种禽群健康状况和饲养管理水平，签订种蛋供应合同，并协助种禽场搞好饲养管理和疫病防治工作。

②外观选择。

A. 清洁。合格种蛋不应被粪便或蛋清污染。轻度污染的种蛋，认真擦拭或用消毒液清洗后可以入孵。

B. 蛋重。种蛋过大或过小都会影响孵化率和雏禽的质量，因此种蛋应符合品种标准。一般要求蛋用鸡种蛋重为 50～65 克，肉用鸡种蛋 52～68 克，鸭蛋 80～100 克，鹅蛋 160～200 克。

鸡龄超过 500 日龄的大蛋孵化率低。双黄蛋不能用来孵化。

C. 蛋形。合格的种蛋应为卵圆形。细长、短圆、橄榄形（两头尖）和腰凸等不合格的、畸形的蛋不能用来孵化。

D. 蛋壳颜色。壳色是品种的重要特征之一。育成品种或纯系种蛋的壳色应符合本品种标准，如京白鸡壳色应为白色，伊莎褐的壳色应为褐色。选育程度不高的地方品种或杂交鸡可放宽些。

E. 壳厚。蛋壳均匀致密，厚薄适度。壳面粗糙、皱纹、裂纹蛋不能做种蛋用。

③碰击听声。碰击的目的是剔除破蛋。方法是两手各拿 3 个蛋，转动五指，轻轻碰撞，听声音，好蛋为清脆声，破蛋可听到破裂声。破蛋不能用于孵化，否则引起细菌入侵，感染其他好蛋。

④照蛋透视。用照蛋灯或专门的照蛋设备透视蛋壳、气室、蛋黄、血斑，挑出有下列特征的蛋：

A. 裂纹蛋，可见树枝状亮纹。

B. 砂皮蛋，有许多不规则亮点。

C. 钢皮蛋，透明度低，蛋色暗。

D. 气室异常，气室破裂，气室不正，气室过大（陈蛋）。

E. 蛋黄上浮，运输过程中受震动引起系带断裂，或种蛋保存时间过长。

F. 蛋黄沉散，运输过程中受剧烈震动，或细菌侵入，引起破膜。

G. 血斑，可见能转动的黑点。

⑤剖视抽查。多用于外购种蛋或孵化率异常时。方法是将蛋打破倒在衬有黑纸或黑绒的玻璃板上，观察新鲜程度及有无血斑、肉斑。

新鲜蛋：蛋白浓厚，蛋黄高突。

旧蛋：蛋白稀薄成水样，蛋黄扁平甚至散黄。

2. 种蛋的消毒与保存

（1）消毒：某些微生物能通过壳上的气孔侵入蛋内，收蛋后应及时消毒，再送入种蛋库存放。最好在蛋产出后立即消毒。一般种鸡蛋可在上午、下午集中消毒 2 次，鸭蛋、鹅蛋每天上午集中消毒 1 次。

①福尔马林熏蒸法。在密闭的空间里进行，或用塑料薄膜缩小空间。每立方米空间用 40%福尔马林溶液 30 毫升和高锰酸钾 15 克，密闭消毒 20～30 分钟。清洁度差或外购蛋每立方米空间用 40%的福尔马林溶液 42 毫升和高锰酸钾 21 克，密闭消毒 20～30 分钟。室内温度 24～27℃、湿度 75%～80%，效果最佳。采用福尔马林熏蒸法消毒应注意以下几个问题。

A. 孵化 24～96 小时的胚蛋不能消毒。

B. 用容积较大的陶瓷盆，应先放入少量温水，再加入高锰酸钾，最后加福尔马林溶液，注意不要伤及皮肤和眼睛。因为这两种药物化学反应很剧烈，且具有很大的腐蚀性。

C. 蛋壳上凝有水珠，应让水珠蒸发后再消毒，否则对胚胎不利。

D. 福尔马林溶液挥发性很强，要随用随取，以免失效。

②新洁尔灭浸泡法。用 0.01%新洁尔灭浸泡 3 分钟，溶液温度为 40℃左右，此法常用于鸭蛋、鹅蛋的消毒。新洁尔灭浸泡法只能用于入孵前消毒，否则会破坏胶护膜，加快蛋内水分蒸发，细菌也容易进入。

（2）种蛋保存时间。

①种蛋保存时间。一般种蛋保存 5～7 天为宜，不要超过 2 周，如果没有适宜的保存条件，应缩短保存时间。原则上，天气凉爽时保存时间可长些，严冬酷暑时保存时间应短些。总之，在可能的情况下，种蛋越早入孵越好。

②种蛋保存方法。保存 1 周左右的，可直接放在蛋盘或蛋托上，盖上一层塑料膜。保存时间较长者，小端向上放置，这样可使蛋黄位于蛋的中心，避免粘连蛋壳。

3. 种蛋的孵化

（1）孵化条件：家禽胚胎母体外的发育主要依靠外界条件，即温度、湿度、通风、转蛋、卫生等。鸭蛋、鹅蛋还需先凉蛋。

①温度控制。温度是孵化最重要的条件，只有保证胚胎正常发育所需的适宜温度，才能获得高孵化率和健雏率。

适宜温度范围：35～40.5℃，有一些种蛋能出雏。

最适温度：在环境温度得到控制的前提下，如 24～26℃，立体孵化器最适温度为 37.8℃，出雏器最适温度为 37～37.5℃。

孵化操作中，尤其应防止胚胎发育早期 1～7 天）在低温下孵化，出雏期间 19～21 天）要避免高温。

孵化的最适温度随孵化阶段、禽种、室温而稍有差异，各种特禽也是如此。

要求孵化器各部位温度尽量一致，出雏才更整齐一致。

②湿度控制。禽胚对湿度的适应范围广，入孵机为 50%～55%（干湿温度计），出雏机为 65%～70%。

③通风量控制。胚胎在发育过程中除最初几天外，其余时间都必须不断地与外界进行气体交换，而且随胚龄的增加而加强，通常可根据孵化季节和胚龄调节进出气孔和风扇的转速，以保证孵化器内空气新鲜，温度、湿度适宜。

此外，不能忽略孵化室的通风换气。孵化器与天花板应有适当距离，还应备有排风设备，保证室内空气新鲜。

④转蛋（翻蛋）。

A. 转蛋角度。鸡蛋以水平位置前俯后仰各 45°为宜，鸭蛋 50°～55°，鹅蛋 55°～60°。转蛋时动作要轻、稳、慢。

B. 转蛋次数。一般常结合记录温度、湿度，每 2 小时转蛋 1 次。

相对而言，孵化前期、中期转蛋（尤其是第一周）更重要。

机器孵化一般到第 18 天停止转蛋并移盘。

⑤凉蛋。凉蛋是指蛋孵化到一定时间，关闭电源甚至将孵化器门打开，让胚蛋温度下降的一种孵化操作程序。

因为鸭蛋、鹅蛋脂肪含量高于鸡蛋，在孵化至 16～17 天以后，胚胎脂肪代谢加强，产热增多，需要散发多余的热量，以防温度过高，烧死胚胎。凉蛋对提高孵化率有利。一般每天上午、下午各凉蛋 1 次，每次 15～60 分钟。凉蛋时间的长短，应根据孵化日期及季节来定，还可根据蛋温来定，常用眼皮来试温，即以蛋贴近眼皮，感到微凉（31～33℃）就应停止凉蛋。夏季高温情况下，应增加孵化室的湿度后再凉蛋，时间也可以长一些。鸭蛋、鹅蛋通常采用在蛋面上喷雾的办法，来增加湿度和降温。

凉蛋时要注意，如果胚胎发育慢，可暂停凉蛋。鸡蛋孵化可不必凉蛋，但适当凉蛋能提高胚胎的生命力。

（2）孵化机孵化操作程序。

①孵化前的准备。

A. 制订孵化计划。计划孵化的品种、数量、时间等。

B. 准备孵化用品。照蛋灯、温度计、消毒药品、防疫注射器材、易损电器元件、发电机等。

C. 验表试机。用标准温度计校正孵化用温度计（同插在 38℃温水中校正）。试机要看各个控温、控湿、通风、报警系统、照明系统和机械转动系统是否能正常运转。试机 1～2 天即可入孵。

D. 孵化器消毒。若上批孵化时间间隔不长，结束孵化时又已消毒过，可入孵后与种蛋一起消毒。否则，应先消毒孵化器，开机门 1 小时后再入孵。

②种蛋的入孵。

A. 种蛋预热。存放于空调蛋库的种蛋，入孵前应置于 22～25℃的环境条件下预热 6～8 小时，以免入孵后蛋面凝聚水珠不能立即消毒，也可减少孵化器温度下降的幅度。预热可提高孵化效果。

B. 种蛋装盘。钝端向上，鸭蛋、鹅蛋以倾斜 45°或横放为好。

C. 蛋盘编号。种蛋装盘后应将装入蛋盘的种蛋品种（系）、入孵日期、批次等项目填入记录卡内，并将记录卡插入每个蛋盘的金属小框内，以便查找，避免差错。

D. 入孵前的种蛋消毒。按种蛋消毒方法进行。

E. 填写孵化进程表。种蛋全部装盘后，将该批种蛋的入孵日期，各次照检、移盘和出雏日期填入孵化进程表内，以便孵化人员了解各台孵化器各批种蛋的情况，并按进程表安排工作。

③孵化的日常管理。孵化人员应昼夜值班，如无自动记录装置，应每隔 2 小时检查 1 次，并做好温度、湿度变化情况的记录，注意检查各类仪表是否正常工作，机械运转是否正常，特别是控温、控湿、转蛋和报警装置系统是否调节失灵。

此外，应根据孵化进程表，在规定日期内进行照检和移盘、出雏等工作。

④种蛋的照检。孵化进程中通常对胚蛋进行 2～3 次灯光透视检查，以了解胚胎的发育情况和及时剔除无精蛋和死胚蛋。

A. 头照。

正常胚胎：血管网鲜红，扩散面较宽，胚胎上浮隐约可见。

弱胚：血管色淡而纤细，扩散面小。

无精蛋：蛋内透明，转动时可见卵黄阴影移动。

正常胚：尿囊已在锐端合拢，并包围所有蛋内容物。透视可见锐端血管分布。

弱胚：尿囊尚未合拢，透视时蛋的锐端淡白。

死胚：见很小的胚胎与蛋黄分离，固定在蛋的一侧，蛋的小头发亮。

C. 二照。

正常胚：除气室外，胚胎已占满蛋的全部空间，胚颈部紧贴气室，气室边缘弯曲，并可见粗大血管，有时可见胚胎在蛋内闪动。

弱胚：气室较小，边界平齐。

死胚：气室周围无血管分布，颜色较淡，边界模糊，锐端常常是淡色的。

照蛋要稳、准、快，有条件的可提高室温，照完一盘，用外侧蛋填中间空隙，以防漏照，并把小头朝上的倒过来。抽放盘时，有意识地对角调换。照完后再全部检查一遍，看孵化盘是否都固定牢了，最后统计无精蛋、死精蛋及破壳数，登记入表。

⑤移盘（落盘）。一般鸡胚最迟在 19 天（鸭 25，鹅 28 天）移至出雏器内，有条件者移盘时可提高室温。进入出雏器后停止转蛋，并注意增加湿度，降低温度，以顺利出壳。

鸡胚 16 天或 19 天移盘都好，但最好避开 18～19 天时的死亡高峰。移盘要轻、稳、快，尽量避免碰撞。

⑥出雏。在临近孵化期满的前 1 天，雏禽开始陆续啄壳，孵化期满时大批出壳。出雏器要保持黑暗，使雏鸡安静，以免踩破未出壳的胚蛋。

出雏期间，不应随时打开机门捡雏，一般捡雏 3 次即可。不能让已出壳的雏鸡在出雏机内存留太久，否则会引起脱水。

捡出绒羽干透的雏鸡及蛋壳，动作要快。

人工助产：把壳膜已枯黄的胚拉出头、颈、翅，动作要轻，避免出血。

⑦停电应急措施。使用发电机，提高室温至27℃左右，前期重视保温，后期注意通风散热（测胚蛋温度），人工转蛋。孵化前期、中期停电4～6小时对孵化影响不大。

（3）雏鸭、雏鹅的雌雄鉴别：公鸭、公鹅有外生殖器，呈螺旋形，翻转泄殖腔即可拨出，直接进行雌雄鉴别。还可用触摸法鉴别雏鸭，即从雏鸭的泄殖腔上方开始，轻轻夹住直肠往泄殖腔下方触摸，如摸到有突起的是阴茎，可判定为公雏；如手指感到平滑没有突起，则是母雏。

（五）鸡、鸭、鹅病及防治

1. 消毒方法及消毒药物的选用

消毒工作是有效预防禽病的重要环节，通过消毒，能够消灭从外界带入的许多致病微生物，切断传染病的流行传播，是在疫病发生前或发生时有效消灭外部致病病原、阻止病情进一步蔓延的重要手段。因此，在养禽过程中应该重视消毒工作。下面是养禽中常用的化学消毒药物和消毒方法。

（1）常用的化学消毒药物及其使用方法。

①氢氧化钠（又称烧碱或火碱）。可将氢氧化钠配成2%或4%溶液用于场地、栏舍等处的消毒，即每5千克水中加入100克氢氧化钠溶解后即可进行喷洒或冲洗，消毒2小时后用清水洗干净。

②生石灰。用20份生石灰加水到100份制成石灰乳，用于涂刷墙体、栏舍、地面等，或直接加石灰于被消毒的液体中，或将石灰粉直接撒在阴湿地面、粪池周围及污水沟等处进行消毒。

③农福。常规消毒以1∶200稀释做喷雾，每10平方米使用配好的稀释液3千克；发生疫情时，按1∶100稀释喷雾消毒。

④漂白粉。用于栏舍、地面、粪池、排泄物、车辆、饮水等消毒。饮水消毒可在每1000千克河水或井水中加6～10克漂白粉，10～30分钟后即可饮用；地面和路面可先撒干粉再洒水；粪便和污水可按1∶5的用量，一边搅拌一边加入漂白粉。

⑤百毒杀。配制成0.03%的浓度用于畜禽圈舍、环境、用具的消毒，配制成0.01%的浓度用于饮水消毒。

⑥菌毒灭。饮水按1∶1 500～1∶2 000稀释；日常对环境、栏舍、器械消毒（喷雾、冲洗、浸泡）按1∶500～1∶1 000稀释；发病时按300倍稀释消毒。

⑦百菌消。用于畜禽栏舍、畜产品加工场所及用具的消毒。配制浓度为0.17%～1%（600～1 000倍稀释）对畜禽栏舍及用具消毒；畜禽饮水消毒为0.04%（2 500倍稀释）。

⑧过氧乙酸。配制成2%～5%的溶液，可喷雾消毒棚圈、场地、墙壁、用具、车船、粪便等。

（2）消毒方法：对致病微生物的消毒方法种类非常多，常用的有机械性清扫、物理晾晒、化学和生物发热等消毒方法，以下为常用的消毒方法。

①机械性清除。采用如清扫、洗刷、通风、过滤等方法清除致病微生物，这种方法是物理、化学药物消毒的基础，只有先通过清扫、洗刷等初步的清理，用化学药物如烧碱等消毒时药物才能更好地作用于这些致病微生物，取得更好的消毒效果。

②物理消毒法。禽舍常用的用具如食槽、鸡笼等可以采用烈日暴晒、紫外灯、干燥、高温（火焰、煮沸和蒸汽）等物理的方法杀灭致病微生物。

③化学消毒法。即采用上面介绍的各种消毒药，配制成相应浓度的消毒液后进行消毒的方法，包括喷洒、喷雾、饮水、浸泡、冲洗、熏蒸等化学药物消毒。

④生物发热消毒法。主要是用在粪便的堆积发酵、发热，通过堆积后粪便的发热特性达到杀灭粪便中致病微生物的目的，该方法同时又能够保持粪便的良好肥效。

（3）养禽的科学消毒过程。

①家禽入舍前的环境消毒。在家禽进舍前1个月，应由上到下、由里到外先对禽舍内外环境进行清洁、清除和冲洗，反复2～3次，确保无死角。然后用3%～4%的氢氧化钠溶液对屋面、墙壁、地面、场地进行喷洒消毒。间隔1天冲洗干净后，再用浓度为0.3%～0.5%的过氧乙酸溶液喷洒消毒1次，间隔1天再冲洗干净。最后，用中性的0.05%消毒王喷洒消毒1次。对不耐腐蚀的禽笼、食槽、水槽、料桶、水桶、扫把等器具，用10%百毒杀600倍稀释液进行浸泡消毒1～2天。对容易腐蚀的金属笼具亦可用火焰消毒。

②鸡进栏前1周的消毒。把全部育雏设备、养禽设备、用具、工作服、垫料等放入禽舍，用甲醛熏蒸消毒。熏蒸消毒时要关闭门窗、堵塞缝隙，每立方米投放甲醛溶液20～30毫升和高锰酸钾10～15克。方法是先将少量水放入陶瓷或搪瓷容器里，后加入高锰酸钾，最后加甲醛溶液搅匀，人即离开，关好门窗，密闭消毒2天后，打开门窗，通风换气。

③家禽饲养过程中的环境消毒。

A. 带禽喷雾消毒。喷雾消毒的消毒药物选用0.1%新洁尔灭或10%百毒杀600倍稀释液等进行喷雾消毒，一般每7～10天喷雾消毒1次，用量为每立方米50毫升，喷雾消毒应在中午温度较高时进行，喷雾使用的消毒剂应每月更换一种。在接种活疫苗的前后3天不得进行喷雾消毒。

B. 饮水消毒。饮水消毒采用如10%百毒杀3000倍稀释液、0.04%百菌消2500

倍稀释液等，投放消毒剂的饮水要搅匀，并且静置3～5小时后再让家禽饮用。

C. 饲料消毒。对于玉米、小麦、豆粕、麸皮等植物性饲料原料，可在阳光下暴晒，利用太阳光的紫外线杀死病原微生物。对于鱼粉、虾粉等动物性饲料原料，可利用高温烘干或蒸制等方法进行消毒。

D. 垃圾、家禽粪便和病死家禽的消毒。坚持每天将禽舍内的垃圾、垫料、粪便清理出来，堆集到无害化处理池内。池堆满后压实，堆积发酵21天。对于病死家禽，可进行焚烧或深埋处理。焚烧必须在离禽舍100米以外，选择远离交通要道、水源的地方，采用焚烧的方法做无害处理。采用深埋时，挖1.5米以上深度的坑，坑底铺垫消毒药，投进病死禽，然后喷洒消毒药再用土填埋。

E. 家禽发病时的紧急消毒。家禽发病时，消毒剂使用的浓度应是平时消毒浓度的5倍左右。场地可用10%百毒杀200倍稀释液或5%～10%的烧碱溶液等进行喷洒消毒，每天1～2次，连续7～10天。对于发生一类传染病的禽群要按规定进行封锁、扑杀和消毒处理。

2. 鸡新城疫

（1）发病症状：俗称鸡瘟，大鸡、小鸡都会感染发病。发病严重时病鸡在短时间内大量出现死亡。常见病鸡体温高，精神差，两翅膀下垂，闭眼昏睡，呆立远离鸡群，不喜饮水和采食。呼吸时张口伸颈，出现腿麻痹、头扭曲症状咯声或其他怪叫声。鸡冠和肉髯常呈蓝紫色。嗉囊胀大，触摸呈波动感。倒提病鸡时，口角流出有酸臭味液体。病鸡排出绿色或黄绿色水样粪便。有些病鸡还可见到头颈向上呈观星状扭头或转圈走动。产蛋鸡产蛋急剧下降。发病较轻的病鸡可能只出现以上介绍的部分症状。检查病死鸡的内脏，嗉囊末端的腺胃乳头常发现有出血点。

（2）防治方法：①有空余栏舍时，将鸡换到新栏，用常规的消毒药物如0.1%新洁尔灭、2%～3%烧碱溶液、百毒杀、3%～5%煤酚皂、5%～20%漂白粉等严格消毒发病鸡群的场地、栏舍、鸡笼、养鸡的用具等。②全群紧急免疫接种新城疫四系弱毒苗，以饮水、点眼、滴鼻方式接种，每只鸡免疫用量是常规免疫用量的2～3倍，即用2～3羽份/只（注意：进行免疫后短时间内还会出现死亡鸡增多现象，随后死亡才停止）。如有新城疫高免血清和高免蛋黄液，紧急注射高免血清或高免蛋黄液按每千克体重2～4毫升的用量进行，连用2天，可减少死亡数量。③参考选用以下药物进行治疗。金刚烷胺或病毒唑等1克，加水10千克饮水，每日2次。蒜头汁一小杯、香油15毫升、雄黄0.9克，分3次灌服。

3. 鸡马立克氏病

（1）发病症状：神经型病鸡典型症状是不能站立，一腿前伸，一腿向后，呈“劈叉”姿势，有时也出现腹泻症状。内脏肿瘤型病鸡消瘦、贫血，鸡冠苍白或发紫，下痢，不吃不饮。皮肤型病鸡在颈部、躯干、腿部皮肤上有结节或肿瘤，逐渐消瘦，最后死亡。

（2）防治方法：目前没有特效药物治疗。预防措施主要是在小鸡出壳后 24 小时内及时在头、颈皮下注射鸡马立克氏病火鸡疱疹冷冻疫苗。

4. 禽流感

（1）发病症状：禽流感有高致病性和低致病性之分，发生高致病性禽流感，发病后表现明显，大量死亡；而发生低致病性禽流感时，死亡数量少，甚至看不到明显发病症状。高致病性禽流感特征：鸡群发病前比往常沉静；采食量明显下降，全群鸡均精神沉郁，呆立不动；从第二天起，死亡明显增多；病鸡头部肿胀，冠和肉垂出血发黑，眼睛红肿流泪，羽毛蓬松无光泽，体温升高；拉浅绿白色或黄绿色水样粪便；伸颈张口呼吸，有破泡沫样啰音，歪头；鸡脚鳞片下呈紫红色或紫黑色出血；鸡产蛋下降或几乎完全停止，薄壳蛋、软皮蛋、畸形蛋增多。在发病后的 5～7 天内几乎全群死亡。

有些病鸡出现包括转圈、前冲、后退、颈部扭歪或后仰望天等症状。鹅和鸭发生禽流感时一般死亡不多，幼龄鹅、鸭死亡率比较高。

（2）防治方法：①高致病性禽流感。一旦确诊发生高致病性禽流感，应立即向当地兽医部门报告，在有关兽医部门指导下对病禽实施扑杀、焚烧、消毒等相关措施，必须高度重视和严肃处理。②低致病性禽流感。在鸡群刚有症状时即联合用抗病毒药和抗生素饮水，按每 10 千克饮水中加入 1 克金刚烷胺和 10 克环丙沙星，连用 5～7 天；或经肌肉注射青霉素和链霉素、庆大霉素等，用量是每千克体重 5 万～10 万单位，每天 2 次，连用 3 天。

中草药治疗：银花、连翘、荆芥、薄荷、桔梗淡豆豉、淡竹叶、牛蒡各 10 克，甘草 5 克，藓芦根 15 克，煎水。拌喂或灌服，连用 1～3 天。此剂为 30 只鸭的用量。

（3）预防：严格消毒和免疫接种是该病的主要预防措施。用禽流感灭活油乳剂疫苗在 5～15 日龄时肌肉或皮下注射接种 1 次，50～60 日龄时接种 1 次。推荐的免疫接种量：15 日龄的肉鸡，每只 1 次 0.3 毫升，日龄较大的鸡每只 0.5 毫升；中鹅每只 1 毫升，成年鹅每只 2～3 毫升；小鸭每只 0.3 毫升，中鸭每只 0.5 毫升，成鸭每只注射 1～2 毫升。

5. 鸡传染性支气管炎

（1）发病症状和病变：鸡传染性支气管炎的发生一般无前驱症状，小鸡突然出现呼吸症状，随后全群鸡迅速出现张口呼吸、咳嗽、有气管啰音、打喷嚏、流鼻水、嗜睡等，与新城疫症状相似。两者区别是新城疫发病严重，有神经症状，6 月龄以上鸡症状不明显，产蛋鸡发病时产蛋明显下降，并产软皮蛋或畸形蛋或蛋壳粗糙。鸡传染性支气管炎肾脏型呼吸道症状很快过去，且多发生于 15～50 日龄。剖开病鸡气管和支气管常见黄白色分泌物在支气管中堵塞。产蛋母鸡腹腔常见液体卵黄物，卵泡充血、出血、变形。输卵管变薄，蓄积水样液体呈囊状或萎缩变细。肾脏型可见肾脏肿胀、苍白，如花斑样。

（2）防治方法：全群鸡上午饮用强力霉素纯粉（5 克药加水 50 千克），下午饮利巴韦林纯粉（5 克加水 75 克），同时注射干扰素和卵黄。

6. 鸡传染性法氏囊病

（1）发病症状和病变：鸡患病后在较短的时间内出现精神不振、羽毛逆立的现象，随病程发展，病鸡排黄白色水样稀便而污染肛门周围的羽毛，食欲减退，饮水增加。剖检可见胸肌、腿肌、翼下肌有点状或条纹状出血，法氏囊肿大呈黄色，表面有胶冻样物甚至可见到出血而呈现紫葡萄样。患病鸡 2～3 天内开始死亡，死亡率一般为 5%～15%。

（2）防治方法：发病初期用法氏囊高免蛋黄液 1～2 毫升（加入适量的抗生素如头孢哌酮钠等）肌肉注射，饲料中添加多种维生素，饮水用 5%红糖水加 0.85%食盐水。或按每只小鸡用生石膏 1 克、红糖 2 克，煎后趁温度较高时灌服。或用囊必妥中药口服液加瘟毒速效等西药于饮水中让鸡饮用。

7. 鸡痘

（1）发病症状和病变：发病鸡无毛处皮肤特别是鸡冠、肉髯、眼睑、腿部、肛门等处，出现结节状痘疹，常见颜色呈灰白色、暗褐色或黑色等。有时病鸡体表无毛处皮肤无明显结节状痘疹，只是在口腔、咽部、食道、气管中覆盖有黄白色膜状物，类似白喉。该病也可能同时出现以上两种症状和病变。

（2）防治方法：做好鸡舍环境卫生工作，特别注意杀灭蚊虫等吸血昆虫，预防鸡被吸血昆虫叮咬。

对皮肤痘疹用紫药水等进行涂搽，同时饲喂病毒灵，每 10 只鸡用药 2 片。

8. 鸭瘟

（1）发病症状和病变：患鸭瘟病的鸭精神不振，头颈缩起，呼吸困难，食欲减退，不愿下水；两肢发软，步态摇摆，经常卧地，农村又称鸭瘟叫软脚瘟。病鸭眼睛四周湿润、怕光、流泪，有的因附有脓性分泌物而两眼黏合；鼻孔内流黏液性分泌物；部分病鸭头颈部肿胀，常常摇头，嗉囊内无物，手摸时感觉松软；肛门充血、出血、水肿，严重时黏膜外露，拉白灰色或铜绿色粪便，死亡较慢。

（2）防治方法：做好消毒工作，定期用 10%石灰乳或 5%漂白粉液消毒场舍。发生疫情后，场舍用强力菌毒特 1∶100 倍热水稀释后喷洒消毒。对鸭舍或周围其他健康鸭群或疑似感染群，使用鸭瘟鸡胚弱毒苗等接种。早期治疗可用抗鸭瘟高免血清肌肉注射，每只 0.5～1 毫升，有一定疗效。也可以用盐酸吗啉胍可溶性粉或恩诺沙星可溶性粉等治疗细菌继发感染，按每千克水加 2 克药粉溶解后饮用，每天

1～2次，连用3～5天，产蛋鸭禁用。

9. 鸭病毒性肝炎

（1）发病症状和病变：鸭发生鸭病毒性肝炎常在1～3周龄的小鸭阶段，发病小鸭精神委顿，行动迟缓，不吃食，有的拉绿色稀薄粪便，严重的两腿僵直，身体倒向一侧，死前头向后仰，脚往后蹬，呈角弓反张姿势。病死鸭肝脏肿大，触之柔软且脆，色泽淡黄呈花斑状，表面有出血点或出血斑；胆囊肿大，充满胆汁。

（2）防治方法：发生该病后立即隔离病鸭单独饲养并按每只0.5毫升肌肉注射鸭病毒性肝炎高免血清或高免蛋黄。用头孢雏健饮水，按100克兑水100千克，每天2次，连用2～3天。同时用1∶400的百毒杀消毒饲养用具、场地。

10. 小鹅瘟

（1）发病症状和病变：发病常见于4～25日龄小鹅，表现症状为精神不振；严重下痢，排灰白色或青绿色水样稀粪，有时混有泡沫或未消化饲料；吃食减少，饮水增加；鼻孔流出稀薄黏性鼻液，呼吸困难，站立不稳，双腿不断抖动有的摇头、甩鼻，喜欢腹部卧地蹲伏；死前两腿似游泳状不断划动，头部上仰，呈角弓反张姿势，最后衰竭，倒地死亡。剖检病鹅病变不明显，有时小肠中后段可见腊肠样物栓塞肠管。

（2）防治方法：发生该病后立即隔离病鹅单独饲养，并按每只1.5～2毫升肌肉注射小鹅瘟高免血清或高免蛋黄，可在肌肉注射蛋黄液中添加青链霉素治疗病鹅其他继发感染的疾病，隔天再注射1次。或用高免疫鲜蛋黄喂小鹅，用量为每只鹅蛋黄液喂12～15只小鹅，隔12～24小时再喂1次。注意在饲料和饮水中添加多种维生素辅助治疗。同时用1∶400的百毒杀对饲养用具、场地进行消毒。

11. 禽沙门氏菌病

（1）发病症状和病变：白色粪便结封住肛门周围。禽沙门氏菌病有3种类型。

①鸡白痢。小鸡表现精神委顿，绒毛松乱，两翼下垂，缩颈闭眼昏睡，不愿走动，拥挤在一起。同时腹泻，排稀薄糊状白色粪便，有的因粪便干结封住肛门周围，影响排便。最后因呼吸困难衰竭而死。母鸡感病产蛋量降低，有的发病母鸡腹部肿大。

②禽伤寒。病禽突然停食，排黄绿色稀便，体温上升1～3℃。可迅速死亡，但通常是经过5～10天才死亡。病死率为10％～50％或更高些。小鸡和小鸭发病时，其症状与鸡白痢相似。

③禽副伤寒。日龄较大的幼禽主要表现为水泻，病程1～4天。1月龄以上幼禽很少死亡。小鸭感染该病常见颤抖、喘息及眼睑浮肿等症状，常猝然倒地而死。成年禽一般为慢性带菌者，偶见水泻症状。

（2）防治方法：用0.03％的氟苯尼考饮水，连续6天。或用0.5％磺胺甲基嘧啶拌料饲喂，或0.02%土霉素拌料饲喂。也可用鲜马齿苋、鱼腥草各200克，洗净，切碎，拌入饲料喂鸡；或鲜洋葱（大蒜）捣烂后按20%的比例混于饲料中，充分拌匀，让鸡自由采食，连喂2～4天。

12. 禽出败

（1）发病症状和病变：发病最快的病禽突然倒地、拍翅、抽搐、挣扎、迅速死亡，嗉囊充满食物，手摸感觉硬实，通常在夜间死亡，肉髯肿胀多见于肥大的禽。常见的症状有突然发病，厌食，鸡冠发紫，口鼻内有黏液，有时有血性黏液流出；下痢，排淡黄白色、黄绿色或棕色恶臭粪便，常污染尾部羽毛。表现比较缓慢的病禽为精神沉郁，消瘦，肉髯肿胀、变厚，关节肿胀，跛行及呼吸困难。剖检病死禽肝脏有针尖样灰白坏死点，心、脾、肾等有出血点。

（2）防治方法：链霉素每只肌肉注射10万单位，每天1次。或喹乙醇按每吨饲料加300克饲喂。结合应用下列方剂：茵陈100克、半枝莲100克、白花蛇舌草200克、大青叶100克、藿香50克、当归50克、生地150克、车前子50克、赤芍50克、甘草50克，共研磨成粉末拌料饲喂，以上为100只鸡1次的用量，每天1剂，连用3～5天。

慢性病鸡的治疗：磺胺二甲氧嘧啶、磺胺喹啉各按0.05%～0.1%混于饲料中喂数天，或复方新诺明按0.02%混于饲料中喂数天。

13. 鸡球虫病

（1）发病症状和病变：发病鸡群精神萎靡不振，头颈蜷缩，羽毛蓬松，闭眼呆立，喜拥挤。食欲减少或不食，但饮欲增加。嗉囊内充满液体。鸡冠和肌肉苍白贫血，排出混有血液甚至全血的稀便，肛门周围羽毛被液状排泄物污染，粘在一起。脚和翅膀有点轻瘫，站立不稳。死前出现尖叫、两脚外翻、僵直或抽搐。

（2）防治方法：用20%石灰水或0.5%的正碘双杀溶液泼洒或喷洒消毒饲养环境、活动场所、饲养工具和粪便。保持适宜的温度、湿度和饲养密度。每天清除粪便、更换潮湿垫料，保持鸡舍的卫生干燥。

轮换使用各种球虫药进行治疗，如用10%盐霉素钠（又叫优素精），每100千克饲料用5～7克拌料投喂，连用3～5天。或用复方盐酸氨丙啉可溶性粉，按每100千克水加50克进行治疗，连用3天，停2～3天，再用2～3天地克珠利溶液每瓶50毫升兑水250千克，连用3～5天。或在每千克饲料中加入复方盐酸氨丙啉150毫克、百球净100毫克、维生素A 6万单位、维生素K 320毫克，拌匀后饲喂病鸡群，每天3次，连用7天。

控制继发感染，在每千克水中加入3%水溶性氟哌酸2克和5%水溶性环丙沙星3克，搅匀后供病鸡群自由饮用，连饮5天。

14. 鸡蛔虫病

（1）发病症状和病变：轻度感染时常无明显的临诊症状。严重感染蛔虫数量较多时，小鸡生长迟缓，表现为食欲减退，精神萎靡，行动迟缓，翅膀下垂，羽毛松乱，冠和小腿苍白，腹泻，躯体逐渐消瘦。感染极严重者粪便可能血染，有时麻痹，常因极度衰弱而死亡。成鸡一般不会严重感染，个别严重感染者，表现瘦弱、贫血、产蛋减少和不同程度的腹泻。剖检病鸡时可于大小肠内发现有较多的线状鸡蛔虫。感染严重时，蛔虫大量聚集，可能发生肠阻塞或肠破裂，偶尔在输卵管和鸡蛋中也能发现蛔虫。

（2）防治方法：按每千克体重1.5～2克驱蛔灵，傍晚时给药，次日早晨将鸡群放入运动场后，清扫鸡舍，并将排出的虫体和鸡粪堆沤消毒。或用硫化二苯胺（酚噻嗪），每只小鸡0.3～0.5克，成年鸡每千克体重0.5～1克。喂法是让鸡饿一顿后将药拌在饲料内，连喂2天。或槟榔子125克，南瓜子、石榴皮各75克，研成粉末，按2%拌于饲料中，用前停食空腹喂给，1天2次，连用2～3天。

每年应定期进行1～2次驱虫，可选用左咪唑按每千克体重25毫克，或丙硫苯咪唑按每千克体重10毫克，混入饲料中给药；或氟苯哒唑（氟甲苯咪唑）按每千克饲料30毫克拌入，连喂7天。

15. 鸭曲霉菌病

（1）发病症状：发生该病主要是4～15日龄的小鸭。病鸭无精神，食欲下降，绒毛蓬乱，呼吸困难，头颈前伸，张嘴喘气，打喷嚏，鼻中流出多量分泌物，饮水增加。后期发生腹泻，有的出现神经症状，如歪头、跛行等。

（2）防治方法：治疗特效药物一是制霉菌素，剂量为每100只小鸭每次50万单位，1天2次，连服2天；二是克霉唑，每千克饲料添加0.5克，连喂3天。

16. 食盐中毒

（1）发病症状：鸡、鸭食盐中毒后，不断鸣叫，盲目冲撞，运动失调，两脚无力或麻痹，肌肉抽搐，采食量减少或不吃，饮水增多，呼吸困难，最后死亡。慢性食盐中毒的症状不明显。

（2）防治方法：平时注意饲料的盐量，严格控制在0.3%以下，不用咸鱼粉或猪饲料喂鸡、鸭。中毒严重的无法治疗，稍轻的应立即停喂含食盐的饲料，充分供给清洁饮水。

五、肉牛、肉羊养殖技术

（一）肉牛养殖技术

1. 肉牛生产性能

（1）影响产肉性能的因素。

①品种和早熟性。早熟性好的肉牛，其屠宰率较高，肉质也好。小型英国种早熟、欧洲大型种较晚熟。我国本地黄牛属晚熟种。肉用品种或以产肉为主的兼用品种，其产肉性能显著优于乳用及役用品种的产肉性。

②年龄。最好的肉质是肥育过的 15 月龄时小牛的肉。幼牛的肉质良好，但香气较差，水分又多，脂肪少。成年牛肉质良好、肉味香，屠宰率亦高。老龄牛肉肌纤维粗硬，肉质劣。一般年龄不超过 2 岁的牛肉质最好。

③性别和去势。阉牛易肥育，肉质细致，胴体则有较多的脂肪。公牛比阉牛具有较多的瘦肉，较高的屠宰率，一般来说，母牛的肉质较好，肌纤维细，结缔组织较少，肉味亦好，容易肥育。

④肥育度。牛肉的产量和肉的品质受其肥育度影响很大。肥牛产肉多，产脂肪也多，因而屠宰率也高。

⑤饲养管理。营养水平是改善肉品质、提高肉产量的重要因素。牛在不良的饲养管理条件下，不仅体重下降，发育停滞，体型外貌也发生很大的变异。此外，肉牛舍的湿度、温度、饲养环境的安全舒适与否，对肉牛的生产性能都有影响。

（2）肉牛生产性能的测定。

①体重。

初生重：是初生犊牛被毛已擦干，在未哺乳之前实际称量的体重。

断奶重：是肉牛生产的重要指标之一。

断奶后体重：是肉牛提早肥育出栏的主要依据。

②日增重和肥育速度。是测定肉牛生长发育和肥育效果的重要指标。称重一般应在早晨饲喂及饮水前进行，连续称重 2 天，取其平均值。

平均日增重＝（期末重－初始重）÷初始至期末的饲养天数＝饲养期内绝对增重÷饲养期的天数

③早熟性。不同品种类型的早熟性有明显的差别，小型早熟种较中熟种和欧洲大型种出栏时间要提早，达到配种时体重的年龄也要早。

④生产性能。

A. 肥度评定。先用肉眼观察牛个体大小，体躯宽狭、深浅，腹部状态，肋骨长度与弯曲程度，以及肉垂。还要观察下肋、背、肋、腰、臀部、耳根、尾和阴囊等部。

B. 屠宰测定。宰前 24 小时停止饲喂，8 小时前停止喂水。

胴体重：放血，去皮，去头，去尾，去前、后肢，去内脏（留下肾脏和肾脂肪）的重量。

屠宰率（%）＝胴体重÷宰前重×100%

净肉重：胴体剔骨后的全部肉重，包括肾脏及肾脂肪，但要求骨上留肉不得超过 2 千克。

净肉率（%）＝净肉重÷宰前重×100%

胴体产肉率（%）＝净肉重÷胴体重×100%

眼肌面积（厘米 2）：是牛的第 12～13 肋骨间的背最长肌横切面的面积大小。眼肌面积是评定肉牛生产潜力和瘦肉率大小的重要技术指标之一。

⑤饲料报酬。是为了计算饲养肉牛的经济效益。计算公式：

增重 1 千克体重需饲料干物质（千克）＝饲养期内共消耗饲料干物质÷饲养期内纯增重

生产每千克肉需饲料干物质（千克）＝饲养期内共消耗饲料干物质÷屠宰后的净肉重

2. 肉牛营养需要与饲料

（1）牛的营养需要特点：牛对各种营养物质的需要，因品种、年龄、性别、生产方向和生产性能的不同而有差异，但一般均需要水、蛋白质、矿物质、维生素、各种微量元素及能量。

①水分。牛需要的水分来自饮水、饲料中的水分及代谢水，一般来说，肉牛每天需水量为 26～66 升，夏季宜增加饮水次数，冬季应注意水温，最好自由饮水。

②能量。牛需要能量来自饲料中的碳水化合物、脂肪和蛋白质。碳水化合物是牛能量的主要来源。肉牛的能量指标用增重净能表示，包括维持净能和生产净能，肉牛每 100 千克体重每日需要维持净能 2.43 兆焦，生产净能因年龄等差异而不同。

③蛋白质。牛对蛋白质的需要一般用消化蛋白质表示，如体重 220 千克的生长肉牛，维持生长需要可消化蛋白质 170 克，如果日增重 0.5 千克体重，则需要可消化蛋白质 350 克。

④矿物质和微量元素。矿物质以钙、磷为最重要，一般日粮中钙和磷的比例以 1.5∶1～2∶1 较好，这样才有利于两者吸收。产奶母牛、妊娠母牛、犊牛需要更多的钙和磷。此外，牛需要钾、硫、镁、铁、铜、硒等十几种微量元素。尤其要经常

供应食盐，喂量可按混合精料的2%～3%供给。

⑤维生素。牛在正常采食天然饲料的情况下，就能在体内合成各种维生素。但有时因受供给饲料条件限制，应注意补充维生素A、维生素D、维生素E，其中维生素A尤其重要，要多喂青饲料和胡萝卜，其中胡萝卜素能转化成维生素A供牛体利用。为了保持牛的高产和繁殖性能，每100千克体重应从饲料中获得不低于19毫克胡萝卜素或7 400国际单位的维生素。

（2）牛常用饲料及其加工：①精饲料。精饲料主要分为能量饲料和蛋白质饲料。精料的饲喂量应根据不同的饲养阶段而定，育肥牛一般为3～4千克/天。

A. 能量饲料。常用的种类有玉米、木薯、麸皮、米糠、高粱等，其中以玉米为最多。这些饲料碳水化合物占干物质的70%～80%，蛋白质含量低，为9%～12%，磷多钙少，维生素A、维生素D缺乏。

B. 蛋白质饲料。常用的种类有豆饼、棉籽饼、菜籽饼、花生麸饼等，粗蛋白质含量高达20%～40%，最常用的是豆饼。

②粗饲料与加工。肉牛的粗饲料主要有牧草、青干草、农作物秸秆、青贮饲料等。农作物秸秆主要有稻草、玉米秸秆、大豆荚等，秸秆粗纤维含量高，直接喂牛，不能增重。因此，要提高其利用价值，就要用适当的方法进行处理。

一是将秸秆切短或粉碎。一般秸秆切短以3～4厘米为宜，切短或粉碎后的秸秆可提高牛采食量25%，提高饲料效率35%。

二是氨化处理。氨化池可用水泥池，每立方米可以贮存干秸秆100～200千克。先把含水15%～20%的秸秆切短（每段2～3厘米），然后按100千克秸秆加4千克尿素和40升水的比例混合，尿素先用水溶解，边堆草边洒溶液，然后踩实，秸秆堆高出池边0.3～0.5米，最后用塑料膜密封，再盖一层泥土。在夏天，秸秆经尿素处理15天左右可饲喂牛；在冬天，30天左右可饲喂牛。优质的氨化秸秆颜色呈棕色或黄褐色，质地柔软。若颜色灰黑、灰白，气味发臭，则腐败变质，不能喂牛。饲喂前须打开充分放氨2～5天，等到散发出糊香味时才能喂牛。

③青饲料青贮加工利用。常用的青饲料种类有胡萝卜、甘薯、木薯、瓜类、青草、嫩玉米秆叶、象草、甘蔗梢等。青贮加工技术可参照本书奶牛养殖部分。

优质青贮饲料颜色及水分均匀，以黄绿色为好，有酸香酒味。小母牛每100千克体重日喂2.5～3千克，育肥肉牛每100千克体重日喂4～5千克，怀孕母牛不宜多喂。

④牛的补充料。

矿物质补充料：常用的种类有钙、钠、磷等，钙的主要来源有石粉和贝壳粉，磷的主要来源有磷酸铵、磷酸氢钙，钠的主要来源是食盐。

尿素：尿素是牛常用的补充料。添加尿素时，要将尿素与饲料混合均匀才能喂牛，切不可把尿素溶于水中饲喂。

（3）牛日粮配合注意事项：日粮是牛一天内采食饲料的总量。配合日粮的原则及注意事项好如下。①生产用途的牛，要分别选用相应的饲养标准，作为日粮配合的依据。②日粮配合要适合牛的食性与消化特点。要考虑饲料的数量、容积、适口性及可消化性。牛采食量以干物质计，一般占牛体重的2%～3%。③组成日粮的饲料要多样性。饲料种类多，所含的营养物质能起互补作用，保证日粮营养的全价性。④尽量采用当地生产的价廉质优的饲料，以降低生产成本。⑤配制的日粮要有利于牛肉品质的改善和提高，决不能忽视日粮对牛肉品质的影响。

3. 养牛场建设

（1）场址选择。

①整个牛场应包括生活区、办公区、生产区三大部分。生产区包括牛舍、牛栏、运动场、食槽、饮水槽、兽医室、消毒室、青贮池、贮料室、堆粪场等设施。

②牛场址的选择原则。第一，牛场宜选择在背风向、地势高燥、土质坚硬、易于排水、通风良好，以及远离交通要道、屠宰场、肉食品加工厂、居民住宅区的地方，周围应建筑围墙。第二，要保证水源的卫生，不能给牛饮用受污染的水。第三，水电供应正常。第四，有一定面积的牧草地。

（2）规划与布局：一是生产区与生活区分开，办公区和生活区要错开。生活区还应在水流和排污沟的上游方向；生产区中的兽医室、产房、隔离病房、贮粪场和污水处理池应在场区的下风方向。二是注意牛棚舍的方位。全国各地均以南向配置为宜，并根据纬度的不同有所偏向东或偏向西，在炎热地区，可利用主风向对场区和牛舍通风降温。三是保证牛场的安全。主要考虑防疫、防火、防止越栏跑牛等方面的因素。

（3）牛舍结构。

①拴系式肉牛舍。目前国内高强度肥育肉牛多采用舍饲拴系式牛舍。牛舍内部排列为单列式、双列式。双列式跨度10～12米，高2.8～3.0米；单列式跨度6.0米，高2.8～3.0米。每25头牛设一扇门，其大小为（2.0～2.2）米×（2.0～2.3）米，不设门槛。母牛床（1.8～2.0）米×（1.2～1.3）米，育成牛床（1.7～1.8）米×1.2米；送料通道宽1.2～2.0米，除粪通道宽1.4～2.0米，两端通道宽1.2米。

水泥地面要粗糙或刻画有防滑线，要向排粪沟方向倾斜1%。牛床前面设固定水泥槽，饲槽宽60～70厘米，槽底为“U”形。排粪沟宽30～35厘米，深10～15厘米，并向暗沟倾斜，通向粪池。

②围栏式肉牛舍。围栏式肉牛舍又叫作无天棚、全露天牛舍。栏内一般不设棚舍或仅在采食区和休息区设凉棚。肉牛这种饲养方式投资少、便于机械化操作，适

用于大规模饲养。

（4）牛场配套设施。

①运动场和凉棚。运动场地面最好用三合土夯实或水泥混凝土地面，要求平坦且有2%的坡度，以利排水，保持运动场地干燥、整洁。运动场内应设补饲槽和饮水槽，保持饮水清洁。夏季炎热，运动场应设凉棚，以砖木、水泥结构为好，棚顶覆盖石棉瓦隔热。一般棚顶净高3.5米或略高一些。

②饲料库。要求离每栋牛舍的位置都较适中，在位置稍高的地方建饲料库，既干燥通风，又利于成品料向各牛舍运输。

③干草棚及草库。尽可能地设在下风向地段，与周围房舍至少保持50米以上距离，单独建造，既能防止散草影响牛舍环境美观，又能达到防火安全。

④青贮窖或青贮池。建造选址原则同饲料库。位置适中，地势较高，防止粪尿等污水浸入污染，同时要考虑出料时运输方便，减小劳动强度。

⑤人工授精室。包括采精及输精室、精液处理室、器具洗涤消毒室。采精及输精室应清洁卫生、光线充足；精液处理室的建筑结构应有利于保温隔热，并与消毒室、药房分开，以免影响精子的活力。

⑥防疫设施。在生产区周围应建造围墙或围栏。生产区门卫要有消毒池、消毒间等消毒设施。

⑦兽医室、病牛舍。应设在牛场下风向，而且在相对偏僻的角落，以便于隔离，减少空气和水的污染传播。

⑧粪场及贮尿污水池。一般设在牛舍的北面，离牛舍有一定的距离，且方便出粪，方便运输和排放。粪场要有足够面积，三面有1米高的砖墙或石墙。贮尿污水池最好是筑塘贮污水。

⑨牛场绿化在牛舍、运动场四周以种植树干和树冠高大的乔木为主。牛场的主要道路两旁可种植乔木或灌木与花草结合起来，以美化环境，夏季又可起到防暑降温作用。

4. 肉牛饲养管理

（1）成年母牛的饲养管理。

①空怀和妊娠后期母牛的饲养管理。一般农户饲养母牛多为舍饲或放牧加舍饲。成年空怀母牛要保持中等膘情，才能正常发情、配种。母牛怀孕后头5个月胎儿生长发育缓慢，其日粮以粗饲料为主，适当配搭少量精料。在夏秋青饲料充足季节，可不用饲喂精料。但是青草要求种类多，质量好，供给量能满足母牛的需要。

母牛妊娠后期，即怀孕后的第6～9个月，胎儿生长发育快，配合日粮以青粗饲料为主，适当配搭精料，注意补充适量的矿物元素和维生素。

母牛每天饲喂2～3次，冬季每天饮水1～2次，水温不低于15℃，夏季每天饮水3次。母牛饮用的水要清洁，不要饮冰渣水，不喂发霉、变质的饲料。怀孕期母牛应保持中上等膘情，过瘦或过肥都不利于胎儿的发育，易引起母牛流产或难产。

加强牛体刷拭和运动，特别是第一胎母牛，在产前1～3个月还要进行乳房按摩，以利于产后犊牛哺乳。妊娠后期要防止母牛发生碰撞、滑倒、拥挤、转急弯等，以防发生流产。

（2）围产期母牛的饲养管理。围产期是指母牛分娩前15天和分娩后15天，这期间在饲养管理上要特别注意，使之安全分娩，保证母、犊健康、平安。

A. 预产期推算。肉用母牛的妊娠期平均为280天。根据配种日期，可以推算出母牛的预产期，其推算公式为：配种月减3，日加6。若配种时间在1月、2月、3月，月数的计算需先加一年12个月再减3。例如，牛2004年2月28日配种，预产期为：月数，2加12减3等于11月。日数，28加6等于34，减去11月的30日，即34减30等于4日，再把月份加1等于12月，预产期为：2004年12月4日。

B. 调整饲料。临产期母牛如果在妊娠期喂精料较多，在临产前的2～3天应适当控制精料的喂量，适当增加一些麦麸的喂量，减少食盐喂量，粗料应喂给优质青干草。

C. 接产工作。母牛临产前，产房要进行消毒，铺垫褥草，保持清洁、干燥、安静。应准备好接产用具和消毒药品，如剪刀、干毛巾、肥皂、刷子、结扎脐带用的缝线、碘酊、酒精棉球、高锰酸钾等。

临产时用0.1%高锰酸钾溶液对母牛的外阴部、尾根及后躯进行清洗消毒，尽可能使母牛向左侧卧。母牛正常分娩是胎儿的两前肢夹着头先出来，倘若发现胎位或胎势不正时，应先将胎儿顺势推回子宫，进行矫正，切不可硬拉。倒生时，当两后腿产出后，应及早拉出胎儿，以防胎儿窒息死亡。若母牛阵缩、努责无力，应由兽医人员进行助产。

D. 产后护理。

犊牛护理：犊牛产出后，应立即用干净的毛巾或干草擦去口和鼻孔中的黏液，以利于呼吸。随即在距腹部8～10厘米处，将脐带拉断或用消毒剪剪断，断端用5%的碘酊充分消毒，以防感染。若小牛出生时出现假死现象（心脏仍在跳动），应立即将其两后肢倒提起来，倒出咽喉部堵塞的羊水，并进行人工呼吸。随后剥去假蹄，进行称重、编号。

母牛护理：产犊后，应让母牛安静休息，并及时喂给温热的麦麸钙盐汤，即用38～45℃的温热水5～15千克，加入麦麸1～2千克，食盐50～100克，红糖0.5千克，以利于恢复母牛体力，促进胎衣排出。在分娩后4～5天起，可逐渐增加精料的喂量，供给充足的饮水，适当运动、晒太阳。

（3）哺乳期母牛的饲养管理。哺乳母牛饲养管理的主要任务是要使其达到足够的泌乳量，并尽早发情配种。饲养的总原则是哺乳阶段不掉膘，也不使牛过肥。

A. 舍饲。产后1～3天，日粮中粗料应以优质干草为主，精料最好是麸皮，每日0.5～1.0千克，逐渐增加，3～4天后就可转入正常日粮。

当母牛消化正常，体力恢复后，特别是产后70天内，是泌乳母牛饲养的关键。为促进其泌乳，每天供给优质干草5～7千克（或青草30千克或青贮料22千克），1.5～2.0千克精料，如粗料为秸秆类，则精料需增加0.4～0.5千克。精料配方可参考：玉米50%、麸皮20%、豆饼10%、棉仁饼5%、胡麻饼5%、花生麸饼3%、葵子饼4%、磷酸氢钙1.5%、碳酸氢钙0.5%、食盐0.9%、微量元素和维生素添加剂0.1%；或玉米50%、豆饼20%、玉米蛋白10%、酵母饲料5%、麸皮12%、磷酸氢钙1.6%、碳酸钙0.4%、食盐0.9%、微量元素和维生素添加剂0.1%。

为使母牛满足营养需要，喂母牛的饲料品质要优良，特别注意豆科牧草的供应。饲喂时要增加饲喂次数，保证充足、卫生的饮水。

B. 放牧。哺乳母牛应在附近的良好牧场放牧，防止游走过多体力消耗大而影响母牛泌乳和犊牛生长。牧场牧草产量不足时，要进行补饲，特别是对体弱、初胎和产犊较早的母牛。以补粗饲料为主，必要时补一定量的精料。一般是日放牧12小时，补精料1～2千克，饮水5～6次。

（4）犊牛的饲养管理。

①肉用犊牛的饲养。因为肉用母牛泌乳性能较差，所以肉用犊牛一般采用随母哺乳法。

犊牛初生期的饲养关键是喂足初乳。犊牛出生后应在1小时内让其吃到初乳。应注意犊牛哺乳时是否吃饱或过量。一般而言，大型肉牛犊平均日增重0.70～0.80千克，小型肉牛犊日增重0.60～0.70千克，若增重达不到上述要求，应加强母牛的饲养水平或对犊牛直接补饲。哺乳期一般为5～6个月，不留作后备牛的犊牛，可实行4月龄断奶或早期断奶，但必须加强营养。

肉用犊牛出生后两周左右开始训食青粗饲料，初期可在牛栏或运动场放置优质青干草或青草，任其自由采食。母牛产奶量在分娩后2个月后就开始下降，为了使犊牛能够正常生长发育，并锻炼其消化器官的功能，必须尽早补饲。补饲应循序渐进，掌握好各类饲料的补喂时间和喂量，同时必须尽早供给充足的清洁饮水，让犊牛自由饮水。

补饲的精料常用的饲料配方如下。

配方一：玉米50%，豆饼30%，小麦麸12%，酵母粉5%，磷酸钙1%，食盐1%，磷酸氢钙1%。90日龄内犊牛每吨料加入50克多种维生素。

配方二：玉米50%，小麦麸15%，豆饼15%，棉粕13%，酵母粉3%，磷酸氢钙 2%，食盐 1%，微量元素、维生素、氨基酸复合添加剂 1%。

（5）肉用犊牛的管理。犊牛在奶、料的饲喂上要做到“三定”，即定时、定量、定质。每次饲喂后应用干净的毛巾擦净犊牛口、鼻周围的残余奶、料，以免发生犊牛异食的恶癖。清洗和消毒饲喂奶、料的用具，清扫圈舍、饲槽，保持牛体、圈舍清洁、干燥。

让犊牛自由运动和沐浴阳光，以促进犊牛心、肺的发育，增强抗病力，有利于钙、磷在骨中的沉积，防止佝偻病的发生。

（6）育成肉牛的饲养管理：人们通常把 6～18 月龄的牛称为育成牛。但是许多犊牛在 3 月龄左右进行早期断奶，所以又把从断奶到配种这一时期的牛称为育成牛。

①育成牛的饲养。俗话说：“一岁搭骨架，两岁长肥膘。”在此阶段，必须营养充分，保证牛的正常发育，要求其体况达到中上标准。

12 月龄左右时，育成牛生长发育旺盛，除需大量喂给青粗饲料外，还要补充适量的精料。混合精料的补饲量以 1.0～2.0 千克为宜，混合精料中的蛋白质含量应在 14%～18%之间。

在放牧条件下培育的育成牛，12 月龄前应补给精料。精饲料的喂给量，视青粗饲料的质量而定。11 月龄以后的育成牛，对粗饲料的利用能力加强了，在夏秋季，如果草的质量好，也可不补精饲料。

②育成牛的管理。

A. 生长发育记录。从初生开始，每月测定 1 次，测定内容主要包括体高、体斜长、胸围和体重。通过生长发育记录了解牛的生长情况和营养水平是否合适，以便随时调整日粮。

B. 发情记录。后备母牛一般在 12 月龄左右开始发情，在此阶段要记录发情日期，观察发情是否正常。

C. 刷拭。可先用稻草束对有污物的部位进行充分摩擦，再用刷子把污物刷掉，而后用刷子反复刷拭牛体 30 分钟左右，再用加有少量食油的温水把附着物去掉。若在寒冷季节，最后还应用毛巾擦干全身。

D. 运动和光照。育成期牛适当运动，可增加血液循环，增加食欲，有利于肢蹄坚实，使生殖器官发育良好，增强对疾病的抵抗力。光照不仅能促进合成牛体内的维生素 D，而且可刺激神经系统促进性激素分泌，保证将来的正常繁殖。

E. 防止打斗。群饲的生长牛一般在 11 月龄以后，因限制精饲料，常会发生抢食、抢休息场所、强牛胁迫弱牛等斗架现象，结果造成弱牛由于不能采食到足够的粗饲料而发育不良。因此，在喂料时要使用连动栅栏设施，全部牛只喂同量的饲料，每天至少喂两次。

5. 肉牛育肥

（1）小白牛肉生产技术：小白牛肉是指犊牛生后 90～100 天，体重达到 100 千克左右，完全由乳或代用乳喂养所生产的牛肉。肉为白色，肉质细嫩，有乳香味。饲喂成本高，但售价也高，是一般牛肉价格的 8～10 倍。

①犊牛选择。选择初生重 40 千克以上，健康无病，表现头大嘴大、管围粗、身腰长、后躯方、无任何生理缺陷的犊牛。

②肥育技术。实行人工哺乳，日喂 3 次，喂量随日龄增长而逐渐增加。平均日增重 0.80～1.00 千克，每增重 1 千克耗全乳 10～11 千克，成本很高。所以近年来用与全乳营养相当的代乳粉饲喂，每千克增重需 1.3～1.5 千克。要严格限制代乳粉中的含铁量，强迫犊牛在缺铁条件下生长，这是小白牛肉生产的关键技术。

管理上采用圈养或犊牛栏饲养，每头占地 2.5～3.0 平方米。犊牛栏全用木制，底板离地高 50 厘米。舍内要求光照充足，通风良好，温度 15～20℃，干燥。

（2）小牛肉生产技术：小牛肉肥育指生后犊牛经特殊的肥育饲养出栏，其肉质风味独特，价格也高。

①小肉牛的选择。出生后的公犊牛和乳用公犊牛，初生重不少于 35 千克，体形外貌好，健康无病。

②肥育指标。肥育期 6～8 月，肥育出栏体重 250～350 千克，屠宰率 58%～62%。肉质呈粉红色，多汁。

③肥育技术。初生到 1 月龄喂代乳料每头每天 3～5 千克；30～150 日龄用脱脂乳每头每天 2～6 千克，并加喂含铁量低的精料和优质粗饲料；150～185 日龄用脱脂乳每头每天 6 千克，精料 5 千克，优质粗饲料 0.5 千克。严格控制饲料和水中铁的含量，采用舍饲饲养，封闭牛舍采用漏缝地板，严格限制犊牛接触泥土。

（3）架子牛快速肥育技术：架子牛是指断奶后到育肥之前处于生长阶段，且不作种用，有较大骨架的育成牛。架子牛育肥是我国目前肉牛育肥的主要方式。

①架子牛的选购。选购架子牛时以杂交牛为主，最好是西门塔尔牛、利木赞牛、楼来牛与本地黄牛杂交后代，一般选购年龄在 1～3 岁，体重 300 千克以上架子大但较瘦的健康的杂交牛。选择本地牛体重一般为 250 千克较好。年龄最好选择 15～21 月龄。性别选择上，公牛比阉牛增重快 10%，阉牛比母牛增重快 10%左右，一般选择阉牛育肥，肉质较好。

②架子牛的育肥。一般架子牛的快速育肥需要 120 天左右，可以分为 3 个阶段饲养。

第一阶段为过渡驱虫期，约 15 天。对刚从外地购进的架子牛，首先要驱除牛体内外的寄生虫，驱虫 3 天后要对架子牛进行健胃。所谓过渡期是指架子牛的饲养要有一个过渡阶段，即首先让刚进场的牛自由采食粗饲料，粗料切成长 5 厘米左右一段为宜。架子牛上槽后仍以粗饲料为主，粗料可切成1厘米左右饲喂。此时每头牛每天补0.5千克的精料，并与粗饲料拌均匀后饲喂。以后，精料量慢慢增加到2千克，精粗饲料比为4∶6，日粮中粗蛋白质水平为12%，以锻炼采食精料的能力，尽快完成过渡期。

第二阶段为第16～60天。这时架子牛对干物质的采食量要慢慢达到8千克，日粮中粗蛋白质水平为11%，精粗饲料比为6∶4。精料配方：玉米70%、饼类20%、麸皮10%。另外，每天每头牛饲喂20克食盐、50克添加剂，日增重约为1.3千克。

第三阶段为第61～120天，这时架子牛对干物质的采食量已达到10千克，日粮中粗蛋白质水平为10%，精粗饲料比为7∶3。精饲料配方：玉米50%、饼类10%、麸皮5%。每天每头牛饲喂食盐30克，添加剂50克。这个阶段肉牛的日增重约为1.5千克。

③架子牛育肥期管理。

A. 拴系舍饲，减少运动。

B. 称重。架子牛育肥前要称重，育肥一个月后再称重，淘汰不增重和有病的牛。

C. 防暑降温、防寒保温。夏季气温过高，肉牛食欲下降，增重缓慢，要适当提高日粮的营养浓度；采用喂水样或粥样料。气温达30℃以上时，应采取防暑降温措施。冬季育肥时要做好防寒保温工作，适当增加玉米在日粮中的比例，提高能量水平。冬季快速育肥时，每天早6时和晚6时各喂1次，晚10时再喂1次干草，用少量水拌湿饲喂，注意不要喂冰冻的饲料。

D. 充足饮水。要定时供给充足饮水，冬季最好用温水喂牛。每天饮水量为采食的干物质（草和料）的5倍。

E. 适时出栏。育肥好的牛要尽快出栏，不要等一批全部育肥好后再出栏，因为随着肉牛体重超过500千克，每千克增重需要的饲料量相应增加，育肥成本提高，利润降低。

（4）高档牛肉生产技术。

高档牛肉是指培育、生产国际高档食品质量上乘的牛肉，高档牛肉胴体脂肪颜色要求白色。

①品种选择。一般以纯种肉用牛、杂交牛、国内外优良黄牛品种，我国地方良种黄牛和引进的良种肉牛与黄牛杂交都能生产高档牛肉。

②年龄选择。以6～7月龄断奶后体重在180～200千克的育成牛，肥育到14～18月龄达到出栏标准为好，超过30月龄以上的牛生产不出高档牛肉。

③适当的肥育期和出栏体重。肥育期以7～10个月、出栏体重达400～500千

克以上为标准，否则达不到优等或精选等级。

④日粮要求。育肥高档肉牛，应采取高能量饲料平衡日粮，以精料为主。以粗饲料为主的日粮难生产出高档牛肉。

⑤肥育期管理。肥育前要驱虫，注射疫苗，保持牛体健康；日喂 3 次，先草后料，再饮水；保持畜舍清洁卫生，通风良好。冬季注意保暖，牛舍温度不低于 10℃；夏季注意防暑，牛舍温度不高于 30℃。

（二）肉羊养殖技术

1. 羊的高效繁殖技术

（1）羊的性成熟和初次配种年龄。

①性成熟。性成熟是羊生殖机能的标志。这时的母羊生殖系统迅速生长发育，并开始具备繁殖能力，羊性成熟一般在 7～8 月龄。体重为成年体重的 40%～60%，性成熟的时间受到品种、气候和营养等因素影响。山羊的性成熟早于羊，一般为 4～6 月龄，有的 3～4 月龄。

②初配年龄。青年母羊的初配年龄主要决定于体重的发育情况。当体重达到成年羊的 70%以上才能进行第一次配种。羊一般在 18 月龄左右、山羊宜在 10 月龄以上。对于生长发育较好的羊，可早些配种；生长发育不良的，应推迟 20 天。为了防止早配和偷配，羊在 4 月龄断奶时、山羊在 2 月龄时，就应公、母羔分群饲养管理。公羊初配年龄为 18～20 月龄。

（2）羊的发情。

①发情周期。羊的发情周期分为 4 个阶段，即发情前期、发情期、发情后期和间情期。羊的正常发情周期范围为 15～19 天，平均为 17 天，发情持续期为 30 小时左右，间隔 14～21 天（平均 16～17 天）再次发情。山羊正常发情周期范围为 16～25 天，平均 21 天，发情持续期为 40 小时。母羊分娩后 10～14 天便表现出发情，但征兆不明显。

②羊的发情征兆与发情鉴定。发情是母羊达到性成熟后开始表现的一种周期性的性行为，其外部行为表现为：

第一，行为变化。母羊发情时，常常表现兴奋不安，行为异常，食欲下降，愿意接受公羊的爬跨和交配。

第二，外阴部充血肿大、松弛，阴道内流出透明黏液。羊大多数发情不是很明显，出现安静发情的较多，即有卵泡发育成熟至排卵，但无发情征兆和性行为，处女羊发情更不明显，且多拒绝公羊爬跨。因此，在羊的繁殖生产中应特别注意这一特殊表现。山羊发情征兆及行为表现比羊要明显，特别是乳用山羊更为明显，其鸣叫、摇尾、相互爬跨等行为很突出。

羊的发情鉴定除了外部观察外，也可采用试情法。方法是将母羊分成若干小群，放在羊圈内，赶入试情公羊。一般发情母羊均能主动接近公羊。试情时，试情公羊用鼻子去嗅母羊的阴户，或在追逐爬跨时，母羊常把两腿分开，伫立不动，摇尾示意，或者随公羊绕圈而行的即为发情母羊。初次配种母羊发情征兆不明显，往往表现虽与公羊接近，却不让公羊爬跨，此时可将该羊抓住，检查阴门是否红肿，阴道黏膜是否充血发红，让公羊爬跨时不蹦跳、不乱挣扎即为发情。否则容易漏情。试情公羊应在配种前一个月做输精管结扎或阴茎移位手术，如无手术条件，可给公羊戴试情布。

（3）羊的配种。

①配种季节。羊的发情属于季节性发情，一般多在秋季和冬季。大多数羊多呈季节性发情，一般是7月至翌年1月间，而以8～9月间发情较多。山羊的繁殖季节比较长，一般没有特定的配种期。温热带的山羊，全年均可发情受胎，一年可产2胎或两年5胎。

不管是山羊或羊，公羊的精子生成和精液品质也有明显的季节性。据测定，公羊的精液品质2～6月较差，秋季为最好。可见，配种季节以秋季为最好。

②配种方法。羊的配种时间要考虑其发情规律，要有利于产羔和羊的生长发育。产冬羊一般时间为12月到翌年1月，配种时间应在7～8月；春季产羔在2～3月，配种时间在9～10月；春季产羔在4～5月，配种时间在11～12月。

A. 适宜配种或输精时期。羊发情后期排卵，排卵后12～24小时内具有受精能力，羊发情开始后12小时配种或输精较为适宜。

B. 配种方法。

羊的本交：包括自由交配和人工辅助交配两种。自由交配由于种公羊利用率低，后代血缘不清楚，目前一般不采用这种方法。人工辅助交配是将公、母羊分群放牧，在配种期用试情法挑出发情母羊，再与指定的公羊交配。其优点是能进行选配和控制产羔时间，克服了自由交配的一些缺点，不具备人工授精条件的地区或农户饲养可采用。

羊的人工授精：是指人为的方法，将公羊的精液输入母羊的生殖器内，使卵子受精以繁殖后代。人工授精简单易行，完全克服了自由交配的缺点，节省购买和饲养大量公羊的费用，减少疾病的传播，提高母羊受胎率，在养羊业已广泛使用。

输精方法：输精前，先做好精液的活力检查，用消毒冲洗过的输精管吸入。与此同时，一人保定好母羊，用0.1%的高锰酸钾溶液清洗外阴部，再用净水或生理盐水棉球擦洗干净。把母羊后肢架在离地高50厘米的横杆上，或用两腿夹住母羊的颈部，两手分别抓母羊的后腿提起。输精人员用开膣器插入母羊阴道，寻找子宫颈口，将输精管插入子宫颈口内0.5～2.0厘米，缓缓注入精液，随后取出输精管和开膣器。输精完毕，使母羊继续倒立 2 分钟，防止精液流出。同时进行器械消毒以备后用，并做好输精记录。

（4）羊的妊娠：母羊经受精过程和胚胎发育，在母羊体内发育成为羊的整个时期称为妊娠期。妊娠期间，母羊全身状态，特别是生殖器官相应的发生一些生理变化。

①妊娠期。母羊的妊娠期一般为 144～155 天，平均 150 天。早熟肉毛兼用品种平均为 145 天。细毛羊多在 150 天左右。山羊变动范围较大，一般 140～160 天，平均 152 天。预产期的推算方法，可按配种月＋4，配种日＋29 来计算，配种月在 9 月则是月份＋4－12 即得预产月份。如配种时间为 2 月 15 日，月份为 2＋4＝6 月，日为 15＋29＝44，44－30＝14 日，则月份变为 6＋1＝7，日为 14 日，即预产期为 7 月 14 日。如配种时间是 10 月 3 日，则月份为 10＋4－12＝2，日为 3＋29＝32，32－31＝1，即 3 月 1 日。依此类推。

②妊娠症状。妊娠后，母羊由于自身和胎儿增大等因素影响，在代谢机能、生理方面和行为上会发生明显变化。

A. 妊娠母羊的体况变化。妊娠母羊新陈代谢旺盛，食欲增强，消化能力提高。因胎儿生长和自身体重的增强，妊娠母羊体重明显上升。妊娠前期由于营养状况改善，母羊毛色光润，膘肥体壮。妊娠后期因胎儿强烈生长，消耗大量营养，若饲养管理较差，则母羊表现瘦弱。

B. 妊娠母羊生殖器官变化。妊娠初期，阴户紧闭，阴唇收缩，阴道黏膜颜色苍白。随着妊娠时间的进展，阴唇表现水肿，其水肿程度慢慢增强。

（5）分娩：母羊将发育成熟的胎儿和胎盘从子宫中排出体外的生理过程称为分娩。

①临产征兆。母羊分娩前，母羊的一些器官和行为发生显著变化，根据这些变化可以预测母羊准确的分娩时间，提前做好接羔准备工作。

A. 骨盆韧带。骨盆韧带松弛，腹部下垂，肷窝部下陷，尾根两侧下陷，以产前 2～3 小时最明显。

B. 乳房变化。分娩前 1～3 天，乳房明显胀大，乳头下垂，手摸有硬肿之感，用手挤时有少量黄色初乳，但个别母羊在分娩后才有初乳。

C. 外阴部变化。临近分娩，母羊阴户肿胀、潮红，阴唇变软，阴户容易开张，有时流出浓稠黏液，排尿次数增加。

D. 行为变化。临近分娩前数小时，母羊表现精神不安，有时用蹄刨地，行动迟缓，食欲减退，起卧不安，不时回顾腹部或喜欢卧墙角等处休息。

②接产准备工作。剪净母羊乳房周围和后肢内侧的羊毛，以免产后污染乳房。用温水洗净母羊乳房，并挤出几滴初乳。将母羊尾根、外阴部、肛门洗净并用 2%

来苏儿溶液消毒。

③分娩过程与助产：母羊分娩过程以正产的为多，分娩时间一般不超过 30～50 分钟，分娩的过程分为 3 个阶段，即子宫开口期、胎儿产出期、胎盘排出期。如果母羊产双羔，间隔 5～30 分钟产出，也偶有长达数小时以上的。母羊分娩时最好助产，若胎位异常、产出时间过长等要做难产处理。

A. 顺产。正常分娩时，先是露出两前蹄，蹄常向下，接着露出夹在两肢之间的头嘴部，头颅经外阴部后，全躯随之顺利产出。

B. 难产。难产的原因有：初产羊产道过小，胎儿较大；经产母羊身体较弱，母羊努责无力，子宫收缩无力；胎位不正。

发生难产后，最好找兽医来处理。难产处理方法：若胎儿胎位不正，术者消毒好双手，伸入产道，翻转胎儿，校正胎位，使胎儿胎位正常，再随着母羊努责将胎儿拉出；若胎儿过大，术者手拉住胎儿前肢，随着母羊的努责，慢慢拉出胎儿，若胎儿仍拉不出，可能要进行外阴切开手术或剖宫产手术，胎儿产出后再作缝合处理。

C. 胎盘。母羊产出胎儿后到胎盘完全排出的时间为 1～2 小时，如 4～5 小时之后仍不排出，应找兽医来进行处理。

④产后护理：产后母羊的护理：特别注意对母羊的后躯进行清洗和消毒，防止产后感染，对产后母羊要勤换垫草，经常打扫羊床，注意保暖、防潮，以预防母羊感冒。让母羊安静休息，恢复体力。产后 1 小时左右，应给母羊饮 12～15℃温水。产后 1～3 天，可稍减饲料喂量，只喂给优质干草和多汁饲料，产后 3 天以后，再逐渐增喂精料、多汁饲料和青贮饲料。

产后羊的护理：A. 首先及时把羊的口腔、鼻腔及耳内黏液擦净，尽快给羊呼吸，否则易造成羊窒息死亡，而身上的黏液最好让母羊舔净，这样有助于母羊认羔。另外，若羊出生后，身体发育正常，心脏仍跳动，但羊没有呼吸，这种现象称为假死现象。要必须尽快处理使羊复苏。假死羊的处理：一是提起两后肢，并拍击其背、胸部；二是让羊平卧，用两手有节律地推压胸部两侧；三是进行 45℃温水浴 20～30 分钟，同时进行腰部按摩。

B. 天气较冷时，应迅速将羊全身擦干，以免羊受凉感冒，可在地面垫上干净干燥的干草，让羊躺在干草上，也起到保温的作用。

C. 断脐带，在没有人助产时，羊由于四处转动，会自已扯断脐带，最好人工断脐带，方法是在离羊腹部 3～4 厘米的适当部位，拧断脐带，用 5%的碘酊消毒。

D. 给羊进行编号、称重，填写生产记录。

总之，初生羊的护理要做到“三防四勤”，“三防”是指防冻、防饿、防潮；“四勤”指勤检查、勤配奶、勤治疗、勤消毒，另外，分娩栏要保持干燥，勤换干草，接羔室温度要求保持在0～5℃之间，羊出生后，尽快吃到初乳。

2. 肉羊的饲养管理

（1）常规管理技术：羊的日常生产管理，一般包括编号、断尾、去势、修蹄和药浴等环节。

①编号。主要方法有耳标、墨刺字、剪耳和烙角等，常用耳标、剪耳法。

耳标法：耳标由铝片或塑料做成，固定在羊耳上的标牌，有圆形和长方形2种。耳标用来记载羊的个体号、品种及出生年龄。

剪耳法：用缺口耳号钳在羊耳边缘打缺口。根据缺口不同部位来识别等级及耳号，作为等级标记和个体编号。

②断尾。为了便于配种，预防因尾毛过长沾脏体毛，常进行断尾。断尾一般在羊出生后1～3周内进行，在距尾根4～6厘米处断尾。断尾的方法有烙断法、刀切法和结扎法3种。其中以烙断法应用比较普遍。做法：将断尾铲烧热，将羊抱在怀里，头朝上、背向着保定人的腹部，保定人用双手将羊前后股分别固定，在距尾根4～6厘米处（母羊以盖住外阴部为宜），将皮肤向根部稍拉一下，慢慢向下压切，边切边烙，并用5%碘酊消毒创口，最后将羊放回。目前值得推广的是结扎法，用橡皮筋在距尾根4～5厘米的第3～4尾椎间紧紧结扎住，阻断血液流通。经10～15天尾巴自行脱落。此法简单易行，不出血，不感染。

③山羊去角。山羊羊去角一般在出生后7～10天内进行。去角时，先将角根部的毛剪掉，直径大约3厘米。去角方法有烧烙法和化学去角法。农村养羊户可采用烧烙法，烧烙法是将烙铁烧至暗红色后，对保定好的羊的角根部进行烧烙，次数可多一些，但每次不超过10秒钟。当表层皮肤破坏，并伤及角深部组织后就可以了，然后进行消毒，撒上少量消炎粉。

④修蹄。羊的蹄形不正，蹄壳过长，会影响放牧或发生蹄病。因此，修蹄是重要的保健工作。

修蹄一般要在雨后或让羊在潮湿的地面上活动4小时，当蹄质变软时进行。修蹄的工具主要有蹄刀和蹄剪。修蹄时，先将过长的蹄壳剪去，然后用蹄刀将蹄底边缘修整到和蹄底一样整齐。修蹄时要细心，慢慢地一薄层一薄层地往下削，不要一刀削得过多，以免引起出血。若有出血，可用烧烙止血或压迫止血法止血。

⑤药浴。一般在剪毛后7～10天进行，1周后再重复1次。药浴时应选择晴朗天气，药浴前停止放牧半天，并充分饮水。为了保证药浴安全有效，应先用少量羊只进行试验，确认不会中毒时，才能进行大批量药浴。药浴时先浴健康羊，后浴病羊，妊娠2个月以上的母羊，应禁止药浴，以防流产。注意药浴后残液的处理，防止污染环境和人畜中毒。

（2）种公羊的高效饲养管理。

种公羊的饲养应常年保持结实健壮的体质，达到中等以上种用体况，具有旺盛的性欲，良好的配种能力和提供优质的精液。

①配种期的饲养管理。配种前40～45天就应进入配种期的饲养管理。日粮体积不能过大，日粮水平逐步提高，到配种开始时达到标准。在配种期，体重80～90千克的种公羊，日粮定额可按混合精料1.2～1.4千克、青干草2千克、胡萝卜0.5～1.5千克、食盐15～20克、骨粉5～10克的标准喂给，每天分2～3次饲喂。注意用充足清洁饮水，加强放牧及运动，每天驱赶运动不少于6小时。

平时要将公羊和母羊分群饲养，夏季天气炎热时应给公羊采取防暑降温措施，必要时可提前剪毛，冬季要注意防寒保暖。

采精次数要根据种羊的年龄、体况来确定，在配种前1个月开始，每天采精1～2次，成年公羊可多采3～4次。两次采精间隔时间为2小时，使公羊有休息时间，不能连续采精。

②非配种期的饲养管理：这个时期以恢复种用体况为主，配种前种公羊体重要比配种期体重高10%～15%，等到体况恢复后，可逐步减少精饲料的给量，应补给足够的能量、蛋白质、维生素和矿物质饲料，冬季混合精料的用量不低于0.5千克，优质干草2～3千克。

（3）繁殖母羊的高效饲养管理技术。

①空怀母羊的饲养管理。产冬羔的母羊一般5～7月为空怀期；产春羔的母羊一般8～10月为空怀期。空怀期的母羊主要是恢复体况，抓膘、贮备营养，促进排卵，提高受胎率。

②妊娠母羊的饲养管理。

A. 妊娠前期的饲养管理。妊娠期的前3个月，一般放牧即可满足。枯草季节则应补饲一定量的优质蛋白质饲料，日粮的精料比例为5%～10%。

B. 妊娠后期的饲养管理。这时胎儿90%的初生重是在妊娠后期的2个月中增加的。除放牧外，每天应补精饲料0.2～0.3千克，干草1.5～2千克，食盐和骨粉各15克，要严禁喂给发霉、腐败、变质、冰冻的饲料。

妊娠后期的母羊在管理上，要重点考虑保胎，防止流产。防牧或驱赶时要慢、稳，防止拥挤、滑跌、跳崖、跳沟，禁止无故捕捉、惊扰羊群。临产前1周左右不得远牧。圈舍要求保暖、干燥、通风良好。饮水温度要在10℃以上。

③哺乳母羊的饲养管理。主要是供给充足的饲料，满足羊的生长发育对养分的需要，要根据母羊带羊的多少和泌乳量高低，来加强放牧，补饲优质干草和多汁饲料。产后1～3天，体况好的母羊不补饲精料，以免造成消化不良和发生乳腺炎，为促进恶性循环露排出，可喂少量轻泻性饲料，如温水麸皮盐水汤。哺乳前期每只

（单羔）每天补喂混合精料 0.5 千克，产双羔母羊补喂 0.7 千克；哺乳中期减至 0.3～0.45 千克，干草 3～3.5 千克，多汁饲料单、双羔母羊均为 1.5 千克；哺乳后期除放牧外只补喂些干草即可。羊断奶的前几天，要减少多汁饲料和精料喂量，以免发生乳腺炎。圈舍应经常打扫，保持清洁干燥。要及时清除胎衣、毛团等杂物，以防羊吞食引起疾病。

3. 羊的高效育肥

（1）羊培育：在羊的高效育肥技术中，羊的培育是中心环节，是实现养羊生产高效益的关键。

①羊生长发育及消化特点。

A. 羊生长发育的特性：生长发育快、适应能力差和可塑性强。

B. 羊消化机能的特点：胃容积小、瘤胃微生物区尚未完善，不能发挥瘤胃的功能。

C. 羊骨骼、肌肉和脂肪的生长特点：肌肉生长速度最快，脂肪增长平稳上升，骨骼的增长速度最慢。

②羊培育。羊培育是指羊断奶（4 月龄）前的饲养管理。羊培育必须做好以下几方面工作。

A. 羊生后应尽早吃足初乳。初生羊身体弱，各种器官机能不健全，抵抗力弱，容易产生某些疾病。初乳是母羊产后第一周内分泌的乳汁，其养分含量高，含有大量免疫物质和矿物质，可增强羊的抗病力，促进胎粪排泄，因此，必须保证羊产后半小时最迟 1 小时内吃到初乳。

B. 要做好羊的保育工作。羊 1 周内最容易发生痢疾，此时应特别注意哺乳卫生。冬天产羊要注意保暖，防止羊受冻，发生感冒及肺炎；夏季产羔要注意通风，防暑降温；羔棚垫草要勤换，勤打扫，保持干燥、清洁卫生。

C. 尽早运动。7～10 日龄的羊可以随母羊放牧或让其在运动场上自由运动，增加户外活动时间，接受阳光浴。冬春季天气寒冷，应选择晴朗天气，中午前后的时间运动；夏秋季节应选择在早晚天气凉爽的时间运动。

D. 训练采食干草，补饲草料。羊出生后 7～10 天训练采食新鲜优质牧草，以促进瘤胃功能。出生后 15 天补草，20 天补料，1 月龄后可让其采食混合精料，补饲的食盐和骨粉可混入混合精料中喂给，精料的粗蛋白质含量不低于 18%，食盐在精料中按 0.5%～1%的比例添加。补饲时要注意饲草、饮水的卫生，做到少喂多餐，避免引起消化不良。

E. 适时断奶。发育正常的羊，3 月龄可采食大量牧草，具备了独立生活能力，可以断奶转为育成羊育肥或进行羊快速育肥。一般 3～4 月龄断奶，羊体重在 9 千克时断奶比较适宜。

F. 供给充足、清洁的饮水。供给羊的饮用水一定要充足、卫生，不要用不洁净水、冰水。

（2）育肥方式：肉羊育肥方式应根据当地饲料状况、羊品种、生产技术、羊舍条件来选择。

①放牧肥育。是牧区采用的基本育肥方式。放牧成本低，利用牧草抓膘。青草采食量，羊一般 4～5 千克，成年羊达 7～8 千克。通过放牧采食优质牧草，羊一般 4～5 月龄体重可达 30～30 千克。春季放牧要适当补饲，让羊及早恢复体力。夏季放牧尽量延长放牧时间，早出迟归，抓夏膘，防高温，不要远放牧，不要夜牧，防感冒，注意补盐。秋季放牧继续抓膘，延长放牧时间，适当晚出牧，以防羊吃霜草，防胀肚。冬季放牧避风防寒，延长放牧时间。

②舍饲育肥。这种育肥方式适用于农区。舍饲育肥需要有一定的投入，但育肥效果好，可缩短育肥期，提前上市，活重比放牧育肥高出 10％，胴体重高出 20％以上。舍饲肥育应充分利用农作物秸秆、干草及农副产品，精料一般占 45％～60％。舍饲肥育圈舍要通风良好，夏季挡强光，冬季避风雪，讲卫生，保持安静，不使羊受惊吓，为育肥羊创造良好的生活环境。

③混合肥育。是放牧加补饲的育肥方式。是可以提高放牧育肥效果，对放牧膘情差的羊补饲一定精料的育肥。对于广大农村养殖户，提倡在舍饲育肥基础上加强放牧的育肥方式。

（3）育肥技术。

①5 月龄断奶羊精料育肥技术。

A. 断奶前 15 天，将羊与母羊隔开较长时间，羊提早补食。补食的饲料与断奶后的育肥饲料相同，最好用颗粒料。母羊在配种前注射各种疫苗。

B. 日粮及饲料。谷物类饲料最好选用玉米作为育肥饲料，育肥饲料按配方拌匀后，由羊自由采食，颗粒料能够提高羊的饲料转化率，减少胃肠道疾病。不要频繁更换饲料配方，改用其他油饼类饲料替代豆饼时，日粮中钙、磷比例可能失调，应防尿结石。

C. 饮水。育肥期间不能断水，要保持充足清洁的饮水。

D. 羊管理。羊饲槽、水槽要经常清扫，防止羊粪便污染饲料。阴雨天或天气突然变化时，应经常检查羊群的行为和健康状况。定期抽测羊的生长发育情况，根据育肥增长情况及时调整饲养方案。

②断奶羊的育肥技术。羊育肥有很多优点，羊肉鲜嫩多汁，味美。羊生长快，饲料报酬高，成本低，价格一般比成年羊高 1/3～1/2，甚至达 1 倍，经济效益好。当年屠宰，加快羊群周转，缩短生产周期。生产肥羔的同时，又可生产优质毛皮，6～9 月龄羊所产的毛皮价格较高。

A. 断奶羊在育肥前要做的准备工作。

转群、运输的准备：羊断奶和转群，突然离开母羊和到新环境生活，会产生较大的应激。因而，在转群或运输之前，应先把羊集中起来，暂停供水供草，空腹一夜，第二天早晨称重后转群或运出。如用车运输，装、卸车要注意小心操作，防止羊四肢的损伤。如驱赶转群，每天驱赶的路程不得超过 15 千米。

转群后管理：羊进入育肥场后的第 2～3 周最容易感染疾病，死亡率最高。羊在转群前已有补饲习惯的，可降低损失率。进入育肥场后，应减少惊扰，给羊充分休息，开始 1～2 天只喂一般易消化的干草，保证羊充足清洁的饮水。购来的羊在到达当天，不宜喂饲，可只饮水和喂少量干草。

驱虫和预防注射：进入育肥场的羊经休息后，要用苯硫咪唑进行驱虫，并用四联苗和肠毒血症及羊痘疫苗进行预防注射，还要根据季节和气温情况适时剪毛，以利羊增重。

合理分群：按体格大小合理分群，按群配合日粮。体格大的羊优先供给精料型日粮，进行短期强度育肥，提早上市。体格小的羊，日粮中精料比例可适当降低些。饲养密度，一般羊按 0.75～0.95 平方米/只，大羊按 1.1～1.5 平方米/只。

B. 断奶羊的育肥技术要点有以下方面。

预饲期：羊进入育肥期后，要有 15 天的预饲过渡期。前 3 天只喂干草，使羊适应环境。第 4～6 天仍以干草日粮为主，同时逐步添加精料补充料。7～10 天供给配合日粮，精、粗料比例为 36∶64，蛋白质含量 12.9%，钙 0.78%，磷 0.24%。参考配方如下：玉米 25%，干草 64%，糖蜜 5%，豆饼 5%，食盐 1%。一般日喂两次，如要加大喂量或改变日粮配方都应有 2～3 天过渡期，不能变换过快。

育肥期：采用精饲料与粗饲料搭配方式育肥，可降低饲养成本。精料为混合精料，粗料为青干草或青贮饲料和氨化秸秆。一般育肥时，精料与粗料比例为 40∶60，强度育肥时，精料与粗料比例为 70∶30。

舍饲育肥：育肥目标是育肥期 60 天，日增重 150～200 克，出栏体重达 40 千克。日粮为混合料 0.5～1.0 千克，优质干草 1.0～1.5 千克，或青贮玉米秸和氨化秸秆 2.0～2.5 千克，分早、中、晚 3 次喂给，自由饮水。根据羊采食情况和日增重，每隔 15 天调整 1 次喂量。混合料参考配方一：玉米 50%，油饼 12%，豌豆 8%，麸皮 25%，尿素 2%，石灰石粉 2%，食盐 1%。参考配方二：玉米 68%，菜籽饼 20%，麸皮 10%，微量元素 1%，食盐 1%。

放牧加补饲育肥：选择牧草丰盛的优良草场进行放牧抓膘，早出晚归、延长放牧时间。每日放牧后，每只羊补饲精料 0.3～0.7 千克，自由饮水。混合精料参考比例为：碎玉米 50%，豆饼 20%，麸皮 27%，石灰石粉 2%，食盐 1%。育肥期为 60～90 天，日增重 150 克，出栏体重达 35 千克。还可以根据草场情况，可适当补饲青干草或青贮、氨化饲料。

②成年羊的育肥。育肥成年羊主要是来源于不能作种用的公、母羊和淘汰的老、弱、瘦、残羊以及从外地收购来的成年羊。但要求健康无病、牙齿较好。

A. 预饲期。一般 7～10 天，在此阶段，对育肥羊进行去势、驱虫、灭癣、修蹄、称重，并按品种、体重、年龄、膘情和健康状况等情况进行分群，做好圈舍消毒准备工作。要逐步改变饲料类型，把以粗饲料为主的日粮逐步过渡到以精料比例占 40％的日粮。

B. 快速育肥期。

A. 舍饲育肥。日粮以精料为主，全部育肥期 2～3 个月，其中第一个月内的精料比例应占日粮的 60％～65％，第二个月内的精料比例应占日粮的 70％，第三个月内的精料比例应占日粮的 80％。

精料可由玉米、豆饼、麸皮等组成，总蛋白质含量在 12％以上，钙磷比例不低于 2.25∶1，粗纤维含量在 10％以下。混合精料参考比例为：玉米 55％，豆饼 20％，麸皮 25％，石灰石粉 2％，食盐 2％～3％。

B. 放牧加补饲育肥。放牧抓膘，同时每天每只羊补饲混合精料 0.7～1.7 千克，还要根据草场情况，适当补饲青干草 1.0～1.5 千克或青贮、氨化饲料 1.5～2.0 千克，自由饮水。青干草要粉碎后与精饲料混合喂给，一天分两次喂。育肥期 60 天左右，活重 45 千克以上。混合精料参考配方：玉米 55％，麸饼 15％，麸皮 20％，豆粕 8％，微量元素 0.5％，石灰石粉 0.5％，食盐 1％。

（4）育肥常用的添加剂：使用饲料添加剂可为育肥羊提供多种养分，促进生长，改善代谢机能，提高饲料报酬。

①非蛋白氮添加剂。最常用的是尿素。对于低蛋白水平的日粮饲养的羊效果十分明显。为了防止尿素喂羊饲喂不当引起中毒，目前生产上可用安全型非蛋白氮添加剂，如磷酸脲、缩二脲等。

使用尿素喂羊时，日粮中蛋白质水平不要过高，一般不要超过 12％，其添加量为日粮干物质的 1％，或混合料的 2％，可代替所需日粮蛋白质的 20％～35％。饲喂尿素等非蛋白氮时要有一个适应过程，10 天后达到规定剂量。饲喂时，要注意与其他饲料充分混合均匀，分次饲喂，不能一次性投喂。喂尿素时，日粮中不能有生豆饼或花生豆饼类饲料，因为它们富含尿素酶，可引起尿素在瘤胃中迅速分解，造成中毒。也要注意喂后两小时才能饮水。更不能将尿素溶解在水中后喂羊。

②矿物质、微量元素添加剂。矿物质、微量元素添加剂组成为每吨添加剂含硫酸铜 6 千克、硫酸亚铁 50 千克、硫酸锌 80 千克、亚硒酸钠 0.1 克、碘化钾 0.14 千克。每只羊每日 10～15 克，均匀混于精料中饲喂。

③莫能菌素钠。又称瘤胃素，其作用是控制瘤胃发酵效率，从而提高增长速度

及饲料转化率。用莫能菌素钠喂羊，每千克日粮添加量为 25～30 毫克。最初的喂量要低些，渐渐增加到规定剂量。

④抗菌促生长剂。常用的有喹乙醇、杆菌肽锌。能选择性抑制致病性大肠杆菌作用，促进蛋白质同化作用，从而促进生长。喹乙醇添加剂的剂量为每千克日粮干物质添加 50～80 毫克，杆菌肽锌添加剂的剂量为每千克日粮干物质添加 10～20 毫克，添加时与精料充分混合均匀，注意不能超过规定用量，否则易引起中毒。

⑤缓冲剂。常用的缓冲剂有碳酸氢钠和氧化镁。在饲料中加缓冲剂，就可以增加瘤胃中的碱性蓄积，使瘤胃环境更适合微生物的生长繁殖，并增加食欲，提高饲料的消化率。

添加缓冲剂要逐步增加，以免突然增加造成采食量下降。碳酸氢钠的用量为混合精料的 1.5%～2%，或占整个日粮干物质的 0.75%～1%。氧化镁的用量为混合精料的 0.75%～1%，或占整个日粮干物质的 0.3%～0.5%。二者联合使用效果更好，碳酸氢钠和氧化镁的比例以 2∶1～3∶1 为宜。

4. 羊场环境调控

（1）羊舍建筑与设施的规划设计。

①羊场场址的选择的基本原则。要认真做好疫情调查，确保场址是非疫情区域。主要设施和羊舍远离活畜市场、食品加工厂和屠宰场，远离居民区，以防污染环境，保证防设安全。

场址要求地势高燥、通风、向阳、排水良好，离牧地较近，有丰富的水源，水质良好。放牧与饲草、饲料条件适合，交通、通信方便，有供电条件。

②肉羊育肥场的布局。专门的肉羊育肥场的建筑物主要有育肥羊舍、产房（包括羊哺乳房）、人工授精室、兽医室、病羊隔离舍、饲料库房、饲料加工车间、水塔（或饮水井）、青贮窖、干草棚、办公室和生活区。

A. 生产区。

羊舍：采用单列布局的原则，前后对齐。羊舍之间应相距 10 米左右，配置足够大的运动场。

饲料加工车间：应靠近大门，与饲料库房相距较近，便于运输饲料。

青贮窖及干草棚：青贮窖要靠近羊舍，便于取用。干草棚要离羊舍较远，以便于防火防尘。

产房和人工授精室：产房应设在靠母羊舍的下风头，或者建在成年羊舍内。人工授精室可设在成年公、母羊舍之间或设在其附近。

运动场：一般设于羊舍南面。面积一般为羊舍面积的 2～2.5 倍。围墙高度为 2～2.5 米。

B. 办公室及生活区。设在场大门口附近或羊场以外，应处于上风头。

C. 兽医室及病羊隔离室。设在羊场的下风头，距羊舍 100 米以上，在隔离室附近应设置掩埋处理病羊尸体的深坑（井）。

（2）羊舍建筑的基本要求。

①羊舍建筑基本要求。建筑面积：羊舍应有足够的面积，一般每只羊占的面积：产羔母羊 1.1～2.0 平方米，一般公羊 2.0 平方米，种公羊 4～6 平方米，3～4 月龄羊 0.3～0.4 平方米，其他 0.6～0.8 平方米。

房屋高度：南方地区 2.8～3 米，一般农户饲养量少，圈舍高度可低些，但不能低于 2 米。

地面：要求干燥、平整，保暖与卫生，楼台与地面距离 20～30 厘米，便于清理羊粪。地面要有向排粪尿口倾斜的坡度（2°～3°），以便冲水，清除粪尿。有条件的地方可以建高床式羊舍，在羊舍内垫以竹帘或竹（木）条，粪尿从竹（木）条缝隙中漏到地面，能有效防止疾病发生，提高羊的成活率和增重速度。

墙壁：要坚固耐用、耐火，表面光滑，易除污秽和消毒。可用砖、石头、木材制作。

②羊舍的类型及式样。羊舍按屋顶可分为单坡式、双坡式和拱形等；按墙的结构分为密闭式、敞开式。平面形状以长方形为多。

长方形羊舍：这是我国普遍采用的一种形式。一般屋顶为双坡式，墙壁有窗户通风，舍前有运动场。舍内采用双列对头式或双列对尾式。

棚舍羊舍：一般为半敞开式，三面有墙，一面有半墙，半墙高为 1.0～1.2 米。外面为运动场。

楼式羊舍：适用于气候潮湿地区。在羊舍内垫以竹帘或竹（木）条，也可用水泥预制漏缝地板，缝隙为 1.5～2.0 厘米，一般距地面高度为 1～2 米。楼上开较大窗户。

（3）羊场的基本设施。

①草架。有单面式、双面式和圆形式 3 种，可用木条制作。利用草架喂羊，可避免羊践踏饲草，减少浪费。

②饲槽。

A. 固定式长形饲槽。可用砖、石、水泥砌成，上口宽下口窄，上口宽 50 厘米，深 20～25 厘米。饲槽前高后低，饲槽长度可按大羊 30 厘米、小羊 20 厘米距离计算。

B. 移动式长形饲槽。可用木板或铁皮制作，尺寸和大小根据饲养量而定。

C. 悬挂式饲槽。对羊断乳前进行补饲用，可防止粪尿污染或羊踩踏及抢食踩翻饲槽。

③分羊栏。用于分群、鉴定、注射和防疫，可减轻劳动强度，提高工作效率。

可用木板制作成一个带喇叭形的入口，比羊体稍宽的长形通道。

④药浴池。一般大型养羊场都有，目的是通过药浴，防治羊疥癣和其他体外寄生虫。药浴池一般用水泥砌成，长6～10米、深1米，上宽1米，池底宽0.5米，在出口端筑成台阶，以方便羊只行走。小型或农户羊场可以利用大木盆、大铁锅、水缸等进行药浴。

⑤饮水槽。可用铁皮或水泥制作。也可用瓦盆或石槽，但要方便易洗，不易被羊踢翻。

⑥羊笼。可用竹片或钢筋制作，一般长1.40米、高1米、宽0.6米，两端设置活动门供羊只出入，主要供防疫、称重等使用。

（三）牛、羊的防疫与疾病防治

1. 牛、羊的常规防疫

（1）检疫制度：健康的牛、羊每年都要请兽医定期检疫，以便及早发现病牛病羊，防止扩大疫情。对新购入的牛、羊必须进行隔离检疫，观察一定的时间，确认是健康无病的，才能并入原有的健康群中进行饲养。

（2）免疫接种：为了防止疫病的发生，平时有计划地给健康牛群羊群进行免疫接种，称为预防接种。预防接种可增强牛、羊的抗病能力，是目前预防动物疫病的有效办法。

（3）消毒工作：消毒是预防、控制和消灭传染病的综合性防疫的重要措施之一。

消毒方法有清扫、洗刷、通风、阳光照射、干燥和用化学药品来进行消毒等。通过对牛、羊舍地面的清扫、洗刷可以清除粪便、垫草、饲料残渣等，大量的病原体也随之清除。然后用化学药品来进行喷洒消毒，可以杀死大部分病原体和传播疾病的寄生虫。

对牛、羊养殖场门口要设立消毒池，消毒池的消毒液（剂）要保持有效浓度。一切人员、车辆进出门口时，必须从消毒池通过。每季要对牛、羊栏舍、场地和用具进行1次全面大清扫、大消毒。栏舍每月进行1次消毒。舍内每天用清水冲洗，泥土地面要勤清粪、勤垫草。产房每次产犊前都要消毒。

（4）药物预防：药物预防要依据传染病流行规律或临床诊断结果，有针对性地选择药物，适时进行预防和治疗。预防所用药物要有计划地轮换使用，防止耐药菌株的出现。选择敏感药物，投药时剂量要足，疗程要够，混饲时一定要混合均匀。同时应严格控制药物的停药期，防止药物残留在牛、羊身上后对人类造成不良影响。

（5）修蹄：放牧牛、羊的蹄由于经常在行走中磨损，生长很慢，而关养的牛、羊磨损慢，生长快。长期不修蹄，易引起蹄病，所以要注意检查，经常修蹄。

（6）疫情监测：请当地兽医人员做好以下疾病的监测工作。

①结核病、副结核病、布氏杆菌病检疫。每年春、秋季各进行1次结核病、副结核病、布氏杆菌病的检疫，检出阳性、可疑反应的奶牛要及时按规定处理。

②隐性乳腺炎监测。产奶乳牛每年1月、3月、6月、7月、8月、9月、11月及停乳前10天、前3天进行隐性乳腺炎监测，发现病牛要及时治疗。

③代谢病的监测。每季度随机抽30～50头牛进行试验。

2. 疫病报告和扑灭措施

（1）疫情报告：当发现发生传染病或疑似传染病时，必须立即报告当地动物防疫检疫机构。特别是疑为口蹄疫、炭疽、牛流行热等重要传染病时，一定要及时将发病的详细情况向当地动物防疫检疫机构报告。

当动物防疫人员尚未到达现场或尚未做出诊断前，应对现场采取以下措施：将疑似病牛或病羊进行隔离，派专人管理；对患病牛或羊停留过或疑似污染的环境、用具等进行消毒；尸体应保留完整；非动物防疫人员不得对牛、羊进行宰杀；宰杀后的皮、肉、内脏未经检验不许食用。

（2）迅速隔离：发现病牛病羊立即报告兽医人员，并迅速将病牛、羊及疑似病牛、羊（与病牛、羊同群而未见症状的牛、羊）隔离开来。目的是将疫情控制在最小的范围内就地扑灭。

（3）封锁牛、羊场：当发生某些重要传染病时，对牛场或羊场进行封闭，防止疫病向安全区散播，以保护其他地区动物的安全和人体健康，并迅速控制疫情和集中力量就地扑灭。解除封锁的条件是疫区内最后一头病牛、羊扑杀或痊愈后，经该病一个最长潜伏期以上的检测，未出现病牛、羊时，再经彻底大消毒，并由县级以上畜牧兽医行政管理部门检查合格后，方可解除封锁。

（4）紧急接种：是指在发生传染病时为了迅速控制和扑灭传染病的流行，而对疫区和受威胁区尚未发病的牛或羊进行应急性接种。紧急接种可使用免疫血清、疫（菌）苗。在疫区应用疫苗进行紧急接种时，仅能对正常无病的牛、羊接种。急性传染病一般潜伏期较短，接种疫苗后很快能产生抵抗力，最终可以使发病率下降，流行停止。

（5）治疗和淘汰：当认为无法治愈，或治疗时间很长且费用很高，或患病牛、羊对周围有严重的传染威胁时，为了防止疫病蔓延扩散，应在严密的监控消毒后将病牛、羊进行淘汰处理。

（6）病死畜的处理：病死的牛、羊，不能随意乱放，更不能宰杀来吃，以防止病情扩大。应将病牛、羊作无害化处理。一般的病牛、羊可进行掩埋，掩埋尸体应选择干燥、平坦，远离住宅、道路、水源、牧场及河流的偏僻地点，深度至少在2

米以上。

3. 牛口蹄疫

（1）主要症状：病畜体温升高，食欲下降，口腔发生水疱，糜烂，闭口、流涎。舌面、齿龈上有水疱。蹄部也发生水疱及糜烂，出现跛行，严重的蹄部烂斑化脓、坏死，蹄匣脱落，有的乳头、乳房部皮肤也有水疱。

（2）防治措施：加强防疫，定期用口蹄疫灭活苗进行预防接种；发现病畜要及时报告兽医，由兽医处理。

4. 牛炭疽病

（1）发病表现：有的牲畜突然发病，站立不稳，倒地昏迷，呼吸加快，结膜发紫，口腔、鼻腔、肛门等出血，濒死期和死后可见口鼻流出血样泡沫，阴门及肛门流出不易凝固的血液，迅速死亡；有时在放牧或使役过程中突然死亡；表现体温升高，不食，肌肉发抖，呼吸困难，黏膜发紫，排带血的稀粪，1～2天死亡；有的在颈部、胸腹部发生肿胀，开始热痛、硬固，后期变冷无痛。

（2）防治措施：每年春、秋两季定期给牛、羊注射炭疽II号芽孢苗，每头肌肉注射1毫升；发病时及时报告兽医，封锁发病地点，由兽医处理。

5. 巴氏杆菌病

（1）主要症状：突然发病，精神沉郁，体温升高，食欲减退，产奶量下降，结膜潮红，呼吸加快，腹泻、腹痛，粪中带黏液或血液；颈下、喉头、前胸等处肿胀，开始热疼、硬固，后发凉，疼痛减轻；有的呼吸、吞咽困难，大量流口水；病畜舌及周围组织发生肿胀，舌脱出口外，呼吸极度困难而死亡。

（2）防治措施：①加强饲养管理，增强机体抵抗力，改善环境卫生，消除各种发病因素。②牛、羊日粮要平衡，营养要充足，牛、羊舍要通风，做好防寒、保暖、防暑降温工作。③畜舍要定期消毒，消毒药液可选用3%氢氧化钠、5%漂白粉或10%石灰乳等。④每年春秋两季定期用牛出败氢氧化铝甲醛灭活苗接种免疫。⑤发病时用免疫血清（牛1次用量为100～300毫升）和磺胺嘧啶（按说明加倍使用）等药物治疗；也可用青霉素300万～400万单位、链霉素200万～300万单位，肌肉注射，每天1次，连用3～5天；或用头孢噻呋，按2.2毫克/千克体重肌肉注射，每天2次。

6. 布氏杆菌病

（1）主要症状：该病主要表现母畜流产，产出不足月的胎儿或死胎。流产母牛有生殖道发炎的表现，即阴道黏膜发生粟粒大的红色结节，由阴道流出灰白色或灰色黏性分泌液。流产后继续排出污灰色或红色分泌液，有时恶臭，分泌物持续1～2天后消失。牛常有胎衣不下，导致子宫炎，经常从阴道流出污灰色或棕红色的恶臭液体，有的导致不育；还有的发生乳腺炎、关节炎；公畜主要表现为睾丸肿胀、疼痛、发热，关节肿大等。

（2）防治措施：①严格执行卫生消毒制度，发现有流产的要隔离消毒。②定期预防接种羊用布氏杆菌5号弱毒苗，每年给羊免疫1次。用19号布氏杆菌苗对牛两次注射（5～8月龄、18～20月龄各注射1次）。③在严密隔离的条件下进行治疗，可用金霉素、链霉素或磺胺类药物和中草药益母散等进行治疗。④定期检疫，每年春季或秋季请当地兽医对全群牛进行布氏杆菌病的检查，如在健康牛群中检出的病牛应扑杀、深埋或火化。⑤种公牛每年配种前，要进行布鲁氏杆菌病的检疫，只许健康公牛参加配种。

7. 牛病毒性腹泻

（1）主要症状：对牛、羊、山羊、猪、鹿均可感染。病畜表现发热，体温升高至40～42℃，精神沉郁，厌食，鼻腔流鼻液，流涎，咳嗽，呼吸加快，鼻、口腔、齿龈及舌面黏膜出血、糜烂，呼气恶臭。通常在口内损害之后发生严重腹泻，开始水泻，以后带有黏液和血。怀孕母牛流产、产死胎或畸形胎。有些病牛常引起蹄叶炎及趾间皮肤糜烂坏死，从而导致跛行。

（2）防治措施：①加强饲养管理，增强机体抵抗力。②屠杀病牛。③健康牛定期用疫苗免疫。④治疗无特效药，用抗生素或磺胺类药物，可减少继发性细菌感染，可用硫酸庆大霉素120万单位注射。硫酸黄连素0.3～0.4克、10％葡萄糖注射液500毫升也有一定疗效。也可用氟苯尼考、氟哌酸等。

8. 牛流行热

（1）主要症状：又称三日热或暂时热，主要侵害奶牛和黄牛，水牛较少感染。表现高热，体温高达39.5～42.5℃，维持2～3天后，降至正常。发热期呼吸急促（50～70次/分，有时可达100次/分以上），精神沉郁，食欲减退，全身战栗，流泪，流涎，流鼻涕，眼结膜充血、眼睑水肿。泌乳量减少以至停止。病牛不爱活动，常站立不动，强迫运动时步态不稳，尤其后肢抬不起来。四肢关节有轻度肿胀与疼痛，后躯僵硬，跛行，甚至卧地不起。妊娠母牛可发生流产、死胎。一般为良性经过，经2～3天恢复。

（2）防治措施：进行退热、抗菌消炎、抗病毒、清热解毒。如肌肉注射蛋清20～40毫升或安痛定注射液20毫升，喂青葱500～1500克等均有疗效。预防可用牛流行热病毒亚单位疫苗和灭活苗进行预防接种。

9. 山羊痘

（1）主要症状：病羊皮肤（特别是无毛或少毛部分，如眼周围、唇、鼻、乳房、外生殖器、四肢和尾内侧等部）和黏膜上发生特殊的痘疹、丘疹、水疱、脓包和结痂等。开始为红斑，1～2天后形成丘疹，突出皮肤表面，随后丘疹逐渐扩大，变成灰白色或淡红色、半球状的隆起结节。结节在几天内变成水疱，水疱内容物初期像液体，后变成脓性，如无继发感染则在几天内干燥成棕色痂块，痂块脱落遗留一个红斑，后颜色逐渐变淡。

病羊体温升高达41～42℃，食欲减少，精神不振，结膜潮红，有浆液、黏液或脓性分泌物从鼻孔流出。呼吸和脉搏增速，妊娠母羊容易流产。有的病例痘疱发生化脓和坏疽，形成相当深的溃疡，发出恶臭，多呈恶性经过，病死率为25%～50%。该病多发生于冬末春初。

（2）防治措施：①平时加强饲养管理，冬季做好防寒补饲。②多发病地区的羊群，每年定期用疫苗预防接种。③已发病的羊群立即隔离病羊，对尚未发病的羊只或邻近已受威胁的羊群均可用羊痘鸡胚化弱毒疫苗进行紧急接种，病死羊的尸体要深埋。④对圈舍及其用具用1%福尔马林、2%氢氧化钠溶液等进行消毒。病羊痘疹局部可用0.1%高锰酸钾溶液洗涤，晾干后涂上甲紫或碘甘油。肌肉注射鸡蛋清5～10毫升、清温败毒针、复方银黄针（四川金地畜牧科技有限公司）等。

10. 牛、羊链球菌病

（1）主要症状：病羊表现体温升高达41℃以上，精神沉郁，食欲减退或绝食，反刍停止。结膜充血，流泪，鼻腔流出清亮或脓性鼻涕。咽喉肿胀，呼吸困难，流涎、咳嗽。粪便带黏液或血液。有的症状表现不明显，常于24小时内死亡，或在清晨检查圈舍时发现死于圈舍内。孕羊阴户红肿，多发生流产。有的头和乳房肿胀。

病牛表现发热，结膜发炎，鼻镜潮红，流脓性鼻涕，消化不良伴有腹泻，咳嗽，呼吸困难。有的乳房发炎，表现乳房肿胀、变硬、发热、有痛感。食欲下降，体温稍高，产奶量减少或停止。严重者可从乳房中挤出血清样分泌液，含有纤维蛋白絮片和脓块，呈黄色、红黄色或微棕色。

（2）防治措施：①加强饲养管理，保持圈舍清洁、干燥及通风，经常清除粪便，注意气候变化，做好防寒保暖，增强牛、羊自身抗病力。②定期进行免疫接种，在发病季节之前用羊链球菌氢氧化铝甲醛菌苗免疫，不分大小一律皮下注射3毫升，3个月龄以下的羊，在第一次注射后2～3周再注射1次，用量3毫升。③一旦发病，应及时上报疫情。划定疫点、疫区，隔离病畜，封锁疫区，紧急消毒，妥善处理病死畜。病畜淘汰或隔离治疗。治疗病畜可用磺胺嘧啶、青霉素或环丙沙星等。

11. 羊快疫及羊猝疽

（1）羊快疫：突然发病，短期死亡。死亡慢的，表现衰竭、磨牙、呼吸困难和昏迷；有的病羊出现疝痛、臌气；食欲废绝，口流带血色的泡沫。排粪困难，粪团变大，色黑而软，杂有黏液或脱落的黏膜；也有的排黑色稀粪，间或带血丝，或排蛋清样恶臭稀粪。病羊头、喉及舌肿大。

（2）羊猝疽：病程短促，常未及见到症状即突然死亡。有时发现病羊掉群、卧地，表现不安，衰弱，痉挛，眼球突出，在数小时内死亡。

（3）防治措施：①在该病常发地区，每年要定期注射1～2次羊快疫、猝疽二联菌苗或快疫、猝疽、肠毒血症三联苗。②发生该病时，将病羊隔离，并将所有未发病羊只转移到高燥地区放牧。③加强饲养管理，防止受寒感冒，避免羊只采食冰冻饲料，早晨放牧不要太早。④用菌苗进行紧急接种。

12. 羊肠毒血症

（1）主要症状：羊肠毒血症又名软肾病。病程急速，发病突然，有时见到病羊向上跳跃，跌倒于地，发生痉挛，于数分钟内死亡。病程缓慢的表现兴奋不安，磨牙。喜食泥土或异物，头向后倾或歪向一侧，做转圈运动或头下垂抵靠墙壁、棚栏、树木等物。有的病羊呈现步行困难，侧身卧地，口吐白沫，腿蹄乱蹬，全身肌肉发抖等症状。

（2）防治措施：①加强饲养管理，精、粗、青料搭配要合理，防止过食，合理运动。②疫区应在每年发病季节前，注射羊肠毒血症菌苗或羊肠毒血症、快疫、猝疽三联菌苗。③当疫情发生时，应注意将尸体深埋处理，并对污染场地进行彻底消毒。

13. 牛附红细胞体病

（1）主要症状：多数呈隐性经过，因受应激因素刺激而出现临床症状。表现精神沉郁，食欲下降或废绝，异食沙石、泥土，体温升高达40～42℃，眼、口腔和鼻黏膜苍白、变黄，呼吸急促，反刍和嗳气停止，流涎，流泪。有时粪便带暗红色血液，尿呈淡黄色。孕牛流产。

（2）防治措施：①加强饲养管理，搞好环境卫生。定期消毒驱虫，杀灭蚊蝇等昆虫。在夏初，牛场内可采用0.12%蝇毒磷、0.15%敌杀磷或0.5%马拉硫磷等喷洒牛体。②对发病牛场可用药物预防，每年在发病季节前（5月）用贝尼尔进行预防注射，用量为3～7毫克/千克体重，隔10～15天再注射1次，或用四环素注射，土霉素混饲料喂服，可阻止病原体的感染。

14. 牛、羊螨虫病

（1）主要症状：病畜剧痒，被寄生的牛、羊不断地在围墙、栏柱、槽等处摩擦；体表出现结节、痂皮和大面积脱毛，严重的皮肤干燥而龟裂，多见于嘴唇四周、眼圈、耳壳内面、耳根、尾根、颈、肩和垂肉等处，严重时波及全身，病畜迅速消瘦。

（2）防治措施：①治疗。局部涂药，药物可用5%敌百虫或20%杀虫脒，涂擦患部；药淋疗法，在温暖季节进行，将药物稀释后喷到病畜身上，常用的药物有双甲脒、溴氰菊酯、螨净等；注射疗法，牛、羊每千克体重颈部皮下注射0.2毫克伊维菌素，或每千克体重颈部皮下注射10毫克碘硝酚。②预防。每年定期淋药；经常检查牛、羊群有无发痒、脱毛现象，及时发现，及时隔离饲养并治疗；畜舍要干燥、宽敞、透光、通风良好，注意消毒和清洁卫生，饲养密度要适宜。

15. 牛梨形虫病

（1）主要症状：病牛体温升高达40～42℃，黏膜变黄。呼吸心跳加快，肌肉震颤，食欲减退，反刍停止，精神沉郁，产奶量急剧下降。一般在发病3～4天后出现贫血、黄疸，并排红褐色尿液，粪便为黄棕色。被感染病牛迅速消瘦及衰弱，全身无力，起立及行动艰难，不能迈步，有时卧地不起，孕牛大多数流产，严重的在1周内死亡。

（2）防治措施：①消灭蜱的滋生地，经常做好圈舍清理工作，铲除场内粪便、褥草。②排除积水，定期进行全场消毒，造成不利于蜱发育繁殖的环境，以达到消灭蜱类的目的。③发现病牛立即注射抗梨形虫病药物如贝尼尔，每千克体重用3～5毫克，配成5%水溶液肌肉注射，每天1次，连用3天，但该药对水牛毒性较大，用药1次即可；或用黄色素，每千克体重用3～4毫克，配成1%溶液静脉注射，必要时隔日再用药1次。

16. 肝片形吸虫病

（1）主要症状：体温升高，精神不振，食欲下降，皮毛粗乱易脱落，无光泽，产奶量降低。腹泻，肝区疼痛，结膜黄染，迅速消瘦，可在几日内死亡；有的主要在颈下部、胸腹下部水肿。病牛死后肝脏、胆管扩张，可见大量寄生的肝片形吸虫。

（2）防治措施：①预防。定期驱虫，每年进行3次，第一次在3月，以后每隔3个月进行第二、第三次驱虫。加强饲养管理，粪便堆积发酵，利用生物热杀死粪便中的虫卵；消灭椎实螺，以切断本虫的传染途径。可用化学药物灭螺，如血防67和硫酸铜等；尽可能在高燥地区放牧。牛饮水最好用自来水、井水或流动的河水，并保持水源的清洁，以预防感染。②治疗。可选用下列药物：硝氯酚，按每千克体重用6毫克，制成丸剂口服，或配成混悬液灌服；丙硫咪唑，每千克体重羊用15～20毫克，牛用10～20毫克，灌服；肝蛭净，每千克体重，羊用8～12毫克，牛用10～15毫克，配成10%混悬液灌服；蛭得净，每千克体重牛、羊均为10～12毫克，口服。

17. 犊牛新蛔虫病

（1）主要症状：被感染犊牛在出生2周出现症状，表现为咳嗽、食欲减退和精神沉郁、消化异常、腹泻、排稀便或血便、腹部臌胀、腹痛。病犊软弱无力，被毛粗乱。出现肺炎，临床上出现咳嗽，呼吸困难。

（2）防治措施：①定期驱虫，犊牛1月龄和5月龄各驱虫1次，每千克体重用丙硫咪唑按 5～10 毫克，配成悬浮液灌服；也可用左旋咪唑，每千克体重 8～10 毫克，口服。②保持圈舍清洁卫生，经常打扫，勤换垫草，粪便进行堆积发酵，利用堆积发酵的温度杀死虫卵，同时保持饲料、饮水清洁卫生，减少蛔虫虫卵的污染。③在流行地区，母牛和犊牛应隔离饲养，以减少感染。④可用丙硫咪唑（抗蠕敏）、左旋咪唑治疗（用法同上）。

18. 硬蜱

（1）主要症状：硬蜱俗称“壁虱”“草爬子”“狗豆子”，是牛、羊等家畜体表的一类吸血性体外寄生虫。虫体呈红褐色，背、腹扁平，头、胸、腹融合在一起。吸血导致牛、羊贫血、皮肤炎症，干扰其正常采食和休息，大量寄生时可引起牛、羊消瘦，贫血，发育不良，产乳量下降和皮质量降低等。叮咬使牛、羊皮肤水肿、出血和发炎。蜱的唾液腺能分泌毒素，使牛、羊厌食、代谢障碍、体重减轻和运动神经传导障碍等。

（2）防治措施：主要采用药物灭蜱。①在冬季和初春，选用粉剂，用纱布袋撒布，药物选择有 2%害虫敌，牛每头 40～80 克，羊每只 10～30 克，每隔 10 天处理 1 次。②在温暖季节选用 5%敌百虫向动物体表喷洒，牛每头 300～400 毫升，羊每只 100～150 毫升，每隔 2～3 周喷洒 1 次；伊维菌素每千克体重用 0.2 毫克，皮下注射，每隔 12 天注射 1 次。③做好畜舍灭蜱，把畜舍内墙抹平，向墙、槽、地面等裂缝撒入杀蜱剂，可用新鲜石灰、黄泥或水泥堵塞畜舍墙壁的缝隙和小洞。舍内经常喷洒药物，如 0.05%～0.1%的溴氰菊酯、石灰粉、5%敌百虫等，同时清除杂草和石块等杂物。

19. 瘤胃积食

（1）主要症状：瘤胃积食也叫瘤胃滞症，中兽医称为宿草不转。病初食欲、反刍、嗳气减少或停止，站立不安，回头顾腹，上槽时步行缓慢，后肢踢肚，磨牙，摇尾，呻吟；腹部膨大，左腹部隆起，中下部向外突出。严重时呼吸急促，黏膜发紫。如果治疗失误和病程过长，奶牛泌乳量减少或停止。皮温不整，四肢、角根和耳冰凉；全身中毒加剧，站立不稳，步态蹒跚，肌肉震颤，全身战栗，眼窝下陷，全身衰竭，卧地不起，处于昏迷状态。

（2）防治措施：①治疗。停喂 1～2 天，防腐止酵，用鱼石脂 30 克、75%酒精 100 毫升、水2 000毫升，混合后 1 次灌服；内服泻剂，牛可用硫酸镁或硫酸钠 400～800 克，鱼石脂 30 克，加水5 000毫升，混合 1 次灌服。由谷物或豆类饲料引起的可服油类泻剂，如石蜡油1 000～2 000毫升或花生油 500 毫升内服。②预防。加强饲养管理，防止过食，特别是稻草、甘薯藤、干玉米秸，不能喂太多，对奶牛和肉用牛逐渐增加精料，使其有一个适应过程。做好饲料保管工作，加固牛栏防止牛跑出来偷吃过多精料。

20. 瘤胃臌气

（1）主要症状：常在采食过程中或采食后突然发病，左腹部急剧膨大，垂头弓背，四肢缩于腹下，腹痛不安，踢腹，时起时卧，严重者呼吸困难，眼球突出，全身出汗，张口伸舌，口内流出泡沫状唾液，两前肢张开，结膜发紫，最后倒地窒息死亡。

（2）防治措施：①治疗。瘤胃穿刺放气，用长针头穿入瘤胃，缓慢放气，然后用福尔马林 10～15 毫升，或 0.25%普鲁卡因溶液 50～100 毫升，或青霉素 100 万单位，经针头注入瘤胃；用松节油 30～40 毫升，加水适量灌服，花生油 500～1 000毫升，加水适量灌服；为了防止复发，要促使舌头不断运动以利于嗳气，可用一根长 30～40 厘米的光滑圆木棒，上面涂上鱼石脂卡在病牛口中，两端用细绳系在牛头角根后固定，实践证明此方法既简便又有效。②预防。不过多饲喂多汁幼嫩饲料；在饲喂多汁饲料时应配合干草；幼嫩牧草饱食后易发酵，应晒干后掺杂干草饲喂，喂量应有所限制；不喂披霜带露的、堆积发热的和腐败变质的饲草、饲料；在放牧或改喂青绿饲料前一周，先混合饲喂青干草和秸秆，然后再放牧或喂青绿饲料，以免饲料骤变发生过食；注意饲料保管，防止霉败变质；注意精粗料合理配比和矿物质的供给，防止继发性臌气的发生。

21. 产后瘫痪

（1）主要症状：病牛呈现出短暂的兴奋和搐搦。敏感性增高，四肢肌肉震颤，食欲废绝，站立不动，摇头、伸舌和磨牙。行走时，步态踉跄，后肢僵硬，共济失调，左右摇摆，容易摔倒。被迫倒地后兴奋不安，极力挣扎，试图站立，当能挣扎站起后，四肢无力，步行几步后又摔倒卧地。也见有只能前肢直立而后肢无力，呈犬坐样。几经挣扎后，病牛站立不起便安然卧地。卧地有伏卧和躺卧两种姿势。精神高度沉郁，眼睑闭合，全身软弱不动，呈昏睡状，若治疗不及时，常可致死亡。

（2）防治措施：①钙剂疗法。常用的是 20%葡萄糖酸钙液 500～1 000毫升，或 5%氯化钙液每次 500～700 毫升，静脉注射，每天 2 次或 3 次。典型的产后瘫痪病牛在补钙后，表现出肌肉震颤、打嗝、鼻镜出现水珠、排粪、全身状况改善等。如与促反刍液或新促反刍液、安钠咖、氢化可的松或地塞米松结合静脉注射则疗效更好。多次使用钙剂而效果尚不显著者，可用 5%磷酸二氢钠注射液 500～1 000毫升，或 10%硫酸镁注射液 150～200 毫升，1 次静脉注射（与钙剂交替使用，能促进痊愈）。②对症治疗。加强护理，多铺垫草，勤翻畜体，注意保温；臌气者，穿刺瘤胃放气；直肠宿粪可灌肠；注意不要经口投药，因咽喉麻痹，易引起异物性肺炎。③预防措施。加强干乳期母牛的饲养管理，提高母牛的抗病能力。对产前 1 个月的奶牛调整日粮中钙、磷比例，将钙、磷比例由 2∶1 调整为 1.5∶1；对产前 1 周的奶牛每天肌肉注射维生素 D_3 或维丁胶性钙 20 毫升，直至分娩。

22. 感冒

（1）主要症状：病畜食欲减退，体温升高，眼睛充血，流泪，眼睑轻度浮肿，精神沉郁，怕寒，耳尖、鼻端发凉。鼻黏膜充血，鼻塞。最初流水样鼻液，随后转为黏液或黏液脓性鼻液，咳嗽，呼吸加快。口黏膜干燥，舌苔薄白；牛鼻镜干燥，并出现反刍减弱，瘤胃蠕动减弱，如不及时治疗，易继发支气管炎。

（2）防治措施：①治疗。该病治疗应以解热镇痛、抗菌消炎为主。可肌肉注射复方氨基比林液 20～40 毫升；或 30%安乃近液 20～40 毫升，每天 1～2 次；或畜毒清 10～20 毫升，肌肉注射。若为风热感冒，可用银翘解毒丸或羚翘解毒丸 15 个（犊牛减半），捣碎用水冲服，每天 2 次。为预防继发感染，在使用解热镇痛剂后，体温仍不下降或症状没有减轻时，可适当使用磺胺类药物或抗生素。②预防。除加强饲养管理，增强机体耐寒性锻炼外，主要应防止牛、羊突然受寒。如防止贼风吹袭，使役出汗时不要把牛拴在阴凉潮湿的地方，冬季气候突然变化时注意采取防寒措施。

23. 中暑

（1）主要症状：中暑又称日射病、热射病。日射病是牛、羊在炎热的季节中，头部持续受到强烈的日光照射而引起脑及脑膜充血和脑实质的急性病变。病初精神沉郁，四肢无力，突然倒地，四肢做游泳样运动。病情发展急剧，静脉怒张，呼吸急促，结膜发绀，瞳孔初散大，后缩小。皮肤、角膜、肛门反射减退或消失，常发生剧烈的痉挛或抽搐而迅速死亡。热射病是牛、羊所处的外界环境气温高，湿度大，产热多，散热少，体内积热而引起的严重中枢神经系统机能紊乱的疾病。发病突然，体温急剧上升，高达 41℃以上，皮温增高，出现大汗或剧烈喘息。病畜站立不动，行走时体躯摇摆呈醉酒样，或倒地张口喘气，两鼻孔流出粉红色、带小泡沫的鼻液。眼结膜充血。后期病畜呈昏迷状态，意识丧失，四肢划动，呼吸浅而快，血压下降。

（2）防治措施：①治疗。将病牛、羊移至阴凉通风处，若病畜卧地不起，可就地搭起荫棚，保持安静。不断用冷水浇洒全身，或用冷水灌肠，口服 1%冷盐水，或于头部放置冰袋，亦可用酒精擦拭体表。体质较好者可放血适量（牛 1 000～2 000毫升，羊 100～300 毫升）。亦可用西瓜5 000克、白糖 250 克，混合灌服，或新鲜人尿1 000毫升、鸡蛋 5 个调服。如果病牛昏迷，可用 25%尼可刹米 10～20 毫升，或 20%安钠咖 10 毫升交替注射。②预防。炎热夏季使役不能过重，时间不能过长，防止日光直射头部。长途运输不能拥挤或过急过快，注意通风，随时供给清洁饮水。

24. 有机磷农药中毒

（1）主要症状：牛、羊吃了被有机磷农药污染的饲料或驱虫时药用量过大都会引起中毒。轻度中毒表现为食欲大减或废绝，反刍停止、流口水、口吐白沫、腹泻、出汗、呼吸困难；中度中毒除上述表现外，还出现抽搐、麻痹，最后呼吸肌麻痹窒息死亡；重度中毒表现为兴奋不安、狂躁不安，然后昏迷，很快死亡。

（2）防治措施：①治疗。先用阿托品 0.05 克，肌肉注射，严重的 1 小时重复 1 次，然后用解磷啶或氯磷定 6～8 克，加入 10%葡萄糖 1000 毫升，静脉注射或用水稀释肌肉注射。为除去尚未吸收的毒物，经皮肤沾染中毒的，可用 5%石灰水、0.5%氢氧化钠液或肥皂水洗刷皮肤；经消化道中毒的，可用 2%～3%碳酸氢钠液或食盐水洗胃，并灌服活性炭。但如是敌百虫中毒，不能用碱性液洗胃或洗皮肤。②预防。加强对农药保管和使用，喷过农药的田地，7 天内牛、羊不得进入。喷过农药的青草，1 个月内不准用于喂牛、羊；用药驱虫后禁止牛、羊舔食。

25. 氢氰酸中毒

（1）主要症状：主要是牛、羊采食玉米苗、南瓜藤、木薯叶等含氰苷配糖体类植物而引起中毒。病畜表现呼吸困难，张嘴伸颈，可视黏膜发紫，流出泡沫状唾液，站立不稳，呻吟苦闷，肌肉痉挛，全身或局部出汗，全身无力，行走站立不稳。严重的很快倒地，瞳孔散大，排尿失禁，呼吸中枢麻痹而死亡。

（2）防治措施：①治疗。用 3%亚硝酸钠溶液，每千克体重用 6～10 毫升，缓慢静脉注射，然后静注 5%硫代硫酸钠，用量为每千克体重 1～2 毫升。②预防。要防止牛、羊进入长有玉米苗、南瓜藤、木薯叶的地内偷吃幼苗；对氰化物农药，应严加保存，以防污染饲料或被牛、羊误食。

26. 亚硝酸盐中毒

（1）主要症状：富含硝酸盐的饲料包括甜菜、萝卜、马铃薯等块茎、块根类，白菜、油菜等叶菜类，各种牧草、野菜、农作物的秧苗和秸秆（特别是燕麦秆）等。当牛、羊食入已形成的亚硝酸盐后发病，表现为呼吸困难，有时发生呕吐，共济失调，四肢无力，皮肤、黏膜发绀，血液变为褐色，四肢末端及耳、角发冷。出现上述症状后若能耐过，很快恢复正常，否则很快倒地死亡。但若是在瘤胃内转变为亚硝酸盐，则常在采食之后 5 小时左右突然发病，除上述中毒的症状外，还有呕吐、流涎、腹泻、腹痛等硝酸盐的刺激症状。病程可持续 12～24 小时，最后因中枢神经麻痹和窒息而死亡。

（2）防治措施：①治疗。特效解毒剂为亚甲蓝（美蓝）和甲苯胺蓝，同时配合使用维生素 C 和高渗葡萄糖注射液。临床上常使用 1%亚甲蓝注射液，牛、羊按每千克体重 0.5～0.8 毫升静脉注射。也可用 5%甲苯胺蓝注射液，牛、羊按每千克体重 0.1 毫升静脉注射、肌肉注射或腹腔注射。维生素 C（牛 4～5 克，配成 5%注射液）肌肉或静脉注射。②预防。在饲喂含硝酸盐多的饲料时，最好鲜喂，且需限制饲喂量。青绿饲料贮存时，应摊开存放，不要堆积一处，以免发生反应产生亚硝酸盐。

27. 黄曲霉毒素中毒

（1）主要症状：该病的发生是由于家畜吃了被黄曲霉毒素污染的花生等豆类、玉米、麦类、酒糟及其他农副产品所致。表现精神沉郁，厌食，消瘦，震颤，磨牙，角膜浑浊，间歇性腹泻，排出混有血凝块的稀粪，里急后重，脱肛。乳牛产乳量减少或停止，有的发生流产。出现神经症状，突发转圈运动，最终多在昏迷状态下死亡。

（2）防治措施：①治疗。该病尚无特效疗法。当发现中毒后，立即停喂发霉饲料，改喂容易消化的青绿饲料，并加强护理，轻病例可以得到好转。对严重病例，内服盐类泻剂，可用硫酸镁、滑石粉各 500～700 克（牛），加水 3000 毫升，1 次内服；用葡萄糖酸钙注射液静脉注射。②预防。做好饲料的防霉工作，控制饲料含水量，饲料不能遭受雨淋、堆积发热，以防止霉菌生长繁殖。对发霉的饲料，未经去毒处理的不得作饲料使用。

六、巴马香猪

（一）养殖场地的建造

1. 场址选择

在进行场址选择时，最好选择地势较高、背风向阳、排水方便的地方来建造猪舍。猪舍应远离居民区，并配有齐全的水电设备。

2. 猪舍的设计

猪舍可以设计成单列式或双列式，无论哪种方式，只要用得方便即可。猪舍用砖石彻墙，水泥抹面，以便冲洗打扫，保持猪舍清洁，舍外还要设置运动场，面积为猪舍面积的 2～3 倍，以让香猪在运动场上自由活动，猪舍外还要设置消毒室和饲料库等。

工作人员进入猪场前一定要严格消毒。具体操作要严格按照各猪场的消毒程序来进行。

（二）香猪的繁殖

饲养员一般在 3 月龄时对种香猪进行挑选，种香猪要选择体态度端正、体形流畅，发育良好，肩承丰满，背毛顺畅，而且活泼好动、反应灵敏的健康香猪。种公香猪要选择性欲强、生殖器官无缺陷、精力充沛、性情温顺的个体；种母香猪要选择母性好、性格温和的个体。

（三）成年种公香猪的饲养管理

种公香猪一般从 3～4 月龄开始启用，使用年限为 5～6 年以上。公猪初次配种，每周可交配 1～2 次，不能过于频繁，随着公猪的长大，每周可交配 4～5 次。

种公香猪饲料配方：草粉 55%，玉米 20%，豆粕 5%，麸皮 20%，另添加 0.3%的食盐。草粉一般用花生壳、地瓜秧、玉米秆、木须等干草碾碎成粉做成的。

配好的饲料加温水搅拌至粥状即可投喂。其他时期的饲料都是采取这种方式进行饲喂的。

对种公香猪的饲养管理，能够保持其生长及原有体况即可，饲喂时不要喂得太饱，以免影响配种。3～4 月龄每天每头投喂 0.5～0.75 千克，每天投喂 3 次，随着个体的增长投喂量不断增加，除饲喂外，还要给种公猪提供洁净的饮水。

（四）母香猪的饲养管理

1. 后备母香猪的饲养管理

后备母香猪是指已达到适龄配种，但还没有配上种的 4～5 月龄的母香猪，这个时期的工作是为配种妊娠储备营养。

后备母香猪饲料配方：草粉 40%，玉米 35%，豆粕 5%，麸皮 20%，食盐 0.3%。每天每头投喂 0.75～1.0 千克，每天投喂 3 次，并提供洁净的饮水。投喂量根据母香猪的个体大小进行适量调整。

（1）性成熟及发情期鉴定：香猪一般在出生后 3～4 月龄就可达到性成熟，一年四季都可以发情。公香猪 3 月龄就可以开始交配，母香猪一般在 4～5 月龄开始交配。母香猪的发情周期一般为 15～21 天，鉴定母香猪发情的方法有 2 种，一是母香猪的阴户红肿，说明母香猪正在发情，二是用公猪试交时，母猪接受公猪爬胯，也说明母香正在发情；公香猪的发情是出现爬胯现象。

母香猪发情后就可以与公香猪进行自由交配，交配后 8～12 小时再补配 1 次，以提高交配的成功率。

（2）妊娠症断：如果母香猪在配种后 30～40 天内没有再出现发情，并且又表现安静、行动稳重、食量增大，腹部变大等现象，可初步判断为已经怀孕。

2. 妊娠期母香猪的饲养管理

妊娠期是指母香猪从怀孕至产下小猪的这个阶段，历期 112～116 天。母香猪在妊娠期间要保证日粮供应，营养合理，以确保胎儿良好的生长发育，减少胎儿死亡率，同时还要保证母香猪产后有良好的体况和泌乳功能。

（1）妊娠前期：母香猪妊娠 1 个月以内的这段时期称为妊娠前期。这个阶段管理得好，坐胎率就高，否则容易引起死胎。

妊娠前期饲料配方与种公猪配方相同。种公猪的饲料配方的营养成分是比较高的，可以满足妊娠前期母香猪胎儿的营养需要，保证坐胎率高。

每天每只投喂 1.0～1.5 千克，每天投喂 3 次，并提供充足而洁净的饮水。

（2）妊娠中期：妊娠中期是指母香猪妊娠 30～85 天的这个阶段。这段时期胎儿发育慢，需要的营养物质少，一般饲喂即可满足需要。因此，在管理上可采用粗放性管理。

妊娠中期饲料配方：草粉 65%，玉米 15%，豆粕 5%，麸皮 15%，另添加 0.3%的食盐。

每天每头喂 1.0～1.5 千克，每天喂 3 次，并提供充足而洁净的饮水。

（3）妊娠后期：妊娠后期是指母香猪妊娠 85 天至仔猪出生的这个阶段。妊娠后期的母香猪采用单栏饲养，有利于保胎。

妊娠后期饲料配方：草粉45%，玉米35%，豆粕5%，麸皮15%，另添加0.3%的食盐。

每天每头喂1.5～2.0千克，每天喂3次，并提供充足而洁净的饮水。饲料配方和投喂量要根据母香猪的个体肥瘦进行灵活调整。

3. 母香猪分娩前后的管理

母香猪的产房要彻底清扫并全面消毒，消毒剂可选用碱类消毒剂如火碱水，或氯类消毒剂如84消毒液，按说明书的要求进行使用。

在分娩的前一周将母香猪赶入产房，准备好干净的衣布和照明用灯等，冬季还要准备好仔猪保温箱和保温灯等。当用手挤压母香猪乳头有白色乳液流出时，说明母猪就要临产了。在临产前，饲养员要密切观察母香猪分娩前的不安情绪，当母香猪的羊水破了，说明母猪随时可能分娩。当母香猪产出胎衣，说明分娩过程结束。

分娩后在母香猪的耳后注射1毫升缩宫素注射液，目的是加强母香猪产后恢复，还要在另一只耳后注射3毫升盐酸林可霉素注射液，以提高母猪产后的抵抗力。

分娩当天和分娩后1～3天，只喂母香猪少量麦麸水即可。麦麸水其实主要是水，只是为增加适口性加入少量的麦麸（也可以用米糠代替麦麸）。投喂麦麸水的目的是为了让母香猪的奶水不多不浓，小仔猪吃了后就不会引起胀肚、拉稀等消化不良现象，从而大提高了小猪仔的存活率，还有一个原因是母香猪分娩前后运动量很少，容易消化不良，投喂麦麸水的目的就是让母香猪的肠道畅通。

4. 哺乳期母香猪的饲养管理

母香猪分娩后进入哺乳期。母香猪从分娩后到仔猪断奶前的这段时期称为哺乳期。

母香猪在哺乳期，一方面自身体能要恢复，另一方面还要分泌乳汁供仔猪生长。母香猪哺乳期如果蛋白质不足就会影响断奶后的发情和受孕，特别是对初产的母香猪更是如此。因此，在这一时期要投喂足够的蛋白质，以保证母香猪断奶后及时发情和排卵。

哺乳期饲料配方：草粉45%，玉米35%，豆粕5%，麸皮15%，另添加0.3%的食盐。

每天每头喂1.5～2.0千克，每天喂3次，并提供充足而洁净的饮水。饲料配方和投喂量要根据母香猪的个体肥瘦进行灵活调整。母香猪在这一时期需要大量的饮用水才能保证充足的泌乳量。

母香猪哺乳期要保持猪舍内清洁干燥和通风良好，并随时清扫粪便，冬季注意防寒保暖，夏季注意防暑。

5. 空怀母香猪的饲养管理

空怀母香猪是指断奶后至下一次怀孕前的母香猪。

对于空怀母香猪要做好复壮的工作，为配种妊娠储备营养。

空怀母香猪饲料配方与种公猪的饲料配方相同。

每天每头喂 1.0～1.5 千克，每天喂 3 次，并提供充足而洁净的饮水。注意投喂量要根据母猪的膘情和体质进行灵活调整。

（五）仔猪的饲养管理

仔猪从出生、育肥到出栏的全过程，分为哺乳仔猪期饲养管理和断奶仔猪期饲养管理 2 个阶段。

1. 哺乳仔猪期饲养管理

从小猪出生至 30 日龄的这段时期称为哺乳仔猪期，又称乳猪期。

（1）擦拭新出生小猪，让小猪尽快吃到初乳。对新出生的仔猪要用清洁的衣布或毛巾擦干身上的黏液并吸出口腔和呼吸道的黏液、羊水等，以免仔香猪发生窒息。之后将仔猪放入保温箱中，使仔猪的身体快速干燥，然后就可以喂奶。

母香猪分娩后的乳汁分为初乳和常乳，初乳为分娩后 24 小时之内分泌的乳汁，含有较多免疫球蛋白，通常比较浓，同时初乳中还含有镁盐，因此仔猪出生后要尽快吃到初乳以增强抗病能力。将仔猪从保温箱内赶出，让仔猪寻找母猪吃奶。哺乳时，仔猪头部左右摆动，试探着前进，靠触觉寻找乳头，体质弱行动不灵的仔猪应给予人工辅助，让其吃到乳汁。仔猪活动能力不强，容易被母猪压伤，接触不到母猪的仔猪容易受冻挨饿，所以护理人员要加强看护。

（2）断脐带（待仔猪吃到初乳后，再给仔猪断脐带）：脐带的功能是给仔猪输送营养，仔猪吃到初乳的同时，也吸收了很多脐带血，这时再给仔猪断脐带，出血就不多。断脐带时在离仔猪肚脐 3～5 厘米处用干净的手掐断即可。用手掐断脐带，脐带断端愈合性较好，所以基本上不出血。

（3）断仔猪牙：断脐带后，还需要对仔猪进行断牙。仔猪的牙很尖，如不及时断牙，逐渐长大的仔猪吃奶时会把母猪的乳房咬伤，所以在仔猪吃到初乳后要尽快断牙。断牙的方法是将钳子放到 0.1％～0.2％高锰酸钾溶液中浸泡 10 分钟左右消毒。然后用钳子断去小香猪牙的 1/3，断掉上下 8 颗牙。

（4）服抗菌药：断牙之后还要给仔猪口服抗菌药物，将 1 克硫酸链霉素和 4 毫升硫酸庆大霉素液对混均匀，然后分别给每头仔猪口服 0.5 毫升兑混好的液体，以提高仔猪的抵抗力。

由于仔猪背毛稀少、皮下脂肪少，保温能力差，体温调节机能较低，要注意防寒保暖。仔猪出生当天，最适宜的温度为 30℃左右，存活温度不能低于 15℃，可采用地暖、保温箱、保温灯、垫布等措施进行保温。从出生7～10天后可喂碾碎的开口料，对小猪进行补饲，让小猪认识饲料并自由少量采食，以补充小猪的营养，锻炼小猪的消化功能。

出生15～30天仔猪饲料配方：炒熟的小麦20%，草粉5%，玉米65%，豆粕7%，麸皮3%，另添加0.3%的食盐。

将饲料用开水调成粥状，投喂时可适当撒些开口料吸引仔猪，一窝仔猪每天投喂量不超过0.25千克，每天投喂3～4次，到30天时仔猪就会自己吃料，便可断奶。

2. 断奶仔猪期饲养管理

仔猪从断奶之日至90日的这段时期称为断奶仔猪期。

为减轻仔猪断奶后失去母猪的不安，开始只将母猪调走，仔猪不离圈不分群，在断奶后7天，采食正常，排出的粪便正常后再分群，分群的原则一般根据仔猪的性别、个体大小、采食快慢进行分群。

(1) 前期仔香猪：从断奶之日至60天左右的仔香猪称为前期仔猪。

前期仔香猪饲料配方：草粉10%，玉米70%，豆粕10%，麸皮10%，另添加0.3%的食盐。

每天每头喂150～250克，每天喂3～4次，当前期仔猪体重达到5～6千克时，就可以用来制作烤乳猪。

(2) 后期仔香猪：仔猪在2～3个月大的这一时期称为后期仔猪。

后期仔香猪饲料配方：草粉20%，玉米58%，豆粕7%，麸皮15%，另添加0.3%的食盐。

每天每头喂0.5千克左右，每天喂3次，饲养员要根据仔猪个体的大小适当调整投喂量。

（六）育肥香猪的饲养管理

仔猪出生90天后就可以进行留种挑选，没有被选作留种用的香猪进入育肥阶段的管理。香猪从3月龄至7月龄的这段时期称为育肥期。

育肥期香猪饲料配方：草粉70%，玉米10%，豆粕5%，麸皮15%，另添加0.3%的食盐。

育肥前期3月龄每头每天喂0.5千克饲料，随着育肥猪个体的长大，逐渐提高投喂量，至育肥后期6月龄时，每天每头喂1.5千克饲料。冬季一天喂3次，夏季早晚投喂1次，除了早晚外，其他时间都在运动场上吃草、运动。育肥期的饲料配方和投喂量要根据个体大小和环境进行适当调整。育肥期的香猪随时都可以出栏销售。

香猪在日常喂食中已吃进大量草粉，也就是粗饲料，可以在每次喂后再喂一些青菜和青草，让香猪自由采食。到了夏季，每天将香猪放到运动场上运动让其自由吃草。运动可以增强香猪体内的新陈代谢，增强食欲，促进香猪体内各系统健康发育，所以要每天将香猪放到运动场中运动，一般冬天每天运动 2 小时，夏天每天运动 5～6 小时。

（七）疾病的预防和治疗

由于香猪的抗病能力强，不容易得病，因此，在香猪的一生中，只在仔猪出生20～25 天注射 1 次猪瘟疫苗就可以。饲养员要每天打扫猪舍，及时清理粪便，平均每 7 天进行 1 次消毒，保持环境清洁，常用的消毒液有 3%～5%来苏儿溶液、10%～20%漂白粉溶液、0.3%～0.5%过氧乙酸溶液、0.1%～0.3%消毒灵溶液等，这些消毒用品要按说明书的要求进行配制和使用。另外，为了防止病菌产生抗药性，这些消毒液要交替使用，饲养员还要每天观察记录香猪的采食情况，发现问题及时查明原因，采取相应措施。

七、南美白对虾养殖技术

（一）人工育苗

1. 育苗场地的选择

育苗场应建在交通方便、电力供应充足、远离民居区、通信便捷、海水洁净且易抽取，且海区水质盐度长年稳定在26‰～34‰，淡水水源充足的海边。

2. 育苗场的基本设施设备

（1）育苗室：育苗室一般是砖木结构，要求透光、保温、防雨、通风和抗风性能好。房顶可采用玻璃钢波形瓦或塑料布，四壁应有高大的窗户。

（2）育苗池：室内育苗池的形状以长方形为好，一般池深为1.7米左右，容积为20～40立方米，用砖砌成，水泥浆抹面。育苗池为半埋式，池底向一边略倾斜，以利于底部排水、排污。在排水孔外设置集苗槽，槽的大小为1.2米×1.0米×0.8米，槽底低于排水孔30～40厘米。

（3）饵料生物池：饵料生物池可培养单细胞藻类、轮虫、丰年虫等生物性饵料，供虾苗幼体摄食。饵料生物池面积为4～10平方米，水深0.5～1.0米。丰年虫卵孵化池可采用体积为2立方米的玻璃钢孵化槽。

（4）亲虾培育池：亲虾培育池面积为20～30平方米，深度约为1.2米，池子为长方形，最好为半埋式，要求保温性好，还要能够调节光线，要利于进排水、吸污、充气和日常管理活动。

（5）产卵孵化池：产卵孵化池一般面积为3～5平方米，水深1米，池子多为长方形或圆形。池底要高出育苗池水面，使受精卵孵化出的幼体能自动流入育苗池。

（6）供水系统：供水系统包括蓄水池、沉淀池、过滤池、水泵、进水管、出水管。海水经沉淀过滤后输送到产卵孵化池、藻类池、丰年虫孵化池、育苗池。蓄水池一般兼作沉淀池使用，水容量为育苗总水体水量的一半。最好分隔为2个池，以便于清洗，轮流使用。产卵、孵化育苗及饵料生物培养的用水必须经过过滤，除去海水杂质及敌害生物。过滤池高1.5～2.0米，面积以5～20平方米为宜。输水管道及水阀门以塑料或聚丙烯材质为好，严禁使用金属管道。

（7）供气系统：供气系统主要包括充气机、送气管道、散气石。充气机通常采用罗茨鼓风机或空气压缩机。

（8）增温设施：育苗要求水温稳定，广西培育虾苗在11月至翌年4月都要使用增温设备。通常使用锅炉或电加热棒供热增温。

（9）供电系统：育苗期间不能断电，为防止电力供应不正常，需配备 2 套发电机组，以保证正常供电。

3. 人工繁殖

（1）亲虾培育：亲虾要求体长在 12 厘米以上，体重在 25 克以上，身体健康无损伤。亲虾按雌、雄比例 1 ∶ 1 或 2 ∶ 1 放入室内池蓄养，密度为 5～6 尾/平方米，水温为 26～27℃，盐度为 3‰～35‰。强化营养培育，主要投喂鲜牡蛎肉、乌贼或沙蚕等动物性饵料，早晚各 1 次。培育期间，光照强度控制在 200 勒克斯以下，并保持水质良好。

（2）性腺催熟：利用池养的成虾作为亲虾，需要进行性腺催熟，目前常用的方法是切除眼柄法，以人工诱导亲虾性腺发育成熟。成熟的雌虾有明显的橘红色卵巢，雄虾则在第五对步足基部外侧有 1 对白色的精荚。

（3）诱导交配产卵：将性腺成熟的亲虾按雌、雄比例 1 ∶ 1 放入产卵池中，密度为 6～12 尾/平方米，采用人工诱导与自然交配相结合的方法促使亲虾交配、产卵。雌、雄虾在产卵前几个小时交配，交配后的雌虾在夜间至凌晨产卵。

（4）集卵孵化：亲虾交配产卵后，在第二天早上收集卵并洗卵，计数后将受精卵放入孵化池中进行孵化。经 5～6 个小时孵化出无节幼体。

（5）虾苗培育：刚从受精卵孵出的幼体为无节幼体，经过 6 次蜕壳，在水温 27～30℃时约需 48 小时成为蚤状幼体，这个阶段靠体内的卵黄提供营养，不需喂饵。蚤状幼体经过 3 次蜕壳，3～4 天后成为糠虾幼体。再经过 3 次蜕壳，3～4 天后进入仔虾期，此时虾苗体长约 0.5 厘米。仔虾经过 10 天左右的培育体长达 1 厘米左右，即可出育苗池。育苗期间，不同的幼体阶段选择投喂蛋黄、螺旋藻粉、虾片、浮游生物、微粒饲料、丰年虫幼虫等饵料，每天投喂 8～12 次。

（二）养殖方式

1. 高位池养虾

虾池建于沙滩高潮线以上的位置，避免台风袭击破坏，依靠机械提水进行高密度养殖。池形为圆形或近圆形，以在池中央设排水口为好，以便在增氧机增氧时使池水形成环流，池中污物聚集到池中央排出，维持良好的养殖环境。一般高位池水深 1.5～2.0 米，面积为 3～8 亩。放养虾苗密度为 8 万～12 万尾/亩，单造亩产 800～1 300千克。这种养虾模式相对投资大，风险也大。养殖户根据经济条件而决定是否采用这种模式养虾。

2. 工厂化养虾

采用露天或室内水泥池养虾，水泥池面积为 50～100 平方米，池深 1.5～2.0

米，水深 1.3～1.6 米。放养密度为 300～500 尾/平方米，单造亩产1 500～2 000千克。这种模式单产高，但投资成本相当大，技术水平和管理水平要求高，在虾价格不高的情况下相对效益不好，难以推广。

3. 池塘粗养

一般粗养池塘面积为 30～100 亩，放养虾苗密度为 0.5 万～1.5 万尾/亩，单造亩产 50～100 千克。

4. 池塘精养

精养池塘深 2.0～2.5 米，水深 1.5～2.0 米，面积 3～6 亩，一般不超过 10 亩，每造放养虾苗 4 万～7 万尾/亩，养殖 90～100 天收获，单造亩产 400～750 千克，一年可养殖 2～3 造。池塘用 6 厘米厚的水泥砂浆或塑料膜护坡，最好设中间排污系统。新建池塘的关键是要改善好底质，水源水质尤其井水要符合养虾水质要求。

现在广西相当部分虾塘采用小面积池塘精养模式，适合采用半封闭或封闭式交换水的方法养虾，要按照无公害对虾养殖技术规范，推行健康养虾技术，生产优质对虾产品供应大众消费市场或加工厂加工出口。因此，下面主要介绍池塘无公害精养技术。

（三）池塘无公害精养技术

1. 对虾池塘精养生产工艺流程

选址建池（或使用旧池）→排干池水→封闸晒塘→清淤、整池、修堤→浸洗、翻晒池底→安装闸网→消毒除害→进水→施肥培育基础饵料生物→选购运输虾苗→中间培育→科学投饵→日常管理→病害防治→收获对虾→经济核算。

2. 虾塘建设

（1）虾塘选址：选择交通方便，有电力供应，海水、淡水充足，水源符合《渔业水质标准》（GB 11607—89），水质符合 NY 1052—1001 和 NY 1051—1001 的无公害海水、淡水养殖用水的要求，环境无污染，底质为泥沙质或沙质的沿海地区建设虾塘。

（2）池塘要求：池塘东西向，面积为 3～8 亩，池深 2.0～2.5 米，水深 1.5～2.0 米，泥沙底质，池底不反酸，不渗漏，池底平整，略向排水口倾斜。堤基要牢固保水，可用塑料薄膜铺做护坡，有条件的可用 6 厘米厚的水泥砂浆做护坡。池底可铺 5～10 厘米厚的细沙，也可铺地膜，这样清污消毒更方便。

（3）进水、排水渠道要分别设立：排水渠底要低于排水闸底 30 厘米，排水闸底要低于池底 30 厘米。进水门和排水门要对角相向设置。闸门净宽 60～80 厘米。闸墙上应设 3 道闸槽，外槽安装阻拦杂草网和收虾网，中槽安装闸板，内槽安装 60

目过滤网。有条件的可设中央排污系统。有些地方还可打淡水井（深 8～16 米）、咸水井（深 28～40 米，盐度为 8‰～20‰）抽水养虾。

（4）蓄水池和净化池（用于循环水养虾）：蓄水池用于蓄水、沉淀、消毒、培养水色。净化池用于净化虾池排出的水。

（5）高密度精养要备足增氧设备：增氧设备主要有水车式增氧机、喷水式增氧机、鼓风机（池底铺管道充气增氧）。池塘按每千瓦负荷 1～2 亩配置增氧机。在无电力供应的地区可使用柴油机带动的长臂水车式增氧机。

（6）监测：为了对水环境及对虾健康状况进行监测，每个养虾场应备有环境因子检测分析室，必须配备的仪器有盐度计（或比重计）、水温计、溶解氧测定仪、pH 计、透明度盘、生物显微镜，有条件的虾场还可设置氨氮检测仪、总碱度检测仪、微生物培养设备、病原检测的染色液及试剂盒。

3. 放养前的准备工作

（1）清污整池：新建池塘底质土壤 pH 值低于 6.5 时，要反复暴晒冲洗，并使用生石灰中和酸性，处理好底质方可使用。老虾塘要排干池水，封闸晒 15 天以上至池底土壤龟裂，清除池底污物，翻耕暴晒或反复冲洗，以促进池底有机物分解和去除有毒物质。同时修复堤围和闸门。

（2）消毒除害：清污整池之后，应清除不利于南美白对虾的敌害生物、致病生物及携带病原菌的中间宿主。同时注意杀灭白虾、蟹类、凶猛性鱼类，并对池塘、沟渠等进行消毒。严禁使用残留期长、对人畜有毒害的药物。常用的消毒药物有生石灰、漂白粉、强氯精、季铵盐、茶麸等。消毒方法通常是向池内进水 10～20 厘米，药物溶解后均匀泼入池中。

①生石灰。每亩用量为 100～150 千克，用铁铲均匀撒入池中，待溶化后再用耙耙散，既能杀灭病原体及敌害生物，又能改良底质。

②漂白粉或强氯精。每立方米水体加入含有效氯 25%～32%的漂白粉 70～100 克或强氯精 30～50 克，可杀死鱼类、原生动物、细菌等病原生物。

③茶麸（茶籽饼）。使用时将茶麸粉碎后用水浸泡数小时，按每立方米水体 20～25 克茶麸的用量将药液泼入水中，经 2～3 小时即可杀死鱼类，对贝类也可杀灭，并有肥塘、保持水色的作用。

（3）施肥繁殖基础饵料生物：清塘消毒 2 天后，过 60 目筛绢网进水 60～80 厘米，在天气晴朗的上午施肥繁殖基础饵料生物，肥水 10 天左右即可放养虾苗。一般使用市售养虾专用肥水剂，每亩使用 2.5 千克，同时施放氨基酸养水露 2 千克、EM 菌 4 千克。要求水质达到水色为黄绿色、绿色或褐色，透明度为 30～40 厘米，pH 值为 7.8～8.5，溶解氧 5 毫克/升以上。以后要视天气、水色、水温等具体情况，每隔 3～4 天适当追肥，追肥量为首次施肥量的 1/2。

4. 放苗密度与造次安排

（1）放苗条件：清塘消毒 10 天后，当水温在 22℃以上，水深 60～80 厘米，水色为黄绿色，透明度为 30～40 厘米，pH 值为 8.0～8.5，盐度为 8‰～20‰时，选择在天晴、风小、无雨的天气放养虾苗。放苗时要求育苗池与虾塘水温差小于 5℃，盐度差小于 5‰。

（2）虾苗选择：应到海区水质好、信誉高的虾苗场选购虾苗。虾苗要求规格整齐，附肢齐全，健康活泼，抗逆流能力强，体色透亮，体长 0.8～1.2 厘米。24 小时之内淡化的盐度差小于 6‰。

（3）虾苗运输：常用双层聚乙烯薄膜袋充氧装运虾苗。用容量 20 升的袋，内装 1/3 清洁海水，充氧 2/3，装苗数量依运输时间、气温、虾苗大小等而定。一般在气温 22～32℃时，虾苗规格为 1.0～1.2 厘米，运输时间为 8 个小时以内，每袋装苗5 000～10 000尾。应避开高温运输和阳光直射虾苗，若水温过高，应用冰袋降温到 25℃以下。

（4）放苗密度：一般条件下放养虾苗密度为 4 万～6 万尾/亩，条件好的可放到 8 万尾/亩。放苗前一天最好先试养虾苗，确保水质安全适合放苗时才投放虾苗。应安排在晴天 10 时前或傍晚时放苗，雨天和烈日的中午不宜放苗。放苗时，把虾苗袋放在池中浸泡 30 分钟左右，待袋内水温与池水水温大体相同时才放苗。如放苗密度合理，则南美白对虾生长快，养殖周期短，80～90 天即可收获，可减少养殖风险。要依靠提高南美白对虾成活率、规格、质量来提高养虾产量和效益。

（5）造次安排：建议一年养两造虾，第一造于 3 月下旬至 4 月上旬放苗 4 万～6 万尾/亩，养殖 90 天左右收获，规格达到 60～80 尾/千克；第二造于 6 月底至 7 月上旬放苗 4 万～6 万尾/亩，养殖 90～100 天收获，规格达到 60～80 尾/千克。

5. 虾苗标粗

选择面积 1～3 亩、水深约 1.2 米的池塘进行虾苗标粗，每亩放虾苗 15 万～25 万尾。培育 10～15 天，虾苗体长达 2.5～3.0 厘米即可计数转至大塘养成。

6. 水体环境调控管理

养虾塘早期以添加水为主，每天加水 5～8 厘米，至池塘水满。中后期适当换水，水深保持在 1.5 米左右。控制水质指标：透明度为 30～40 厘米，水色为黄绿色、绿色，盐度为 2‰～15‰，pH 值为 7.8～8.8，溶解氧在 4 毫克/升以上，氨氮含量在 0.2 毫克/升以下，硫化氢含量在 0.03 毫克/升以下，亚硝酸盐含量在 0.1 毫克/升以下，总碱度为 80～120 毫克/升，最适水温为 25～32℃。水质调控技术措施如下。

（1）每隔 10～15 天根据水体情况泼洒水质改良剂，包括有效微生物、氨基酸养水露、活水素（多种微生物合剂）、沸石粉、生石灰等，每次使用沸石粉 20～30

千克/亩。定期使用光合细菌、芽孢杆菌等有效微生物制剂，以培养有益微生物，能有效防止底质恶化，预防病原微生物增加。

（2）每隔10～15天使用聚维酮碘等水体消毒剂消毒1次水体。

（3）合理使用增氧机增氧，调节水质。增氧是改善水体环境，提高南美白对虾产量的最有效手段。无电地区可使用柴油机带动长臂水车增氧机进行增氧。一般养殖30天后开机增氧，在中午及黎明前开机2～3小时，养殖50天后要延长开机时间，甚至全天开机。

（4）下雨前后要采取相应的处理措施。暴雨后由于淡水、海水分层，易产生虾池藻类下沉死亡，并因此产生缺氧、氨氮含量增高、总碱度下降等现象，致使南美白对虾产生较大的应激反应，免疫力和抗病力显著下降，此时如遇细菌或病毒入侵，南美白对虾极易染病死亡。因此，暴雨前要做好排表层淡水的准备，并及时使用沸石粉等，雨停后及时开动增氧机。降中小雨时可开增氧机，预防池水分层及盐度、pH值剧烈波动，避免南美白对虾产生应激反应。

（5）当井水含铁离子多（pH值6～6.5）时，去除方法是使用生石灰、沸石粉后施放肥水剂、氨基酸养水露和EM菌液，使水色转为黄绿色，可使pH值提高并稳定在8.0～8.5。

7. 饲料投喂

投喂饲料要“四定”：定质、定量、定时、定点。每10天用抛网、缯网方式抽样30尾虾进行生物学测定，确定平均体长、体重及成活率，再确定日投喂量。必须选择使用符合质量标准的优质配合饲料。每天投喂3～5次，每次以1.5小时吃完为宜，投料应全池均匀投喂。日投喂4餐的时间和投喂量为7时投25%、11时投20%、17时30分投35%、22时投20%。配合饲料日投喂量为虾体重的4%～15%，可通过缯网观察虾摄食活动情况酌情增减饲料。南美白对虾体长6厘米后用抛网确定存活率及数量，再确定日投喂量，这样既可使虾吃饱，又不浪费饲料，也可减少池底污染，降低成本。饲料系数控制在1.0左右。

8. 日常巡塘检查

每天要早、中、晚巡塘3次。要做到“四勤”：勤观察水色、水质及虾的活动情况；勤清除杂物、杂草，保持池塘的环境卫生；勤检查闸网、堤坝的安全，南美白对虾生长及摄食活动；勤记录，每天按时做好虾塘日记和各项养殖管理记录。

9. 病害防治措施

在养虾过程中，虾病的发生是病原体、养殖环境条件和南美白对虾自身免疫机制综合作用的结果。按病原体分类，虾病分为细菌病、病毒病、真菌病、寄生虫病。按症状分类，虾病主要有白斑杆状病毒病、桃拉病毒病、红腿病、软壳病、黑鳃病、肌肉白浊病、烂眼病、甲壳溃疡病、痉挛病、肠炎病等。虾病防治必须自始至终贯彻“以防为主，防治结合，无病早防，有病早治”的原则。以对虾白斑综合征为例，如果南美白对虾没有感染白斑综合征病毒，就肯定不会发生白斑病；如果养殖的池虾感染了白斑综合征病毒，但池塘环境条件控制得很好，南美白对虾摄食、生长旺盛，体质健壮，其感染的白斑病亦不易爆发出来。因此，在养殖生产中，对病害的预防必须同时从消除和阻断病原体，改善、优化养殖环境和提高南美白对虾自身免疫力等几方面着手，采取相应的综合技术措施。主要技术措施如下：

①彻底清塘消毒。

②养虾用水要符合养虾水质标准。

③合理放苗。放苗密度和放苗条件要适当。

④每隔 15 天使用消毒剂消毒水体 1 次，可选用聚维酮碘 0.2～0.5 毫克/升或溴氯海因（或二溴海因）0.5 毫克/升、季铵盐 0.2 毫克/升、络合铜 0.2 毫克/升等。

⑤每隔 10 天施放 1 次水质、底质改良剂，可选用氨基酸养水露、沸石粉（或白云石粉），药物制剂按标明的使用方法使用。

⑥每隔 15 天投喂药饵 3 天，每天 2 次，选择搭配使用高稳性维生素、大蒜素、多糖类、抗病营养素等拌料投喂。中药制剂有三黄粉、苦参、鱼腥草、五倍子、板蓝根等。发现虾病时，要对症下药，并采取综合治疗措施。

10. 药物使用要求

药物使用应符合《无公害食品渔用药物使用准则》（NY 1071）的要求，掌握以下原则：使用的药物必须“三证”齐全（渔药登记证、渔药生产批准证、执行标准号），渔药选择必须遵循有效性和安全性的原则，使用“三效”（高效、速效、长效）、“三小”（毒性小、副作用小、用量小）、无公害、低残留的渔药，严禁使用违禁药物或伪劣渔药产品。不要乱投医乱用药物，以保障南美白对虾产品的质量安全和符合出口质量标准。

11. 收获

综合考虑养殖生长、市场销售、天气等因素，经过 80～100 天的养殖，南美白对虾体长达到 11～12 厘米、体重达到 50～70 尾/千克时就可收获。南美白对虾收获方法有排水网袋收虾、拉网、定置网、电推网等。收虾时注意避免南美白对虾缺氧。

12. 养虾池排水及养殖污物的处理

经过养殖的富营养化废水以及养殖池清出的淤泥，如不加以处理即排入海区，必然会造成海区局部污染，病害蔓延传播。为减少养虾业对近海环境的污染，保持海区的生态平衡，使养虾业在良性的循环中保持稳定持续发展。必须采取如下措施：

①不得将养虾池的水排入淡水水域。

②虾池排水应经过沉淀或沙滤处理池再排入天然海域。沉淀或沙滤处理池面积不得少于总养虾实际面积的10%。

③病虾池的水应先用漂白粉30～50毫克/升消毒杀菌后再排出。

④养殖池的淤泥、浮泥、杂物等污物放入集污池，不得排放到河道及海区里。

⑤有条件的可用虾池排出的水养殖贝类、鱼类、大型藻类等其他生物。

（四）常见病及防治措施

1. 白斑杆状病毒病

（1）症状：病虾甲壳有白斑点，肝胰腺肿大或坏死、萎缩，浅黄色或灰白色，外层呈红色。

（2）防治措施：①放苗前彻底清淤、晒池和消毒池塘。②投放无病毒虾苗。③虾池进水后先经沉淀消毒。④投喂优质饲料。⑤净化、改善底质和水质。⑥加强日常管理以预防为主。

2. 桃拉病毒病

病虾体色、尾扇、触须变红，或甲壳有黑色斑点同白斑杆状病毒病以防为主红腿病病虾游泳足变红，鳃盖、鳃部呈黄色。

（2）防治措施：①放苗前彻底清淤、晒池和消毒池塘。②投放健壮虾苗，放养密度适当。③投喂优质饲料。④净化、改善底质和水质用大蒜或氟苯尼考制成药饵投喂，同时用二溴海因或季铵类药物消毒水体，用沸石粉等改良底质。

3. 软壳病

（1）症状：病虾甲壳薄而软，体弱，不活泼。

（2）防治措施：①投喂优质全价配合饲料。②保持水质良好。③放养密度适当。④控制农药等化学毒物进池。⑤工厂化养殖保证光照充足，饲料添加甲壳素、钙片、维生素、多糖类等投喂，加大换水量，调节养殖水质比重。

4. 烂眼病

（1）症状：病虾眼球肿胀变黑、溃烂，角膜脱落，行动呆滞。

（2）防治措施：①合理的放养密度。②科学投喂。③保持良好水质。④每半月消毒水体1次，用0.05%氟苯尼考或5%大蒜素拌饵料投喂，5天1个疗程。

5. 黑鳃综合征

（1）症状：鳃丝褐色或黑色，肿胀无弹性或溃烂，食欲减退，静伏池底，或缓游水面或池边，不脱壳或脱壳后死亡。

（2）防治措施：①放苗前彻底清淤、晒池和消毒池塘。②选择优质饲料，科学投喂。③保持底质清洁。④不用硫酸铜和高锰酸钾等药物。⑤使用添加维生素C的饲料，投喂适量低值贝类。⑥用沸石粉等改良底质。⑦加大换水量，用 10～15 毫克/千克茶籽饼浸泡后全池泼洒。

6. 肌肉白浊病

（1）症状：病虾腹部肌肉变白色，与周围正常组织有明显界限。

（2）防治措施：①放养密度合理。②保持水质良好，溶解氧充足。③防止池水盐度、温度突然变化，适当换水，提高水位，用溴氯海因全池泼洒，浓度为 1 毫克/升。

7. 痉挛病

（1）症状：病虾腹部部分或全部向腹面弯曲，身体僵硬，侧卧于水底。

（2）防治措施：①投喂优质配合饲料。②适当换水，保持高水位，降低水温。③高温期避免惊扰对虾。④适当加大换水量，降低水温；饲料添加维生素、多糖类投喂。

8. 甲壳溃疡病

（1）症状：病虾甲壳出现溃疡，形成黑褐色的凹陷。

（2）防治措施：①保持水质良好，定期泼洒消毒剂。②避免惊扰对虾，防止对虾受伤。③用溴氯海因全池泼洒，浓度为 1 毫克/升。④加大换水量并提高水位。

9. 肠炎病

（1）症状：病虾胃肠道呈淡红色或深红色，中肠肿胀，触须变红，活力较差，摄食减少或停止。

（2）防治措施：①及时施肥，降低透明度。②加高水位至 1.5 米以上。③参照白斑病毒病的预防方法，防止桃拉病毒病与肠炎并发。

八、锯缘青蟹养殖技术

（一）养殖方式

1. 场地的选择

（1）地形：选择风浪不大、中潮线附件的内湾或河口处筑池，而不宜建在高潮线以上或低潮处，否则进水、排水困难。

（2）理化指标：海水的盐度为10‰～32‰，尤以16‰左右为好，且附近最好能经常有淡水流入，以便调节盐度。此外，还要注意水质清洁，防止工厂污水流入。要求pH值为7.5～8.6，水体透明度在30厘米以上，溶解氧在5毫克/升以上，水温在10～30℃。

（3）底质：底质以泥沙底为佳，且沙要占多，因为沙多水易澄清，夏天适宜蟹生长，冬天也适宜其潜伏过冬。黑色腐殖质土不适宜，特别是在夏天往往因蟹活动，腐殖质土中有机物质分解，会使水色混浊，水质变坏，影响锯缘青蟹摄食，甚至窒息死亡。

（4）水深：水深要经常保持在1.2～1.6米，使蟹池的水温、水质比较稳定，避免夏热冬冷对蟹造成影响。

2. 养殖方式

各地养殖方式不同，目前主要有3种：第一种是池塘养殖，第二种是围栏式养殖，第三种是罐养。

（1）池塘养殖：为了便于管理，在种苗还不能大量满足供应的情况下，一般池塘面积以3～10亩为宜，在泥沙底质、纳潮易的地方建造，水深保持在1.2～1.6米，设有排水门、灌水门。在池内面最好用浆砌石勾缝，防止蟹打洞而损坏堤围和给收获带来困难。为防止蟹外逃而造成损失，须在池塘堤上四周用沥青纸（油毡膜）围起40厘米高的防逃设施或用砖砌起40厘米高的防逃墙。

（2）围栏流水养蟹池建造：在口小肚大、风浪较少的内湾低潮带滩涂围栏。围栏的面积通常为几十亩。在选定的地方，先建造一条土堤，堤高0.7～1米，堤宽视面积大小而定，土堤内外面均需铺石。土堤建好后，在堤上用木桩和竹片建围栏。涨潮、退潮时，让潮水自然出入，这样不但水质清新，而且可带来饵料生物，还可减少污染，使蟹的甲壳颜色与自然海区的一样美观，肉质好。退潮后，栏内要保持水位在0.8米左右。

（3）罐养：主要是利用瓦罐养不符合规格的瘦蟹，以进行育肥。瓦罐规格有大有小，一般直径为20厘米，高22厘米左右，在瓦罐的周围凿几个孔，便于水流交换，罐口用木板或铁丝盖牢，以防蟹逃走，并开设投料口，每个罐放养1只蟹。瓦罐放置在最低潮位70厘米左右的碎石、沙或岩礁底质、风浪平静的内湾。4～5个罐排成一排，每天投适量饵料1～2次，并及时清除残饵。经过15天左右的饲养，即可将瘦蟹养成符合商品规格的肉蟹或膏蟹。

（二）池塘养殖

1. 蟹池建造

（1）场地选择：养殖锯缘青蟹的池塘应选建在海水清新、水体交换自净力强、理化因子稳定、潮差大、内湾风平浪静、有一定量陆源淡水注入的高中潮区。滩涂底质要求保水、不渗漏，黏固性高，不易塌陷。

（2）池塘面积：养殖锯缘青蟹的池塘面积以3～10亩为宜，若面积过大，则采用竹篱或拦网分隔成若干小区，以便大小不同的蟹分档（级）养殖。

（3）池形与水深：池塘的形状一般为长方形，池深2.0～2.5米，长、宽比为2∶1～3∶2，水深1.2～1.6米。池底略向排水门倾斜。

（4）池滩与池沟：池底部应开挖顺水沟（中央沟、环沟、十字沟），滩与沟的面积比例以3∶1为佳。沟的深度一般要在0.5米以上，沟上口面宽3～6米，沟壁（边）坡比为1∶2～2.5，主沟道（中央沟）要与控调闸相通，以利于进水、排水调节方便。滩中须留有一定的空地作蟹岛，可供蟹栖息与隐藏，以减少相互残杀而造成伤害。

（5）防逃设施：池塘堤坝的四周内侧，必须做好防逃围栏，可用水泥薄板、竹篱笆、沥青纸、硬塑料片等材料制作，高度应高出池内水面50厘米以上。设施板、笆片的上端应向池塘内略倾斜，设置一定要严密牢固，可有效防止青蟹外逃。

（6）隐蔽物设置：为防止和减少蟹与蟹之间的接触机会，使其安心蜕壳成长，应在池内放置一些障碍物和隐蔽物，如插上若干行梅花桩形的竹枝、树枝，放置部分陶管、水泥涵管、竹筒等设施做隐蔽物。设置隐蔽物可以增加锯缘青蟹隐藏和活动、栖息的空间，达到分散、疏离青蟹群集，减少其相遇的目的，又可使锯缘青蟹在不同季节、不同生长期自由选择适宜的栖息场所。

（7）进水、排水设施：养蟹池要建进水闸、排水闸各1座，以方便池中水体交换。为节省建设成本，也可安装水泥涵管洞闸。潮位较高的池塘必须配备抽水泵，以确保养蟹用水。

2. 蟹种的来源与选择

（1）蟹种的来源：目前锯缘青蟹养殖所用的种苗以采捕自然海区的蟹苗为主，随着人工育苗技术的开发，也逐渐使用人工繁殖生产的种苗。蟹苗的捕捞时间，广西沿海是农历 4～6 月和 8～10 月。捕捞方法因地制宜，大致有 5 种。

①蟹篓结饵诱捕法。这是沿海青蟹渔业的专门作业方式，多在内湾或河口进行。篓由竹片编织而成，蟹苗易进难出。诱捕时可将诱饵（如牡蛎肉等）夹在篓内，沉入海水中，过一段时间即可起捕。此法所捕的种苗身体强健，为青蟹种苗的最优者。

②脚印诱捕法。此法是利用蟹苗涨潮觅食、退潮匿藏于洞穴的习性，退潮后在泥滩上踏上一行行脚印，或做一些洞穴，翌日退潮后即可从脚印、洞穴中捕捉。每潮可捕到 50～100 千克。

③罾网捕捞法。此法适宜内湾作业，罾网为方形，网目约 2 厘米，网的四角结在十字交叉的两根弯竹末端。交叉处系绳，绳的另一端绑上浮筒，作为浮标。弯竹末端各系一块沉石，使网下沉。罾网内结线系饵，诱蟹入网，定时提罾捉蟹。

④蟹簖截捕法。蟹簖为栅栏式棚箔渔具，即用桂竹做成篱笆，下端插入水底，上端超出水面，在两侧篱笆交汇处挂上蟹篓，退潮时青蟹即随潮进入其中。因篓口装有漏斗状竹梳，蟹易进难出，可定时收获。

⑤渔网兼捕法。在使用拖网、定置张网捕鱼时兼捕青蟹。在鱼塭中装捞时也可获得青蟹。但由于各种渔获物的挤压，蟹苗易受伤。应尽量缩短起网间隔时间，以减轻损伤。

（2）蟹种的选择。

①规格适当，鉴别准确。应根据养殖阶段和目的，合理确定拟选蟹种的规格。一年四季皆可投放养殖。蟹苗以春苗和秋苗为好。而以育肥为目的的养殖，一般雄蟹种在 150 克以上、雌蟹种在 200 克以上为好。在膏蟹养殖中，雌蟹种应根据是否交配和性腺成熟程度，准确鉴别，分类饲养，以取得最佳的育肥效果。蟹种选择按养蟹者的习惯分为 4 种。

白蟹：亦称蟹姑，系尚未交尾的雌蟹。一般个体较小，腹部呈灰黑色。将其放在光线下观察，头胸甲前侧缘附近尚未见到明显的卵巢轮廓。打开腹脐，其愈合处的上方看不到带色的圆点。这种蟹未经交配，只能作为肉蟹育肥，不能直接育成性腺成熟的膏蟹。若放入一定比例的雄蟹，使其交配，并提供充足的饵料，饲养 40～50 天也可育成膏蟹。

有母：即初交配的雌蟹，一般个体大，在较强的光线下观察，可见到前侧缘附近有一道半月形的卵巢腺。手挤腹脐上方，则可见到黄豆粒大的乳白色圆点。这种蟹饲养 30～40 天，则可成为膏蟹。

花蟹：有母经过 15～20 天的饲养，卵巢逐步发育，便成为花蟹。花蟹的卵巢尚未扩充到甲壳边缘，此时腹甲的圆点变为橙黄色。花蟹再经过 15～20 天的饲养，就成为膏蟹。所以青蟹育肥选择花蟹为种苗最合适。

膏蟹：又称赤蟹、红鲟、顶膏，为卵巢成熟的雌蟹。卵巢充满在头胸甲内，在阳光下观察，前侧缘附件已无透明区。腹甲的圆点已成红色。有的个体在甲壳上也呈鲜艳的红色。

②选择生命力强、体质健壮、身体完整的蟹苗。受刺、钩等损伤的个体不宜放养。第四对步足不能缺少，螯足和其他步足也不能缺少 3 个以上。若折损一部分，必须把剩下一部分断掉，否则会流出黏液，影响水质。

③剔除蟹奴。蟹奴是锯缘青蟹主要的寄生虫，为节肢动物门蔓足类动物，扁圆形，身体柔软，常寄生在锯缘青蟹腹脐内侧基部。雌蟹寄生蟹奴，则影响卵巢的发育，不能养成膏蟹；雄蟹寄生蟹奴，则身体格外瘦弱。故选种时应将蟹奴剔除干净。

④挑除病蟹。发现患病的蟹体，在选种时应清除。

3. 种苗放养

（1）清池除害：清池除害是指清除池内一切不利于锯缘青蟹生长和生存的因素。清除对象有有机沉积物、捕食锯缘青蟹的生物、与锯缘青蟹争食的生物、破坏池塘设施的生物及致病生物等。清池除害彻底与否，是关系锯缘青蟹能否健康养殖，能否获得高产高效的重要环节之一，务必认真做好。

①清塘。放养前必须对塘内进行 1 次全面清淤，特别是老池塘。青蟹收获后，要及时将淤泥及有机沉积物搬出池外，并打开闸门进水反复冲洗，然后及时排干池内积水，闭闸暴晒池底，使残留有机物进一步氧化分解。在清淤的同时，应做好池塘的维修工作（堤坝、闸门、沟壁、防逃设施检查和堵漏等）。

②除害。蟹苗放养前 15～20 天内应对池塘有害生物进行药物清除。常用的药物：生石灰，不仅能杀灭杂鱼、杂虾、寄生虫、微生物，而且还可改良池塘底质，增加水体中的钙离子含量，促进青蟹顺利蜕壳生长，其用量为每立方米水体 400～500 克，用水化开后趁热泼洒全池或干撒，10 天后药性消失；漂白粉，对原生动物、细菌有强烈的杀灭作用，故可预防疾病，还可杀死杂鱼等敌害生物，用量为每立方米水体 40～50 克，加水稀释调匀后全池泼洒，1～2 天后药性消失；茶籽饼，主要杀灭鱼类和贝类等，用量为每立方米水体 20～25 克。使用前先将茶籽饼粉碎加入淡水浸泡 24 小时，稀释均匀后连水带渣一起泼洒，5～7 天后药性消失。3 种药物清池应选择在晴天 8 时后进行，以提高药效，并做到清池前尽量排干池水，可节约药物用量，对蟹池死角及坑洼处、洞穴内要尽可能泼洒均匀。除害清池药物药性消失后，应及时进注海水，并保持水深 20～30 厘米，直至放苗前约 5 天把池内水位增高到 1 米以上。

（2）蟹苗放养。

①蟹苗选择。目前养殖的青蟹种苗来源主要是海区天然种苗，人工种苗甚少。

应选择体壮壳硬、甲壳呈青绿色、规格整齐、躯体完整无损伤、十足齐全、反应灵敏、活力强、爬行迅速、无病变的健康苗。

②种苗规格与放养时间。当年的夏苗规格一般为稚蟹 3 期以上，可在 6～7 月放养，经 3～4 个月的精心饲养后，可达到商品食用蟹要求；当年的秋苗规格基本与当年的夏苗相同，可在 9～10 月放养，种苗经过越冬后到翌年 5～6 月，可达商品规格；秋末稚蟹苗经过越冬至春季，在 4 月下旬至 5 月中旬放养，经过 3 个多月的饲养，到 7～8 月达到商品规格。这 3 类蟹苗的放养，若当时放苗量不足，可以补放，但力求蟹苗规格相一致。

③放养密度。养成蟹的放养密度（放苗量）要根据各地的综合实际条件（如蟹池的水深、水温条件，进水、换水条件，种苗资源条件，饵料资源状况，生产管理水平等因素）合理确定，灵活掌握。若单养青蟹池塘面积在 3～5 亩的，当年养成蟹的放养密度为 1.5～3 只/平方米，即每亩放苗量为1 000～1 500只（指夏苗）。对放养秋苗的池塘，可以适当放宽放养量，每亩以1 500～2 000只为宜。面积若大于 10 亩以上的养蟹池，其放苗量应适当减少，夏季苗每亩放苗 800～1 000只。虾蟹混养池，面积在 20 亩以上的，每亩放苗量一般应控制在 600 只以内为宜（指以养锯缘青蟹为主，养虾类、鱼类为辅的池塘）。

④蟹苗的运输。蟹苗的运输以干法为宜，用疏而坚固的竹篓盛装，每篓 25～30 千克，篓内放入一些用海水浸湿的水草，以保持湿润。也可以用海水浸湿麻袋或草袋装运，但每袋不得超过 25 千克。前者装运比后者好，竹篓不但通风透气，而且不会造成蟹苗互相挤压损伤，后者在运输中易造成挤压损伤，特别是道路不平坦时损伤更大。蟹苗露空的时间不宜过长，特别是夏天天气炎热时最容易造成死亡。气温在 20℃左右运输时间不得超过 30 小时，气温在 28～30℃时运输时间不得超过 12 小时，否则由于高温影响，蟹苗放养后会陆续死亡。高温期应选择早晨或傍晚凉爽时运蟹苗。

4. 投喂饵料

（1）饵料种类：锯缘青蟹属肉食性蟹类，因此要以肉食性饵料为主，植物性饵料为辅。常用的饵料有红肉蓝蛤、寻氏肌蛤、鸭嘴蛤、小毛蚶、短齿蛤、淡水河蛤、淡水螺等小型低价值贝类以及小杂鱼、杂虾、杂蟹等，也可投喂青蟹人工配合饵料。其可食饵料的种类较多，可根据当地的实际资源情况选择，只要无毒无害、青蟹喜欢觅食的廉价饵料，都可作为保障供给的饵料源，但要求饵料必须新鲜，霉烂变质的饵料切不可投喂，否则会严重影响锯缘青蟹的健康生长。

（2）投饵数量：养殖期的投饵量应根据水温、潮汐、水质和锯缘青蟹的活动情况灵活掌握。如锯缘青蟹在水温 15℃以上时摄食旺盛，26℃时达到最高峰，若水温高于 30℃或低于 13℃时，其摄食量就明显减少，至 8℃左右停止摄食。广西沿海

4～6月和9～11月水温较适宜，锯缘青蟹的摄食量会增强，应多投饵；7～8月高温期水温偏高，4月以前和11月以后水温明显偏低，青蟹摄食量会减弱，应少投饵。

在大水潮或涨潮时，锯缘青蟹摄食较多，小水潮或潮退后摄食较少；大水潮换水后，水质好摄食增强，投饵量与平时相比可增加1倍；若遇多雨天，池水混浊或天气闷热，食量就会下降，这时要适当减少投饵量；天气寒冷，水温下降到10℃左右，锯缘青蟹活动少或不活动，觅食少或不觅食，要注意少投饵或不投饵。

锯缘青蟹的摄食量随着个体生长而逐步增加，但日摄食量与其自身体重之比则会随体重增加而下降。一般日投饵量与蟹个体大小的关系和百分比为蟹甲壳宽3～4厘米，日投饵量占体重30%左右；5～6厘米时日投饵量为20%左右；7～8厘米时日投饵量为15%；9～10厘米时日投饵量为10%～12%；11厘米以上日投饵量为5%～8%。

（3）投饵方法：饵料要均匀地投放于蟹池的四周，不宜投放在池中央，有条件的最好在池周边设几处食料台，以便更好地掌握投饵量。根据锯缘青蟹昼伏夜出活动觅食的生活习性，可清晨投喂日投饵量的1/3，傍晚投喂2/3。8月中秋（指农历）西北风起，前半夜、后半夜温差大，锯缘青蟹易烦躁，后半夜易逃跑，最好在前半夜适量增投1次饵料，既可防止青蟹逃跑又可减少相互残杀。总之，要根据水质条件、天气变化、蟹体生长蜕壳情况等要素，灵活掌握每天所需的投饵量。

5. 水质管理

良好的池塘水质环境是锯缘青蟹生长发育的基本保证。锯缘青蟹的一生要经过多次蜕壳才能长大成成蟹，而其蜕壳活动都在清晨或后半夜进行。如果没有清新良好的水质或水中溶氧量不足，锯缘青蟹就无法顺利完成正常的蜕壳和增长，甚至会导致死亡。保持池水清新稳定，溶解氧含量高，锯缘青蟹蜕壳就容易，且生长快，所以一定要认真管理好水质。管理好水质的基本内容是合理换水，控制水位，调节水温、盐度，保持适宜的透明度、pH值和溶解氧，确保养殖池水的清新稳定。

（1）合理换水：换水是改善水质环境的最经济而行之有效的办法。日常换水掌握“量小次多”的原则，一般3～5天换1次水，大水潮时多换水，日换水量为全池水的1/5。高温期池内水质差，海水水质好则要增加换水量。注意在进水时流速不宜太急，流量不宜过大。此外，在换水时还需注意了解掌握外海水质变化状况，如发现外海水发光、黏滞性大、有异味、有赤潮生物时，不宜进水。正常的水位应保持在1米上下，高温季节的水位可升到1.5米左右，以维持养殖池水温的稳定。

（2）调节盐度：当池内海水盐度过低或过高时，要及时换水调节，特别在多雨季淡水旺期或多台风暴雨天，出现池内海水比重过低时，应及时开启上部闸板，先排出池内上层低比重水，然后纳入高潮位的高比重海水。对于高滩建池、自然纳水困难的，可用抽水泵抽取中下层海水调节。

（3）稳定理化因子：要确保池内各理化因子相对稳定，换水前后要随时检测池内外海水的温度、盐度，尤其在降雨前后更应注意，避免换水前后温度、盐度变化过大。池水透明度控制在30厘米为宜，还需保持良好的水色（黄绿色、浅黄色）和充足的溶解氧（大于3毫克/升），pH值控制在7.8～8.5，一旦发现池内有腐败物要及时清除。

（4）投放水质改良剂：青蟹养殖中通常使用的水质改良剂主要有光合细菌、沸石粉等。光合细菌能有效改善池塘的生态环境，可预防、减少疾病的发生。其使用方法是在蟹种苗放养前的5～6天全池泼洒光合细菌液15～20毫克/千克（菌液浓度每毫升达10亿个以上），以后每隔10～15天泼洒10毫克/千克，可结合实际灵活掌握使用。

6. 日常管理

为了及时了解、掌握蟹池准确的生产情况，饲养管理中除了加强科学投饵和水质调控管理外，还应做好日常的巡池检查工作。

（1）巡池检查：要坚持实行每天早、中、晚巡池检查制度。检查内容包括闸门、堤坝、防逃设施、水色、水位和青蟹觅食、栖息活动状况及池边四周有无病蟹等。特别是在盛夏、秋季的雷雨天、雷雨前和无风闷热的傍晚及早晨日出前，久晴后下大雨，池水盐度突变时，最容易出问题，所以更要加强巡池，防止锯缘青蟹逃逸及意外事故的出现。

（2）水质和蟹体生长检测：坚持每天测量养殖池的水温、盐度、酸碱度，尤其是下雨后和换水前后更要注意勤检测，及时掌握水质环境因子的变化。在整个养殖期间，做到每隔15天随机取样测量锯缘青蟹的背甲壳宽和体重，通过测量了解不同季节锯缘青蟹的生长情况，以便适时调整投饵量。

7. 越冬管理

在越冬前尽量降低池内水位，促使秋蟹在池的中沟、边沟两侧及塘底挖掘洞穴潜伏过冬，在冷空气来临前要尽量加高水位，以防秋蟹被冻伤，影响越冬成活率。越冬期水温在10℃以下时不需投喂饵料；水温在12℃以上时，则少量投饵；水温回升至14℃以上时，要适当增投饵料；对面积小、保温性差的池塘，可搭棚盖上覆盖物越冬。

（三）疾病防治

锯缘青蟹的疾病主要是由水质、温度、盐度等多种因素造成的。病蟹可根据胸足基部肌肉的色泽来区分，强壮的蟹肉色呈蔚蓝色，附肢关节间肌肉不下陷，具有弹性；病蟹多呈黄色、红色或白色，附肢关节肌肉下陷，无弹性。足部基节的肌肉呈粉白色的叫白芒病，呈黄色、红色的叫黄芒病、红芒病；节和腹肢的部位呈水肿状的叫饱水病。此外，因暴雨造成盐度突变，会引起蟹渗透压等生理机能不适应，卵巢发育受抑制，时间长了雌蟹卵巢组织会腐烂病变，常流出一些黏液，不久后雌蟹就死亡。还有的锯缘青蟹腹部内侧基部常寄生1～2只蟹奴，蟹奴呈卵圆形，体柔软，专门吸锯缘青蟹的营养维持生活，寄生在雌蟹上则影响雌蟹卵巢发育，不能养成膏蟹，寄生在雄蟹上会使蟹体消瘦，故应及时剔除蟹奴。

为防止疾病发生，必须加强水质管理，定期投喂一些土霉素、多种维生素等制成的配合饲料。每千克饵料拌入1克药剂，连续投喂3～5天，并定期向池塘泼入生石灰或溴氯海因，每立方米水体泼洒15～20克生石灰水或1克溴氯海因。

（四）收获和运输

1. 收捕时间

体重25～50克的幼蟹在池塘内经过3～5个月的精心饲养，体重达到200～250克以上，即可开始收捕。具体的收捕时间应根据市场行情、池塘养殖中后期生产条件等实际情况而定，如池内蟹密度、个体规格、肥满度、水温、水质、底质、饵料等，综合考虑各种因素再决定早捕还是晚捕，怎样捕，每次捕多少为佳。一般收捕时间为8～12月（也有留养过冬至翌年1～3月收捕的）。

锯缘青蟹的养殖与收捕有其特殊性，所以一定要按照灵活可操作性强的原则进行收捕：一次放苗多次疏捕，多次放苗多次收捕；捕大留小，捕肥留瘦，有伤残蟹、病蟹先捕，有发展潜力的健康蟹后捕；市场行情好多捕，市场行情差少捕。这样才能获得较佳的产量、质量和较高的经济效益。

2. 收捕方法

收捕方法：①根据锯缘青蟹在涨潮时溯水集聚到闸门附近、企图逃离的习性，采取捞网捕捉的方法。②涨潮池内纳水时，将蟹笼投放在闸门处，蟹趁逆流进入笼捕。③采取平时日常管理进、排水产生顺流、逆流的有利时机，放置多节纺锤形倒刺网捕。④遵循青蟹贪食和夜间出穴四处频繁活动的规律，进行投饵引诱入抄网捉捕（灯光照捕）。⑤将池水排干露滩，采用铁齿耙耙捕、捅洞穴钩捕、用手捉摸捕。

上述几种捕捞方式都是行之有效的方法。但要慎捕，特别是用手抓蟹时要小心，以免被锯缘青蟹的螯足钳伤。

3. 捆扎方法

捕捞起来的锯缘青蟹，应先放在盛有绿色树枝叶的装置物、塑料桶内，防止它们互相钳咬致伤。然后逐只检查，挑选符合商品规格的肥蟹，捆绑起来装入箩筐（最好是特制蟹箱）。不符合商品要求的瘦蟹、小蟹放回池中再养殖。如不能立即装运销售，遇到天气炎热，要将其存放在阴凉潮湿的地方。冬季捕放则要覆盖上防冻保暖的覆盖物。捆扎蟹用的草绳可就地取材，一般夏天适用比较清凉的咸水草，冬天则用具保暖作用的长秆稻草。也可用尼龙绳、塑料绳，既方便又易捆绑。

4. 运输

（1）夏天运输。先将用咸水草或塑料扁丝绳捆绑好的商品蟹放入箩筐中，加盖，浸于清新海水中数分钟，让蟹吐出混泥，吸入新水，即可装车。为防止日晒雨淋，车厢上应覆盖透气性很好的篷布。如是长途运输，每天早、中、晚喷洒咸淡适中的海水数次，以保持蟹体湿润，这样不但可以大大提高锯缘青蟹的存活时间和存活率，而且能保持较佳的色泽。

（2）冬天运输也应将用稻草或塑料绳捆绑好的商品蟹放入竹箩或塑料箱装运。如遇天气寒冷，箩、箱周围应铺上稻草等保温物保暖，防止寒风冷气进入。在放入箩、箱时，锯缘青蟹的口器应朝箩、箱的中心，上面加盖麻袋。最好选在白天运输，长途运输则要求每天早、晚洒水（咸淡适中）保湿。这样商品蟹离池可存活一个星期，便于长途运销，出售活蟹。

九、大弹涂鱼养殖技术

（一）种苗生产

1. 大弹涂鱼人工繁殖

（1）亲鱼的选择：亲鱼可用野生或人工养殖的亲鱼，繁殖期为 4～9 月，繁殖盛期为 5～7 月。产卵可用 1 龄鱼或 2 龄鱼。雌性亲鱼的体重以 25 克左右为宜，2 龄鱼个体大、卵量多。雌鱼性腺发育较好的特征为腹部较膨大，泄殖孔凸出，大而圆钝；雄鱼应选择 20 克左右、泄殖孔凸出较尖长的为亲鱼。性腺发育良好的亲鱼可直接用于催产，或者放入产卵池自然产卵（产卵管道内）。性腺成熟度为 3～4 期的亲鱼（卵巢发育过程分为 6 期）放在暂养池暂养，投喂收集的天然海滩的底栖硅藻。池水深 20～30 厘米，面积为 10 平方米，可暂养 7 千克。池水盐度为 7‰～12‰，水温为 20～28℃，每天换水 50%，池内设饵料台。

（2）人工催产：催产又叫催情，是指采捕到或暂养后的亲鱼，性腺已发育成熟，但在产卵池内仍不能自行产卵，须经过人工注射催产激素后，方能促使发情产卵繁殖的过程。催产激素用绒毛膜促性腺激素（HCG）和促黄体素释放激素类似物（LRH－A），单一或混合使用，在胸鳍基部或背鳍基部注射。雌鱼注射 2 次，间隔 16 小时或 24 小时；雄鱼注射 1 次，每克体重注射量为雌鱼的一半。一般第一次注射时，雌鱼平均体重 20 克用 HCG 200 国际单位，第二次注射时，雌鱼平均体重 20 克用 HCG 400 国际单位。采用混合激素给雌鱼注射时，每次另加 LRH－A，雌鱼平均体重为 20 克用量为 4 微克，雄鱼平均体重 20 克用量为 200 微克。

雌鱼在水温 22～24℃、盐度为 25‰～27‰的条件下，注射第二针后 24 小时卵子达到成熟。高剂量的 HCG 和混合激素（HCG＋LRH－A）的催产效果最佳。雄鱼应只注射 1 次，与雌鱼第二针注射同步。催产后亲鱼要雌雄分养，每天充气、换水。水温 19～21℃，催产效应时间为 39～58 小时；水温 26～29℃，催产效应时间为 14～16 小时。雌鱼注射 12 小时后须定时检查卵子的发育情况，如发现成熟卵流出，即取雄鱼精巢，进行半人工授精。

具体操作：解剖雌鱼取出卵巢，剪破卵巢袋放入干燥塑料盆中（也可不解剖而将卵挤出），然后取雄鱼精巢研碎或剪成数段，放入盆中同卵混合。雌鱼和雄鱼的比例为 1 ∶ 1。然后将受精卵倒入盛有清洁海水的桶中，再将卵搅动均匀泼在预先备好的 40 目尼龙筛绢网上。受精卵黏附在筛绢网上，即可将网吊挂在孵化池中孵化。

（3）人工管道：人工管道用陶瓷烧制，形状为圆筒形，直径以10～20厘米为宜，管道上下两片可以拆合。将人工管道放入产卵池，水深20～25厘米。性腺成熟度好的亲鱼配对入池，每个管道放1对亲鱼。每天投喂附有底栖硅藻的淤泥，饵料置于饵料台上。

大弹涂鱼在管道产卵时间为午夜至凌晨，每天上午检查1次，每次抽查2～3个管道，如发现有产卵，则全部检查，将已附卵的管道移入孵化池孵化。产卵多的管道可获约1万粒卵。人工产卵管道能够诱导亲鱼配对和自然产卵，但产卵不集中，因此要采用多个小型育苗池。试验表明提高产卵池水温可促进亲鱼性腺同步成熟，是一项获得集中产卵的有效措施。

（4）孵化：把附有受精卵的网片或产卵管道直接悬挂在孵化水泥池中充气孵化，或放在网箱内充气孵化，均可达到较高的孵化率，平均孵化率在50%～60%。孵化期间每天换水50%，或采取全天微流水。孵化密度以每毫升水放卵1粒为宜。最适孵化水温为26～28℃，孵化水温不宜超过30℃。在水温为26.5～29.2℃、盐度为25‰～27‰的条件下，经87小时左右仔鱼破膜而出。

孵化第四天仔鱼大多已破膜而出，这时可将采卵网和管道移出，仔鱼可直接留在孵化池中培育，也可移到育苗池培育。

（5）仔鱼、稚鱼培育：刚孵化的仔鱼全长2.5毫米左右。育苗池水深1米放苗密度为每立方米水体放养3 000～5 000尾。孵化的第二天仔鱼开口，第五天仔鱼全长3.5～4毫米，卵黄囊消失，油球仅剩1个小圆点，腹缘有13个黑色素斑点，开始摄食。投饵应从孵化后第三天开始。

每天投喂轮虫2次，投喂前要计算池中轮虫残留量，然后添加轮虫。育苗池轮虫密度约为5个/毫升。35日龄前后稚鱼开始变态，进入幼鱼期，鳞片逐渐长全，体侧和背部有8行黑色素横斑纹。这时应适量增加卤虫无节幼体投喂量。从稚鱼后期至幼鱼前期，其食性以动物性饵料为主；45日龄前后幼鱼全长约2厘米，转食硅藻，开始投喂滩涂采集的底栖硅藻。此时可出池养殖。

育苗期间，培育水采用沙滤海水，海水盐度过高可用淡水调节，培育水盐度以13‰～20‰为宜，pH值为7.8～8.8。充气量随生长逐渐加大，溶解氧在5毫克/升以上。每天换水量为1/5～1/2。

2. 大弹涂鱼土池繁殖与种苗培育

（1）繁殖池塘：利用原大弹涂鱼养殖池，面积2～5亩，池水深50～80厘米，池底质为泥沙质。池内平行挖水沟数条，每间隔2米挖1条水沟，沟宽1米，沟深30～40厘米。使池内四周水沟环布，且各条水沟相互畅通无阻。整个育苗池塘为长方形，池的两边水沟稍深，有利于进水、排水及出池鱼苗的收集。水沟中每隔2米水平放置陶瓷圆柱管1个，直径10厘米，长50厘米，作为专门采集大弹涂鱼卵的附着器。

（2）亲鱼的选择。

①亲鱼来源。引进或人工养殖2龄以上的亲鱼。选择无病害和无损伤的大个体，一般要求体长12～15厘米，体重25～30克。每亩放养800～1000尾亲鱼，雌雄比例为1∶1。

②雌雄鉴别。大弹涂鱼雌雄异体，亲鱼在非繁殖季节雌雄鉴别比较困难。繁殖季节在每年的4～9月份，在繁殖季节可从其泄殖孔的外观区别雌雄：雌鱼泄殖孔色红而圆，鱼体肥满，卵巢呈黄色，卵为黏性卵；雄鱼泄殖孔狭小延长呈尖状，鱼体瘦长。

（3）亲鱼的培育：亲鱼入池前15天应先做好培育池的晒池、清除敌害等清池消毒工作。每亩用生石灰75～100千克，或用漂白粉10千克全池泼洒。4～5月亲鱼采用青霉素消毒4～5分钟后，即可投放于繁殖池塘培育。池水温度为25～30℃，盐度为10‰～20‰。初期亲鱼摄食以繁殖池内的底栖硅藻为主，之后可投喂米糠和EM菌。培藻可采用干露施肥和带水施肥2种方法：①干露施肥。排水至滩面露出，晒滩面至龟裂，每亩撒米糠40千克，进水至滩面水位5～10厘米。②带水施肥。每亩带水施尿素2千克和磷酸钙0.8千克。要保持水质清鲜，溶氧丰富，一般不必每天换水，日换水量依据气候情况而定，宜以微流水促使亲鱼性腺发育。

（4）产卵与孵化：亲鱼经过1个多月的精养和培育，既不通过人工进行性腺催熟，又未采取人工激素催产，在孵化池内达到性腺自然成熟，就可以产卵。同一池塘内的亲鱼产卵时间可延续30天以上。在水温24～32℃、盐度15‰～25‰的条件下，受精卵经过4～5天，可陆续孵化出仔鱼。

（5）种苗的培育：刚孵出的鱼苗主要摄食繁殖池中的浮游动植物，每月施肥2～3次，促进饵料生物的繁殖，并投喂适量豆浆，且每天遍洒投喂2次，以补充天然饵料的不足。培育初期适量添加水，滩面水位达到30厘米时适量换水，每天换水1次，换水量为30%。经过60～70天的精心培育，鱼种体长达1.5～2.0厘米即可出池养殖。

（6）种苗的运输：采用聚乙烯薄膜袋充入氧气包装车运。全长1.5～3.0厘米的鱼苗，可用30厘米×30厘米×40厘米的聚乙烯袋装水1/3，每袋装苗4000～6000尾，充氧后放在纸箱内运输，运输时间在48小时以内为宜。

（二）养殖方式

大弹涂鱼的养殖方式主要有池塘养殖、池塘底网养殖、低坝高网养殖3种。

1. 池塘养殖

利用可引入海水的养殖池塘、荒地或低产田修建池塘进行养殖。养殖面积一般以 2～5 亩为宜，便于生产管理和短期内放足鱼苗。池塘养殖又分专养和混养 2 种，混养通常在利用虾塘养殖对虾时混养大弹涂鱼。大弹涂鱼与对虾混养没有相互残杀的现象，两者互不争食，大弹涂鱼能充分取食池底的底栖藻类、有机碎屑，改善池塘的水质，达到提高生产效益的目的。

2. 池塘底网养殖

传统的大弹涂鱼池塘养殖方式有其局限性：一是靠天然提供的营养源十分有限，不能高密度放养鱼苗，否则影响生长速度；二是进入冬天寒冷季节，大弹涂鱼因畏寒下潜至滩涂深层而无法起捕，但此时正是市场价格最高的时期，因此影响了效益。近年养殖户通过采取科学施肥培育底栖藻类、滩涂底层铺网以及冲水收捕等一系列技术措施解决传统大弹涂鱼养殖的局限性，是提高其生长速度和经济效益的有效途径。方法是在周围堤坝整妥后，沿塘底面挖至 40～50 厘米深处，平铺网目大小为 0.5 厘米的聚乙烯结节网，全池铺遍不留空隙，多张网衣之间重叠宽 50 厘米，防止大弹涂鱼在冬季水温下降时钻穴过深，达到冬季能快速收捕的目的。

3. 低坝高网养殖

利用沿海港湾高潮区可以引入海水的滩涂，用低坝和网片围成的场地进行养殖。坝、网的设施以能蓄水、抗大潮、抗台风和防大弹涂鱼出逃为原则。围成的场地中央沟、环沟、闸门的要求与池养一样。

（三）池塘养殖

1. 池塘建设

（1）池塘：首先建设场地要平坦，底质为软泥，因为如果沙质多，洞穴易崩塌，不适宜大弹涂鱼穴居生活；底质太硬则不适宜大弹涂鱼钻洞造穴。其次场地要便于引入和排出海水，以便适时晒坪，培养底栖藻类。池塘面积 2～5 亩，最大不宜超过 10 亩，池深约 1.5 米。池内挖深度为 0.3～0.5 米的环沟和十字形的中央沟，中央沟宽约 2 米，以供晒涂与高温时大弹涂鱼栖息用，沟的面积一般占全池的 1/5～1/4。滩面供施肥培养底栖硅藻。堤坝要坚固不漏水，且要有进水、排水闸，中央沟连接闸门，使进水、排水通畅。在进水处（即闸门内侧）略加挖深，使其成浅潭，供收获时设罾网用。要求海水盐度为 7‰～22‰。

（2）配备：养殖场所应配备水质检测仪器、生物显微镜、水泵、高压水枪泵以及若干罾网、捕笼、踩网等。另外，应配备相应的销售运输工具车。

2. 清池

使用生石灰改善池塘环境，清除敌害生物及预防部分细菌性鱼病。用法与用量：带水清塘，200～250 毫克/升；全池泼洒，20～25 毫克/升。注意不能与漂白粉、有机氯、有机铬合物混用。

使用漂白粉清塘、改善池塘环境。用法与用量：带水清塘，20 毫克/升；全池泼洒，1.0～2.0 毫克/升。勿用金属容器盛装，勿与酸、铵盐、生石灰混用。

3. 饵料培养

大弹涂鱼主要摄食底栖硅藻，其次是蓝绿藻，藻类生长良好，大弹涂鱼才能良好生长。因此，在放苗前做好清塘消毒、晒塘底、施基肥工作。清池后一周排干池水，一般有机质较多的池塘，晒至龟裂后投米糠 20 千克/亩，注水 5～10 厘米即可放养。为加强培育效果，可泼洒 30 毫克/升水玻璃（含硅酸钠 27%）溶液和 3 毫克/升三氯化铁溶液。几天后硅藻长出后，即可放养幼鱼。也可在放苗前 7 天纳潮至滩面，水深 20～30 厘米，施 10 毫克/升尿素溶液、1 毫克/升磷酸二氢钾溶液，加施 EM 菌进行肥水，培养底栖藻类。这些工作要重复 3～4 次，直到池底形成一层薄藻床。幼鱼养殖过程应注意：仅采用滩涂泥作幼鱼饵料是不够的，到 90 天时幼鱼会全部死亡；鱼苗 5 厘米以前钻洞能力差，钻入孔道不深，不宜晒池；追肥时水肥或粪肥可直接泼于龟裂的池底表面，也可在进水时冲淡后注入，勿使多量液状粪肥流入孔道，这样会导致大弹涂鱼受刺激致死。

4. 种苗来源、鉴别和运输

目前大弹涂鱼种苗主要依靠采捕天然苗，采捕季节每年 2 次，4～5 月采捕前一年鱼苗，全长约 8 厘米，体重 4 克左右；8～9 月采捕当年鱼苗，全长约 3 厘米，体重 0.76 克左右，捕捞天然苗用抄网或踩网，也可用八字网。

经常出现天然采捕的大弹涂鱼苗与其他弹涂鱼和虎鱼等相似鱼苗混淆的情况。大弹涂鱼与虎鱼主要根据如下特征鉴别：大弹涂鱼呈较长纺锤形，弹涂鱼和虎鱼为较短纺锤形。

选好的养殖鱼苗，少量的可以用篮子、水桶盛装，数量较大且长途运输时采用专用运载筐。运载筐长 60 厘米，宽 40 厘米，高 10 厘米，四周用木板组成，每面开 1 个长方形纱窗，筐底铺贴尼龙纱窗网。上筐与下筐可用阴阳缝结构重叠以免脱开。每筐放种苗 2～2.5 千克（视个体大小而定），每 5 筐重叠在一起，并用绳索绑紧，最上方用湿海绵或湿纱布覆盖。起运前用海水喷洒 1 次，中途每隔 2 小时左右再喷洒 1 次。密度大时要进行装袋充氧，避免缺氧死亡。

5. 鱼苗放养

（1）暂养与消毒：鱼苗进入养殖场地后，先在盛满清洁海水的大容器内进行暂养过渡，并进行充气增氧，暂养 1～2 天。在暂养水体中用 20 毫克/升高锰酸钾溶液或 0.5 毫克/升二溴海因溶液浸洗 5～10 分钟进行消毒处理，清除体表、鳃部等处的寄生虫、细菌以及清理创伤。以前用的呋喃唑酮会残留，对人类造成潜在危害，可引起溶血性贫血、多发性神经炎、眼部损害和急性重型肝炎等疾病，目前已被我国和欧盟等国家禁用。

（2）放养密度：根据鱼苗大小控制放苗量，规格小得多放，规格大的少放。鱼苗全长3.5厘米左右的每平方米放养10尾，8厘米左右的每平方米放养5尾，11厘米左右的每平方米放养3尾。由于大弹涂鱼不会同类相残，种苗可以在早期分批放养，形成相对高的密度，以后可随时捕大留小，以提高产量和经济效益。

6. 养成管理

在管理过程中，一定要不失时机地培养充足的底藻，加快大弹涂鱼的生长。在条件不利时也要尽量创造条件延长其生长期，如雨季要及时排淡，天热或天冷时适当提高水位。平时，养殖管理人员必须勤巡池，观察池中底藻的繁殖情况和大弹涂鱼的摄食情况，定期抽样测量鱼体长、体重和观察鱼体的健康。条件好的养殖池，大弹涂鱼会自行繁殖，要观察大弹涂鱼的繁殖情况，掌握池内的养殖密度。

（1）施肥培饵：大弹涂鱼以底栖硅藻为食，不直接摄食米糠等饲料，池内要有足够的饵料生物，才能保持大弹涂鱼的生长速度。大弹涂鱼入池一段时间后，水质变混浊，表明池内底栖硅藻已消耗殆尽，应选在晴天少云时晒坪施肥，这样有利于底栖硅藻生长。施肥前先排掉池水，仅沟中留有积水，然后每亩投放米糠20千克，待池底晒龟裂后，注入海水5～10厘米，使其与软湿泥土结合，几天后底栖硅藻就会形成一层薄的藻床。也可在池底晒龟裂后，每亩施放发酵消毒后的有机肥30～40千克。夏、秋季水温高，鱼生长快，一般每15～20天施肥1次；冬季早期一个月1次，中后期可减少。

（2）晒涂：放鱼苗20～30天后，随着鱼苗生长速度加快，摄食量增加，池中的底藻会慢慢减少，不够鱼苗摄食需要，此时就要适时晒涂，以接受充足的阳光，促使底藻繁殖，满足大弹涂鱼的摄食生长，一般5～7天晒涂1次，持续2～3天，再注入海水，几天后藻类繁生，形成一层薄的藻床（泥油）。

（3）水质管理：由于大弹涂鱼是近岸河口性种类，对海水的盐度要求不高，而饵料生物的培育在盐度较低时繁殖力强，因此在养殖过程中，适当注入淡水调低盐度，保持池水盐度为10‰～14‰、水温为24～30℃较适宜，以保证藻类的快速再生，为大弹涂鱼提供充足的营养源。

（4）水色调节：平时密切注意水色变化，当水色出现混浊现象时，表明池水泥浆过多，池内饵料缺乏，需要排掉池水，进行晒涂施肥，促进底栖藻类繁殖。

（5）清除敌害：大弹涂鱼的病害较少，但要注意防止敌害生物，其最大敌害是虎鱼、鸟等，可直接吞食大弹涂鱼苗，另外招潮蟹、相手蟹、长方蟹、大眼蟹、厚蟹等钻穴会破损堤坝。对虎鱼随时利用排水时机顺水清除，对蟹类则采用手工及时捉除，对鸟则采用驱赶方法。

（6）病害防治：大弹涂鱼的病害较少。目前发现的一种海蛭，吸附在大弹涂鱼的头部、眼睑、鳍部和鱼体两侧皮肤上，吸其血液，使病鱼活动迟缓，鱼体消瘦，生长缓慢，出现这种情况可用1毫克/升90%结晶敌百虫溶液全池泼洒，在下午施药，36小时后换水，效果较好。

（四）收获起捕

1. 正常季节收捕

（1）收获季节：除越冬期（12月至翌年2月）外其他时间可正常收捕。应根据市场需求情况，确定捕捞数量。一般饲养1年即可达到商品规格，规格达到每尾25克左右即可起捕上市。一般亩产量为75～100千克，每亩利润可达3 000～5 000元。

（2）捕捞方法：大弹涂鱼捕捞方法有罾网、笼捕和踩网等。捕捞时捕大留小或保留亲鱼孵化越冬。

①罾网法。先排干池水，利用大弹涂鱼溯水的习性，在闸门内侧敷设罾网，等候涨潮进水（或机灌进水），大弹涂鱼群集在罾网上，即可起捕。

②笼捕法。竹笼长筒形，笼口有“倒须”装置，以防外逃，尾端开口，用以取鱼，涂面干露后，在鱼洞的出入孔口处，先挖去表土至口道稍宽处，插入笼口，并把后孔口用泥封塞，让大弹涂鱼自动进入笼内。一般每隔半小时收获1次，再换新孔口。

③踩网法。踩网采用2条竹竿交叉相拼，四端弯下，用绳索连成长方形，底面和三壁围以网衣（目大0.5厘米），池内保持水深10～20厘米，将无网的一边对着有一定坡度的沟洞边沿，用足踩踏沟洞，迫使大弹涂鱼出洞，逃进网内。

④八字网法。也是利用大弹涂鱼溯水的习性，在闸门内侧设八字网，等进水时大弹涂鱼溯水进入八字网内的囊袋里面而收捕。

2. 冬季收捕（仅池塘底网养殖方式）

采用冲水法，先排水，将池中水位下降至10厘米左右，然后用高压水枪冲刷表层软泥使其混浊，迫使大弹涂鱼钻出洞穴，再用网斗收捕，有利于在水温低时能及时收捕上市。由于冬季大弹涂鱼的市场价格是平时的3～4倍，此时收捕出售可大幅提高经济效益。但因冬季水温较低，大弹涂鱼均已钻穴至深层过冬，收捕十分困难。池塘底网养殖方式采用了底层深铺网衣的方式，可阻止大弹涂鱼下潜，在冬季收获过程中用高压水枪冲水可迅速起捕。

（五）人工越冬

1. 越冬的意义

大弹涂鱼是暖水性广温、广盐的两栖鱼类，当水温为24～30℃时生长最快，以后随着水温的下降而生长减慢。虽然大弹涂鱼喜欢钻洞穴居，但其幼鱼在全长5厘米之前，不仅没有钻洞能力，而且忍耐低温的能力也很弱。当冬季水温下降至14℃

以下时，则躲在孔道中。当水温保持在10℃以上时，不会引起死亡，但当水温下降到5℃左右即开始死亡。个体越大，忍耐低温的能力越强。为了提高成活率和在冬季保持10月之前的生长速度，必须进行越冬培育，利用人为因素，创造适宜的水温等环境条件，使未达到商品规格的当年幼鱼，经越冬后继续养殖，从而进一步提高养殖效果。

2. 越冬形式

由于自然条件不同，各地所采取的越冬形式也不一样。目前，大弹涂鱼越冬主要有室内水泥池加温越冬、玻璃温室越冬和室外薄膜大棚土池越冬等。

（1）土池越冬：多采用原养殖池越冬，也可另建专门的越冬池，池面积从几十平方米至几千平方米不等，但不宜过大。要求池坐北朝南，避风向阳，池底泥质。池内挖十字沟，沟深0.4～0.5米，有进水、排水闸门。滩面排干水，以防结冰。温度下降时，鱼会潜入沟中或洞穴中穴居。有太阳的好天气，鱼会出来觅食。大弹涂鱼有为越冬积累营养的本能，因此越冬期食量会减少。此法适用于成鱼越冬。

（2）水泥池加温越冬：在室内建水泥池，且配置加温设备。池大小根据具体情况，面积以10～60平方米为宜。也可利用对虾育苗池越冬。在室内越冬，可用电热棒、鱼池加热器、锅炉供热等方法进行增温、保温，以维持池内水温的稳定。

（3）玻璃温室水泥池越冬：在室内建水泥池，屋顶用玻璃透入阳光增温，有些屋顶用玻璃钢透明波纹板。这种越冬设施，没有配备增温设施，水温较难控制，大弹涂鱼生长和成活率均比有增温设施的水池差些，但还可过冬。

（4）室外土池塑料大棚越冬：越冬池建在养殖池一角或养殖池附近，面积可大可小，养殖池和越冬池比例为30 ：1～30：1.5。为了便于搭架塑料棚，越冬土池水深40厘米、宽6米，长度可根据需要而定。塑料大棚形式同农用大棚。大棚外建小排水沟，以便雨水排出。大棚内土池保温效果较好。

3. 越冬方法

（1）越冬前的准备工作：在11月中旬气温开始下降时，对越冬池进行清整。将越冬土池淤泥清除干净，挖出的泥土堆在越冬池北面，有利于挡风。池塘经暴晒后，用水浸泡冲洗2～3次，最后用30毫克/升漂白粉（有效氯32%）溶液消毒，消毒后便可注入新水使用。水泥越冬池新池要用海水浸泡20天以上或用国产的RT－176防水乳剂涂刷水泥池内壁，干后即可使用。旧池要经多次浸泡洗刷，并用20毫克/升高锰酸钾溶液或50～80毫克/升漂白粉溶液消毒，经数小时或1天后，再用海水冲洗干净。

（2）越冬鱼入池：要求越冬鱼必须各鳍完整，鳞片齐全，体表无损伤，活泼健康。入池前最好经高锰酸钾溶液消毒，以免体表、鳃部等处寄生虫、细菌繁殖传播。

（3）越冬放养密度：放养密度由越冬条件、鱼规格大小决定。越冬条件好、鱼体小，暂养密度可高些，越冬条件差、个体大，暂养密度要低些。一般每平方米水体放养 50～100 尾。若为水泥池高密度越冬，还应配备充气设施，以便池水增氧。

（4）越冬管理：大弹涂鱼越冬期间的管理工作主要是控制水环境，观察鱼的活动情况等。同时随时注意水温和水色变化，必要时要逐步换水，改善水质。有充气设备的池要及时开机，有增温设备的池要及时升温。但水温也不能升得太高，一般水温控制在 14℃左右。因为水温高，鱼活动频繁，新陈代谢旺盛，如果饵料跟不上，则鱼易死亡。大弹涂鱼在水温 12℃以下时不觅食，所以在越冬期一般不投饵。

（5）越冬鱼出池：作为商品鱼而暂养的大弹涂鱼，在市场价格高时要及时出池。作为下一年继续养殖或作为亲鱼的，当水温上升至 12℃以上时，要及时移到室外养成池养殖。太迟移出越冬池，会增加越冬生产的成本。及时移出越冬池，大弹涂鱼能尽早生活在自然环境中，有利于个体的生长发育。

十、文蛤养殖技术

（一）种苗生产

目前文蛤种苗生产有采捕自然苗、半人工采苗和人工育苗 3 种方法。

1. 采捕自然苗

采捕天然苗一般指采集 1 周龄以内和 2 厘米以内的贝苗。这种苗多分布在有文蛤栖息的含沙量较大的河口附近，尤其是常密集在河口附近的沙洲及潮间带沟渠两侧的沙质海滩上。采捕季节一般在 9 月至翌年 4 月，尤以 10～12 月较多。此时的水温、气温对种苗的运输和放养后的潜居有利。采捕方法可用筛子筛洗、用脚踩或用蛤耙耙拉。文蛤苗在受踩后露出滩面可拾取，常数十人排成一排，双脚不断在滩面踩踏，边踩边后退，并拾取露出滩面的蛤苗。采捕潮间带的文蛤一般用蛤耙法，在耙的后面装上网袋，在滩面上耙拉时，文蛤即被刮入网袋中，洗净除去杂质把文蛤苗收集起来。

2. 海区半人工采苗

半人工采苗是根据文蛤的生活和生长习性，在繁殖季节，利用人工平整滩涂和撒沙等方法，改良滩涂底质，供幼贝附着变态，发育生长，从而获得文蛤的种苗。通过试验，证明 0.1～0.4 毫米的细沙附苗量较多，在文蛤精卵排放后第六天整滩撒沙为宜。

根据半人工采苗的原理，应该进行海区增养殖，采取划片轮捕、捕大留小、轮捕轮放的方式进行科学管理，这样便能为养殖生产提供大量的种苗，促进养殖生产持续健康发展。

3. 人工育苗

（1）亲贝暂养：亲贝应选择壳长 6 厘米左右性腺丰满的个体。亲贝暂养在水泥池中，池中放沙做底质，也可不放沙。暂养期间每天投饵 2 次，每次投饵量为 1 万～2 万个/毫升单胞藻。可以采用缓慢流水的方式换水，也可采用排尽池内的水，露空一定时间后，再加入新鲜海水。当文蛤的肥满度达到 28%以上时就可进行催产。

（2）催产：文蛤的催产方法有 2 种，一是阴干、流水、升温刺激法，将亲贝阴干 30 分钟至 5 小时后，放入催产池内用流水刺激 1 小时，然后把亲贝放入盛有升温海水（比流水水温高 2～3℃）的产卵池中，经过 2～4 小时雄贝开始排精，之后雌贝相继排卵。二是氨海水浸泡法，将亲贝阴干刺激 5～7 小时后，放到常温流动的海水中进行3～5小时的流水刺激，再将亲贝放进0.15%～0.25%氨海水中浸泡，刺激时水温为26.5～28.5℃，盐度为26‰～29‰，pH值为8.4～8.9。亲贝浸泡30分钟后，雄贝先排精，雌贝相继排卵，采用此法催产率可达80%。此外，文蛤还可以采用解剖法取精卵，但卵子必须经稀氨海水浸泡5分钟后才能正常受精。

(3) 洗卵：文蛤是单精入卵受精的，大量多余的精子会败坏水质，必须清除。受精卵经过2～3次洗卵后孵化率较高，在洗卵时既要尽量洗去多余的精子，又要避免在冲洗时冲破胶质膜而影响受精卵的孵化。

(4) 孵化与选育：受精卵的孵化密度以20～30个/毫升为宜，孵化密度过大会造成孵化率下降，甚至全部死亡。在孵化过程中要不断地搅动池水，使卵在悬浮中孵化。在水温25.5～27℃的条件下，受精卵19个小时即发育成"D"形幼贝，在27.5～33℃时只需12小时就可发育成"D"形幼贝。"D"形幼贝很活泼，呈烟雾状上浮于水面。此时可进行选育，用筛绢推出或用网箱浓缩移入培育池中培育。

(5) 幼贝的培育：文蛤浮游幼贝的培育正值高温季节，应特别注意水质的变化，要掌握适宜的培育密度。在室内水泥池培育，培育密度以3～5个/毫升为宜，培育密度过大，幼贝存活率低。为保持水质新鲜，应每天换水2～3次，每次换1/3～1/2水量。培育3天后，当幼贝出现平衡囊时应倒池1次，倒池后的培育密度一般为2～4个/毫升。文蛤浮游幼贝对饵料的种类要求不严，但由于处于高温季节，应培育适应在较高温度下能正常繁殖的藻种，如叉鞭金藻、牟氏角毛藻、等鞭金藻、异胶藻等。采用多种饵料混合投喂，效果较好。投饵密度随幼虫的生长而增加，以牟氏角毛藻为例，"D"形幼贝期每毫升投1.8万～2万个澡体，壳顶初期每毫升投3.5万～4万个澡体，壳顶后期每毫升投7万～8万个澡体，稚贝期每毫升投10万～18万个澡体，培育21～44天的贝苗每毫升投40万～60万个藻体。

(6) 变态及稚贝的培育：文蛤的浮游幼贝在人工培育下，第六至第七天就可以进入变态期，此时幼贝平衡囊清楚可见，足可伸出壳外，幼贝既能用足在沙粒上匍匐，又能用面盘行浮游生活，变态期幼贝的壳长为180～210微米。在人工育苗中此时还应投放细沙(0.2～0.3毫米)作为附着基，细沙的厚度一般为1～2厘米。细沙在投放前用海水过滤，充分洗涤除去泥土，并用锅蒸煮消毒后方可投入使用。此时如不投细沙，匍匐幼贝会互相粘连造成死亡。一般投放附着基10天后，稚贝形成进出水管，壳面生有9～10条生长纹，壳顶附近出现深茶色的色素带，此时文蛤的幼贝就完成了变态，营埋栖生活。

为了防止稚贝分泌黏液互相缠住死亡，在培育过程中除了加大换水量外，可用46目分样筛将稚贝及沙粒筛洗，除去黏液，使稚贝正常生长发育。文蛤的稚贝培育密度以每平方厘米20～30个为宜，在这样的密度下经过30天培育壳长可达870微米，40天可达1毫米左右，50天为1.4毫米，60天可达2毫米，70天为3毫米，

80 天大于 4 毫米。

4. 文蛤种苗的运输

文蛤耐干性较强，但在运输文蛤种苗时应尽量避开高温时段。壳长 2～3 厘米的文蛤苗，在夏季气温较高时，离水干露 16 小时便全部死亡。因此，在夏、秋季高温期间运输文蛤时，应利用早、晚时间运输，并且在耐干露时间范围内运到。采用筐或草包装，再以品字形的方式叠在船上或车厢内，以便于通风，防止文蛤窒息死亡。切忌带水运输，尤其是夏季，以防水质恶化，造成文蛤死亡。

（二）养殖方式

1. 养殖场地选择

文蛤具有随着生长而逐渐向低潮区或潮下带浅水区移动的习性，表现出个体大小不同、分布潮区不同的特点。养殖潮区太高，干露时间长，文蛤摄食时间短，生长就慢；中下潮区和低潮区干露时间短，文蛤索饵时间长，生长较快。因此，应选择风浪较小，潮流畅通，生物饵料丰富，水质优良，远离污染源，底质为沙质或沙泥质，含沙率为 60%～80%，滩面平坦宽广，海水盐度在 13‰～26‰的中、低潮海区建设养殖场。

2. 养殖场建造

（1）整理滩面：新建场地应将场内杂物外移并平整滩面。老场地应进行场地翻耕，经过多年养殖的养殖场必须进行底质改良。具体做法：大潮低潮位时组织人力使用铲或锄头顺潮流方向，将表层 10～15 厘米底质翻起，利用潮汐变化使底质得到有效冲刷，视底质淤泥情况，一般翻耕 1 次，若底质淤积严重，可翻耕 2～3 次，清除沉积的有机质、黑化污泥、青苔，为文蛤的生长创造良好的环境条件。

（2）设置围网。

①围建防逃设施。严密围建养殖场地是保证养殖过程中文蛤不流失的关键。一般养殖场地围双层网，内层网目 2.5 厘米，外层网目 4 厘米。围建场地的木桩有 2 种规格：一种长 1.5～2.2 米，直径 6～8 厘米，用于扶持网片；另一种长约 40 厘米，直径 3.0～4.5 厘米，用于固定埋下的网片及场地内拉线打桩。

②埋网方法。沿预定场地边缘挖深 25～30 厘米的沟，将网的边连绳索拉直放入沟内，每隔 0.8 米沿沟内绳索打入 1 根短桩固定，将网拉直埋上沙土，此时网高出滩面 0.7～1.2 米，用长桩在网的两边以人字形错开并斜插入沙滩 50～60 厘米，桩距 1.5 米。用穿过网片的绳索以“∞”形结缠紧在长桩上维持与网片相同的高度，从一端看，木桩与网片形成个字形。斜插长木桩的目的是避免在大量藤壶附着后，长木桩上的藤壶与网片在风浪作用下摩擦，造成断绳、裂网的现象。这种埋网法还能有效避免因台风、风浪袭击引起的文蛤大量流失。

③养殖场地拉线。文蛤具有迁移的习性，常靠自身分泌物形成的黏液带随着潮流沿退潮方向移动。场地拉线的作用就是借以“割断”形成的黏液带，阻止文蛤因移动而向围网边大量集群。拉线方法：在场地内垂直于潮流方向平行打短桩，以井字形拉线，线距滩面 3～5 厘米。场地内拉线后，文蛤大部分集中在线下、桩下、网边，整个养殖场地内的文蛤分布相对均衡。

3. 蛤苗放养

（1）种苗选择：选择潜沙能力强、体表光亮、无损伤、无病态的文蛤种苗。以本地种苗为主，外地种苗要求产苗地水质接近成蛤养殖场环境。

（2）放养密度：养成的文蛤放养量，应根据养殖场所处潮区和种苗的大小来确定。壳长 1 厘米（每千克约 4000 个）的贝苗，每亩放养 13～15 千克；壳长 1.5～2.0 厘米（每千克约为 500 个）的贝苗，每亩可放养 80～120 千克；壳长 2.5～3.0 厘米（每千克约 100 个）的贝苗，每亩可放养 300～400 千克；壳长 3.5 厘米（每千克 60 个）的贝苗，每亩可放养 400～500 千克；壳长 4～6 厘米的成贝，每亩可放养 800～1000 千克。放养的贝苗个体较大的，可适当向低潮位播苗，个体较小的可适当播在中潮位。放养 3 厘米的贝苗，经 1 年左右的养殖即可达 5 厘米以上的商品规格。种苗的放养密度不合理将直接影响文蛤生长。文蛤重量的增长不仅受生长时间、放养密度的影响，而且受这两种因素的综合影响。因此，放养密度应随着生长时间而有所调整。

（3）播苗：文蛤种苗运输一般采用干运法，直接用草包或麻袋包装，但注意不能过分挤压。播苗一般在涨潮前进行，种苗要均匀播在滩面上。若气温较高，应选择在阴天或黎明、黄昏时进行。种苗播放后 1 小时通常文蛤已潜入泥沙中。要注意的是投苗时，已经损坏破碎或死亡的种苗要及时剔除，不要播入养殖场，不能及时潜沙的文蛤即使未死，亦应剔除，以免影响健康的种苗。播苗时操作要轻，以免损伤韧带和贝壳而影响养殖成活率。

4. 养殖管理

在文蛤养殖期间日常管理工作十分重要。

（1）退潮尤其是大风浪或台风暴雨后，要及时检查木桩和围网是否倾斜或破损，发现倒下要及时扶起加固，发现围网破裂要及时修补，以免造成文蛤逃逸。

（2）发现有泥沙或淤泥冲入场地，要及时清理。

（3）风浪冲滚使文蛤成堆，密度太大，要及时疏散，尤其是夏季高温时期更要注意，以免造成文蛤死亡。

（4）对敌害生物如鱼类、蟹类、鸟类、棘皮动物等要经常捕捉或驱赶。

（5）及时清除已经死亡的文蛤，防止污染滩涂。

（6）做好日常水温、盐度、水质等监测记录工作。

(7) 定期测定文蛤生长情况，发现问题及时采取措施处理。

(8) 做好防偷防抢、防人畜干扰和船只停泊等工作，保持场地平静。

（三）收　获

文蛤从体长与肉重的比率来看，以 3～4 龄增重最快，以后增肉率下降，因此一般文蛤壳长在 5 厘米以上即可收捕上市。夏季及繁殖盛期不采捕外，其他时间都可采收。收获方法有脚踩法、蛲刀法、蛤耙法、船耙法等，目前广西沿海一带用得较多的是蛤耙法。蛤耙是一种长 50～60 厘米、宽 30～40 厘米、高约 40 厘米的用钢筋做成的勺状疏齿耙。该法实用性强、收获效率高。文蛤外套腔和消化道往往会有细沙，采捕后需经过吐沙处理，即将捕到的文蛤放到盛有清洁海水的容器或水池中暂养，在水温 22～28℃的条件下，约经 20 个小时即可将沙吐净。经过吐沙处理后的文蛤即可出售食用或加工冷冻。

十一、近江牡蛎养殖技术

（一）采　苗

1. 选择采苗海区

广西养殖的近江牡蛎主要是靠采天然种苗，采好苗是养殖成功的关键。采苗场地的选择要注意地形、底质和海况因素等。

（1）地形：在近江牡蛎栖息生长较多的附近海区，选择在潮流畅通、风浪平静、有淡水流入、饵料丰富、地势平坦的内湾采苗。广西主要采苗场在茅岭江口附近的茅尾海和大风江口海面。

（2）底质：采苗场应底质稳定，以泥沙底为好，具体可根据不同采苗种类选择不同的底质。如采苗器用水泥棒、石柱、插竹、棚架和桩式垂下采苗的，以含泥较多的底质为好。这样的底质投入的采苗器不受潮水涨退海浪冲击而过多倒伏；采用投石采苗的，适宜于较硬的泥底或沙泥底质，其他的对底质要求不高。

（3）水质条件：采苗时最适水温为22～30℃，海水盐度为5‰～20‰，pH值为8.0～8.4。

（4）潮流：潮流要畅通，可带来丰富饵料促进牡蛎生长，同时可避免附着器淤积浮泥。特别是有涡流的内湾，牡蛎苗群聚特别多，是采苗的好地方。

（5）水深：选择在潮间带的低潮区，大潮期干潮滩涂露空2～3小时，小潮期干潮滩涂不露空，在低潮线上下0.5米范围的地方，潮水流速50～100厘米/秒，效果最好。采用棚架式、桩式、筏式、延绳式垂下采苗的，在最低潮线下和在水深3～10米的海区采苗。

2. 采苗器种类

采苗器材要选择取材方便、易操作、表面粗糙、附着面积大、坚固耐用、价格低、附苗效果好的采苗器。目前广西沿海普遍使用水泥棒、石块和贝壳采苗。

（1）水泥棒：水泥棒是广西近江牡蛎养殖几十年推广使用的采苗器，附苗效果很好。

①规格：水泥棒一般长50厘米，宽4.5～5厘米，高4.5～5厘米，要求表面粗糙。

②制作：用木板制成模具，再制成水泥棒。用425或525标号的水泥、中粗沙和细沙，三者的体积比为1 ∶ 2.5 ∶ 25，宜用淡水沙和淡水。每50千克水泥可制成采苗水泥棒180～190根。制作时中间插进一块竹片，距水泥棒的内两端各为3

厘米，竹片宽 1.5 厘米、厚 1 厘米，以增强棒的抗断力。

③水泥棒采苗方法：采苗时将水泥棒紧密叠成人字形、塔形或井字形，行与潮流方向平衡排列。水泥棒与滩面成 55°～60°角，由 15～20 根棒组成一簇，簇距 50 厘米，排列成行。

（2）石类：选用花岗岩之类质地较坚硬的石块、石条做采苗器。忌用风化石、红粉石和硫矿石，因其不坚硬且含毒素，牡蛎苗不易附着，即使附着也容易脱落。石块的规格以每块重 5～10 千克为宜，石条的规格一般是 1.2 米×0.2 米×0.2 米或 1 米×0.10 米×0.2 米。大小视场地底质软硬而定。石类固着器每次收成后，除去上面的杂物，还可作为下 1 次的采苗器。

（3）贝壳：选用粗糙的牡蛎等贝壳，具有重量轻、不易下陷、来源丰富、取材方便、成本低廉等优点。以聚乙烯绳穿结成串为附着基质，壳与壳间距离 6～8 厘米，壳串长 1～2 米，用浮筏式棚架吊在 3～5 米的海水中或摆在坚硬的采苗区岩礁石滩上采苗，每亩可挂 1000 串。

3. 采苗预报及采苗期

一般牡蛎产卵后 10 天内准确掌握采苗期，适时投放采苗附着器是采好苗的关键。附着器投放过早，藤壶等生物就会大量附着占据附着器，或黏附浮泥而使牡蛎幼虫无法附着；投放太晚则错失时机，影响采苗效果。所以必须进行采苗预报。

在牡蛎繁殖盛期之前，每天定点取 20～30 个亲贝进行性腺检查，如果乳白色的性腺全部遮盖了消化腺，轻轻挤压则可看到从泄殖孔处流出精液或卵。镜检精子活泼，卵子呈圆球形或椭圆球形，说明性腺已经成熟。如果发现性腺由丰满而突然变瘦，则说明牡蛎已产卵或排精。

牡蛎幼贝有明显的群聚习性。如果结合拖网镜检牡蛎壳顶幼贝，准确度更高。一般情况下，牡蛎壳顶后期幼贝数量达每立方米 25～60 个，就可基本达到生产要求，如果数量达到 100～300 个，就可完全满足生产性采苗的需要。如果在分析样品时，壳顶后期幼贝的数量占优势，则正是投放采苗器采苗的好时机，应及时发出采苗预报。应立即抓紧时机投放采苗器。广西近江牡蛎采苗期为 5～9 月，最盛期为 5～7 月。合浦县大风江的近江牡蛎 5～6 月是繁殖盛期。一般每根水泥棒附苗 15 个以上为好。

（二）养殖方式

近江牡蛎的养殖一般有滩涂浅海插养、深水筏式垂下养殖、棚架式垂下养殖 3 种方式。每种养殖方式都包括场地的选择与整理，蛎苗的移植、养成管理、收获加工等环节。近江牡蛎的养殖周期一般为 3～4 年。

1. 水泥棒插滩养殖

（1）场地选择及整理：近江牡蛎养殖要选择潮流畅通、风浪平静、有淡水流入、饵料丰富、滩涂倾斜度较小、泥多于沙的内湾、低潮区之间，以防干露时间过长，影响牡蛎的摄食生长或蛎苗遭暴晒损伤，甚至死亡。

水泥棒附着器养殖要求排列整齐，规格化。因此，干潮时应把场地分幅插上标志，一般是每幅宽 6～8 米、长 20～25 米，长度由中潮线至低潮线与海水退潮方向平行，幅间距 1 米做人行工作道，每两幅之间留一块长 10 米、宽 13 米的锚船空地。

（2）水泥棒附苗器运输：从采苗区将附苗器运到另一海区插养，必须经过船运或车运。船运时利用涨潮先把船驶至采苗地，等退潮后把经过挑选的附苗器搬上船，移动堆叠时要小心轻放避免折断和损伤蛎苗，防止日晒，待涨潮时快速驶到养成场地，中途要淋水，保持水泥棒湿润。车运最好选在早晨或傍晚，避免中午太阳强烈照射时运输，以免晒伤蛎苗，且尽量缩短运输时间。

（3）投放方法：水泥棒附苗器每亩插多少支，必须根据养殖场地水的深浅、底质状况及水流等考虑。投入密度疏，产量低；若过密，影响牡蛎摄食生长。一般每亩插水泥棒附苗器1 800～2 200根为宜。采苗与养殖在同一海区的，可在水泥棒附苗 5～6 个月后移植；采苗与养殖在不同海区的，必须在附苗 8～10 个月后才能移植。否则由于环境的变化，会出现幼苗死亡。附苗棒移运到养殖场后，干潮时要进行排列插好，水泥棒的排列方向要顺潮流，按每幅插 10～13 行，行距与棒距相等，均为 50～55 厘米。插入滩涂的深度一般是插入棒长的 40%较为合适，过深易使棒下方的蛎苗窒息死亡，过浅棒易倾斜倒伏。

（4）加强管理：要在养殖场搭建看护棚，加强生产管理。每天退潮后都要到养殖场地检查，发现因船只来往和潮水冲击倒伏的，要及时扶正插好，特别是遭到强风后，应及时下海突击护理，被埋没和倒伏的附苗棒，要在 2～3 天内扶正插好，否则蛎苗就会被淤泥覆盖窒息而死亡。

2. 筏式垂下养殖法

筏式垂下养殖法是用毛竹或梢木做成的筏，以泡沫或塑料桶做浮箱增加浮力的深水吊养方法。该方法可使牡蛎长期在海水中，增加摄食时间，不但比滩涂插养时间缩短 1.5～2 年，而且产量比滩涂插养提高 2～3 倍，还可节约滩涂，开发深海养殖。筏式养殖以贝壳或水泥块采苗器为主，方法是将贝壳表层附着物冲洗干净后，在中央打一个 0.6 厘米左右的洞，用力士胶丝绳串连，壳与壳距离 6～8 厘米，串成长 1～2 米的串，吊挂在水泥杆、木桩上采苗。

（1）养殖海区选择：应选择在风浪比较平静、水流畅通、有淡水注入、饵料丰富、水深常保持在 4～10 米、盐度为 10‰～26‰、海底为泥质或泥沙质的内湾海区。

（2）筏架的制作：筏架用毛竹制成，每架长 10 米、宽 7 米的筏架用毛竹 40 多根。筏的结构：下纵竹 6 行，上纵竹 4 行，每行用 2 根竹衔接，横竹 21 根，间距 50 厘米。筏的每个交叉点用 8 号镀锌铁线扎牢。上纵竹在横竹之上，上纵竹在横竹下面组成 3 组，筏中央和两边各 1 组，以固定浮桶用。浮桶圆柱形，长 1.15 米，直径 66 厘米，每个浮桶的浮力为 390 千克，用力士胶丝绳系在竹筏下面，每架系浮桶 12 个，分 4 行排列于筏下。浮桶的数量随牡蛎生长重量的增加而增加。养殖筏以两台为一组，用直径为 2.5 厘米的化纤绳式钢丝绳连接，用铁锚或木桩固定在海中。吊线用力士线或 8 号镀锌铁线都可。

（3）吊养深度：吊养深度一般离水面 1 米左右。吊养的附苗器以贝壳附苗器为主，水泥块附苗器或水泥棒附苗器也可以。贝壳附苗器每架可吊养 200～300 串，每串间距为 50 厘米。

3. 棚架式垂下养殖法

养殖海区一般选择风浪较小、水流畅通、有淡水注入、饵料生物丰富的内湾海区，海水盐度为 10‰～26‰，水温为 15～32℃，海底以泥质或泥沙质为宜。

养殖棚架采用水泥柱或条石为脚架，长 1.5～3.5 米，埋泥 50 厘米，间距 2～2.5 米，横竖排列成行，四周用桩固定，采用聚乙烯绳做主绠与横缆，系紧于脚架顶端。

附苗器采用贝壳附苗器，一般长 1.2～1.6 米，每亩挂养1 000串，挂养附苗水泥棒也可以。

4. 近江牡蛎的吊养育肥

育肥是把经过滩涂插养 2.5～3 年的牡蛎从原养殖场搬迁到咸淡水交界、饵料丰富的海区育肥。经过 3～6 个月，其产量和产值分别比在原养殖场育肥的提高 1～2 倍。第一种是用浮筏吊养育肥，育肥的海区与筏式养殖海区相同，方法是将经过滩涂养殖的近江牡蛎脱离水泥棒后，壳顶向下，壳缘朝上装入网笼里，垂吊于浮筏下 1 米左右的中上水层里。每笼装牡蛎 25～30 个，每筏可吊养 400 多笼。吊笼用力士网片和 8 号镀锌铁线做成宽 32 厘米、高 13 厘米左右的双圈网笼，笼底及四周的网目以育肥的牡蛎穿不过为原则，用 30 厘米×3 厘米和 120 厘米×3 厘米的力士绳做笼耳和吊绳。吊养育肥 40～60 天，产量可提高近 1 倍。第二种方法是桩式吊养育肥法。广西合浦县很多养殖户采用这种方法育肥牡蛎，即将约 10 厘米壳长的单个牡蛎在壳顶钻孔，用力士绳穿起成串，将蚝串绕在长 2 米的木桩上，蚝串长 120 厘米，木桩插入滩地 40 厘米深。每亩插蚝桩 600 根。育肥时间一般从 9 月中旬开始，至翌年 4 月初要收获完毕，否则汛期雨水一到，近江牡蛎就会排放精、卵而变瘦，甚至会死亡。经过吊养育肥的牡蛎，具有生长快、肉质肥满鲜美、出肉率高等优点。

（三）灾害和敌害

近江牡蛎的敌害很多，主要分为非生物性灾害和生物性敌害两大类。

1. 非生物性灾害

（1）盐度：近江牡蛎有一定的适宜盐度范围，超出这个范围，体内外的渗透压就会失去平衡。盐度过高会引起组织脱水，盐度过低会产生吸水现象，若时间过长就会导致牡蛎死亡。尤其是盐度突然下降或下降幅度过大时死亡较快，死亡率也高。养殖在河口内湾的近江牡蛎，雨季期间大量淡水流入，养殖海区的盐度急剧下降到低于近江牡蛎正常生长的最低盐度时，5～7 天就会陆续死亡。在这种情况下，必须把牡蛎移向深水区或远离河口的海区避淡。

（2）温度：近江牡蛎适温范围广，但在潮间带上区养殖时，在夏季往往会因烈日暴晒而死亡，特别是刚固着不久的牡蛎苗受害更为严重。这时，若加上大量降雨，海水盐度突降，牡蛎的死亡率最高。因此，要选择好合适的养殖场地。

（3）风浪：台风掀起的巨浪对采用插植式、固定架、浮筏式等养殖的牡蛎为害极大，风浪可以把牡蛎连附苗器材一起推倒。因此，台风过后应立即组织人力抢救整理，以免牡蛎被软泥埋没而窒息死亡。

2. 生物性敌害

（1）肉食性鱼类：河豚、鳐类、黑鲷等肉食性鱼类能直接吞食牡蛎苗，防除方法只能是在苗区围网或诱捕。

（2）肉食性腹足类：红螺、荔枝螺、玉螺等腹足类动物是牡蛎的大敌，它们在夏季繁殖，其卵囊多附生在蛎壳或石块上。要消灭肉食性螺类，最好在繁殖期间同时捕捉其卵囊。

（3）甲壳类：许多蟹类对牡蛎的为害也很大。如锯缘青蟹常用强大的蟹足钳破蛎壳而食其肉，它们往往潜伏在附苗器的空隙里，嚼食蛎苗。

（4）附着生物：藤壶、海鞘、苔藓虫等生物和牡蛎争夺固着基和食物，影响牡蛎的固着和生长，尤其是藤壶。藤壶的繁殖季节一般比牡蛎早，因此要掌握好采苗季节，适时投放附着器，避免藤壶大量附着。

（5）赤潮：赤潮是由于海水中浮游生物异常繁殖而引起的。由于浮游生物大量繁殖和死亡分解产生毒素，会使海水变质而造成牡蛎死亡。

（四）收获与加工

1. 收获

（1）收获的年龄和季节：近江牡蛎一个生产周期通常是 3 年，整个程序大体是第一年 6～7 月采苗，8 月至翌年 4 月育成，以后一直到第三年的 8 月为养殖期，再往后到第四年的 1～4 月为肥育期。

近江牡蛎水泥棒养殖 3～4 年、立体吊养 2 年，可达到商品规格，即可收获。收获季节主要掌握在软体部最丰满的 1～4 月进行，有的地区收获季节提前在 10～12 月开始，至翌年 4 月结束。

（2）收获方法。

①干潮收获法。此法主要是收获水泥棒插养在滩涂上的牡蛎。滩涂干露后，收获人员把滩上的牡蛎拣成堆，或原地将牡蛎从水泥棒上剥下，涨潮时将牡蛎搬运往岸上开壳。有的带开壳工具到养殖场地直接从水泥棒上将牡蛎开壳剥肉。

②夹起捞法。此法是收获用石块投放在不能干露出的浅海养殖的牡蛎。方法是涨潮时将船驶到收获场地，退潮后用牡蛎夹把牡蛎附着的石块夹上船，剥下牡蛎后，将石块再投入海中重新附苗养殖。

③潜水起捞法。此法主要是收获深水场和经夹捞后余在场地上稀疏的牡蛎，在退潮时由人下海起捞。

④船上起吊法。此法主要是收获筏式和棚架式垂下养殖的牡蛎。船驶到养殖场地，采捞人员从养殖筏、架上用牡蛎串搬上船运回岸上，开壳取肉。

（3）开壳：牡蛎搬上岸开壳取肉，一般采用牡蛎刀手工剥取牡蛎肉。用牡蛎刀从牡蛎壳缘插入壳内直至闭壳肌处，左右摆动，使闭壳肌脱离牡蛎壳，即可开壳，再削去附在另一壳上的闭壳肌，牡蛎肉便整个脱离牡蛎壳，剥壳后的牡蛎肉可集中加工。

2. 加工

牡蛎的加工方法很多，如鲜干（生晒蚝豉）、熟干（熟晒蚝豉）、制罐头、冷冻、盐渍及提炼蛎油（蚝油）。常见的有鲜干、熟干和提炼蛎油 3 种。加工前要先将牡蛎肉清洗，把一定量的牡蛎肉盛在竹箕里，然后放入盛有淡水或清洁海水的池中，在水里轻轻左右摆动，除去牡蛎肉体上附着的污泥、黏液和碎蛎壳。

（1）牡蛎肉鲜干法：鲜干（生晒蚝豉）仅限于每年冬季加工。先把洗净的牡蛎肉整齐地逐只排列在簸箕上，利用阳光晒干，每隔 2 小时翻转牡蛎肉 1 次，待牡蛎肉表面水分干燥后，再把牡蛎肉分级逐只整齐地串在竹条上。串竹条时竹条必须从牡蛎肉的闭壳肌上方横穿而过，然后把串好的牡蛎肉一排排整齐地排列在簸箕上面，利用阳光晒 2～3 天，即成生晒蚝豉。如遇阴雨天，可用低温烘干处理。

（2）牡蛎肉熟干法：将牡蛎肉用武火煮熟，用竹筛捞起，置于箩筐。撒入2%～3%的食盐拌匀，滤去水分，即可运往晒场或烘干室干燥。烘干室温度约为80℃，烘干后再经微晒即可。

（3）蚝油（蚝油）提炼：蚝油是用牡蛎肉渗出液和煮过牡蛎肉的水溶液，经过沉淀过滤，加热浓缩而成的。把经过沉淀除去杂质的蚝汤汁用筛网过滤，除去悬浮物质后，注入大铁锅内熬煮浓缩，待色泽由乳白色转为棕黄色，比重达 1 ： 26 时，停止加热，加入红糖等辅料和防腐剂即成。

十二、淡水养鱼

（一）高标准鱼塘建设技术

所谓高标准鱼塘，是指按照高产鱼塘条件建造的标准化鱼塘。鱼塘条件的好坏，直接关系到鱼类生活质量和增产措施的落实。根据各地养鱼高产经验，高标准鱼塘必须按照以下要求精心建造。

1. 场地选择

开挖新塘，应选择水源充足、水质良好、排灌方便的场地。由于高标准鱼塘实施高密度精养，水中溶氧常常不足，如果鱼塘能引用江河、湖泊的水源，水质清新，溶氧量高，则对于改善鱼类的生活条件十分有利。切忌在有工厂、矿山的废水流入或容易受农药污染的场地挖塘。鱼塘地址还应尽量向阳，在鱼塘的南面、西面应避免有高大建筑物或大片树林，以利于鱼塘通风透气，让阳光直射。大面积连片鱼塘选址时，还要求交通方便，以利于种苗、饲料和产品的运输。

2. 土质要求

鱼塘新址要求土壤保水力强，不易渗漏，筑基后不易崩塌，即最好选择具有黏质土或壤土、沙壤土的场地挖塘。沙质土或含腐殖质较多的土壤，保水力差，筑基容易渗漏、崩塌，不宜挖塘。另外，含铁质过多的赤褐色土壤，浸水后会不断释放出赤色浸出物，对鱼类生长不利，亦不适宜挖塘。还要注意土壤的酸碱性，pH 值低于 5、高于 9.5 的强酸或强碱性土壤均不适宜挖塘，因为水质过酸或过碱都对鱼的生长不利。

3. 规格要求

（1）形状要求：将鱼塘挖成长方形，长边为东西向，这种排列方式，水面日照时间长，池水升温迅速，且有利于浮游生物的光合作用、繁殖和鱼类生长，还可以减少北风吹起波浪，便于捕鱼和投饲、施药等管理操作。长方形的鱼塘，捕鱼不需太长的网，拉网费力较小。鱼塘长、宽比例宜为 2∶1。

（2）面积要求：新挖的鱼塘，每个塘适宜面积为 0.4～0.7 公顷（4 000～7 000 平方米），塘基与水面的比例不要低于 3∶7，即七分水面、三分塘基面。塘基面要占三成以上，主要用于种植养鱼饲料。由于新挖鱼塘的塘基土质尚未坚实，须留有较宽的塘基面才能保证不缺堤逃鱼。另外，新塘挖起的泥土，要有较大的基面才能堆放得下。

（3）水深要求：塘水深度最好常年保持在 2 米以上，有利于多养鱼，特别是多品种混养，不同品种的鱼生活在不同水层，水层较深才能适应多种鱼类生活的需要。塘水较深，水量较大，水温不易剧变，水质也较稳定，对鱼类生长有利。据高产养鱼场的经验，在常规饲养条件下，池塘水深与成鱼产量成正相关。水深 1.2～1.5 米的池塘，每亩水面成鱼年产量可达 250～300 千克；水深 1.7～2 米的池塘，年产量 400～450 千克；水深 2～2.5 米的池塘，年产量 500 千克以上。但是，池塘也不是越深就越好。如过深，底层光照差，溶氧不足，反而对鱼类生长不利。实践证明，高产鱼塘常年宜保持水深 2.5～3 米。

4. 规划设计

（1）测量绘制养鱼场地图：为了做好全面规划，包括鱼塘施工、排灌渠系布局以及堤埂的标高、土方工程计算等工作，必须开展地面测量，进而绘制成养鱼场总平面图（包括鱼塘、排灌渠系、道路、塘基位置等）、高程图以及其他图表，然后才能实地画线和施工。

（2）鱼塘布局：将面积较大、形状相同的鱼池排列在一起，亲鱼池、产卵池、孵化设备系统应靠近管理房舍，鱼苗塘应靠近孵化设备，鱼种塘围绕鱼苗塘，鱼种塘外围是成鱼塘。这样布局，既便于操作管理，又减少运输路程，充分、合理利用土地，显得整齐美观。另外，产卵池、孵化设备、鱼苗塘、成鱼塘、亲鱼池要适当配套，面积比例要协调。所有鱼塘面积占全场总面积的 60%，其中鱼种塘占三成，成鱼塘占七成。

（3）排灌渠系的设置：原则上要求既便于生产操作，又保证每个鱼塘都可以单独排水和灌水。鱼塘成双排列，每排鱼塘一边为灌水道，另一边为排水道，每条灌水道和排水道都能灌、排两旁的鱼塘，做到灌水道和排水道分开，以减少池塘病虫害交叉传播。整个养鱼场外围，三面开设灌水总道，一面开设排水总道。灌水总道和排水总道均采用明渠设置，支道采用暗沟、暗管或明沟。排水道的底部应低于鱼塘底部 30 厘米，以利鱼塘水排尽。灌水渠一般宽 1 米、深 0.5 米，渠底坡度为 0.5%。排水渠考虑到让运输小艇通行，渠底宽 2 米，渠顶宽 2 米以上。鱼塘底部也要适当倾斜，靠近排水渠一端稍低一点，以利干塘时排尽池水。为了避免注水时冲刷堤岸，进水闸宜采用砖块或水泥砌成槽式或采用涵管，排水闸采用梯级排水。此外，还应因地制宜，配齐机电排灌设备，做到旱涝保收。

为了确保鱼塘正常生产，还要建筑外围堤埂（作为运输苗种、成鱼、饲料、肥料的干道）。堤埂顶面高程，要求超过历年最高水位 0.5 米。外围堤埂特别是临近外河的堤岸，因河水风浪大，其宽度均应在 10 米以上。堤埂的坡度视土质及风浪冲刷情况而定，通常背水坡面为 1∶2～1∶2.5，迎水坡面为 1∶2.5～1∶3。迎水坡还应留有大片的缓冲地带，种植茭草或水花生等水生植物，以挡风浪，避免其冲刷堤坝。为了充分利用土地，扩大生态养鱼能力，可以在外围堤埂上兴建养猪、养禽棚舍，并种植青饲料。

5. 挖塘施工

在选定的塘址挖深 1 米，挖出的泥土堆放到规划的塘基底线内，逐层加高、压实。一般要求填高 1.5 米以上，使塘深达到 2.5 米以上，塘基坡度为 1∶1～1∶2。

挖塘可以用推土机械或人工开挖。推土机作业进度快，堤基密实，土方造价低，但必须做到施工地点无积水，否则推土机难以施工。推土机筑成的池塘，要经人工修整才能养鱼。修整工序：一是修整塘底。清除推土机遗漏的泥土，把塘底整平。二是修整塘基。推土机推成的塘基，坡度不一定合适，凹凸不平，应以人工修整塘基的坡度，铺平塘基面，使其达到设计要求。三是在鱼塘排水口安装水闸，以利于排水。修整完毕，就可以灌水入塘。

人工挖塘进度慢，堤基欠坚实，土方单价高，但施工不受积水影响，工程符合设计要求，挖好的塘能立即放水养鱼。开挖小面积的鱼塘或在低洼地挖塘，应以人力施工为主。

（二）高产鱼塘水体改良技术

精养鱼塘是一个复杂的生态环境，鱼产量受很多因素制约。其中水体生态因子的变化关系到水质的好坏，最终影响鱼产量的高低。产量越高，水质问题就越显得突出，往往成为提高单位面积产量的主要限制因素。掌握高产鱼塘水质变化特点，并采取有效改良措施，是取得养鱼高产的关键。

1. 高产鱼塘的水质特点

（1）透明度：透明度是光透入塘水中的程度，主要是随着塘水的浑浊度而改变。浑浊度是由于塘水中混有各种微粒和浮游生物造成的。测定水的透明度，通常采用透明板。它用直径 20 厘米的圆铁片制成，在圆心处开设一个小孔，穿上一条有刻度标志的细绳，并通过圆心，将圆铁片分成四等份。把对角的两等份油漆成白色，另两等份油漆成黑色，使圆铁片黑白分明。测量时手提小绳，将透明板缓缓沉入水中，当看到透明板的黑白部分隐约难分时，便停止下沉。这时，浸入水中的绳子长度即为塘水的透明度。简易的测定法是：将手掌与手臂垂直，掌心向上平放于水中，向下沉至刚看不清掌心时的这个深度，即为透明度。

透明度能大致表示水中浮游生物的丰歉和水质的肥瘦程度。一般以透明度 25～40 厘米称为肥水，塘水较浓，不太浑浊，无腥味，呈油绿色或黄褐色，给人以嫩翠之感，在这样的水中，清晨鱼浮头，日出后即消失。透明度经常为 60 厘米以上，称为瘦水，塘水清淡，呈浅绿色或淡黄色，清晨鱼不浮头。透明度在 20 厘米以下称为老水，塘水过浓，很浑浊，常有腥味，呈灰蓝色、暗绿色或棕色带黑，给人以老、浓之感，清晨鱼浮头严重，日出许久鱼浮头仍不消失。高产鱼塘要求在鱼生长季节即4～10月池水透明度为18～30厘米，5～9月应在18～25厘米范围内。

（2）溶解氧：氧气是鱼类赖以生存的必要条件之一。鱼、虾、贝、藻类的呼吸都要消耗氧气，水中有机质、底泥的分解也要消耗大量氧气，故鱼塘水中溶解氧量少且多变。高产鱼塘内饲养密度大，鱼类往往面临缺氧，造成大量浮头或窒息死亡。因而高产精养鱼塘对溶解氧的变动有特殊要求。通常高产鱼塘表层水体下午在5.5～18毫克/升范围内变动，底层则在4～8毫克/升范围内变动，凌晨6时塘水溶氧量最低，已接近鱼浮头的临界值（2毫克/升）。上述溶解氧的变动范围不至于影响鱼类正常生长，但要鱼增加产量，还需采取增氧措施。

（3）耗氧量：高产鱼塘的耗氧量变动较大，波动范围在10～25毫克/升之间，其平均值为12～15毫克/升。因此，12～15毫克/升已成为肥水的标志。

（4）酸碱度：养鱼水体适宜的pH值范围为7～8.5。高产鱼塘的水质一般呈弱碱性，pH值稳定在8左右，水质的缓冲性较好，有利于鱼类生长。

（5）氮、磷营养元素：高产鱼塘的三种无机氮总量为1～3毫克/升，其平均值为1.5毫克/升。可溶性磷酸盐含量为0.1～1毫克/升，平均值为0.2～0.4毫克/升。氮、磷比为7∶2。“三氮”中铵氮占60%～75%，硝酸盐氮占20%～24%，亚硝酸盐氮占1%～2%，氮、磷比例较为合理。

（6）浮游生物：鱼塘的浮游植物优势种群有隐藻、蓝隐藻、绿球藻、十字藻、衣藻、小球藻、栅藻、小环藻、直链藻、平列藻、裸藻等10多种。浮游动物优势种群为轮虫，主要种类为晶囊轮虫、裂足轮虫、疣毛轮虫、萼花臂尾轮虫、针簇多肢轮虫等。枝角类、桡足类很少，其生物量不超过1毫克/升。浮游植物个数在10 000万～20 000万个/升之间变动，生物量在30～110毫克/升之间波动，平均为60～80毫克/升。浮游动物量占浮游植物的1/4～1/3。浮游生物量与鱼产量成正相关。养鱼高产关键之一就是“看水养鱼”，故渔民通常根据水色来鉴定水质，而鱼塘水色主要由浮游生物的种类和数量来决定。

2. 高产鱼塘改善水质的措施

（1）根据水色和透明度灵活调节水质：若塘水透明度过低（20厘米以下），表示水质过肥，浮游生物繁殖过盛，遇天气不正常时容易大量死亡和腐败，使水质突变，继而转清、发臭，渔民称为“臭清水”。这时水中溶解氧被大量消耗，塘水缺氧严重，极易引起鱼类大量死亡。因此，当发现水质将要突变时，必须及时冲注新水或开动增氧机，增加水体溶氧量，防止水质恶化。当透明度在40厘米以上时，表明水质过瘦，浮游生物数量偏少，应该及时施肥。速效方法是追施碳酸氢铵和过磷酸钙，每亩水面各施用10千克。施肥后5天内若透明度未能恢复到35厘米以下，应再次施肥。此后每15～20天施肥1次，并适当施用人畜粪等有机肥，塘水透明度就能保持20～40厘米。

（2）适时注水并提高鱼塘水位：在鱼类生长旺季的4～6月，每月注水1～3次，每次使鱼塘水深增加10厘米，既可补充池水溶氧量的不足，又改善了水质条件。

（3）适时启动增氧机：每亩水面产鱼500千克以上的鱼塘，原则上每0.67公顷水面配备1台功率2.5千瓦的增氧机。4～6月每天启动1～3小时，7～11月每天启动4～8小时。

（4）翻动底泥改善水质：5～9月，每月用泥耙翻动鱼塘底泥1～2次，使底泥营养成分在水中溶解释放出来，从而达到施肥、减少底泥耗氧和改善水质的目的。

（5）施放化肥改善水质：在鱼类生长旺季的5～9月，施用氮、磷比为1∶1的化肥。每亩水面每次施用4～5千克，每3～4天施用1次，既可增加塘水生物量，又能达到生物增氧目的。

（6）施放石灰改善水质：5～8月，每月用生石灰水溶液全塘泼洒1～2次，使每立方米水体含药量为25～30克，有助于改善水质。

（7）清污保洁：经常清除塘水中的污物、死鱼、废渣、残饵及杂草，保持水质清洁卫生。

通过以上措施，高产鱼塘就能保持“肥、活、爽”的最佳水质。“肥”，指水中溶解营养盐分丰富，浮游生物种类多、数量大；“活”，指水中营养物质循环快，上午水色较淡，下午较浓；“爽”，指塘水肥而不浊。鱼类在这样良好的水质中，生长快，疾病少，产量高。

（三）鱼类的食性与营养要求

当优质鱼种在高标准鱼塘的优良水质环境中生活，饵料质量便成为鱼类快速生长的决定性因素。必须尽量满足鱼类在仔鱼、鱼种、成鱼生长阶段的不同营养需求，以促进鱼类成长。

淡水鱼类在刚孵出的仔鱼阶段，大都是以水中浮游生物特别是浮游动物为饵料。在这个阶段培育好水质，繁殖足够的浮游生物供仔鱼摄食，对于提高仔鱼成活率至关重要。随着鱼体不断发育成长，进入鱼种阶段，摄食性能才有所改变和分化。

（1）鲢鱼、鳙鱼：是典型的滤食浮游生物的鱼类。此外，它们还能滤食有机腐殖质及细菌。在饲养条件下也可摄食人工投喂的饲料，如豆饼、菜籽饼、豆渣、麦麸、鱼粉和人工配合颗粒饲料等，也可摄食豆浆和草浆等。

（2）草鱼和团头鲂：仔鱼阶段以浮游动物为主要摄食对象，到幼鱼（鱼种）阶段便过渡到杂食性。随着消化系统发育的不断完善，当草鱼体长达7～10厘米、团头鲂达4～5厘米后，便转向草食性，即以水生高等植物为主要饵料。草鱼喜食轮叶黑藻、马来眼子菜、苦草等；团头鲂则喜食轮叶黑藻、苦草，尤其喜食水生维管束植物的嫩叶。在饲养条件下，这两种鱼可摄取陆生植物的根茎、豆饼、菜籽饼、棉籽饼、米糠、麦麸、大麦、玉米、鱼粉等，对人工配合饲料也很爱吃。

（3）青鱼：幼鱼主要以浮游动物为食，体长15厘米时开始摄食小螺蛳和蚬类。成鱼的食物组成几乎全为软体动物、底栖性虾、水生昆虫和幼虫。在饲养条件下，青鱼摄食螺、蚬及各种饼粕类、蚕蛹、糠麸类、粮食及配制的颗粒饲料。但它属于肉食性鱼类，配制颗粒饲料时，必须含有适量的动物性饲料如鱼粉、蚕蛹粉、血粉等，粗蛋白质含量要求在35％～40％。

（4）鲤鱼：在天然水域中以动物性饵料为主要摄食对象，主要有摇蚊幼虫、螺蛳、河蚬等底栖动物、水生昆虫及虾类，亦喜食高等水生植物的种子、幼芽及植物碎屑。在饲养条件下，鲤鱼能吃各种商品饲料和配合饲料，但对饲料中粗蛋白质的要求高于草鱼、团头鲂，为32％～38％，而且动物性蛋白质要占足够比例。

（5）鲫鱼和银鲫：通常以植物性饵料为主，如水草、硅藻、丝状藻、有机碎屑等，也食螺蛳、摇蚊幼虫、水蚯蚓、枝角类和桡足类浮游动物。

（6）鳗鱼：属于肉食性鱼类，喜食小鱼、虾、蟹、螺、蚬、蚌、轮虫、水生昆虫及陆生动物的尸体等。鳗鱼的食性有明显的阶段性：白仔鳗苗主要摄食轮虫、水蚤、水蚯蚓、水生昆虫的幼虫，也摄食贝类和有机碎屑。体重5克的幼鳗开始追捕鱼苗、小虾或咬食各类动物尸体。在饲养条件下，仔鱼期主要是投喂水蚯蚓，其他时期可投喂罗非鱼和配合饲料，苗种及成体阶段主要喂给配合饲料。

（四）科学投饲及施肥技术

1. 科学投饲及施肥的理论根据

饲料是发展养鱼生产的重要物质基础。在混养密放的高产鱼塘中，鱼类能摄取的天然饵料是很少的，必须投喂人工饲料并适当施肥，才能满足塘内各种鱼类的摄食要求，实现快速生长。据报道，各地养鱼高产实践证明，每生产1千克草鱼、鳊鱼，约需投喂精饲料2千克、青饲料15千克；生产1千克鲤鱼、鲫鱼、鲮鱼、罗非鱼等杂食性鱼类，约需投喂精饲料1.5千克；生产1千克鲢鱼、鳙鱼，约需投施粪肥10千克。每公顷产量为7.5吨（每亩产量500千克）的鱼塘，综合生产1千克成鱼需要消耗精饲料1.2千克、青饲料4.2千克、肥料3千克。每公顷产量为15吨（每亩产量1吨）的鱼塘，生产1千克成鱼需要消耗精饲料1.35千克，青饲料5千克，肥料2千克。

鱼用精饲料主要是粮油加工的副产品如米糠、麦麸、花生麸、豆饼、菜籽饼等，也可采用玉米、小麦、稻谷等谷物籽实。上述原料加入鱼粉及添加剂等，采用科学方法加工而成营养全面的配合饲料，养鱼效果更好。

池塘施肥的作用是增加天然饵料。一部分腐熟的有机肥，可被杂食性鱼类直接摄食。无机肥中的氮、磷、钾、钙等营养元素溶于水中后，能被浮游植物直接吸收利用，促使浮游植物生长繁殖。施用有机肥料，首先会引起细菌大量繁殖，将复杂的有机物分解成溶解于水中的简单有机物和无机盐类，然后被浮游植物吸收利用。由于浮游植物大量繁殖，从而使以细菌和浮游植物为食的浮游动物、底栖生物大量繁殖，丰富的饵料生物可以满足滤食性鱼类（如鲢鱼、鳙鱼）摄食。

2. 科学投饲技术

为了降低饲料系数（总投喂量除以摄食该种饲料的鱼类净产量所得的商数），提高饲料利用率，科学投饲应做到“四定”和“四看”。

（1）“四定”。

①定时。为了养成鱼类按时吃食的习性，一般在每天上午 8～9 时和下午 3～4 时各投喂 1 次，这时水温和溶氧较高，鱼类摄食旺盛。

②定位。训练池鱼集中在固定地点（食台或食场）吃食，以便检查摄食情况、清除残料和消毒食场。

③定质。饲料必须新鲜，适口性好，让各种规格的鱼都能摄食。最好投喂营养全面的配合饲料，不投喂腐败变质的饲料。

④定量。投饲要做到适量、均匀，以利于鱼类消化吸收。精饲料日投喂量，夏、秋季为存塘鱼总重的 3%，冬、春季为 1%～2%。投喂时还应根据天气、水质和鱼类吃食等状况灵活掌握。如天气正常，水质良好，鱼食欲旺盛，可增加投喂量；反之，则减少投喂量。如投喂后鱼很快吃完饲料，应适当增加投喂量；如较长时间吃不完，剩料较多，则应减少投喂量。一般以 2 小时吃完为宜。傍晚检查食台（场）时，不应剩有饲料。

（2）“四看”：正确掌握饲料投喂量，确保养殖鱼类吃饱又不浪费，是降低饲料成本，提高养鱼效益的关键。实践证明，养鱼“四看”可准确识别鱼的饥饱程度，从而确定合理的投喂量。

一看鱼的摄食情况。即注意观察鱼在食台或食场吃食时间的长短。若投入正常量的饲料，鱼吃完的时间不足 2 小时，说明饲料不足，应该适当添加饲料；如果每旬投喂量一定，该旬内投喂量未变，但在旬末所投饲料不到 2 小时被鱼吃完了，说明养殖鱼类已增重，投喂量应增加；若鱼群已散去，而食台或食场尚有剩料，说明投喂量偏多，下次应予减少。

二看鱼群的游动情况。若水面鱼群游动不平静，应检查鱼体有无寄生虫为害，否则可能是鱼群处于饥饿状态。在鱼种塘，若出现鱼苗鱼种成群结队沿池塘周边疯狂游动，表明鱼群缺乏适口饲料、处于严重饥饿状态，俗称“跑马病”。对此，应选择适口饲料投喂并适当增加投喂量。

三看鱼群生长情况，即定期抽样（每次 30 尾）检查鱼的生长情况，一般每月检查 1 次。在放养密度适宜、搭配比例合理、未患疾病的情况下，如果发现鱼群的生长远远没有达到预定规格，个体大小悬殊，说明鱼群摄食不足，经常处于饥饿或半饥饿状态，应该适当增加投喂量。

四看水质状况。以养鲢鱼、鳙鱼为主的鱼塘，若池水的透明度超过 40 厘米，或水质由肥变瘦，或滤食性鱼类头大、尾小、背窄、游动无力，说明水中可供鱼摄食的浮游生物偏少，应适量增施有机肥和化肥，并投喂人工饲料。

以养鲤鱼为主的鱼塘，欲判断鲤鱼的饥饱程度，可以根据塘水的浑浊度来确定。如塘水很浑浊，呈泥黄色，说明鲤鱼在塘底觅食活动频繁，不断拱泥，可判定鲤鱼处于饥饿状态，应适当增加投喂量。

3. 科学施肥技术

（1）基肥和追肥的施用方法。

①施基肥。施入基肥可以改良鱼塘底泥的营养状况，增加塘内营养物质，以利天然饵料生物增殖，特别是底质贫瘠的新开池塘，应在灌水前施足基肥。一般每亩水面施用粪肥或混合堆肥 250～1 000千克。肥水塘或老塘可以少施，新开塘或瘦水塘要多施。将肥料遍撒塘底，用推耙把肥料与塘泥拌匀，可以保持较长时间的肥效，对水质具有稳定的调节作用。

②施追肥。为了陆续补充塘水营养物质，促进天然饵料生物不断繁殖，满足池鱼摄食，应及时适当施用追肥，使塘水不致长期缺肥而变瘦，也不致因 1 次施肥过多造成塘水过肥而污染水质。追肥，一般每亩水面施用有机肥 100～200 千克，以保持塘水“肥、活、爽”为度。

（2）池塘施肥做到“六看”。

一看季节。鱼类生长有季节性变化，生长速度有循序渐进过程，因此，在早春和冬季应减少施肥的频率和数量。早春鱼类刚入塘放养不久，个体小，摄食能力不强，这期间宜少施肥，以免造成浪费或水质恶化。

二看水色。塘水颜色的变化可以反映塘水肥瘦和饵料多寡。塘水呈黄绿色或茶褐色，表示塘水较肥；若呈淡绿色或黄色则为瘦水，应考虑增施肥料和投放优质肥料。

三看水温。水温高低可以决定肥料的利用率和转化速度。7～10 月水温高，是鱼类生长旺季，要增加施肥频率和数量。这期间肥料养分转化快，鱼类对饵料的需求量也增大。

四看天气。施肥选在晴暖天气为好。在雷雨闷热天气或阴雨连绵天气，鱼类频繁浮头期间，应少施或不施肥，否则会导致塘水缺氧，引起泛塘现象。

五看鱼生长状况。鱼类生长速度和膘肥度与塘水中饵料的多寡有关，应定期检查鱼类长势。若鱼类在生长旺季长速不快，一个重要原因就是池水偏瘦，饵料缺乏，应增加施肥量。

六看塘水酸碱度。塘水酸碱度宜呈中性（pH值为7左右），太高（超过8）或太低（低于5.5）都不适宜鱼类生长。肥料种类、性质及池塘底质土壤性状对塘水pH值高低影响很大，黄土质池塘底或常施无机肥（化肥）容易导致水质偏酸性。故施肥时，要求有机肥与无机肥交替施用，使水中各种营养元素保持平衡。水质偏酸时，可施用生石灰加以调节。

（五）多品种鱼类混养高产技术

1. 多品种鱼类混养的科学依据

在同一个鱼塘中混养多种鱼类，是提高池塘养鱼产量的重要措施，也是我国池塘养鱼的技术特色。池塘养殖鱼类主要有鲢鱼、鳙鱼、草鱼、鲮鱼、鲤鱼、鲫鱼、团头鲂和罗非鱼等。按照它们栖息的习性，可分为上层鱼、中下层鱼、底层鱼3类。上层鱼以摄食浮游生物的鲢鱼、鳙鱼为代表，中下层鱼是草鱼、鳊鱼和团头鲂等草食性鱼类，底层鱼有鲮鱼、鲤鱼、鲫鱼、青鱼等，它们在水底摄食有机碎屑或底栖动物。将这些鱼类同塘混养，好处很多：一是可以充分利用池塘各个水层，发挥水体生产潜力；二是全面合理利用池塘天然饵料资源，提高饵料利用率；三是发挥养殖鱼类之间的共生互利关系，改善池塘生态环境。例如，草鱼等吃食性鱼类的残饵和粪便经过微生物分解成为肥料，可培养浮游生物作为鲢鱼、鳙鱼等滤食性鱼类的饵料。草鱼食量大，排泄物多，若单养则水质容易变肥，不适宜其喜清新水质的习性；若混养鲢鱼、鳙鱼，让它们滤食浮游生物，就能防止水质过肥，保证草鱼所需的清新水质环境；鲮鱼、鲤鱼、鲫鱼、罗非鱼等杂食性鱼类，它们可以吃掉池塘中腐败的有机质，也能改善水体的卫生条件。各种混养鱼类就这样相安共处，不互相残食，不互争饵料，彼此栖息在不同的水层，生活在良好的共生互利的生态环境中。

2. 高产鱼塘混养品种的选择技术

高产鱼塘放养的鱼类品种通常约有10种，其中以1～3种为主养品种，称为主养鱼，对提高全塘产量起着主要作用；其他鱼品种则为配养鱼，依靠摄食水中有机碎屑和天然饵料以及人工饲料而生长，是养鱼高产不可缺少的品种。这样混养，成本低，效益高。

选择主养鱼和配养鱼，主要依据是鱼种来源、饲料供应和池塘条件等。水质肥沃、天然饵料丰富、肥料充足的鱼塘，适宜主养鲢鱼、鳙鱼；水质清新、排灌方便、草源丰富的池塘和新挖鱼塘，适宜主养草鱼；生活污水较多的城镇近郊和村边的肥水塘，适宜主养罗非鱼、银鲫；有机碎屑多和藻类多的池塘，适宜主养鲮鱼。

由于主养鲮鱼的池塘水质往往很肥，适宜多混养在肥水中生长较快的鳙鱼；而适宜主养鲢鱼、鳙鱼的池塘，同样适宜主养鲮鱼。鲮鱼可以充分利用草鱼的残饵和粪便，故主养草鱼离不开养鲮鱼。所以，主养鲮鱼的池塘，一般是主养鲮鱼、鳙鱼或主养鲮鱼、草鱼。

选择配养鱼时要注意，除了主养鲢鱼、鳙鱼外，其他主养品种都必须把鲢鱼、鳙鱼作为重要的配养鱼类，它们应占全塘鱼总量的25%以上，以利于充分利用池塘中的天然浮游生物资源。

3. 妥善处理不同鱼类之间的关系

（1）鲢鱼、鳙鱼之间的关系：鲢鱼主食浮游植物，鳙鱼主食浮游动物，而浮游动物以摄食浮游植物为主。因此，多养鲢鱼会影响鳙鱼的生长，故应根据鳙鱼在水温高、水质肥时生长快的特点，在5～10月主养鳙鱼，11月至翌年4月主养鲢鱼。

（2）罗非鱼与鲢鱼、鳙鱼的关系：罗非鱼的幼鱼主食浮游生物，成鱼为杂食性，也摄食浮游生物，与鲢鱼、鳙鱼在食性方面有矛盾，可采取交叉放养方式加以解决。即上半年罗非鱼个体小、密度稀时，主养鲢鱼、鳙鱼，争取大部分成鱼在6～8月出塘上市；下半年则主养罗非鱼，少养鲢鱼、鳙鱼，到年底捕起大部分罗非鱼，然后增加鲢鱼、鳙鱼放养量。

（3）吃食性鱼类与滤食性鱼类的关系：池塘实行混养，滤食性鱼类主要依靠吃食性鱼类排出的粪便增肥水质以培育浮游生物解决饲料问题。如果既不施肥也不投精饲料，而每生产1千克吃食性鱼类，其肥水作用加上天然饵料可生产滤食性鱼类1千克，两者比例为1∶1。随着池塘大量投饲、施肥，产量越高，滤食性鱼类所占的比例越小，每公顷产量为7.5吨（每亩产量500千克）的鱼塘，两者比例为5.3∶4.7；每公顷产量为15吨（每亩产量1吨）时，比例则为6.3∶3.7。

4. 实行合理密养

实行合理密养是池塘养鱼高产的重要措施。合理的放养密度必须是保证及早达到商品鱼规格，并能获得最高产量的密度。放养密度较低时，鱼生长速度快，但不能充分利用池塘水体和天然饵料资源，产量并不高。而密度过大时，产量可能有所提高，但养成的鱼个体瘦小，商品价值不高，经济效益不佳，增产不增收，有时还会造成缺氧死鱼，降低鱼产量。

鱼类放养密度受池塘环境条件、水质、饲料、混养品种、饲养管理水平等多种因素制约。在生产实践中，必须努力改善鱼塘生态环境，创造最佳的养殖条件，提高放养密度，实现养鱼高产、优质、高效益。

密养与混养密切相关，只有在实行多品种混养的基础上，才能提高池塘鱼类放养密度，充分发挥水体的生产潜力。如果混养品种少或单养一种鱼，是达不到这种效果的。如果实行大规格与小规格套养，增加小规格鱼种的放养量，提高放养密度，既不影响成鱼养殖，又能解决大规格鱼种来源，就能提高成鱼产量。

（1）草鱼：年初每亩池塘放养草鱼种 300～500 尾，大、中、小规格鱼种的尾数分别占 25％、35％和 40％。5 月陆续起捕达到商品规格的成鱼，8 月补放小规格鱼种 150～250 尾。全年共起捕草鱼 4～6 次，每亩水面可净产草鱼 200～400 千克。

（2）鲮鱼：年初每亩池塘放养鲮鱼种2 000尾，其中大规格鱼种 400 尾，中规格鱼种 600 尾，小规格鱼种1 000尾。5 月陆续起捕达到上市规格的成鱼，下半年补放当年繁殖的鱼种1 500～2 000尾。饲养期间，要求每亩水面保持鲮鱼重量为 100 千克，不要超过 200 千克。鲮鱼饲养经验可概括为“全年精育，前期密养，中后期刮罟（网）捕鲮，捉大拉疏，后期套养新鲮”。这样一般每亩水面可净产鲮鱼 200 千克。

（3）鳙鱼：全年投放鱼种 3～5 次，每次每亩放养体重 250 克的大规格鳙鱼种 40～60 尾，养至尾重1 000克时起捕上市。夏季 50～60 天为 1 个养殖周期。如果缺乏上述大规格鱼种，可在起捕成鱼前约 30 天，套养体重 50 克的鳙鱼种。一般每亩水面可净产鳙鱼 100～150 千克。

（4）鲢鱼：鲢鱼食物链短，如采取单一饲养鳙鱼的方法，产量可高于鳙鱼，但市场售价较低。一般采用“鳙主鲢副”的方式养殖，即全年放养鲢鱼种 2～3 次，每次每亩放养 40～60 尾，个体重约 200 克。也可以像养鳙鱼一样套养体重 50 克的鲢鱼种。

（5）其他鱼类：罗非鱼、鲤鱼、鲫鱼、鳊鱼等，一般是年初放养当年繁殖的鱼种。每亩池塘放养密度：罗非鱼1 000尾以内，银鲫 200 尾，野鲮鱼 50～100 尾，杂交鲤鱼、鳊鱼各 30～50 尾。

（六）常见鱼病及中草药防治

1. 草鱼出血病

（1）症状：病鱼体表充血，主要表现在病鱼的口腔、下颚、头顶部或眼眶周围充血发红。根据病鱼表现的症状及病理变化，可分为 3 种类型。①红肌肉型。病鱼体表无明显充血症状，但肌肉明显充血，鳃瓣往往严重失血而呈现“白鳃”。这种类型多见于规格为 7～10 厘米的鱼种。②红鳍红鳃盖型。鳃盖、鳍基、口腔、脑、眼眶明显充血。这种类型多见于规格为 13 厘米以上的鱼种。③肠炎型。病鱼体表无明显充血，但剖开腹部可见肠道严重充血，肠黏膜有点状红斑。

（2）药方及用法：①每亩水深 1 米的水体，用大青叶 1 千克、贯众 0.5 千克，加水 5～7 千克，煎沸 10～15 分钟后掺水全池泼洒。预防每 20 天用药 1 次；治疗每天 1 次，连用 3 天为 1 个疗程。②每 50 千克鱼种，用大青叶 150 克，贯众、野菊花、白花蛇舌草、板蓝根各 100 克，共研为末，拌料投喂。连用 3 天为 1 个疗程。

③大黄、黄檗、黄芩各等量，生子、大蒜籽减半。先将前 3 味药研成细末，然后加入生子、大蒜籽共研，成为不规则的碎块。混合物在 60℃下充分干燥后，共研成粉，贮存。使用时按 100 千克鱼用该药散剂 400 克拌料投喂。预防每 10 天用药 1 次；治疗每天 1 次，连用 3～5 天。

2. 细菌性烂鳃病

（1）症状：病鱼体色发黑，尤以头部为甚，俗称“乌头瘟”。游动缓慢，对外界刺激反应迟钝，呼吸困难，食欲减退。病情严重时，离群独游水面，不吃食，对外界刺激失去反应。发病缓慢、病程较长者，鱼体消瘦。鳃盖内表面的皮肤往往发炎充血，中间部分常烂成一个圆形或不规则形的透明小窗，俗称“开天窗”。鳃上的黏液增多，鳃丝肿胀，鳃的某些部位因缺血而呈淡红色或灰白色，有的部位则因局部瘀血而呈紫红色甚至有小出血点。严重时，鳃小片坏死脱落，鳃丝末端缺损，鳃丝软骨外露。在病变鳃丝的周围常黏附着坏死脱落的细胞、黏液、柱状屈绕杆菌（鱼害粘球菌）。

（2）药方及用法：①每立方米水体，用五倍子 3～5 克，磨碎后用开水浸泡 4 小时，全池泼洒药液；或每立方米水体用乌桕叶（干品）6 克，乌桕叶先用 20 倍重量的 2%石灰水浸泡过夜，煎沸 10 分钟，用药液全池泼洒；或每立方米水体用大黄 4～5 克，大黄先用 20 倍重量的 0.3%氨水（含氨量 25%～28%）浸泡 12～24 小时，用药液全池泼洒。②每 50 千克成鱼或每万尾鱼种，每天用乌桕叶干粉 250 克拌料投喂，连喂 3～5 天。③每 50 千克鱼种，用土黄连 150 克，百部、鱼腥草、大青叶各 100 克，研成粉拌料投喂；或水煎去渣，取药汁拌料投喂，每天 1 次，3 天为 1 个疗程。④每亩水深 1 米的水体，用山薄荷（又名独脚球、兰香草）鲜品 3～4 千克，打浆后全池泼洒。

3. 细菌性肠炎

（1）症状：病鱼离群独游，游动缓慢。鱼体发黑，食欲减退甚至完全不吃食。剖开肠管，可见肠壁局部充血发炎，肠腔内没有食物或只在肠的后段有少量食物，肠内黏液较多，严重时全肠呈红色，肠壁弹性较差，肠内有大量淡黄色黏液，肛门红肿。2 龄以上的大鱼病情严重时，腹部膨大，腹腔内积有淡黄色腹水，腹壁上有瘀血斑，整个肠壁因瘀血而呈紫红色。将鱼的头部拎起，即有黄色黏液从肛门淌出。

（2）药方及用法：①每 50 千克鱼种，用千里光 150 克、地榆 100 克、大蒜籽 100 克、仙鹤草 100 克，研成粉，拌料投喂，每天 1 次，3 天为 1 个疗程。②每 50 千克成鱼，用干铁苋菜 125 克、辣蓼 125 克，混合后水煎 15～20 分钟，取药汁拌料投喂，每天 1 次，连喂 3 天。每 50 千克成鱼或每万尾鱼种，每天用辣蓼草干粉 0.5～1 千克，拌料或制成颗粒药丸投喂，每天 1 次，3～6 天为 1 个疗程。③每 50

千克鱼，用枫树叶 1.2 千克加水 5 千克，煎煮成药汁，拌料投喂。每天 1 次，3～6 天为 1 个疗程。

4. 赤皮病

（1）症状：病鱼体表出血、发炎，鳞片脱落，尤其是鱼体两侧及腹部最为明显。鳍的基部或整个鳍充血，鳍的梢端腐烂，常烂去一段。鳍条间的软组织亦被破坏，使鳍条呈扫帚状，俗称“蛀鳍”。在体表病灶处，常继发水霉感染。有时鱼的上颌、下颌及鳃盖也充血发炎，鳃盖呈“开天窗”状。

（2）药方及用法：①每 50 千克鱼种，用金樱子嫩根（焙干）150 克，金银花、青木香各 100 克，天葵子 50 克，研成粉拌料投喂；或水煎去渣，取药汁拌料投喂。每天 1 次，3 天为 1 个疗程。②每立方米水体，用五倍子 3～4 克，加水浸泡 12～24 小时，药渣、药汁一并全池泼洒。③每亩水深 1 米的水体，用流子苏（又名细叶藤）鲜品 1.5～2 千克、八棱麻 0.5～1 千克，放置在进水口，以松枝镇压，隔日翻动，使其腐烂，并经常冲水，使药汁均匀分布于全池。

5. 鲢鱼、鳙鱼溶血性腹水病（细菌性败血症）

（1）症状：病鱼头部的唇端、鳃盖和下颌、眼和周围组织充血，甚至眼球呈灰白色胶样肿胀。鳍基、鳍条充血，严重者在胸鳍某部位穿穴。背侧肌肉弥漫性出血、腐烂，肛门红肿突出。剖开体腔有腹水，肝、脾呈紫黑色且肿大，质脆易碎；肠道排孔，内充满黏液和气泡。以溶血和腹水为主要特征症状。

（2）药方及用法：①每亩水深 1 米的水体，用贯众 1.5 千克，加水 5～7 千克浸泡 12 小时，加明矾 0.5 千克、生石灰 30 千克，化水全池泼洒。②黄芩 5 份、黄檗 2.5 份、大黄 2.5 份，共研为粉，每千克饲料拌入 8～10 克，制成药饵投喂。预防每半个月 1 次，连喂 2 天；治疗每天 1 次，连喂 6 天。③败酱、千里光、大青叶、蒲公英、苦参、金银花各等量混合。外用：药物加 20 倍水煎 15～20 分钟，药液稀释 10 倍，全池均匀泼洒，每立方米水体含药量为 25 克，隔天 1 次，共 2 次，作为治疗；预防每半个月 1 次，连用 2 次，药量减半。内服：诸药混合研碎，每千克饲料拌入药粉 8～10 克制成药饵，治疗每天 1 次，连喂 6 天；预防每半个月 1 次，连喂 2 天。④每立方米水体，用使君子（又名留球子）5～8 克，碾碎后浸泡 12 小时，取药汁浸洗病鱼 20～30 分钟。⑤每亩水深 1 米的水体，用菖蒲 2.5 千克、食盐 1 千克，投入人尿 2～5 千克中浸泡 12 小时，全池泼洒。